计算机基础与实训教材系列

中文版 Dreamweaver CS6 网页制作实用教程

王 玫 编 著

清华大学出版社
北 京

内 容 简 介

本书由浅入深、循序渐进地介绍了 Adobe 公司最新推出的网页制作软件——Dreamweaver CS6 的操作方法和使用技巧。全书共 13 章，分别介绍了 Dreamweaver CS6 快速入门，网页文本的处理与控制，创建网页超链接，插入网页图像与多媒体，使用表格布局网页，使用层与 Spry 布局网页，使用框架布局网页，使用 CSS 样式修饰网页，创建移动设备网页，使用模板和库创建网页，使用行为与表单，网站的设计与管理以及编写 Dreamweaver CS6 网页代码等内容。

本书内容丰富，结构清晰，语言简练，图文并茂，具有很强的实用性和可操作性，是一本适合于大中专院校、职业学校及各类社会培训机构的优秀教材，也是广大初、中级电脑用户的自学参考书。

本书对应的电子教案、实例源文件和习题答案可以到 http://www.tupwk.com.cn/edu 网站下载。

图书在版编目(CIP)数据

中文版 Dreamweaver CS6 网页制作实用教程 / 王玫 编著. —北京：清华大学出版社，2014（2021.2 重印）
(计算机基础与实训教材系列)

ISBN 978-7-302-34846-7

Ⅰ. ①中… Ⅱ. ①王… Ⅲ. ①网页制作工具－教材 Ⅳ. ①TP393.092

中国版本图书馆 CIP 数据核字(2013)第 310939 号

责任编辑： 胡辰浩 袁建华
装帧设计： 牛艳敏
责任校对： 成凤进
责任印制： 丛怀宇

出版发行： 清华大学出版社
网 址： http://www.tup.com.cn，http://www.wqbook.com
地 址： 北京清华大学学研大厦 A 座 **邮 编：** 100084
社 总 机： 010-62770175 **邮 购：** 010-62786544
投稿与读者服务： 010-62776969，c-service@tup.tsinghua.edu.cn
质量反馈： 010-62772015，zhiliang@tup.tsinghua.edu.cn
课件下载： http://www.tup.com.cn，010-62794504
印 装 者： 北京嘉实印刷有限公司
经 销： 全国新华书店
开 本： 190mm×260mm **印 张：** 19.25 **字 数：** 505 千字
版 次： 2014 年 1 月第 1 版 **印 次：** 2021 年 2 月第 8 次印刷
定 价： 69.00 元

产品编号：049094-03

编审委员会

计算机基础与实训教材系列

丛书序

计算机已经广泛应用于现代社会的各个领域，熟练使用计算机已经成为人们必备的技能之一。因此，如何快速地掌握计算机知识和使用技术，并应用于现实生活和实际工作中，已成为新世纪人才迫切需要解决的问题。

为适应这种需求，各类高等院校、高职高专、中职中专、培训学校都开设了计算机专业的课程，同时也将非计算机专业学生的计算机知识和技能教育纳入教学计划，并陆续出台了相应的教学大纲。基于以上因素，清华大学出版社组织一线教学精英编写了这套“计算机基础与实训教材系列”丛书，以满足大中专院校、职业院校及各类社会培训学校的教学需要。

一、丛书书目

本套教材涵盖了计算机各个应用领域，包括计算机硬件知识、操作系统、数据库、编程语言、文字录入和排版、办公软件、计算机网络、图形图像、三维动画、网页制作以及多媒体制作等。众多的图书品种可以满足各类院校相关课程设置的需要。

⊙ 已出版的图书书目

《计算机基础实用教程(第二版)》	《中文版 Photoshop CS4 图像处理实用教程》
《电脑入门实用教程(第二版)》	《中文版 Flash CS4 动画制作实用教程》
《电脑办公自动化实用教程（第二版）》	《中文版 Dreamweaver CS4 网页制作实用教程》
《计算机组装与维护实用教程（第二版）》	《中文版 Illustrator CS4 平面设计实用教程》
《计算机基础实用教程(Windows 7+Office 2010 版)》	《中文版 InDesign CS4 实用教程》
《Windows 7 实用教程》	《中文版 CorelDRAW X4 平面设计实用教程》
《中文版 Word 2003 文档处理实用教程》	《中文版 3ds Max 2012 三维动画创作实用教程》
《中文版 PowerPoint 2003 幻灯片制作实用教程》	《中文版 Office 2007 实用教程》
《中文版 Excel 2003 电子表格实用教程》	《中文版 Word 2007 文档处理实用教程》
《中文版 Access 2003 数据库应用实用教程》	《中文版 Excel 2007 电子表格实用教程》
《中文版 Project 2003 实用教程》	《Excel 财务会计实战应用（第二版）》
《中文版 Office 2003 实用教程》	《中文版 PowerPoint 2007 幻灯片制作实用教程》
《Access 2010 数据库应用基础教程》	《中文版 Access 2007 数据库应用实例教程》
《多媒体技术及应用》	《中文版 Project 2007 实用教程》
《中文版 Premiere Pro CS4 多媒体制作实用教程》	《Office 2010 基础与实战》
《中文版 Premiere Pro CS5 多媒体制作实用教程 》	《Director 11 多媒体开发实用教程》

(续表)

《ASP.NET 3.5 动态网站开发实用教程》	《中文版 AutoCAD 2010 实用教程》
《ASP.NET 4.0 动态网站开发实用教程》	《中文版 AutoCAD 2012 实用教程》
《ASP.NET 4.0(C#)实用教程》	《AutoCAD 建筑制图实用教程（2010 版）》
《Java 程序设计实用教程》	《AutoCAD 机械制图实用教程（2012 版）》
《JSP 动态网站开发实用教程》	《Mastercam X4 实用教程》
《C#程序设计实用教程》	《Mastercam X5 实用教程》
《Visual C# 2010 程序设计实用教程》	《中文版 Photoshop CS5 图像处理实用教程》
《Access 2010 数据库应用基础教程》	《中文版 Dreamweaver CS5 网页制作实用教程》
《SQL Server 2008 数据库应用实用教程》	《中文版 Flash CS5 动画制作实用教程》
《网络组建与管理实用教程》	《中文版 Illustrator CS5 平面设计实用教程》
《计算机网络技术实用教程》	《中文版 InDesign CS5 实用教程》
《局域网组建与管理实训教程》	《中文版 CorelDRAW X5 平面设计实用教程》
《电脑入门实用教程(Windows 7+Office 2010)》	《中文版 AutoCAD 2013 实用教程》
《Word+Excel+PowerPoint 2010 实用教程》	《中文版 Photoshop CS6 图像处理实用教程》
《中文版 Office 2010 实用教程》	《中文版 Access 2010 数据库应用实用教程》
《网页设计与制作(Dreamweaver+Flash+Photoshop)》	《中文版 Excel 2010 电子表格实用教程》
《中文版 Project 2010 实用教程》	《中文版 Word 2010 文档处理实用教程》

二、丛书特色

1. 选题新颖，策划周全——为计算机教学量身打造

本套丛书注重理论知识与实践操作的紧密结合，同时突出上机操作环节。丛书作者均为各大院校的教学专家和业界精英，他们熟悉教学内容的编排，深谙学生的需求和接受能力，并将这种教学理念充分融入本套教材的编写中。

本套丛书全面贯彻“理论→实例→上机→习题”4 阶段教学模式，在内容选择、结构安排上更加符合读者的认知习惯，从而达到老师易教、学生易学的目的。

2. 教学结构科学合理，循序渐进——完全掌握“教学”与“自学”两种模式

本套丛书完全以大中专院校、职业院校及各类社会培训学校的教学需要为出发点，紧密结合学科的教学特点，由浅入深地安排章节内容，循序渐进地完成各种复杂知识的讲解，使学生

能够一学就会、即学即用。

对教师而言，本套丛书根据实际教学情况安排好课时，提前组织好课前备课内容，使课堂教学过程更加条理化，同时方便学生学习，让学生在学习完后有例可学、有题可练；对自学者而言，可以按照本书的章节安排逐步学习。

3. 内容丰富、学习目标明确——全面提升“知识”与“能力”

本套丛书内容丰富，信息量大，章节结构完全按照教学大纲的要求来安排，并细化了每一章内容，符合教学需要和计算机用户的学习习惯。在每章的开始，列出了学习目标和本章重点，便于教师和学生提纲挈领地掌握本章知识点，每章的最后还附带有上机练习和习题两部分内容，教师可以参照上机练习，实时指导学生进行上机操作，使学生及时巩固所学的知识。自学者也可以按照上机练习内容进行自我训练，快速掌握相关知识。

4. 实例精彩实用，讲解细致透彻——全方位解决实际遇到的问题

本套丛书精心安排了大量实例讲解，每个实例解决一个问题或是介绍一项技巧，以便读者在最短的时间内掌握计算机应用的操作方法，从而能够顺利解决实践工作中的问题。

范例讲解语言通俗易懂，通过添加大量的“提示”和“知识点”的方式突出重要知识点，以便加深读者对关键技术和理论知识的印象，使读者轻松领悟每一个范例的精髓所在，提高读者的思考能力和分析能力，同时也加强了读者的综合应用能力。

5. 版式简洁大方，排版紧凑，标注清晰明确——打造一个轻松阅读的环境

本套丛书的版式简洁、大方，合理安排图与文字的占用空间，对于标题、正文、提示和知识点等都设计了醒目的字体符号，读者阅读起来会感到轻松愉快。

三、读者定位

本丛书为所有从事计算机教学的老师和自学人员而编写，是一套适合于大中专院校、职业院校及各类社会培训学校的优秀教材，也可作为计算机初、中级用户和计算机爱好者学习计算机知识的自学参考书。

四、周到体贴的售后服务

为了方便教学，本套丛书提供精心制作的 PowerPoint 教学课件(即电子教案)、素材、源文件、习题答案等相关内容，可在网站上免费下载，也可发送电子邮件至 wkservice@vip.163.com 索取。

此外，如果读者在使用本系列图书的过程中遇到疑惑或困难，可以在丛书支持网站(http://www.tupwk.com.cn/edu)的互动论坛上留言，本丛书的作者或技术编辑会及时提供相应的技术支持。咨询电话：010-62796045。

Dreamweaver CS6 是 Adobe 公司最新推出的专业化网页制作软件，目前正广泛应用于网站设计、网页规划等诸多领域。随着 Internet 的日益盛行，成功的网页不仅能提升公司和个人形象，还能展现一些特有的产品、个人信息等内容。为了适应网络时代人们对网页制作软件的要求，新版本的 Dreamweaver CS6 在原有版本的基础上进行了诸多功能改进。

本书从教学实际需求出发，合理安排知识结构，从零开始、由浅入深、循序渐进地讲解 Dreamweaver CS6 的基本知识和使用方法，本书共分为 13 章，主要内容如下。

第 1 章介绍了 Dreamweaver CS6 软件的基础知识与常用操作。

第 2 章介绍了在 Dreamweaver 软件中处理网页文本的常用方法。

第 3 章介绍了创建与管理各类网页超链接的方法。

第 4 章介绍了在网页中插入图像与多媒体的方法。

第 5 章介绍了使用表格规划网页布局的方法。

第 6 章介绍了使用层与 Spry 规划网页布局的方法。

第 7 章介绍了在网页中使用框架规划页面布局的方法。

第 8 章介绍了使用 CSS 样式美化网页布局效果的方法。

第 9 章介绍了使用 jQuery Mobile 制作移动设备网页的方法。

第 10 章介绍了在 Dreamweaver 中使用库与模板创建网页的方法。

第 11 章介绍了在网页中使用 Dreamweaver 内置行为与表单的方法。

第 12 章介绍了管理与设计 Dreamweaver 站点的方法。

第 13 章介绍了在 Dreamweaver 中编写网页代码的相关知识。

本书图文并茂，条理清晰，通俗易懂，内容丰富，在讲解每个知识点时都配有相应的实例，方便读者上机实践。同时对难于理解和掌握的内容给出相关提示，让读者能够快速地提高操作技能。此外，本书配有大量综合实例和练习，让读者在不断的实际操作中更加牢固地掌握书中讲解的内容。

除封面署名的作者外，参加本书编写的人员还有陈笑、曹小震、高娟妮、李亮辉、洪妍、孔祥亮、陈跃华、杜思明、熊晓磊、曹汉鸣、陶晓云、王通、方峻、李小凤、曹晓松、蒋晓冬、邱培强等。由于作者水平所限，本书难免有不足之处，欢迎广大读者批评指正。我们的邮箱是 huchenhao@263.net，电话是 010-62796045。

作　者
2013 年 10 月

推荐课时安排

章　名	重点掌握内容	教学课时
第 1 章　Dreamweaver CS6 快速入门	1. Dreamweaver CS6 的基本操作 2. 设置 Dreamweaver CS6 的视图 3. Dreamweaver CS6 的工作界面	2 学时
第 2 章　网页文本的处理与控制	1. 设置网页标题 2. 对文本进行基本设置 3. 设置项目列表 4. 在网页中导入 Office 文档	2 学时
第 3 章　创建网页超链接	1. 在网页中创建超链接 2. 管理页面中的超链接 3. 在 HTML 代码中编辑超链接	4 学时
第 4 章　插入网页图像与多媒体	1. 在网页中插入图像 2. 设置网页图像属性 3. 在网页中插入动画 4. 设置网页背景音乐	3 学时
第 5 章　使用表格布局网页	1. 在网页中创建表格 2. 编辑网页中的表格 3. 设置网页表格的属性 4. 表格内容的排序操作	4 学时
第 6 章　使用层与 Spry 布局网页	1. 层的基本作用 2. 层的基本操作 3. 转换表格与层	2 学时
第 7 章　使用框架布局网页	1. 创建框架网页 2. 保存框架网页 3. 创建嵌套框架 4. 设置框架属性	2 学时
第 8 章　使用 CSS 样式修饰网页	1. 认识 CSS 样式 2. 创建 CSS 样式 3. 编辑 CSS 样式	4 学时
第 9 章　创建移动设备网页	1. jQuery Mobile 的基础知识 2. 建立 jQuery Mobile 页面 3. 使用 jQuery Mobile 组件	2 学时

(续表)

章　名	重 点 掌 握 内 容	教 学 课 时
第 10 章　使用模板和库创建网页	1. 创建网页模板 2. 编辑网页模板 3. 在 Dreamweaver 中使用库项目	2 学时
第 11 章　使用行为与表单	1. 在网页中使用行为 2. 在网页中应用表单 3. 使用行为检查表单内容	2 学时
第 12 章　网站的设计与管理	1. 网站设计的基础知识 2. 使用站点资源面板 3. 管理 Dreamweaver 网站信息	2 学时
第 13 章　编写常用的网页代码	1. HTML 代码编写的基础知识 2. 在 Dreamweaver 中查看代码 3. 定义网页文件的头部元素 4. 使用 Dreamweaver 编写代码	4 学时

注：1. 教学课时安排仅供参考，授课教师可根据情况作调整。

　　2. 建议每章安排与教学课时相同时间的上机练习。

目　录

第 1 章　Dreamweaver CS6 快速入门 ········ 1

1.1　网页制作的基础知识 ······················ 1

1.1.1　网页与网站 ································ 1

1.1.2　网页的基本元素 ·························· 3

1.1.3　网页的常见类型 ·························· 6

1.1.4　网页的设计布局 ·························· 6

1.2　Dreamweaver CS6 简介 ··················· 8

1.2.1　Dreamweaver CS6 的工作界面 ······ 8

1.2.2　网页文档的基本操作 ················· 12

1.3　创建本地站点 ······························ 15

1.3.1　站点概述 ································· 15

1.3.2　规划站点 ································· 16

1.3.3　建立本地站点 ···························· 18

1.3.4　设置本地站点 ···························· 19

1.3.5　创建站点文件 ···························· 20

1.4　设置 Dreamweaver CS6 视图模式 ··· 21

1.4.1　切换“文档”视图 ······················ 21

1.4.2　使用标尺、网格和辅助线 ··········· 22

1.5　上机练习 ··································· 23

1.6　习题 ··· 24

第 2 章　网页文本的处理与控制 ··············· 25

2.1　设置网页标题 ······························ 25

2.2　HTML 文件的基本结构 ················· 27

2.2.1　HTML 文件基本结构 ·················· 27

2.2.2　常用 HTML 标签简介 ················· 28

2.3　网页文本的基本设置 ····················· 29

2.3.1　设置文本标题 ···························· 30

2.3.2　添加空格 ································· 33

2.3.3　设置网页文字 ···························· 34

2.4　使用项目列表 ······························ 36

2.4.1　设置无序列表 ···························· 36

2.4.2　设置有序列表 ···························· 37

2.4.3　在标签检查器中设置项目列表 ···· 38

2.4.4　定义项目列表 ···························· 39

2.5　使用外部文本 ······························ 39

2.5.1　粘贴文本 ································· 39

2.5.2　粘贴表格 ································· 41

2.5.3　导入 Word 与 Excel 文档 ············ 41

2.6　上机练习 ··································· 42

2.6.1　在网页中导入文本 ····················· 43

2.6.2　制作网页导航栏 ························ 43

2.7　习题 ··· 46

第 3 章　创建网页超链接 ······················· 47

3.1　网页超链接的概念 ························ 47

3.1.1　URL 概述 ································ 47

3.1.2　超链接中的路径 ························ 48

3.2　为文本添加超链接 ························ 49

3.2.1　添加超链接 ······························ 49

3.2.2　设置超链接 ······························ 49

3.2.3　使用超链接标签 ························ 50

3.3　检查网页超链接 ··························· 52

3.4　设置电子邮件链接 ························ 54

3.5　添加网页锚记链接 ························ 54

3.5.1　在单一页面中添加锚记链接 ········ 54

3.5.2　在不同页面中应用锚记链接 ········ 55

3.6　制作文件下载链接 ························ 56

3.7　上机练习 ··································· 58

3.7.1　制作复杂电子邮件链接 ··············· 58

3.7.2　制作网站首页导航栏 ·················· 59

3.8　习题 ··· 60

第 4 章　插入网页图像与多媒体 ··············· 61

4.1　网页图像格式简介 ························ 61

4.2　在 Dreamweaver CS6 中插入图片 ···· 62

4.2.1　在【设计】视图中插入图片 ········ 62

4.2.2　通过【资源】面板插入图片 ········ 63

4.2.3　在网页的源代码中插入图片 ········ 63

4.3　在 Dreamweaver 中处理图片 ··········· 65

4.3.1　网页图片的基本设置 ·················· 65

4.3.2　编辑网页图片 ···························· 66

4.4　使用图像热区 ······························ 70

4.4.1 绘制图像热区 …… 70
4.4.2 在标签检查器中设置热区 …… 72
4.5 制作鼠标经过图像 …… 73
4.6 插入图像占位符 …… 74
4.7 设置网页背景图 …… 75
4.8 在网页中使用 Photoshop 文件 …… 77
4.8.1 在 Dreamweaver 中插入 PSD 文件 …… 77
4.8.2 从 Photoshop 中复制和粘贴图片 …… 79
4.8.3 使用 Adobe Photoshop 智能对象 …… 80
4.9 在网页中插入 Flash …… 81
4.9.1 在网页中插入 SWF 文件 …… 81
4.9.2 在网页中插入 FLV 视频 …… 83
4.10 在网页中插入各类插件 …… 85
4.10.1 在网页中插入 Shockwave 影片 …… 85
4.10.2 在网页中插入 Java Applet …… 85
4.10.3 在网页中插入音频文件 …… 86
4.11 上机练习 …… 88
4.12 习题 …… 90

第 5 章 使用表格布局网页 …… 91
5.1 表格的基本概念 …… 91
5.1.1 表格简介 …… 91
5.1.2 表格模式 …… 92
5.2 在 Dreamweaver 中使用表格 …… 93
5.2.1 在网页文档中插入表格 …… 93
5.2.2 选择表格与单元格 …… 94
5.2.3 设置表格与单元格属性 …… 96
5.2.4 编辑表格与单元格 …… 97
5.4 处理表格数据 …… 99
5.4.1 设置表格排序 …… 99
5.4.2 导入与导出表格数据 …… 100
5.5 扩展表格模式与标准模式 …… 103
5.5.1 认识扩展表格和标准模式 …… 103
5.5.2 在扩展模式下插入网页元素 …… 103
5.6 上机练习 …… 105
5.6.1 使用表格设计网站首页布局 …… 105
5.6.2 在网页中使用表格排版内容 …… 108
5.7 习题 …… 110

第 6 章 使用层与 Spry 布局网页 …… 111
6.1 创建层 …… 111
6.1.1 创建普通层 …… 111
6.1.2 创建嵌套层 …… 112
6.2 层的基本操作 …… 112
6.2.1 选择层 …… 113
6.2.2 调整层 …… 113
6.2.3 移动层 …… 114
6.2.4 设置层 …… 114
6.3 转换表格与层 …… 117
6.3.1 将表格转换为层 …… 117
6.3.2 将层转换为表格 …… 117
6.4 使用 Spry Div 构件 …… 118
6.4.1 使用 Spry 菜单栏 …… 118
6.4.2 使用 Spry 选项卡式面板 …… 119
6.4.3 使用 Spry 折叠式面板 …… 121
6.4.4 使用 Spry 可折叠面板 …… 123
6.5 上机练习 …… 124
6.5.1 制作网页顶部导航条 …… 124
6.5.2 使用层制作网站内容页面 …… 128
6.5.3 制作网页弹出式菜单效果 …… 131
6.6 习题 …… 136

第 7 章 使用框架布局网页 …… 137
7.1 在网页中使用框架 …… 137
7.1.1 框架简介 …… 137
7.1.2 创建框架网页 …… 138
7.1.3 编辑框架网页 …… 140
7.1.4 保存框架网页 …… 141
7.1.5 使用浮动框架 …… 142
7.2 设置框架属性 …… 144
7.2.1 设置框架基本属性 …… 144
7.2.2 设置框架链接 …… 145

7.3 上机练习 146
7.3.1 制作手机产品信息页面 146
7.3.2 制作框架结构网站首页 149
7.4 习题 154

第 8 章 使用 CSS 样式修饰网页 155
8.1 认识 CSS 样式 155
8.1.1 CSS 样式简介 155
8.1.2 CSS 的规则与分类 156
8.2 在 Dreamweaver 中使用 CSS 样式 157
8.2.1 认识【CSS 样式】面板 157
8.2.2 新建 CSS 样式 159
8.2.3 定义 CSS 样式 160
8.2.4 套用 CSS 样式 165
8.3 使用 Dreamweaver 编辑 CSS 样式 167
8.3.1 修改 CSS 规则 167
8.3.2 移动 CSS 样式 168
8.3.3 附加样式表 169
8.3.4 删除已应用的 CSS 样式 170
8.4 使用 Div 标签 170
8.4.1 插入 Div 标签 171
8.4.2 编辑 Div 标签 171
8.5 上机练习 172
8.5.1 使用 Dreamweaver 范例样式表 172
8.5.2 使用 Div+CSS 布局网页 173
8.6 习题 178

第 9 章 创建移动设备网页 179
9.1 iQuery 和 iQuery Mibile 简介 179
9.2 建立 iQuery Mibile 页面 181
9.2.1 使用 iQuery Mibile 起始页 181
9.2.2 使用 HTML5 页 182
9.2.3 iQuery Mibile 基本页面结构 183
9.3 使用 iQuery Mibile 组件 185
9.3.1 列表视图 185
9.3.2 布局网格 188
9.3.3 可折叠区块 189
9.3.4 输入文本 190
9.3.5 密码输入 191
9.3.6 文本区域 191
9.3.7 选择菜单 192
9.3.8 复选框 193
9.3.9 单选按钮 194
9.3.10 按钮 195
9.3.11 滑块 195
9.3.12 设置翻转切换开关 196
9.4 使用 iQuery Mibile 主题 197
9.5 上机练习 198
9.6 习题 200

第 10 章 使用模板和库创建网页 201
10.1 创建与设置网页模板 201
10.1.1 新建网页模板 201
10.1.2 使用模板创建网页 205
10.2 创建与应用库项目 207
10.2.1 认识库项目 207
10.2.2 创建库项目 208
10.2.3 设置库项目 208
10.2.4 应用库项目 209
10.2.5 修改库项目 209
10.3 上机练习 211
10.3.1 制作网站内容页面模板 211
10.3.2 在网页中应用库项目 213
10.4 习题 214

第 11 章 使用行为与表单 215
11.1 使用行为 215
11.1.1 行为的基础知识 215
11.1.2 使用 Dreamweaver 内置行为 216
11.2 使用表单 226
11.2.1 表单的基础知识 226
11.2.2 插入文本域 228

11.2.3 插入隐藏域 ······ 230
11.2.4 插入文件域 ······ 230
11.2.5 插入按钮对象 ······ 231
11.2.6 插入列表和菜单 ······ 235
11.3 检查表单 ······ 235
11.3.1 使用检查表单行为 ······ 235
11.3.2 使用 Spry 验证对象 ······ 236
11.4 上机练习 ······ 239
11.5 习题 ······ 244

第 12 章 网站的设计与管理 ······ 245
12.1 设计网站 ······ 245
12.1.1 站点与访问者 ······ 245
12.1.2 设置网站兼容性 ······ 246
12.1.3 站点结构与文件夹的命名原则 ······ 247
12.1.4 设定站点的风格 ······ 248
12.1.5 设计网站导航方案 ······ 248
12.1.6 规划与收集网站资源 ······ 249
12.2 使用网站【资源】面板 ······ 249
12.2.1 查看网站资源 ······ 250
12.2.2 选择资源类别 ······ 250
12.2.3 插入网页资源 ······ 252
12.2.4 选择与编辑资源 ······ 252
12.2.5 在站点间使用资源 ······ 252
12.2.6 刷新【资源】面板 ······ 253
12.2.7 管理【资源】面板 ······ 253
12.3 管理站点信息 ······ 255
12.4 管理网站文件 ······ 256
12.4.1 使用【文件】面板 ······ 257
12.4.2 上传与下载文件 ······ 258
12.4.3 网站的发布 ······ 259
12.5 上机练习 ······ 260
12.5.1 注册 FTP 网络空间 ······ 260
12.5.2 测试本地站点 ······ 261
12.6 习题 ······ 262

第 13 章 编写常用的网页代码 ······ 263
13.1 网页代码编写基础 ······ 263
13.1.1 认识 HTML ······ 263
13.1.2 认识 XHTML ······ 265
13.2 定义网页文件头元素 ······ 265
13.2.1 查看和建立文件头元素 ······ 265
13.2.2 设置页面的 META 属性 ······ 267
13.2.3 设置网页关键字 ······ 268
13.2.4 设置网页说明 ······ 268
13.2.5 设置网页刷新 ······ 269
13.2.6 设置网页基础 URL ······ 269
13.2.7 设置网页链接属性 ······ 270
13.2.8 设置 META 搜索机器人 ······ 272
13.2.9 设置 META 禁用访问者缓存 ··· 272
13.3 查看网页代码 ······ 273
13.3.1 使用代码、拆分与实时代码视图 ······ 273
13.3.2 查看网页文档的相关文件 ······ 275
13.3.3 使用代码检查器 ······ 275
13.4 编写网页代码 ······ 278
13.4.1 “代码提示”与“自动完成”功能 ······ 278
13.4.2 显示网页代码浏览器 ······ 280
13.4.3 折叠代码 ······ 280
13.4.4 插入 HTML 注释 ······ 281
13.4.5 插入代码片断 ······ 282
13.4.6 使用标签检查器 ······ 283
13.4.7 使用快速标签编辑器 ······ 284
13.4.8 使用标签选择器 ······ 285
13.4.9 使用语言参考 ······ 286
13.5 自定义编码环境 ······ 287
13.5.1 设置代码格式 ······ 287
13.5.2 设置代码颜色与提示 ······ 287
13.5.3 使用外部编辑器 ······ 288
13.6 上机练习 ······ 289
13.7 习题 ······ 290

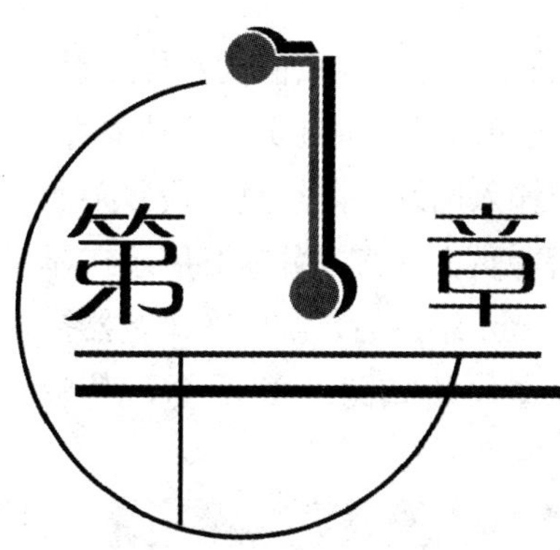

第1章 Dreamweaver CS6 快速入门

学习目标

Dreamweaver CS6 是一款集网页制作与网站管理于一身的网页编辑软件，该软件是针对专业网页设计师特别发展的视觉化网页开发工具，利用它，用户可以轻松地制作出跨平台和浏览器限制并且充满动感的网页。本章将重点介绍 Dreamweaver CS6 软件的相关知识和常用操作，帮助用户尽快掌握制作网页的基本方法。

本章重点

- 网页制作的相关知识
- Dreamweaver CS6 的基本操作
- 设置 Dreamweaver CS6 的视图
- Dreamweaver CS6 的工作界面

1.1 网页制作的基础知识

网页是网站中的一页，其通常为 HTML 格式。网页既是构成网站的基本元素，也是承载各种网站应用的平台。简单地说，网站就是由网页组成的。

1.1.1 网页与网站

关于网站与网页，有着各式各样的专有名词。弄清楚它们之间的概念和联系，对于用户学习网页知识有极大的裨益。

1. 网页的概念

网页(web page)，就是网站上的一个页面，它是一个纯文本文件，是向访问者传递信息的载体，以超文本和超媒体为技术，采用 HTML、CSS、XML 等语言来描述组成页面的各种元素，包括文字、图像、声音等，并通过客户端浏览器进行解析，从而向访问者呈现网页的各种内容。

网页由网址(URL)来识别与存放，访问者在浏览器地址栏中输入网址后，经过一段复杂而又快速的程序，网页将被传送到计算机，然后通过浏览器程序解释页面内容，并最终展示在显示器上。例如，在浏览器中输入网址访问 http://www.bankcomm.com 站点后，实际在浏览器打开的是 http://www.bankcomm.com/BankCommSite/cn/index.html 文件，如图 1-1 所示，其中 index.html 是 www.bankcomm.com 网站服务器主机上默认的主页文件。

(1) 输入网址　　(2) 打开网页

图 1-1　网页

在网页上右击鼠标，在弹出的菜单中选择【查看源文件】命令 ，就可以通过记事本看到网页的实际内容。用户可以看到，网页实际上只是一个纯文本文件，如图 1-2 所示。

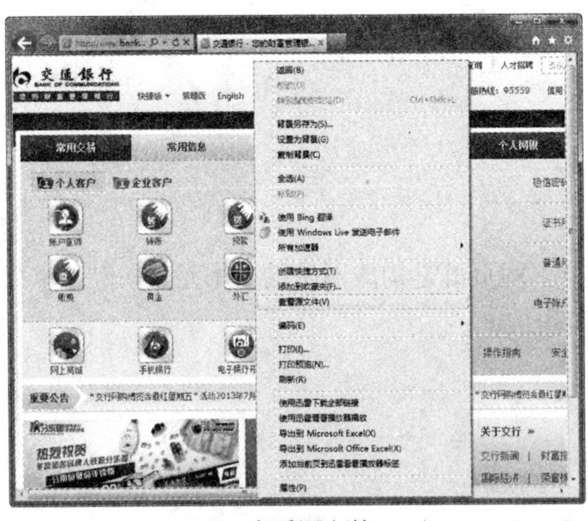

(1) 查看源文件

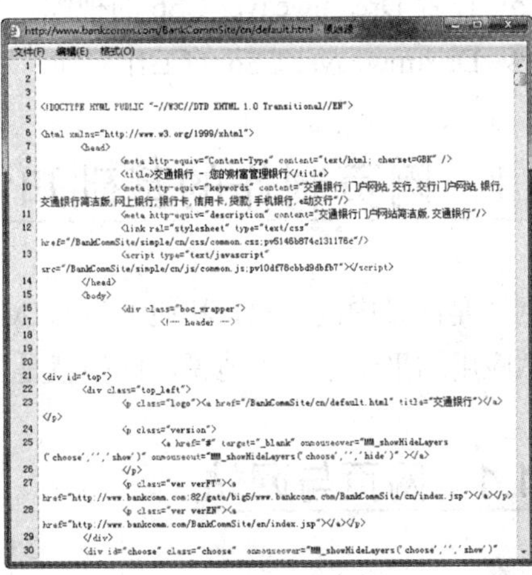

(2) 网页代码

图 1-2　查看网页代码

2. 网站的概念

网站(WebSite)，是指在互联网上根据一定的规则，使用 HTML、ASP、PHP 等工具制作的

用于展示特定内容的相关网页集合，如图 1-3 所示，其建立在网络基础之上，以计算机、网络和通信技术为依托，通过一台或多台计算机向访问者提供服务。

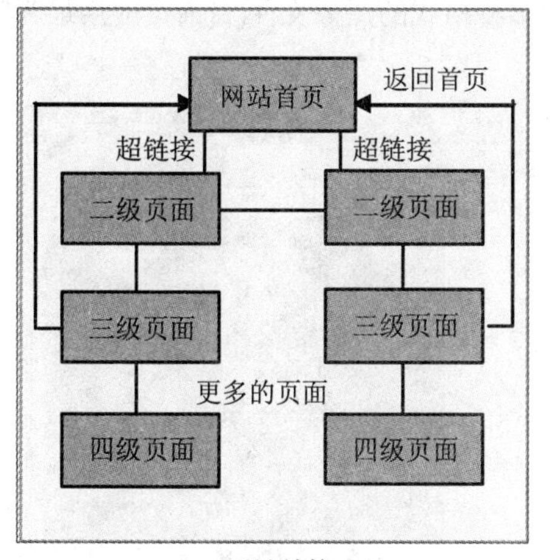

网站结构

网站首页

图 1-3　网站

1.1.2　网页的基本元素

网页是一个纯文本文件，其通过 HTML、CSS 等脚本语言对页面元素进行标识，然后由浏览器自动生成页面。组成网页的基本元素通常包括文本、图像、超链接、Flash 动画、表格、交互式表单以及导航栏等，如图 1-4 所示。

网页头部

网页内容

图 1-4　网页的组成元素

常见网页基本元素的功能如下。

- 文本：文本是网页中最重要的信息载体(如图 1-5 所示)，网页所包含的主要信息一般都以文本形式为主。文本与其他网页元素相比，其效果虽然不突出，但却能表达更多

的信息，更准确地表达信息的内容和含义。

- 图像：图像元素在网页中具有提供信息并展示直观形象的作用，如图 1-6 所示。用户可以在网页中使用 GIF、JPEG 或 PNG 等多种格式的图像文件(目前，应用最为广泛的网页图像文件是 GIF 和 JPEG 这两种)。

图 1-5　网页文本

图 1-6　网页图像

- 超链接：超链接是从一个网页指向另一个目的端的链接(如图 1-7 所示)，超链接的目的端可以是网页，也可以是图片、电子邮件地址、文件和程序等。当网页访问者单击页面中的某个超链接时，超链接将根据自身的类型以不同的方式打开目的端。例如，当一个超链接的目的端是一个网页时，将会自动打开浏览器窗口，显示出相应的页面内容。

(1) 单击超链接

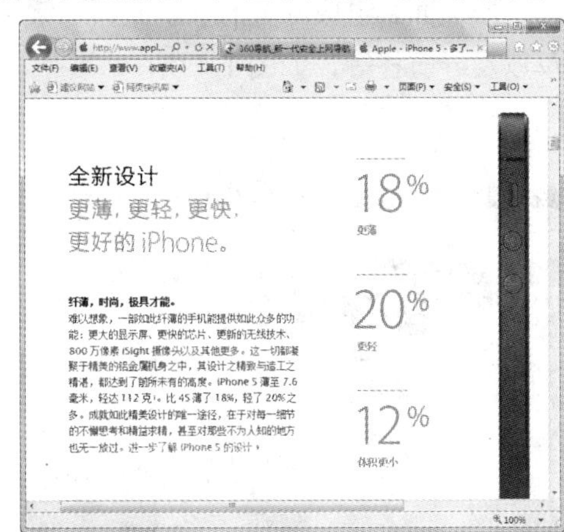

(2) 打开网页

图 1-7　网页的组成元素

- Flash 动画：Flash 动画在网页中的作用是有效地吸引访问者更多的关注，如图 1-8 所示。用户在设计与制作网页的过程中，可以通过在页面中加入 Flash 动画使网页的整体效果更加生动、活泼。
- 表格：表格在网页中用于控制页面信息的布局方式(如图 1-9 所示)，其作用主要体现

在两个方面：一方面是通过使用行和列的形式布局文本和图形等列表化数据；另一方面是则是精确控制网页中各类元素的显示位置。

图 1-8　网页动画

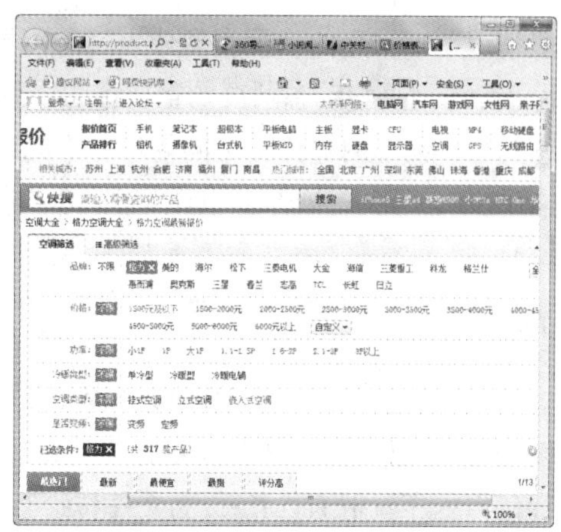

图 1-9　网页表格

- 导航栏：导航栏在网页中表现为一组超链接，其链接的目的端是网站中的重要页面。在网站中设置导航栏可以使访问者既快速又简单地浏览站点中的相应网页。
- 视频：视频文件的采用使网页效果更加精彩，并且富有动感，如图 1-10 所示。常见的网页视频文件格式包括 RM、MPEG、AVI 和 DivX 等。
- 交互式表单：表单在网页中通常用于联系数据库并接受访问者在浏览器端输入的数据。表单的作用是收集用户在浏览器上输入的联系资料、接受请求、反馈意见、设置署名以及登录信息等，如图 1-11 所示。

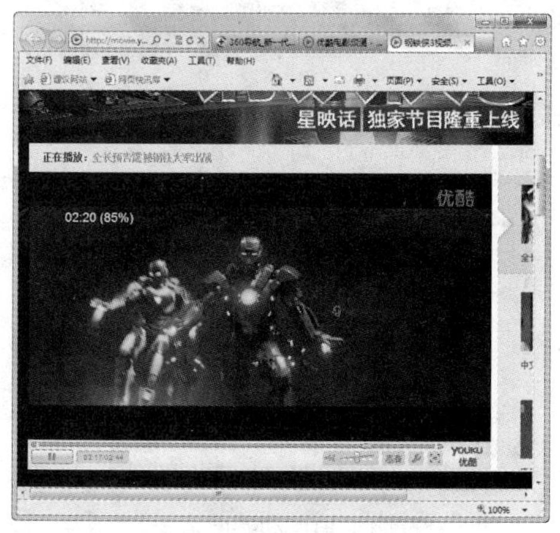

图 1-10　网页中的视频

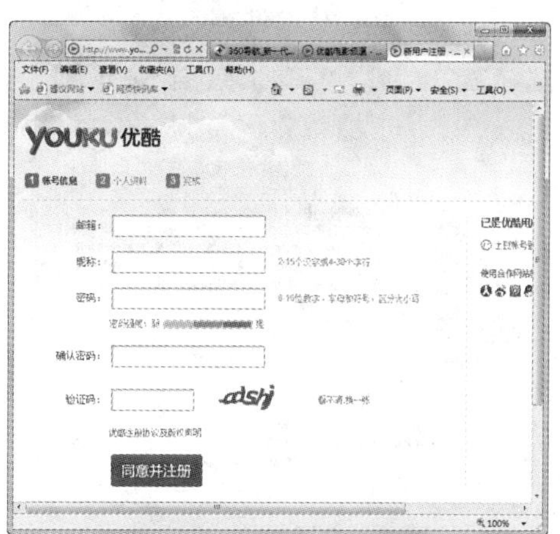

图 1-11　交互式表单

提示

除了上面所介绍的网页元素以外，有些网页中还包含有悬停按钮、Java 特效、ActiveX、音乐等各种特效元素。在设计与制作网页的过程中，设计者可以在 Dreamweaver 中使用这些特效元素来使网页效果更加生动、美观。

1.1.3 网页的常见类型

一般情况下，常见的网页类型分为静态网页与动态网页两种。网页程序是否在服务器端运行，是区分静态网页与动态网页的重要标志，在服务器端运行的网页(包括程序、网页、组件等)属于动态网页。动态网页会随不同用户、不同时间，返回不同的网页。而运行于客户端的网页程序(包括程序、网页、插件、组件等)则属于静态网页。静态网页与动态网页各有特点，具体如下。

1. 静态网页

静态网页(如图 1-12 所示)是不包含程序代码的网页，它不会在服务器端执行。静态网页内容经常以 HTML 语言编写，在服务器端以.htm 或是.html 文件格式储存。对于静态网页，服务器不执行任何程序就把 HTML 页面文件传给客户端的浏览器直接进行解读工作，所以网页的内容不会因为执行程序而出现不同的内容。

2. 动态网页

动态网页(如图 1-13 所示)是指网页内含有程序代码，并会被服务器执行的网页。用户浏览动态网页须由服务器先执行网页中的程序，再将执行完的结果传送到用户浏览器中。动态网页和静态网页的区别在于，动态网页会在服务器执行一些程序。由于执行程序时的条件不同，所以执行的结果也可能会有所不同，最终用户所看到的网页内容也将不同，所以称为动态网页。

图 1-12 静态网页

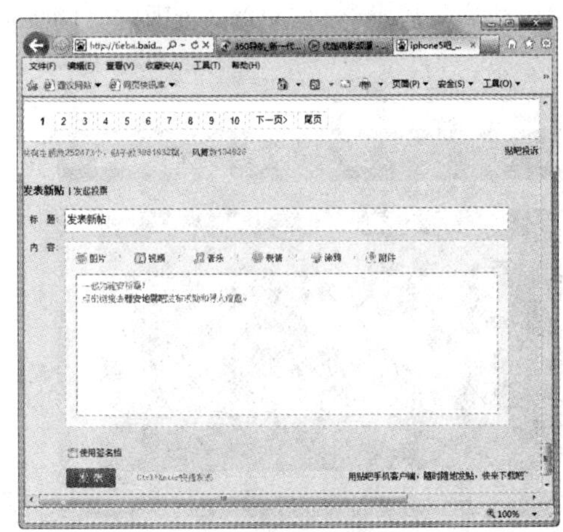

图 1-13 动态网页

1.1.4 网页的设计布局

网页设计的成功与否，很重要的一个原因就在于它的构思与布局，具有创造性的构思和巧妙的页面布局会让网页具有更强的生命力和观赏性。

1. 网页的设计构思

在学习制作网页之前，用户需要掌握设计网页的构思方法。在设计与构思网页的过程中，设计者需要认真考虑的问题包括网页的主题、网页的名称、网页的标志、网页色彩搭配以及字体等要素，具体如下。

- 网页的主题：网页的主题指的是网页的题材。网络上的题材五花八门、琳琅满目，常见的题材主要有生活、娱乐、体育、影视、文学、游戏、教育、科技、投资等方面。网页题材虽然多，但设计者在选定题材时要根据自身的设计需求指定一定的原则。
- 网页的名称：网页的名称是网页中主题内容的概括。网页的访问者通过阅读网页的名称就应该能够看出网页的题材。
- 网页的标志：网站的标志(Logo)，是网站特色和内容的集中体现，其简称为站标，一般放置在网站首页和链接页面上。网站标志既可以是中文文字、英文字母，也可以是符号、图案。
- 网页的色彩：网站给人的第一印象来自视觉的冲击。因此，确定网站首页的色彩搭配是设计网页时非常重要的一步。不同的色彩搭配会在页面中产生不同的视觉效果，并且可能影响到访问者的情绪。一般来说，适合于网页标准色的颜色有蓝色、黄/橙色、黑/灰/白色 3 类色彩搭配方式。
- 网页的文字：网页文字字体与页面标准色一样，一般用于设计网站标志、标题和导航栏等页面元素。默认情况下，网页字体一般为宋体。为了体现网页的风格，设计者可以根据需要选择一些特别的字体(如行楷、隶书、手写体等)，作为网页的字体。

2. 网页的布局结构

用户在设计网页布局的过程中，应遵循对称平衡、异常平衡、对比、凝视和空白等原则。一般情况下，网页的常见布局有以下几种结构。

- π 型布局：π 型结构经常被用于设计网站的首页，其顶部一般为网站标志、导航条和广告栏。网页的下方分为 3 个部分，左、右侧为链接、广告(或其他内容)，中间部分为主题内容的局部。π 型布局页面的整体效果类似于符号“π”，这种网页的优点是充分利用栏页面的版面，可以容纳的信息量大，缺点是页面可能会因为大量的信息而显得拥挤。
- T 型布局：T 型结构的网页顶部一般为网站的标志和广告条，页面的左侧为主菜单，右侧为主要内容。T 型网页布局的优点是页面结构清晰，内容主次分明，是初学者最容易上手的布局方式；其缺点是布局规格死板，如果不注意细节上的色彩调整，很容易让访问者产生乏味感。
- “三”型布局：“三”型结构的网页常见于国外网站，此类网页布局在页面上用横向的两条色块将整个网页划分为上、中、下 3 个区域。“三”型网页布局中间的色块中一般放置广告和版权等内容。
- “框架”布局：框架结构的网页包括左右框架布局、上下框架布局和综合框架布局几种形态。采用框架布局的网页可以通过某个框架内的超链接控制其他框架页面内的内容显示。

- POP 布局：POP 引用自广告术语，指的是页面布局像一张宣传海报，其一般以一张精美的图片作为页面设计的中心。
- Flash 布局：Flash 网页布局的整体就是一个 Flash 动画，动画的画面一般制作得绚丽活泼，此类布局是一种能够迅速吸引访问者注意的新潮布局方式。

1.2 Dreamweaver CS6 简介

Dreamweaver CS6 是世界顶级软件厂商 Adobe 公司推出的一款拥有可视化编辑界面，用于制作并编辑网站和移动应用程序的网页设计软件。该软件支持代码、拆分、设计、实时视图等多种网页编辑模式，可以使网页设计初级人员无须编写任何代码就能快速创建 Web 页面。

1.2.1 Dreamweaver CS6 的工作界面

Dreamweaver CS6 的工作界面秉承 Dreamweaver 系列软件产品一贯简洁、高效和易用的特点，软件的多数功能都能在功能界面中非常方便地找到，如图 1-14 所示。

图 1-14　Dreamweaver CS6 工作界面

1. 菜单栏

Dreamweaver CS6 的菜单栏提供了各种操作的标准菜单命令，它由【文件】、【编辑】、【查看】、【插入记录】、【修改】、【文本】、【命令】、【站点】、【窗口】和【帮助】10 个菜单组成，如图 1-15 所示。

图 1-15　菜单栏

- 【文件】命令：用于文件操作的标准菜单选项，例如【新建】、【打开】和【保存】等命令。
- 【编辑】命令：用于基本编辑操作的标准菜单选项，例如【剪切】、【复制】和【粘贴】等命令。
- 【查看】命令：用于查看文件的各种视图。
- 【插入】命令：用于将各种对象插入到页面中的各种菜单选项，例如表格、图像、表单等网页元素。
- 【修改】命令：用于编辑标签、表格、库和模板的标准菜单选项。
- 【文本】命令：用于文本设置的各种标准菜单选项。
- 【命令】命令：用于各种命令访问的标准菜单选项。
- 【站点】命令：用于站点编辑和管理的各种标准菜单选项。
- 【窗口】命令：用于打开或关闭各种面板、检查器的标准菜单选项。
- 【帮助】命令：用于了解并使用 Dreamweaver 的软件和相关网站链接菜单选项。

2. 【插入】面板

在 Dreamweaver CS6 的【插入】面板(如图 1-16 所示)中包含了可以向网页文档添加的各种元素，例如文字、图像、表格、按钮、导航以及程序等。单击【插入】面板中的下拉按钮，在下拉列表中显示了所有的类别，根据类别不同，【插入】面板由【常用】、【布局】、【表单】、【数据】、Spry、InContext Editing、【文本】和【收藏夹】组成，如图 1-17 所示。

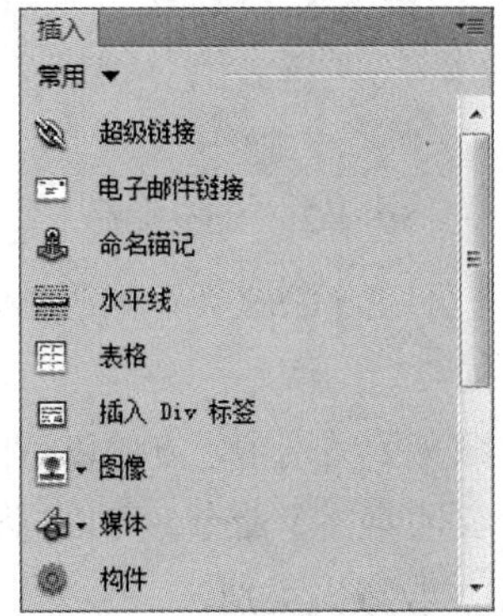

图 1-16　【插入】面板

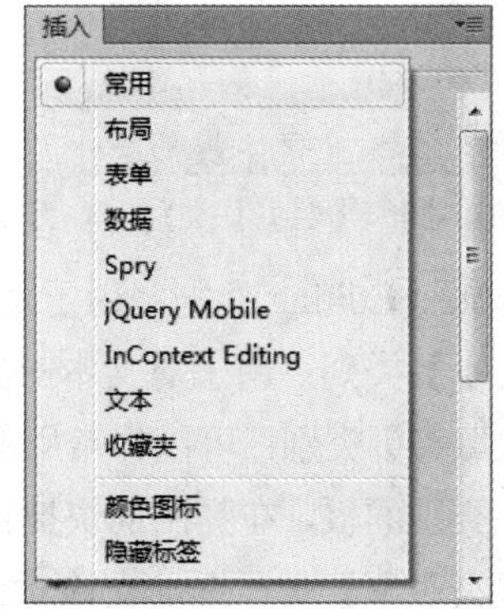

图 1-17　插入类别

Dreamweaver CS6 的【插入】面板中比较重要的选项功能如下。

- 【常用】类别：包括网页中最常用的元素对象，例如插入超链接、插入表格、插入时间日期等，如图 1-16 所示。
- 【布局】类别：整合了表格、Spry 菜单栏布局工具，还可以在【标准】和【扩展】模式之间进行切换，图 1-18 所示。
- 【表单】类别：是动态网页中最重要的元素对象之一，可以定义表单和插入表单对象，图 1-19 所示。

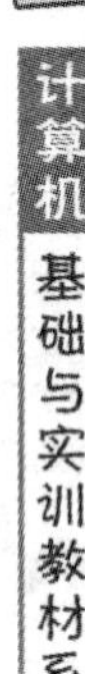

图 1-18 【布局】类别

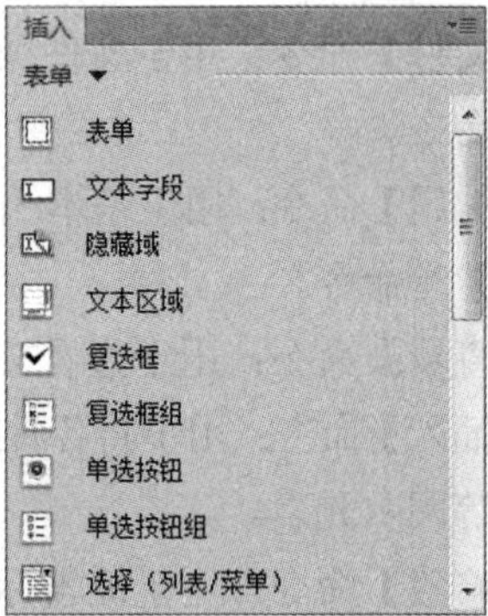

图 1-19 【表单】类别

- 【数据】类别：用于创建应用程序，如图 1-20 所示。
- Spry 类别：使用 Spry 工具栏，可以更快捷地构建 Ajax 页面，包括 Spry XML 数据集、Spry 重复项等。对于不擅长编程的用户，可以通过修正它们来制作页面，如图 1-21 所示。

图 1-20 【数据】类别

图 1-21 Spry 类别

- InContext Editing 类别：用于定义模板区域和管理可用的 CSS 类，如图 1-22 所示。
- 【文本】类别：用于对文本对象进行编辑，如图 1-23 所示。
- 【收藏夹】类别：可以将常用的按钮添加到【收藏夹】类别中，方便以后的使用。右击该类别面板，在弹出的快捷菜单中选择【自定义收藏夹】命令，可以打开【自定义收藏夹对象】对话框，在该对话框中用户可以添加收藏夹类别。

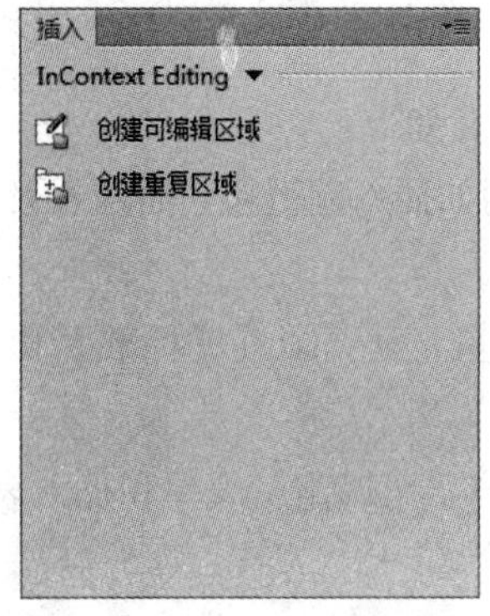

图 1-22 InContext Editing 类别

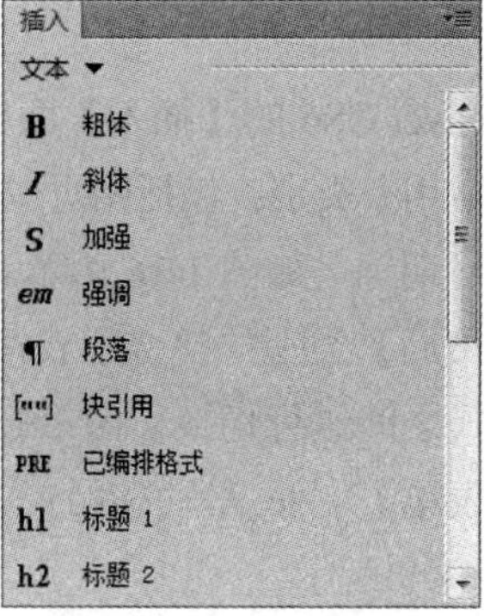

图 1-23 【文本】类别

3. 【文档】工具栏

【文档】工具栏主要包含了一些对文档进行常用操作的功能按钮，通过单击这些按钮，用户可以在文档的不同视图模式间进行快速切换，如图 1-24 所示。

设计模式

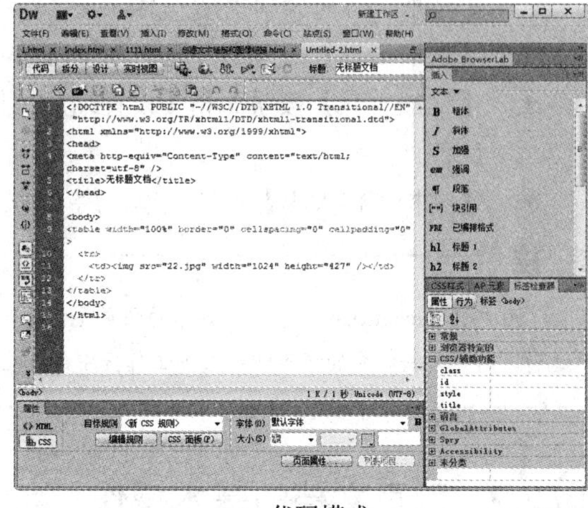

代码模式

图 1-24　【文档】窗口

5. 【属性】面板

在【属性】面板中，用户可以查看并编辑页面上文本或对象的属性，该面板中显示的属性通常对应于标签的属性，更改属性通常与在【代码】视图中更改相应的属性具有相同的效果，如图 1-25 所示。

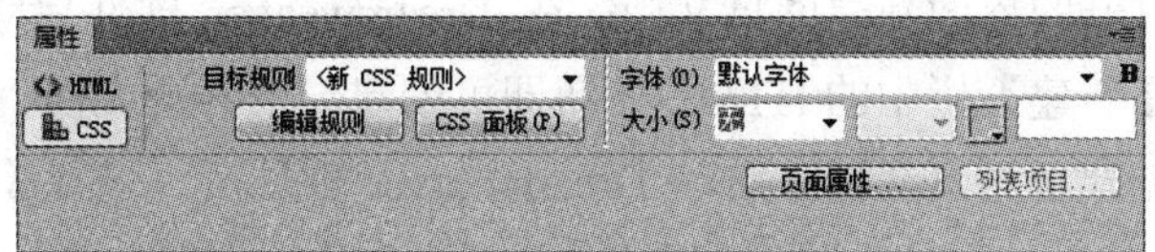

图 1-25　【属性】面板

6. 状态栏

Dreamweaver 的状态栏位于文档窗口的底部，它的作用是显示当前正在编辑文档的相关信息，例如当前窗口大小、文档大小和估计下载时间等，如图 1-26 所示。

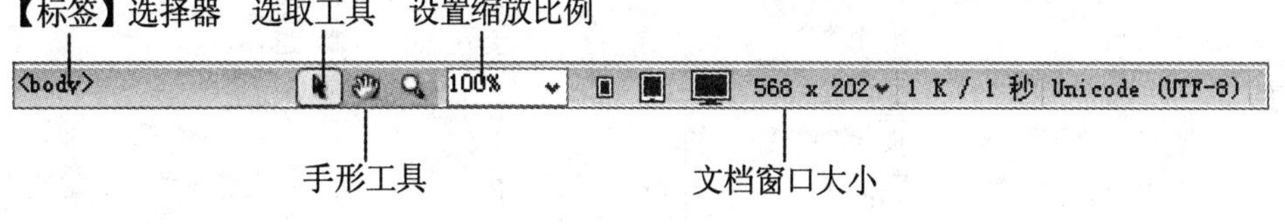

图 1-26　菜单栏

Dreamweaver CS6 状态栏中比较重要的选项功能如下。

◉ 【标签】选择器：【标签】选择器用于显示环绕当前选定内容的标签的层次结构。单

击该层次结构中的任何标签可以选择该标签及其全部内容，例如单击<body>可以选择文档的整个文档。

- 【手形工具】按钮：单击该工具按钮，在文档窗口中以拖动方式查看文档内容。单击选取工具可禁用手形工具。
- 【选取工具】按钮：选中该按钮后，单击页面中的网页元素即可将该元素选中。
- 【缩放工具】按钮和【设置缩放比例】下拉菜单：用于设置当前文档内容的显示比例。
- 【文档窗口大小】下拉菜单：用于设置当前文档窗口的大小比例。

提示

用户在 Dreamweaver 中选中具体的网页元素后，在状态栏的【标签】选择器中将显示相应元素的标签。此时，用户单击相应的标签即可选中工作区中的相应对象。

1.2.2 网页文档的基本操作

在使用 Dreamweaver 编辑网页之前，用户应掌握利用该软件制作网页的基本操作，例如创建网页、保存网页、打开网页、设置网页属性以及预览网页的效果等。

1. 创建网页

Dreamweaver 提供了多种创建网页文档的方法，用户可以通过菜单栏中的【新建】命令创建一个新的 HTML 网页文档，或使用模板创建新文档。

- 通过启动时打开的界面新建网页文档：在 Dreamweaver 软件启动时打开的快速打开界面中单击【新建】栏中的 HTML 按钮即可创建一个网页文档，如图 1-27 所示。
- 通过菜单栏创建新网页文档：启动 Dreamweaver 软件后，选择【文件】|【新建】命令，打开【新建文档】对话框，然后在该对话框中选中【空白页】选项卡后，选中【页面类型】列表框中的 HTML 选项，并单击【创建】按钮，即可创建一个空白网页文档，如图 1-28 所示。

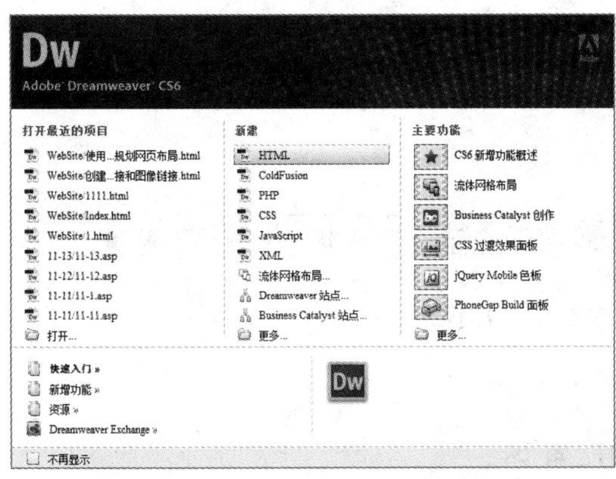

图 1-27 快速打开界面

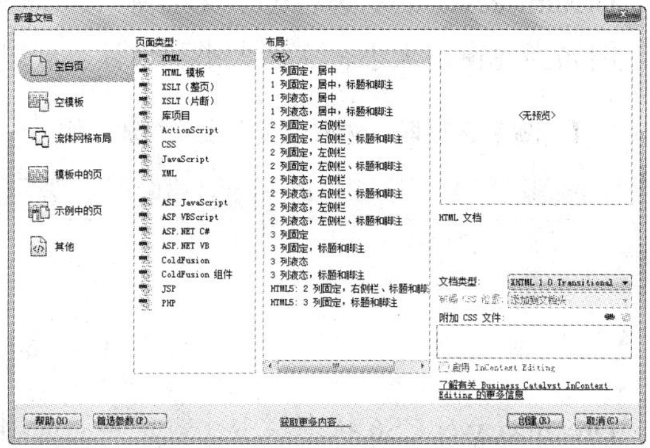

图 1-28 【新建文档】对话框

在【新建文档】对话框中，除了可以新建 HTML 类型空白网页文档外，还可以在【页面类型】列表框中选择其他类型的空白网页，例如 CSS、XML、JSP 等类型空白网页。在选择创建的空白网页类型后，在【布局】列表框中可以选择网页布局，选择的网页布局会在右侧的预览框中显示。

2. 保存网页

在 Dreamweaver 中选择【文件】|【保存】命令(或按 Ctrl+S 键)，打开【另存为】对话框，如图 1-29 所示，然后在该对话框中选择文档存放位置并输入保存的文件名称，单击【保存】按钮即可将当前打开的网页保存。

图 1-29　保存网页

3. 打开网页

选择【文件】|【打开】命令，在打开的【打开】对话框中选中一个网页文档，然后单击【打开】按钮即可打开该网页文档，如图 1-30 所示。

图 1-30　打开网页

4. 设置网页

网页文档的属性主要包括页面标题、背景图像、背景颜色、文本和链接颜色、边距等。其中，【页面标题】确定和命名了文档的名称，【背景图像】和【背景颜色】决定了文档显示的外观，【文本颜色】和【链接颜色】则可以帮助站点访问者区别文本和超文本链接等。

用户在 Dreamweaver 中创建一个网页文档后，选择【修改】|【页面属性】命令，即可在打开的【页面属性】对话框中设置网页文档的所有属性，如图 1-31 所示。

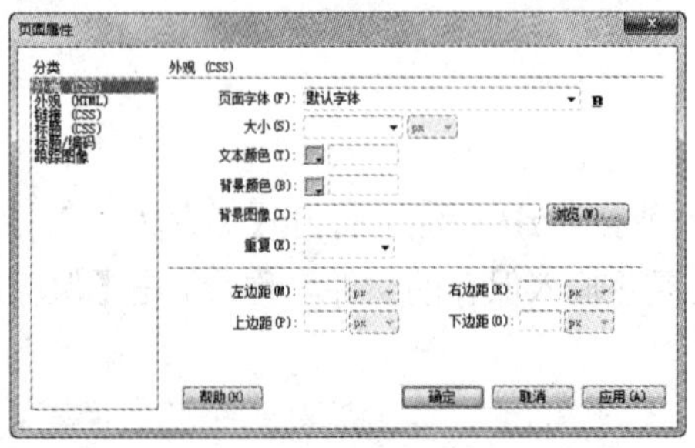

外观(CSS)

外观(HTML)

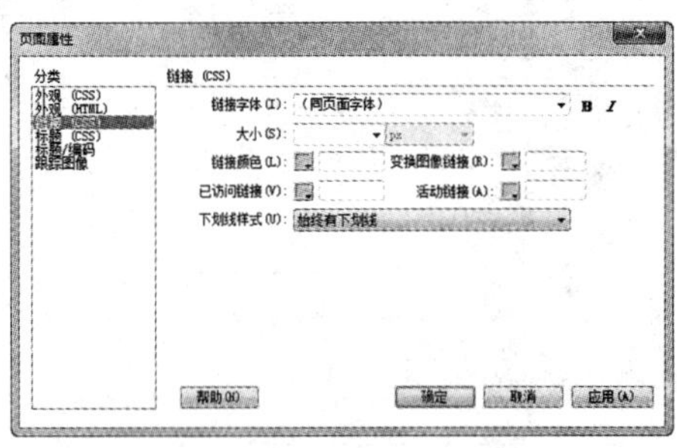

链接(CSS)

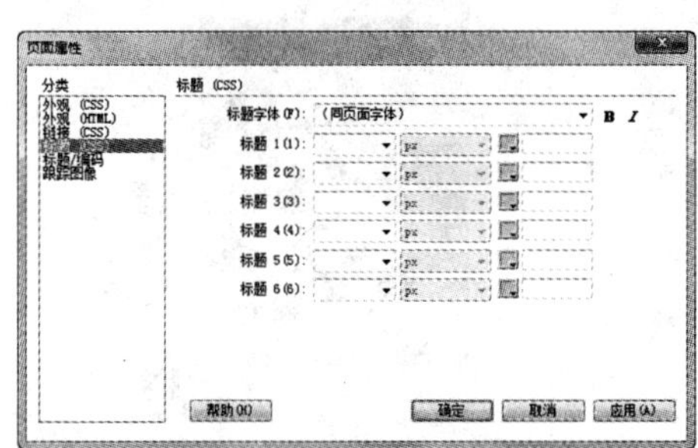

标题(CSS)

图 1-31 【页面属性】对话框

在【页面属性】对话框的【分类】列表框中显示了可以设置的网页文档分类，包括【外观(CSS)】、【外观(HTML)】、【链接(CSS)】、【标题(CSS)】、【标题/编码】和【跟踪图像】等 6 个分类选项，其各自的作用如下。

- 【外观(CSS)】选项：该选项用于设置网页默认的字体、字号、文本颜色、背景颜色、背景图像以及 4 个边距的距离等属性，会生成 CSS 格式。
- 【外观(HTML)】选项：该选项用于设置网页中文本字号、各种颜色属性，会生成 HTML 格式。
- 【链接(CSS)】选项：该选项用于设置网页文档的链接，会生成 CSS 格式。
- 【标题(CSS)】选项：该选项用于设置网页文档的标题，会生成 CSS 格式。
- 【标题/编码】选项：该选项用于设置网页的标题及编码方式。
- 【跟踪图像】选项：该选项用于指定一幅图像作为网页创作时的草稿图，该图显示在文档的背景上，便于在网页创作时进行定位和放置其他对象。在实际生成网页时并不显示在网页中。

5. 预览网页

用户在 Dreamweaver 中打开一个网页后，可以通过单击【文档】工具栏中的【实时视图】

按钮 实时视图 在【文档】窗口中预览网页的设计效果，如图 1-32 所示。

(1) 打开网页

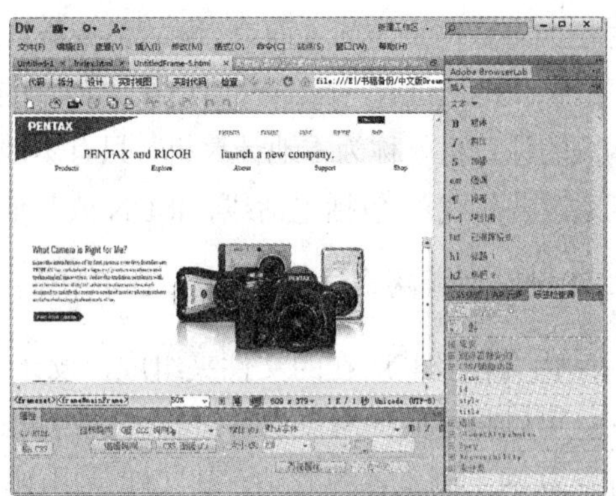

(2) 网页效果

图 1-32　预览网页效果

1.3　创建本地站点

在 Dreamweaver 软件中，用户可以创建本地站点，本地站点是本地计算机中创建的站点，其所有的内容都保存在本地计算机硬盘上，本地计算机可以被看成是网络中的站点服务器。本节将通过实例操作，详细介绍在本地计算机上创建与管理站点的方法。

1.3.1　站点概述

互联网中包括无数的网站和客户端浏览器，网站宿主于网站服务器中，它通过存储和解析网页的内容，向各种客户端浏览器提供信息浏览服务。通过客户端浏览器打开网站中的某个网页时，网站服务软件会在完成对网页内容的解析工作后，将解析的结构回馈给网络中要求访问该网页的浏览器，其流程如图 1-33 所示。

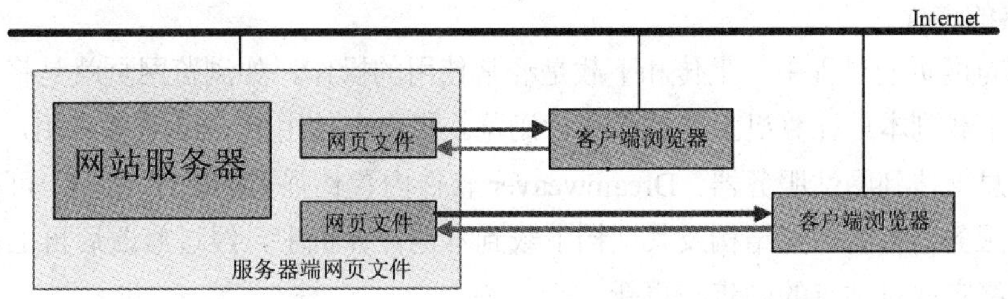

图 1-33　网站服务器、网页和浏览器

1. 网站服务器与本地计算机

一般情况下，网络上可以浏览的网页都存储在网站服务器中，网站服务器是指用于提供网络服务(例如 WWW、FTP、E-mail 等)的计算机，对于 WWW 浏览服务，网站服务器主要用于存储用户所浏览的 Web 站点和页面。

对于大多数网页访问者而言，网站服务器只是一个逻辑名称，不需要了解服务器具体的性能、数量、配置和地址位置等信息。用户在浏览器的地址栏中输入网址后，即可轻松浏览网页。对于浏览网页的计算机就称为本地计算机，只有本地计算机才是真正的实体。本地计算机和网站服务器之间通过各种线路(包括电话线、ISDN 或其他线缆等)进行连接，以实现相互间的通信。

2. 本地站点和网络远程站点

网站由文档及其所在的文件夹组成，设计完善的网站都具备科学的体系结构，利用不同的文件夹，可以将不同的网页内容进行分类组织和保存。

在互联网上浏览各种网站，其实就是用浏览器打开存储于网站服务器上的网页文档及其相关的资源，由于网站服务器的不可知特性，通常将存储于网站服务器上的网页文档及其相关资源称为远程站点。

利用 Dreamweaver 系列软件，用户可以对位于网站服务器上的站点文档直接进行编辑和管理，但是由于网速和网络传输的不稳定等因素，将对站点的管理和编辑带来不良影响。用户可以先在本地计算机上构建出整个网站的框架，并编辑相关的网页文档，然后再通过各种上传工具将站点上传到远程的网站服务器上。此类在本地计算机上创建的站点被称为本地站点。

3. Internet 服务程序

在某些特殊情况下(如站点中包含 Web 应用程序)，用户在本地计算机上是无法对站点进行完整测试的，这时就需要借助 Internet 服务程序来完成测试。

在本地计算机上安装 Internet 服务程序，实际上就是将本地计算机构建成一个真正的 Internet 服务器，用户可以从本地计算机上直接访问该服务器，这时计算机已经和网站服务器合二为一。

4. 网站文件的上传与下载

下载是资源从网站服务器传输到本地计算机的过程，而上传则是资源从本地计算机传输到 Internet 服务器的过程。

用户在浏览网页的过程中，上传和下载是经常使用的操作。如浏览网页就是将 Internet 服务器上的网页下载到本地计算机上，然后进行浏览。用户在使用 E-mail 时输入用户名和密码，就是将用户信息上传到网站服务器。Dreamweaver 软件内置栏强大的 FTP 功能，可以帮助网站设计者将网站服务器上的站点结构及其文档下载到本地计算机中，经过修改后再上传到网站服务器上，并最终实现对站点的同步与更新。

1.3.2 规划站点

用户在规划网站时，应明确网站的主题，并搜集所需要的相关信息。规划站点指的是规划

站点的结构，完成站点的规划后，在创建站点时既可以创建一个网站，也可以创建一个本地网页文件的存储地址。

1. 规划站点的目录结构

站点的目录指的是在建立网站时存放网站文档所创建的目录，网站目录结构的好坏对于网站的管理和维护至关重要。在规划站点的目录结构时，应注意以下几点：

- 使用子目录分类保存网站栏目的内容文档。应尽量减少网站根目录中的文件存放数量。要根据网站的栏目在网站根目录中创建相关的子目录。
- 站点的每个栏目目录下都要建立 Image、Music 和 Flash 目录，以存放图像、音乐、视频和 Flash 文件。
- 避免目录层次太深。网站目录的层次最好不要超过 3 层，因为太深的目录层次不利于维护与管理。
- 不要使用中文作为目录名。
- 避免使用太长的站点目录名。
- 使用意义明确的字母作为站点目录名称。

2. 规划站点的链接结构

站点的链接结构，是指站点中各页面之间相互链接的拓扑结构，规划网站的链接结构的目的是利用尽量少的链接达到网站的最佳浏览效果，如图 1-34 所示。

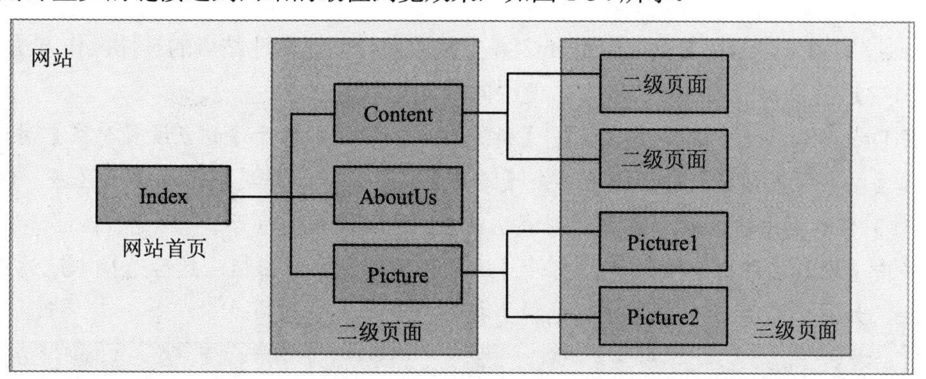

图 1-34　站点链接结构

通常，网站的链接结构包括树状链接结构和星型链接结构，在规划站点链接时应混合应用这两种链接结构设计站点内各页面的链接，尽量使网站的浏览者既可以方便快捷地打开自己需要访问的网页，又能清晰地知道当前页面处于网站内的确切位置。

【例 1-1】规划一个网站的站点目录结构和链接结构。

(1) 在本地计算机的 D 盘中新建一个文件夹，重命名该文件夹为 WebSite。

(2) 打开该文件夹，在该文件夹中创建【个人简介】文件夹，用于存储【个人简介】栏目中的文档；创建【日志】文件夹，用于存储【日志】栏目中的文档；继续创建【相册】、【收藏】等文件夹，用于存储对应栏目中的文档。

(3) 打开【个人简介】文件夹，然后在该文件夹中创建【基本资料】、【详细资料】文件夹。重复操作，分别在其他文件夹中创建相应文件夹，存储相应的文件，完成网站的目录结构。

(4) 根据创建的文件夹，规划个人网站的站点目录结构和链接结构，如图 1-35 所示。

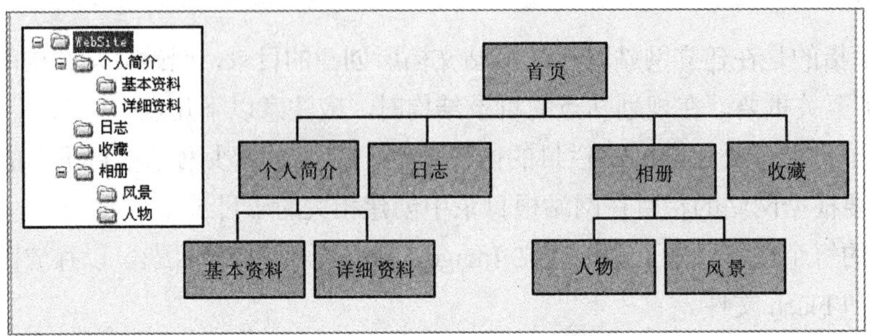

图 1-35　规划网站结构与链接

1.3.3 建立本地站点

在网络中创建网站之前，一般需要在本地计算机上将整个网站完成，然后再将站点上传到 Web 服务器上。在 Dreamweaver 软件中，创建站点既可以使用软件提供的向导创建，也可以使用高级面板创建。

1. 通过向导创建本地站点

下面通过实例来介绍在 Dreamweaver CS6 中使用向导创建本地站点的具体操作方法。

【例 1-2】在 Dreamweaver CS6 中，使用向导创建本地站点。

(1) 在 Dreamweaver 中选择【站点】|【新建站点】命令，打开【站点设置对象】对话框。

(2) 在【站点设置对象】对话框中单击【站点】类别，显示该类别下的选项区域，然后在【站点名称】文本框中输入站点名称“测试站点 1”，如图 1-36 所示。

(3) 单击【浏览文件夹】按钮，打开【选择根文件夹】对话框，然后选择本地站点文件夹 WebSite，如图 1-37 所示，并单击【选择】按钮。

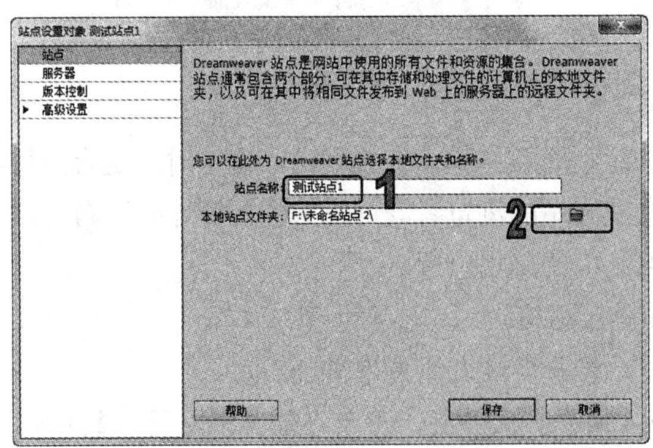

图 1-36　输入站点名称

图 1-37　选择站点文件夹

(4) 最后，在【站点设置对象】对话框中单击【保存】按钮，即可创建本地站点。

2. 使用高级面板创建站点

在 Dreamweaver 中，选择【站点】|【新建站点】命令，打开【站点设置对象】对话框，然后选中【高级设置】类别，即可展开如图 1-38 所示的选项区域，在该选项区域中用户可以设置创建站点的详细信息，具体如下。

- 【默认图像文件夹】文本框：单击该文本框后面的【浏览文件夹】按钮，可以在打开的【选择图像文件夹】对话框中设定本地站点的默认图像文件夹存储路径，如图 1-39 所示。
- 【链接相对于】：在站点中创建指向其他资源或页面的链接时指定创建的链接类型。
- Web URL：Web 站点的 URL。Dreamweaver CS6 使用 Web URL 创建站点根目录相对链接，并在使用链接检查器时验证这些链接。

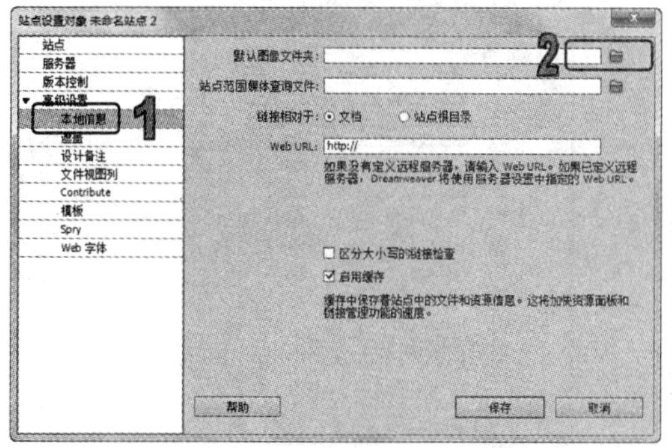

图 1-38　【高级设置】选项区域

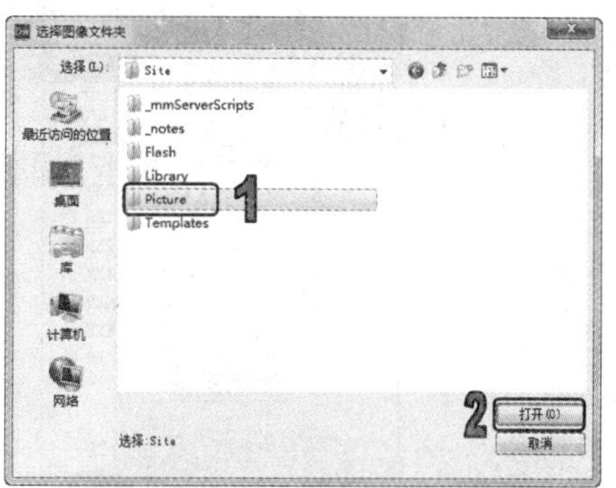

图 1-39　【选择图像文件】对话框

1.3.4　设置本地站点

在 Dreamweaver CS6 中完成本地站点的创建后，用户可以选择【站点】|【管理站点】命令，打开【管理站点】对话框，对站点进行一系列的编辑操作，例如重新编辑本地站点的保存位置、名称或删除站点等，如图 1-40 所示。

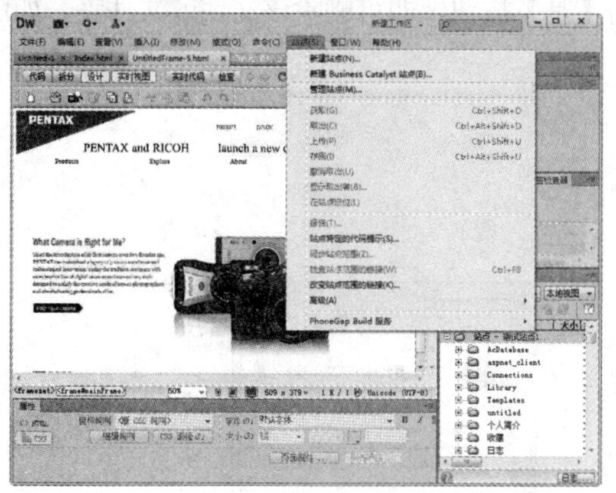

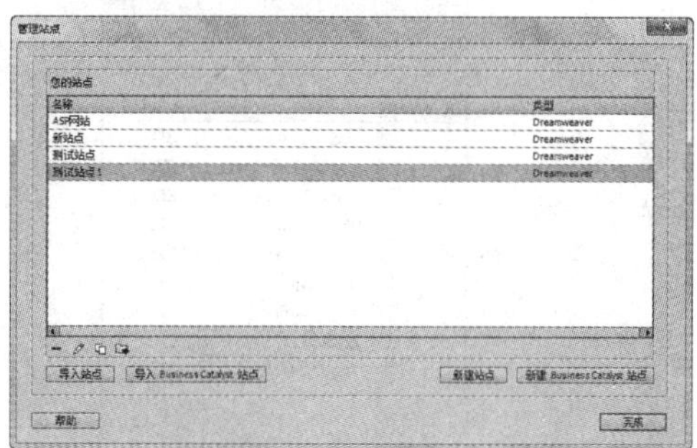

图 1-40　管理站点

1.3.5 创建站点文件

成功创建本地站点后，用户可以根据需要创建各栏目文件夹和文件，对于创建好的站点也可以进行再次编辑，或复制与删除这些站点。

1. 创建站点文件与文件夹

创建文件夹和文件相当于规划站点。用户在 Dreamweaver 中选择【窗口】|【文件】命令，打开【文件】面板，然后在该面板中右击站点根目录，在弹出的快捷菜单中选择【新建文件夹】命令，即可新建名为 untitled 的文件夹，如图 1-41 所示；选择【新建文件】命令，可以新建名称为 untitled.html 的文件，如图 1-42 所示。

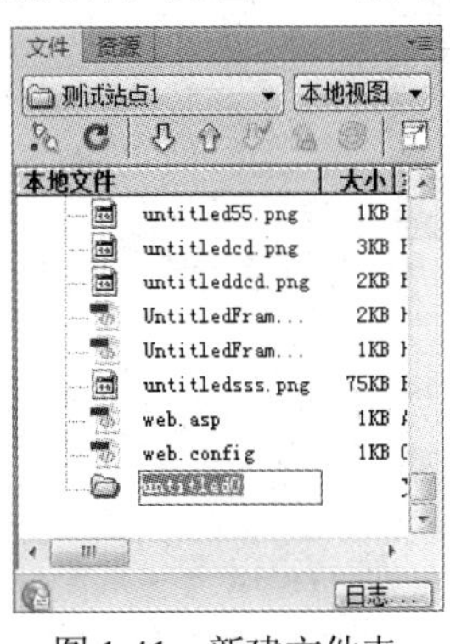

图 1-41 新建文件夹

图 1-42 新建文件夹

2. 重命名站点文件与文件夹

重命名文件和文件夹可以更清晰地管理站点。可以单击文件或文件夹名称，输入重命名的名称，按下 Enter 键即可，如图 1-43 所示。

3. 删除站点文件与文件夹

在站点中创建的文件和文件夹若不再使用，可将其删除。选中所要删除的文件或文件夹，按下 Delete 键，然后在打开的信息提示框中单击【是】按钮，即可删除该文件或文件夹，如图 1-44 所示。

图 1-43 重命名文件夹

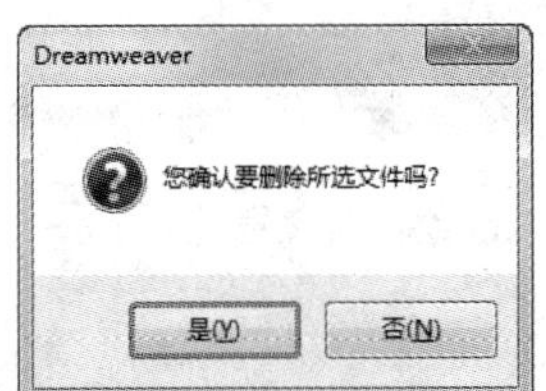

图 1-44 信息提示

1.4　设置 Dreamweaver CS6 视图模式

在 Dreamweaver CS6 中，软件提供了“设计”、“代码”、“拆分”、“实时视图”、“实时代码”和“检查”等多种视图模式，可以帮助设计者随时查看网页的设计效果和相应代码的对应状态。除此之外，在“设计”视图中，用户还可以使用“标尺”和“网格”功能，精确定位网页中的各种页面元素。

1.4.1　切换“文档”视图

文档窗口显示了当前文档，选择【查看】命令，在文档视图下拉菜单中，用户可以选择【设计】、【代码】、【拆分】、【实时视图】和【实时代码】等视图，其各自的功能如下。

- 【设计】视图：显示可视化页面布局、可视化编辑和快速应用程序开发的设计环境。在设计视图中显示了文档的完全可编辑的可视化表示形式，类似于在浏览器中查看页面时看到的内容，如图 1-45 所示。
- 【代码】视图：用于显示编写和编辑 HTML、JavaScript、服务器语言代码以及任何其他类型代码的手动编码环境，如图 1-46 所示。

图 1-45　【设计】视图

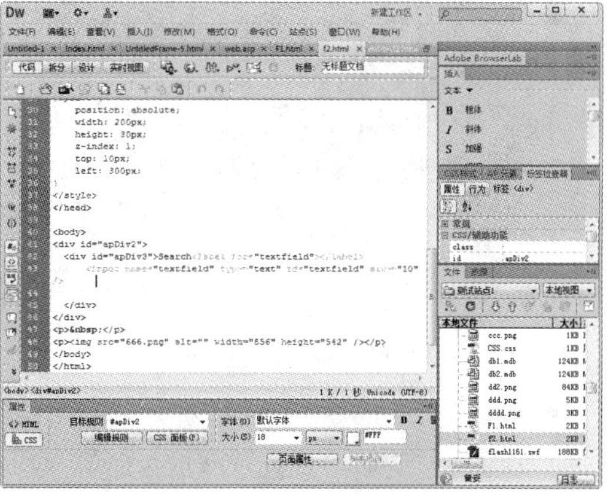

图 1-46　【代码】视图

- 【拆分】视图：使用【拆分】视图可以在一个窗口中同时显示网页文档的【代码】视图和【设计】视图。
- 【实时视图】视图：与【设计】视图类似，【实时视图】可以逼真地显示文档在浏览器中的表示形式，并使用户能够像在浏览器中那样与文档交互。【实时视图】虽然不可编辑，但是用户可以在【代码】视图中进行编辑，然后再刷新【实时视图】。
- 【实时代码】视图：仅当在【实时视图】中查看文档时可用。【实时代码】视图显示浏览器用于执行网页页面的实际代码，在【实时】视图中与页面进行交互时，【实时代码】视图可动态变化。【实时代码】视图不允许编辑操作。

1.4.2　使用标尺、网格和辅助线

Dreamweaver 提供了【标尺】和【网格】功能，用于辅助设计网页文档。【标尺】功能可以辅助测量、组织和规划布局；【网格】功能不仅可以让经过绝对定位的网页元素在移动时自动靠齐网格，还可以通过指定网格设置更改网格或控制靠齐行为。

1. 使用【标尺】功能

在设计页面时需要设置页面元素的位置，用户可以参考以下方法使用【标尺】功能。

【例 1-3】在 Dreamweaver CS6 中使用标尺功能。

(1) 选择【查看】|【标尺】|【显示】命令，可以在文档中显示标尺。

(2) 重复以上操作，可以隐藏显示标尺，如图 1-47 所示。

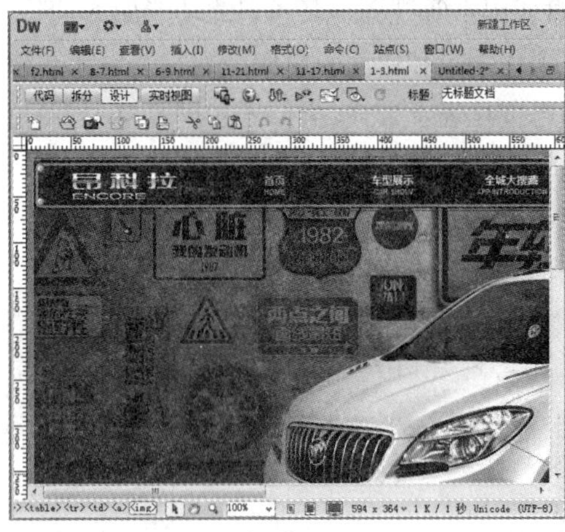

显示标尺

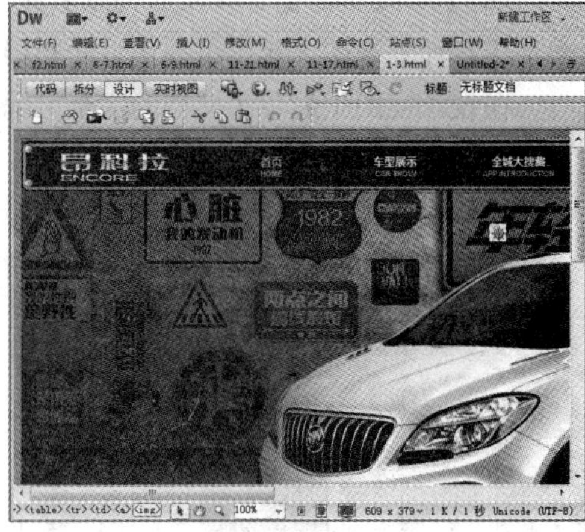

隐藏标尺

图 1-47　使用【标尺】功能

有关【标尺】的基本操作如下。

- 设置标尺的原点，可在标尺的左上角区域单击，然后拖至设计区中的适当位置。释放鼠标按键后，该位置即成为新标尺原点，如图 1-48 所示。

(1) 单击左上角区域

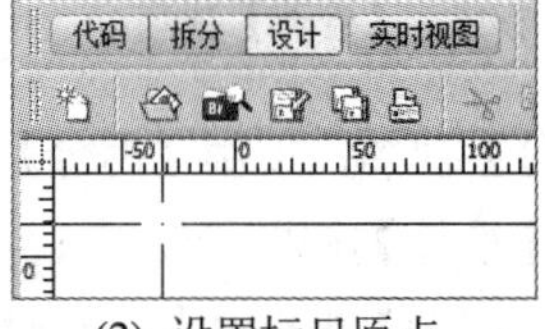

(2) 设置标尺原点

图 1-48　设置新的标尺原点

- 如果要恢复标尺初始位置，可以在窗口左上角标尺交点处双击或者选择【查看】|【标尺】|【重设原点】命令。
- 如果要更改度量单位，可以选择【查看】|【标尺】命令，在级联菜单中可以选择像素、英寸或厘米。

2. 使用【网格】功能

【网格】功能的作用是在【设计】视图中对 AP Div 进行绘制、定位或大小调整做可视化向导，可以对齐页面中的元素。用户可以参考以下方法使用【网格】功能。

【例 1-4】在 Dreamweaver CS6 中使用网格功能。

(1) 选择【查看】|【网格设置】|【显示网格】命令，在网页中显示网格，如图 1-49 所示。

(2) 重复以上操作，可以隐藏显示网格。

(3) 如果要设置网格，例如网格的颜色、间隔和显示方式等，可以选择【查看】|【网格设置】|【网格设置】命令，打开【网格设置】对话框进行设置，如图 1-50 所示。

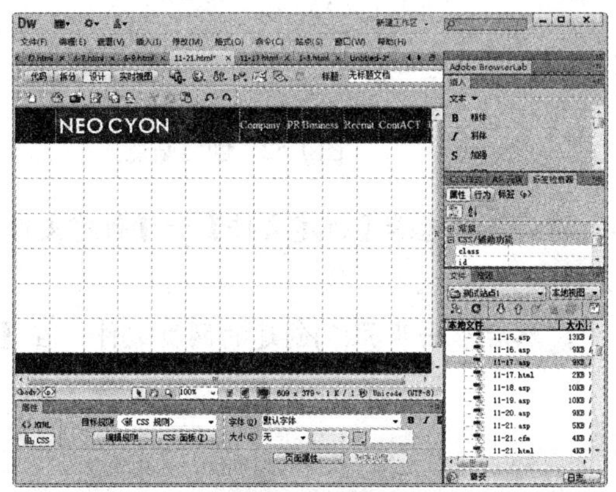

图 1-49　显示网格

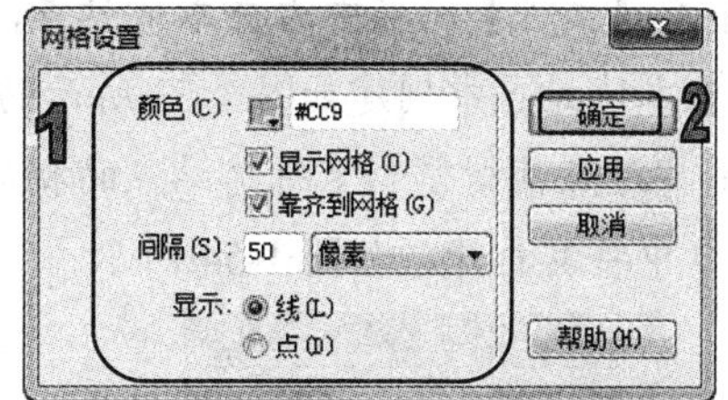

图 1-50　【网格设置】对话框

【网格设置】对话框中各参数选项的功能如下。

- 【颜色】文本框：可以在文本框中输入网格线的颜色，或者单击颜色框按钮，打开调色板选择网格线的颜色。
- 【显示网格】复选框：选中该复选框，可以显示网格线。
- 【靠齐到网格】复选框：选中该复选框，可以在移动对象时自动捕捉网格。
- 【间隔】选项：可以在文本框中输入网格之间的间距，在右边的下拉列表框中可以选择网格单位，可以选择像素、英寸和厘米。
- 【显示】选项：选中【线】单选按钮，网格线以直线方式显示；选中【点】单选按钮，网格线以点线方式显示。

1.5　上机练习

本章的上机练习将通过实例操作，详细介绍在 Dreamweaver 中创建与规划本地站点的方法，帮助用户进一步巩固所学的知识。

在 Dreamweaver 中创建一个本地站点，并在【文件】面板中规划站点。

(1) 启动 Dreamweaver 后，选择【站点】|【新建站点】命令，打开【站点设置对象】对话框，如图 1-51 所示。

(2) 在【站点设置对象】对话框中的【站点名称】文本框中输入站点的名称，在【本地站点文件夹】文本框中输入本地站点的路径，单击【保存】按钮即可创建一个本地站点。此时，用户可以在打开的【文件】面板中看到创建的本地站点，如图 1-52 所示。

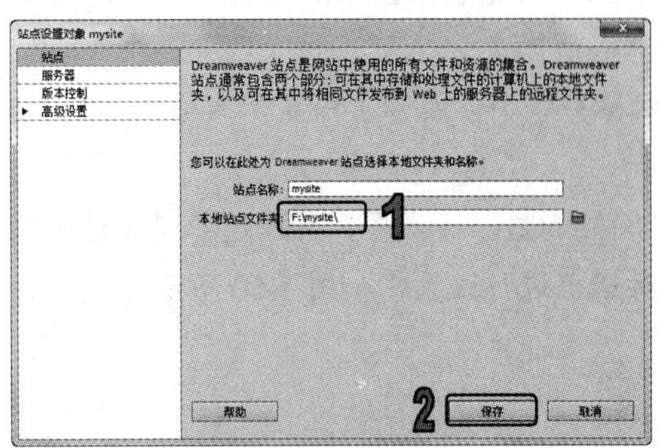

图 1-51　【站点设置对象】对话框

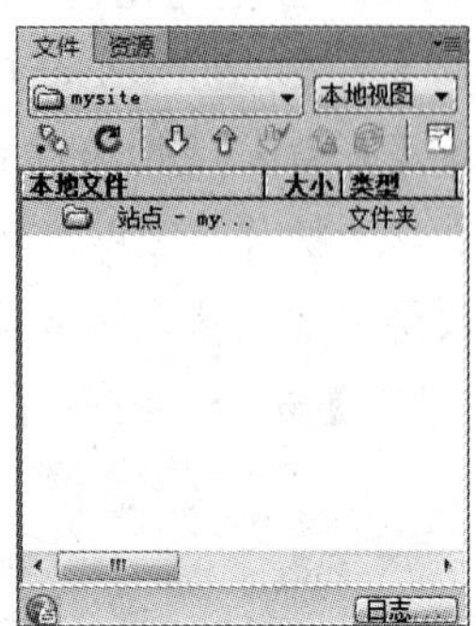

图 1-52　创建站点

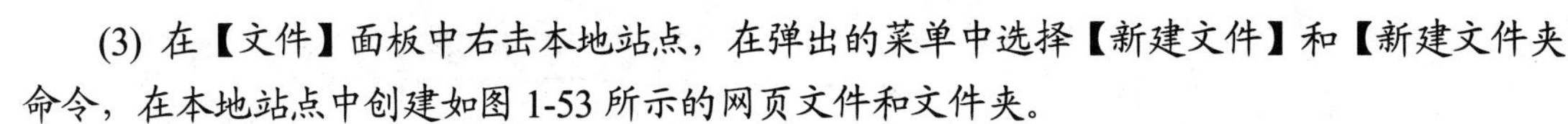

(3) 在【文件】面板中右击本地站点，在弹出的菜单中选择【新建文件】和【新建文件夹】命令，在本地站点中创建如图 1-53 所示的网页文件和文件夹。

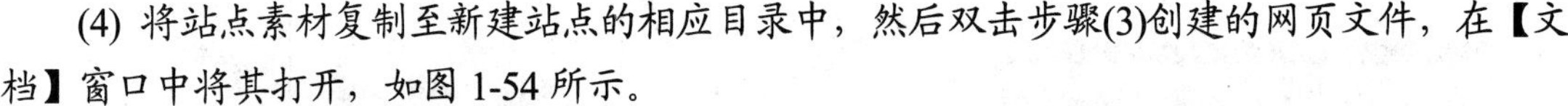

(4) 将站点素材复制至新建站点的相应目录中，然后双击步骤(3)创建的网页文件，在【文档】窗口中将其打开，如图 1-54 所示。

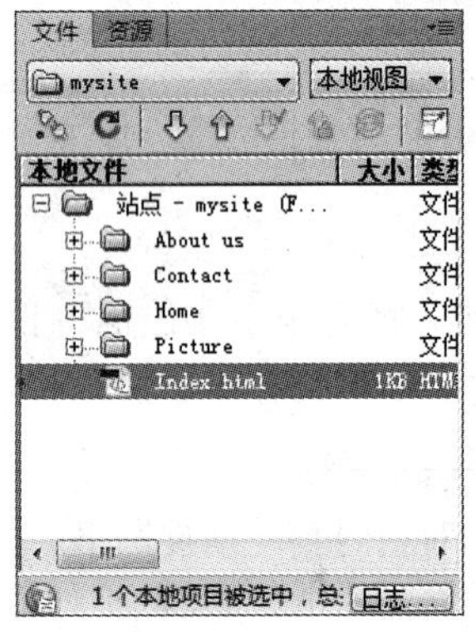

图 1-53　创建站点文件夹和文件

图 1-54　打开网页文档

(5) 完成以上操作后即可创建一个 Dreamweaver 本地站点。

1.6　习题

1. 简述站点、浏览器和网页的关系。
2. 简述 Dreamweaver CS6 的工作界面和该软件主界面中各个区域的功能。

第2章 网页文本的处理与控制

学习目标

在网页中，文字是将各种信息传达给浏览者的最主要和最有效的途径，无论设计者制作网页的目的是什么，文本都是网页不可缺少的组成元素。在 Dreamweaver 软件中，用户可以通过设置文本的字体、字号、颜色、字符间距与行间距等属性区别网页中不同的文本。本章将重点介绍在网页中输入与编辑文本的相关知识。

本章重点

- 设置网页标题
- 对文本进行基本设置
- 设置项目列表
- 复制、粘贴网页文本
- 在网页中导入 Office 文档

2.1 设置网页标题

在打开网页时，最先看到的是网页的标题。网页标题一般位于网页的左上角，也就是浏览器中当前网页的名称，如图 2-1 所示。在使用搜索引擎对网页进行搜索时，标题被优先搜索，因此，对于一个网页而言，标题是非常重要的部分。很多网站都会把一些重要的信息放在网页标题中，从而使网页在搜索结果中位于前列。

图 2-1　网页标题

1. 通过【页面属性】对话框设置网页标题

在 Dreamweaver CS6 中选择【修改】|【页面属性】命令(如图 2-2 所示)，打开【页面属性】对话框。在【页面属性】对话框的【分类】列表框中选中【标题/编码】选项，然后在对话框右侧的【标题】文本框中可以输入网页的标题，如图 2-3 所示。

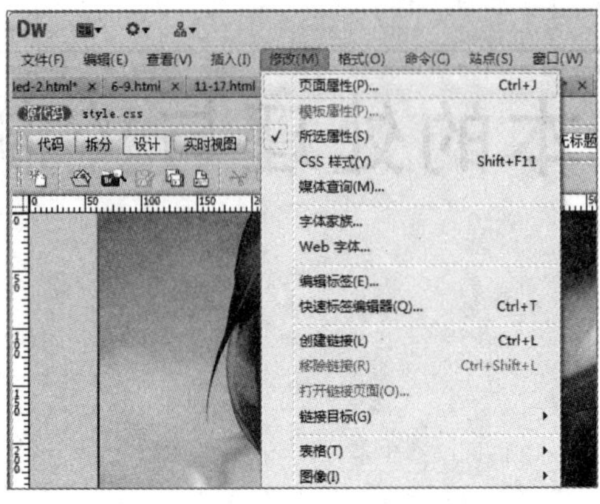

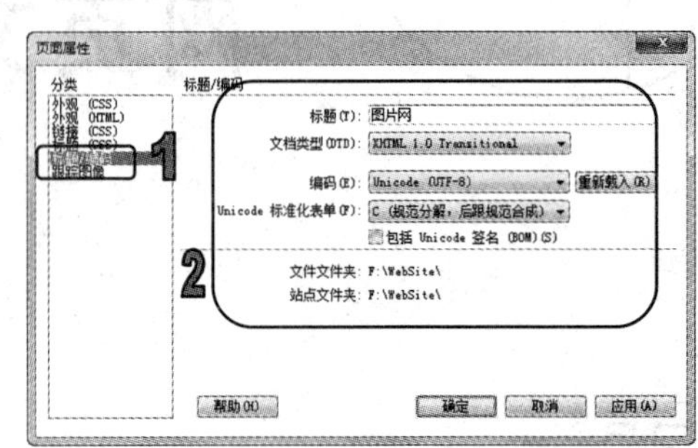

图 2-2　选中【页面属性】命令　　　　图 2-3　【页面属性】对话框

2. 直接在 Dreamweaver 中设置网页标题

除了可以在【页面属性】对话框中设置网页的标题以外，用户还可以在 Dreamweaver 文档窗口标题处直接设置当前打开网页的标题，如图 2-4 所示。

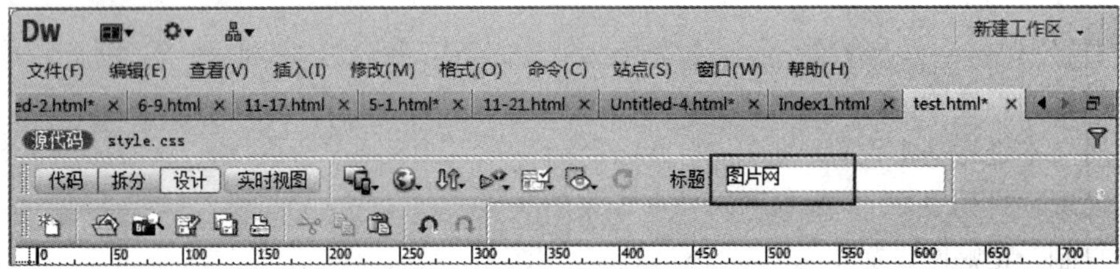

图 2-4　Dreamweaver 文档窗口标题栏

3. 通过修改 HTML 代码设置网页的标题

用户还可以在 Dreamweaver 代码视图中对网页标题进行设置，若在设计视图中已经设置好了网页的标题，那么在代码视图或拆分视图中就可以看到 HTML 代码中是如何设置标题的，如图 2-5 所示。

```
<!DOCTYPE html PUBLIC "-//W3C//DTD XHTML 1.0 Transitional//EN"
"http://www.w3.org/TR/xhtml1/DTD/xhtml1-transitional.dtd">
<html xmlns="http://www.w3.org/1999/xhtml">
<head>
<meta http-equiv="Content-Type" content="text/html; charset=utf-8" />
<title>图片网</title>
<link href="style.css" rel="stylesheet" type="text/css" />
</head>
```

图 2-5　代码视图

从图 2-5 可以看出，网页的标题在<title>…</title>标签中编写。因此，对于网页标题的设置可以在<title>…</title>标签之间任意进行修改。

提示

HTML(Hyper Text Mark-up Language)即超文本标记语言，是 WWW 上通用的描述语言。HTML 语言主要是为了把存放在一台计算机中的文本或图形与另一台计算机中的文本或图形方便地联系在一起，形成有机的整体。

2.2 HTML 文件的基本结构

HTML 文件通常由 3 部分组成：即起始标记、网页标题和文件主体。其中，文件主体是 HTML 文件的主要部分与核心内容，它包括文件所有的实际内容与绝大多数的标记符号。

2.2.1 HTML 文件基本结构

在 HTML 文本中，有一些固定的标记要放在每一个 HTML 文件里。HTML 文件的总体结构如下所示：

```
<Html>
        <Head>
        网页的标题及属性
        </Head>
        <Body>
        文件主体
        </Body>
</Html>
```

以上结构中，各部分的含义如下。

- <Html></Html>标记：<Html>标记用于 HTML 文档的最前面，用于标识 HTML 文档的开始。而</Html>标记恰恰相反，它放在 HTML 文档的最后面，用来标识 HTML 文档的结束，两个标记必须一起使用。
- <Head></Head>标记：<Head></Head>标记对构成 HTML 文档的开头部分，在此标记对之间可以使用<Title></Title>、<Script></Script>等标记对。这些标记对都是描述 HTML 文档相关信息的标记对，<Head></Head>标记对之间的内容不会在浏览器的窗口内显示出来，两个标记必须一起使用。
- <Body></Body>标记：<Body></Body>标记对之间的内容是 HTML 文档的主体部分，在此标记对之间可包含众多的标记和信息，它们所定义的文本、图像等将会在浏览器的窗口内显示出来，两个标记必须一起使用。

2.2.2 常用 HTML 标签简介

下面将介绍几种常用的 HTML 网页标题标记，包括 Title 标记、Base 标记、Link 标记以及 Meta 标记等。

- <Title></Title>标记：<Title></Title>标记标明 HTML 文件的标题，是对文件内容的概括。一个好的标题能使读者从中判断出该文件的大概内容。文件的标题一般不会显示在文本窗口中，而以窗口的名称显示在标题栏中。<Title></Title>标记对只能放在<Head>与</Head>标记对之间：

```
<Title>我的网页</Title>
```

- <Base>标记<Base>标记用于设定超链接的基准路径。使用这个标记，可以大大简化网页内超链接的编写。用户不必为每个超链接输入完整的路径，而只需指定它相对于<Base>标记所指定的基准地址的相对路径即可。该标记包含参数 Href，用于指明基准路径，其用法如下：

```
<Base href="URL">
```

- <Link>标记：<Link>标记表示超链接，在 HTML 文件的<Head>标记中可以出现任意数目的 Link 标记。它也包含有参数 Href。<Link>标记可以定义含有链接标记的文件与 URL 中定义文件之间的关系。该标记用法如下：

```
<link rev="RELATIONSHIP"    rel="RELATIONSHIP" href="URL">
```

- <Meta>标记：<Meta>标记用来指明与文件内容相关的信息。每一个标记指明一个名称或数值对。如果多个<Meta>标记使用了相同的名称，其内容便会合并成一个用逗号隔开的列表，也就是和该名称相关的值。Meta 标记的一般用法如下：

```
<Meta http-equiv="Content-Type" content="text/html;charset=gb2312">
```

- <Img>标记：<Img>标记用于处理图像的输出。HTML 采用的图像格式有 GIF、JPG 和 PNG 3 种。在网页中插入图像时，需要使用 HTML 的<Img>标记，其格式如下：

```
<Img Src="Picname">
```

- <Hr>标记：使用<Hr>标记可以在网页中插入一条水平线，它的使用方式如下：

```
<Hr Align=对齐方式  Width=x%,Size=n,Noshade>
```

- <Table></Table>标记：<Table></Table>标记用于定义表格。网页中的一个表格由<Table>标记开始，</Table>标记结束，表格的内容由<Tr>标记和<Td>标记定义。<Tr>标记说明表格的一个行，表格有多少行就有多少个<Tr>标记；<Td>标记则设定一个单元格来填充表格。

```
<Table  Border=1>
    <Tr>
    <Td>007</Td>
    <Td>王燕</Td>
    <Td>95</Td>
    </Tr>
</Table>
```

- <Ol></Ol>标记：当网页中的某些内容存在排序关系时，可以使用编号列表，以表明这些内容是有前后顺序的。编号列表的应用格式如下：

```
<Ol>
<Li>编号列表
……
</Ol>
```

- <Ul></Ul>标记：当网页内容出现并列选项时，可采用符号列表。它的标记是<Ul>(它是 Unordered List 英文的缩写)，在每一列表项的开始处需要使用<Li>标记以示区别。符号列表的使用格式如下：

```
<Ul>
<Li>符号列表
……
</Ul>
```

- <Frame><Frameset>标记：在设计框架网页时，<Frame>标记和<Frameset>标记用于定义框架网页的结构。由于框架网页的出现，从根本上改变了 HTML 文档的传统结构，因此在出现<Frameset>标记的文档中，将不再使用<Body>标记：

```
<Html>
    <Head>…</Head>
    <Frameset>…</Frameset>
    <Frame Src="URL">
</Html>
```

提示

如果考虑到一些不支持框架网页功能的浏览器，可使用<Noframes></Noframes>标记对，把此标记对放在<Frameset></Frameset>标记对之间。

2.3　网页文本的基本设置

文本是网页中最常见也是应用最广泛的元素之一，是网页内容的核心部分。在网页中输入文本与在其他应用软件(例如 Word、Excel 等)中添加文本一样方便，用户可以在 Dreamweaver 软件中直接在网页中输入文本，也可以从其他文档中复制文本，还可以插入水平线和特殊字符等。本节将通过实例详细介绍在网页中添加和设置文本的具体方法。

2.3.1 设置文本标题

在 Dreamweaver CS6 中设置网页文本之前，需要先将作为标题的文字选中，然后选择【修改】|【页面属性】命令，打开【页面属性】对话框。在 Dreamweaver 中，【页面属性】对话框中各属性选项的更改方式与【属性】面板相同。在【页面属性】对话框中选中【分类】列表框中的【标题(CSS)】选项，在标题的设置选项可以看到，文本标题的设置共有 6 个级别，也就是说，用户最多可以直接在【页面属性】对话框中设置 6 个级别的标题，如图 2-6 所示。

在【页面属性】对话框中对文本的标题进行设置时，每个标题的字体大小和颜色都可以单独设置。需要对所有标题设置字体类型。通常情况下，【标题字体】下拉列表框中会为用户列出一些默认的字体，如果没有用户需要的字体，用户还可以在【标题字体】下拉列表框中选择【编辑字体列表】选项，如图 2-7 所示，打开【编辑字体列表】对话框添加新的字体类型。

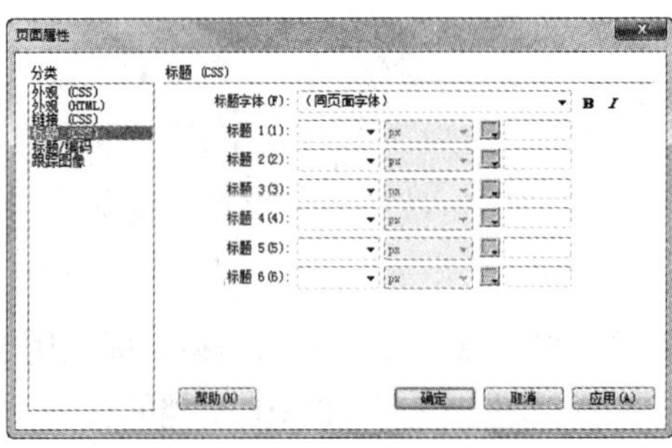

图 2-6 【页面属性】对话框

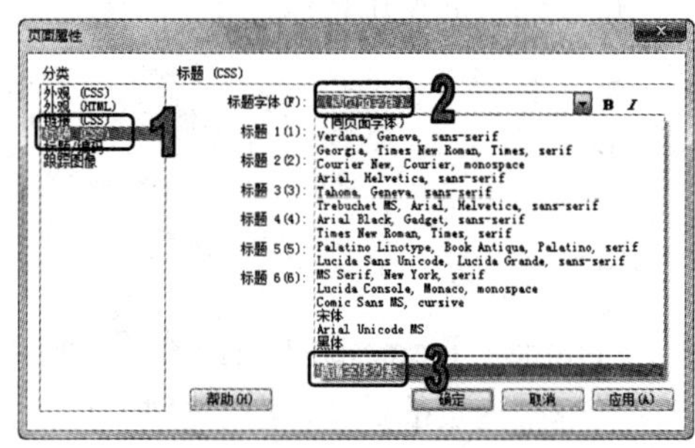

图 2-7 编辑字体列表

在【编辑字体列表】对话框中的【可用字体】列表框中选择字体，然后单击【添加】按钮，即可将选中的字体添加至【字体列表】列表框中，如图 2-8 所示。

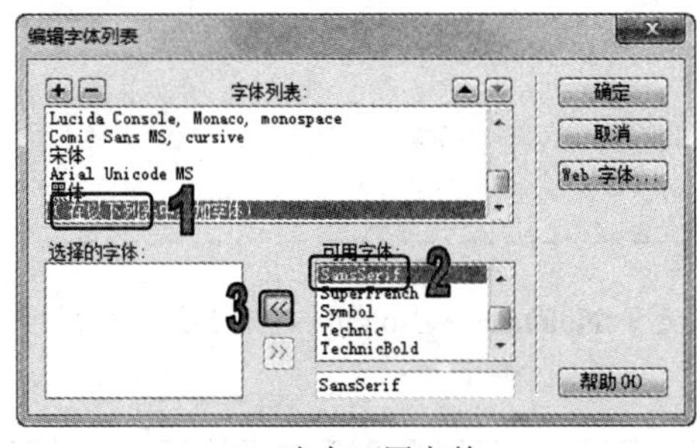

(1) 选中可用字体

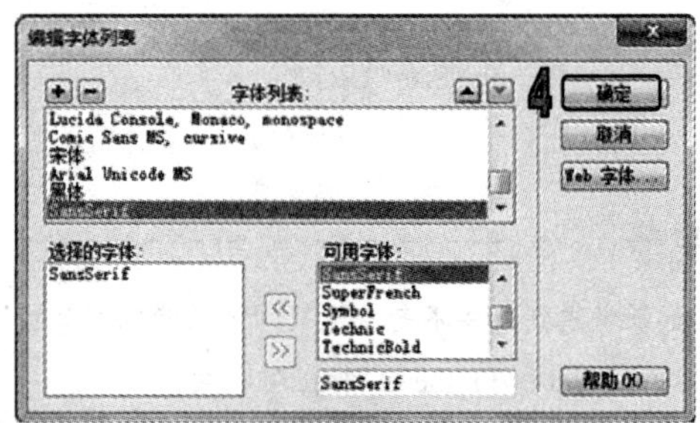

(2) 添加至字体列表

图 2-8 添加新字体

另外，在【编辑字体列表】对话框中的【字体列表】列表框中单击“+”和“-”还可以对当前已有的字体进行添加与删除操作(需要注意的是，从【可用字体】列表框中添加字体每次只能添加一个，若超添加数量过一个，超出的字体将和一个添加的字体被列在同一项中)。

Dreamweaver CS6 的【编辑字体列表】对话框具备 Web 字体嵌入功能，该功能可以突破浏览器默认安全字体的使用局限，使网页设计者能够有更加灵活地设计空间。在【编辑字体列表】对话框中单击【Web 字体】按钮后，将打开如图 2-9 所示的【Web 字体管理器】对话框，在该对话框中用户可以单击【添加字体】按钮，打开【添加 Web 字体】对话框自定义新的字体，如图 2-10 所示。

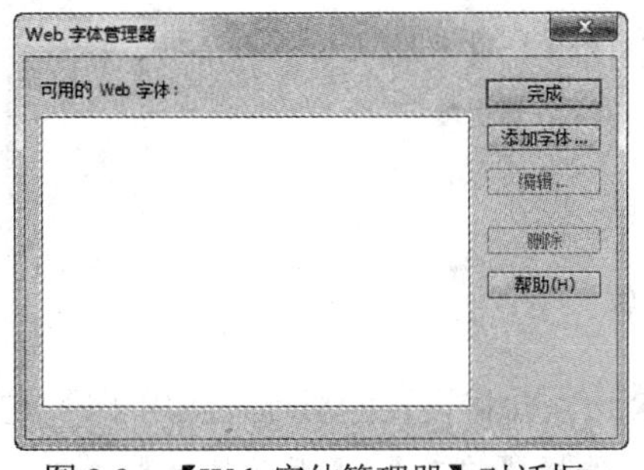

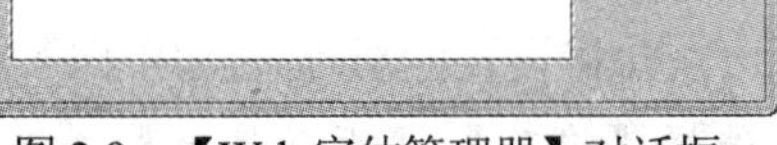

图 2-9　【Web 字体管理器】对话框

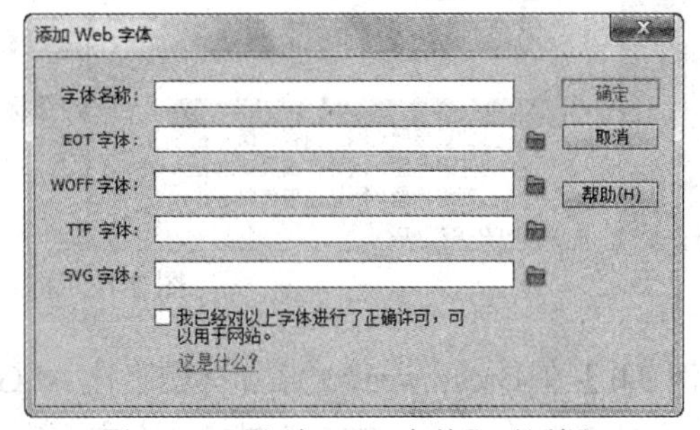

图 2-10　【添加 Web 字体】对话框

由于不同浏览器对字体格式的支持不一致，所以 Dreamweaver CS6 提供了 EOT、WOFF、TTF 和 SVG 等 4 种字体的导入方式，其各自的特点如下。

- EOT 字体：.eot 字体是 IE 浏览器的专用字体，可以从 TrueType 创建此类字体。支持 EOT 字体的浏览器有 IE4+。
- WOFF 字体：.woff 字体是 Web 字体中的最佳格式，它是一个开放的 TrueType/OpenType 的压缩版本，同时也支持数据包的分类。支持 WOFF 字体的浏览器有 IE9+、Firefox3.5+、Chrome6+、Safari3.5+、Opera11.1+等。
- TTF 字体：.ttf 字体是 Windows 和 Mac 的最常见字体，它是一种 RAW 格式，因此不会为网站优化。支持 TTF 字体的浏览器有 IE9+、Firefox3.5+、Safari3.5+、Opera10+、iOS Mobile Safari4.2+等。
- SVG 字体：。.svg 字体是基于 SVG 字体渲染的一种格式。支持 SVG 字体的浏览器有 Chrome4+、Safari3.1+、Opera10+、iOS Mobile Safari3.2+等。

在 Dreamweaver 中导入 Web 字体后，用户需要在【添加 Web 字体】对话框中选中【我已经对以上字体进行正确许可】复选框，这样单击【确定】按钮添加 Web 字体才会由只读变为可单击状态。这里需要注意的是，在添加应用 Web 字体之前应先保存要使用的 Web 字体的网页，因为在用户添加 Web 字体时，Dreamweaver 会以设计者自定义的字体名称为文件夹命名，在与该网页同级的目录下新建一个文件夹，把导入的 Web 字体复制到该文件夹中，并新建一份名为 stylesheet 的 CSS 文件也存放于此文件夹中，如图 2-11 所示。

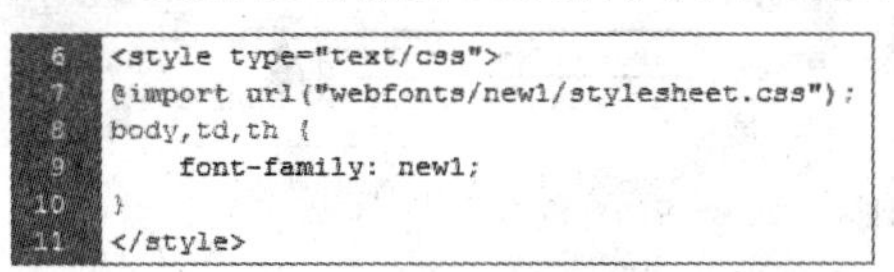

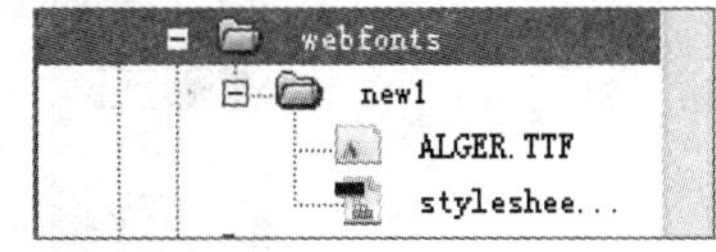

图 2-11　自定义字体保存路径

在 Dreamweaver 代码视图中，对于文本标题的设置可以使用标题字标记<h>来编写。一般情况下，一级标题就是<h1>…</h1>，二级标题就是<h2>…</h2>，如图 2-12 所示。

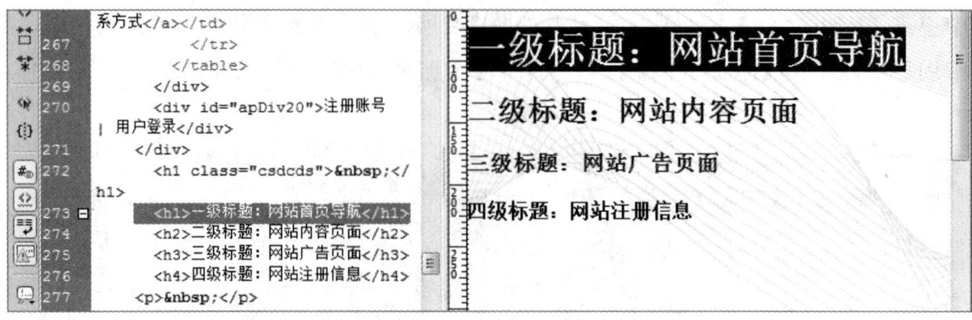

图 2-12　标题标签

【例 3-1】在 Dreamweaver 添加标题字体 ALGER.ttf，并将设置的新标题应用于网页文本。

(1) 启动 Dreamweaver CS6 后创建一个空白网页，选择【修改】|【页面属性】命令，打开【页面属性】对话框，如图 2-13 所示。

(2) 在【页面属性】对话框中单击【页面字体】下拉列表按钮，在弹出的下拉列表中选中【编辑字体列表】选项，打开【编辑字体列表】对话框，如图 2-14 所示。

图 2-13　【页面属性】对话框

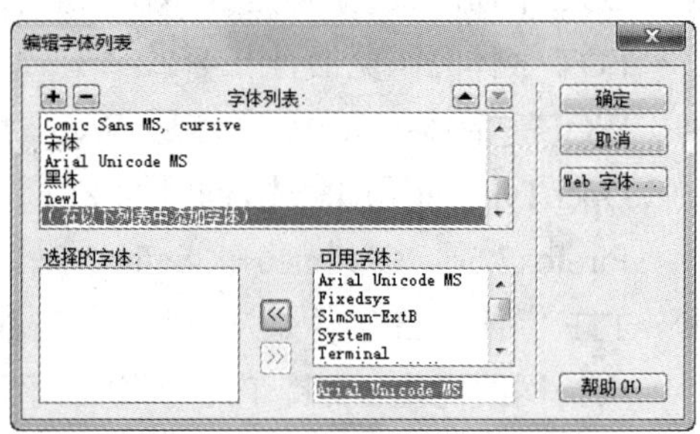

图 2-14　【编辑字体列表】对话框

(3) 在【编辑字体列表】对话框中单击【Web 字体】按钮，然后在打开的【Web 字体管理器】对话框中单击【添加字体】按钮，如图 2-15 所示。

(4) 在打开的【添加 Web 字体】对话框中输入需要添加网页字体的名称，并设置字体的类型及字体文件(例如“ALGER.ttf”文件)的来源后，单击【确定】按钮，如图 2-16 所示。

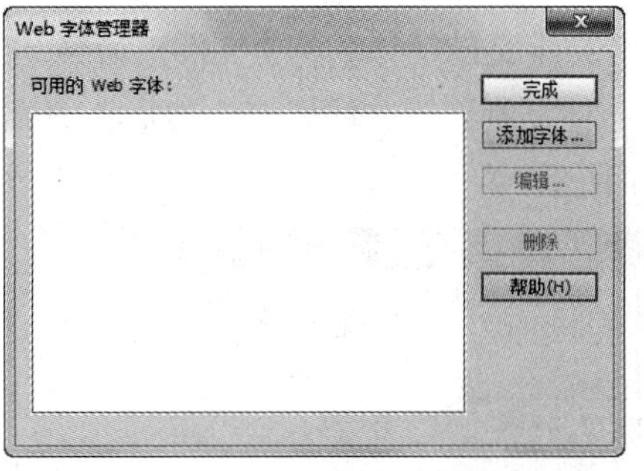

图 2-15　【Web 字体管理器】对话框

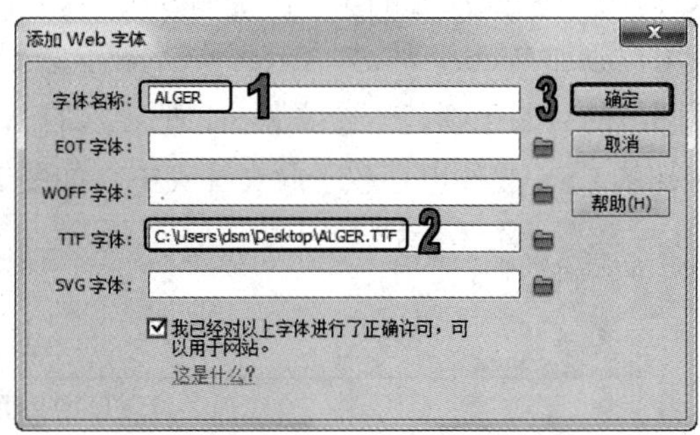

图 2-16　【添加 Web 字体】对话框

(5) 返回【Web 字体管理器】对话框，单击该对话框中的【完成】按钮，返回【编辑字体列表】对话框。

(6) 在【编辑字体列表】对话框的【可用字体】列表框中选中添加的网页字体后，单击【添加】按钮《，将该字体添加至【字体列表】列表框中，如图 2-17 所示。

(7) 在【编辑字体列表】对话框中单击【确定】按钮，返回【页面属性】对话框。

(8) 在【页面属性】对话框中单击【页面字体】下拉列表按钮，在弹出的下拉列表中选中前面添加的网页字体，如图 2-18 所示。

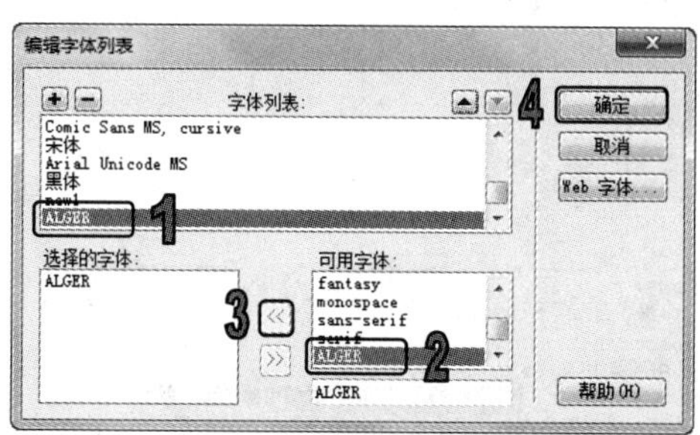

图 2-17　添加可用字体

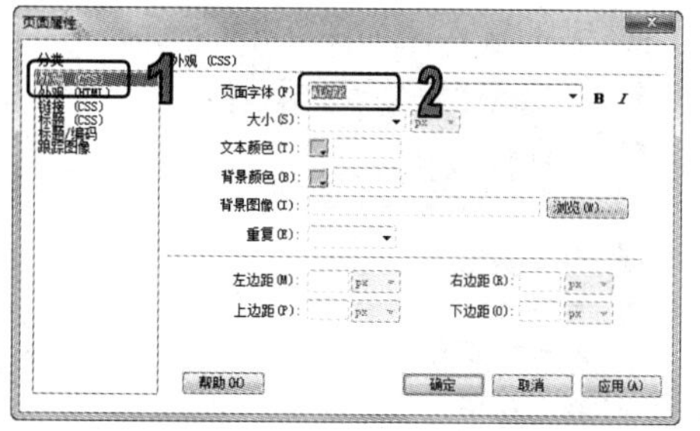

图 2-18　设置页面字体

(9) 在【页面属性】对话框中的【分类】列表框中选中【标题(CSS)】选项，并在打开的选项区域中单击【标题字体】下拉列表按钮，在弹出的下拉列表中选中 ALGER 选项。

(10) 分别设置【标题 1】和【标题 2】的字体和颜色，如图 2-19 所示，完成后单击【确定】按钮，并根据 Dreamweaver 软件的提示保存网页。

(11) 在网页中输入文字，然后选中需要设置标题的文字，并单击【属性】面板中的【格式】下拉列表按钮，在弹出的下拉列表中选中相应的标题，即可在文字上应用本例所添加的标题字体，效果如图 2-20 所示。

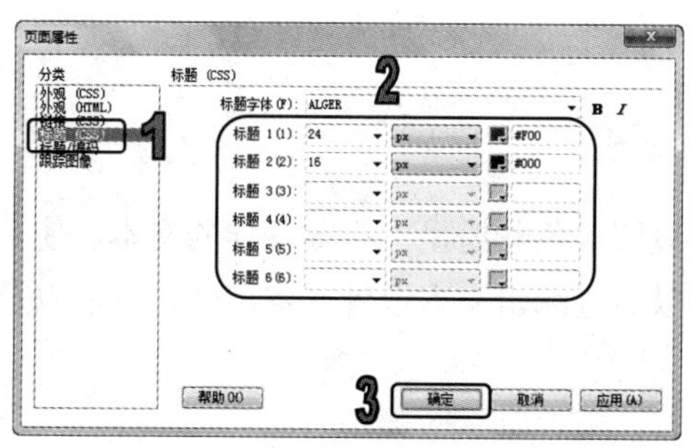

图 2-19　设置标题字体

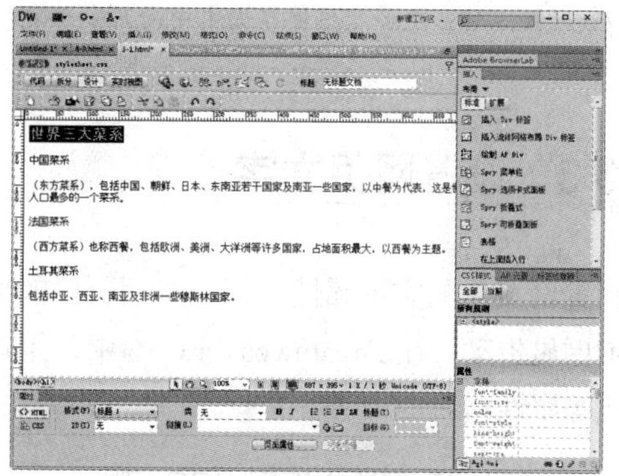

图 2-20　应用标题

2.3.2　添加空格

默认情况下，在 Dreamweaver 中添加空格时，用户若直接在文档窗口中选中文本，并按下键盘上的空格键只能输入一个空格，连续按下空格键光标将不会向后移动。

使用 Dreamweaver 在网页中连续输入空格的方法有以下几种。

- 按下【Ctrl+Shift+空格】键即可在网页中输入连续的空格。
- 在【插入】面板中切换【文本】分类，然后单击该分类中最后一个按钮，在弹出的下拉列表中选中【不换行空格】选项，如图 2-21 所示。当需要在网页中输入多个空格时，可以通过单击【文本】分类中的按钮，实现空格的连续输入。
- 在【代码】视图中合适的位置上输入“ ”，可以为网页文本添加 1 个空格键，若需要输入多个空格键，可以使用“；”将若干个“ ”分开，从而实现连续空格键的输入，如图 2-22 所示。

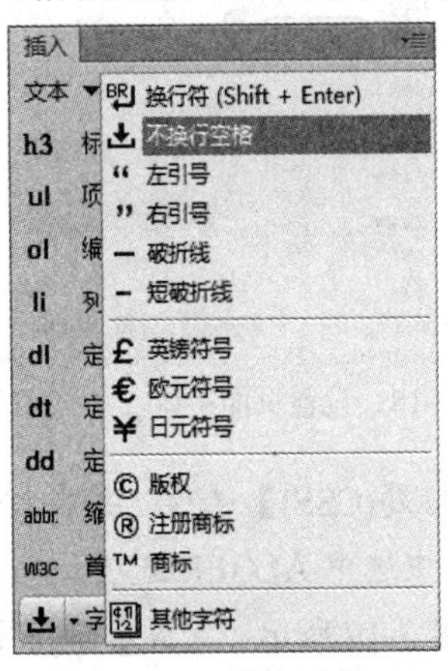

图 2-21　不换行空格

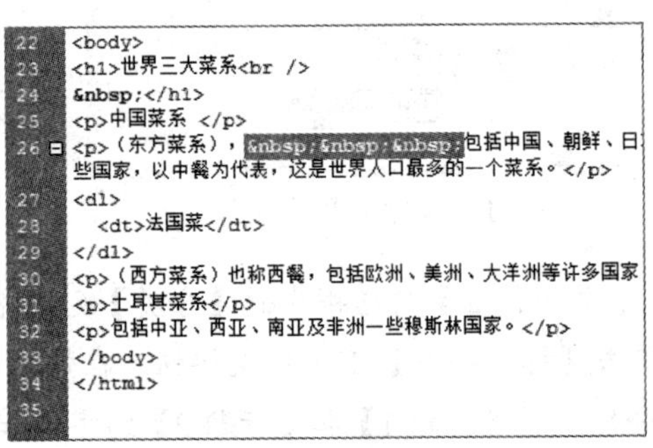

图 2-22　在代码视图中添加空格

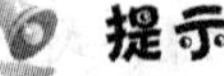

提示

另外，用户还可以选择【编辑】|【首选参数】命令，打开【首选参数】对话框，然后在该对话框的【分类】列表中选中【常规】选项，在打开的选项区域中选中【允许多个连续空格】复选框，设置 Dreamweaver 可以通过按下键盘上的空格键在文本中输入多个空格。

2.3.3　设置网页文字

设置网页中的文本属性，可以将网页中的文本设置成色彩纷呈、样式各异的文本，使枯燥的文本更显生动。在 Dreamweaver CS6 中，用户可以通过编辑文本设置文本字体、颜色以及对齐方式等属性。

1. 在【属性】面板中编辑 CSS 规则

在 Dreamweaver 中选择【窗口】|【属性】命令，打开【属性】面板，将鼠标光标定位在一段已经应用了 CSS 规则的文本中，然后单击【CSS】按钮，该规则将显示在【目标规则】下拉列表框中，或者直接从【目标规则】下拉列表框中选中一个规则赋予需要应用样式的文本。通过使用【属性】面板中的各个选项可以对 CSS 规则进行修改，如图 2-23 所示。

CSS【属性】面板中各选项的功能如下。

- 【目标规则】下拉列表框：该下拉列表框中的选项为 CSS【属性】面板中正在编辑的规则。当网页文本已应用了样式规则时，在页面的文本内部单击，将会显示出影响该文本格式的规则。如果要创建新规则，在【目标规则】下拉列表框中选中【新 CSS 规则】选项，然后单击【编辑】按钮，在打开的【新建 CSS 规则】对话框中设置即可。

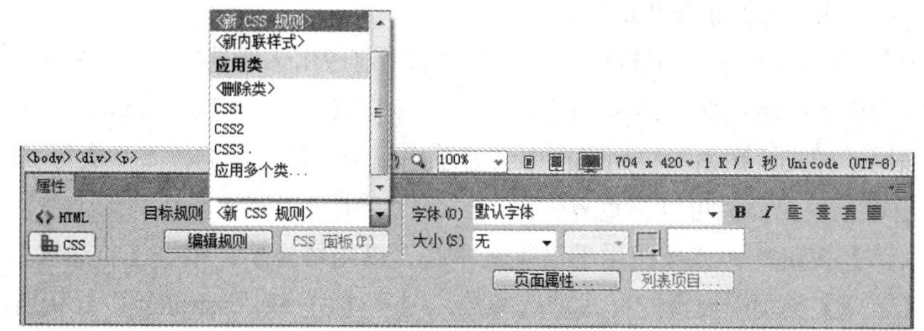

图 2-23　CSS【属性】面板

- 【编辑规则】按钮：该按钮可以用来打开目标规则的【CSS 规则定义】对话框。
- 【字体】下拉列表框：该下拉列表框用于更改目标规则的字体。
- 【大小】下拉列表框：该下拉列表框用于设置目标规则的字体大小。
- 【文本颜色】按钮：单击该按钮可以在弹出的颜色选择器中为目标规则设置颜色。
- 【粗体】按钮B：单击该按钮可以为目标规则添加“粗体”属性。
- 【斜体】按钮I：单击该按钮可以为目标规则添加“斜体”属性。
- 【左对齐】按钮、【居中对齐】按钮、【右对齐】按钮和【两段对齐】按钮：用于设置目标规则的各种对齐属性。

提示

【字体】、【大小】、【文本颜色】、【粗体】、【斜体】和【对齐】等属性始终显示当前应用于文档窗口中所选内容的规则属性。更改其中的任何属性都将影响目标规则。

2. 在【属性】面板中设置 HTML 格式

在网页文档中选中需要设置格式的文本后，在【属性】面板中单击 HTML 按钮，可以设置应用于所选文本的选项，如图 2-24 所示。

图 2-24　HTML【属性】面板

HTML【属性】面板中各选项的功能如下。

- 【格式】下拉列表框：该下拉列表框用于设置所选文本的段落样式。“段落”应用“<p>”标签的默认格式，“标题”应用“<h1>”标签标示。
- ID 下拉列表框：该下拉列表框用于为所选内容分配 ID，以表示其唯一性。ID 下拉列表框中默认设置为“无”选项，若用户设置该下拉列表框中的参数，ID 下拉列表框中将列出文档内所有未使用的已声明 ID(ID 在同一个页面中是唯一的，也就是一个 ID 在同一个页面中只能出现一次)。
- 【类】下拉列表框：该下拉列表框用于显示当前应用于所选文本的类样式。如果没有对所选内容应用过任何样式，则【类】下拉列表框中显示【无】选项。如果对所选内容应用了样式，则该下拉列表框中会显示出应用于该文本的样式。类与 ID 不一样，ID 有唯一性，而类可以被重复使用，一个页面中可以多次出现同一个类。
- 【粗体】按钮B：该按钮用于设置文本是否以粗体显示。根据【首选参数】对话框的【常规】类别中设置的样式首选参数，用“<b>”或“<strong>”标记所选文本。
- 【斜体】按钮I：该按钮用于设置文本是否以斜体显示。根据【首选参数】对话框的【常规】类别中设置的样式首选参数，用“i”或“em”标记所选文本。
- 【项目列表】按钮：该按钮用于为所选文本创建项目列表，又被称为无序列表，有方形、空心圆和实心圆 3 种表示标记的方式。
- 【编号列表】按钮：该按钮用于为所选文本创建编号列表，又称为有序列表，可以用数字、大小写字母、大小写罗马数字来标记。
- 【内缩区块】按钮和【删除内缩区块】按钮：用于通过应用或删除 blockquote 标签，减小所选文本或删除所选文本的缩进。
- 【链接】下拉列表框：该下拉列表框用于创建所选文本的超链接。
- 【标题】文本框：该文本框用于为超链接指定文本工具提示。
- 【目标】下拉列表框：该下拉列表框用于指定将链接文档加载到目标框架或窗口，它包含“_blank”、“_parent”、“_self”和“_top”4 种情况。

2.4 使用项目列表

在 Dreamweaver CS6 中，用户可以使用【属性】面板和“文本”插入栏实现项目列表的编辑。在 Dreamweaver 中可以将列表设置为有序列表和无序列表。下面将详细介绍在网页中应用无序列表和有序列表的具体方法。

2.4.1 设置无序列表

无序列表指的是以“•”、“◦”等符号开头，并且没有顺序的列表项目。在无序列表中通常不会有顺序级别的区别，只在文字的签名使用一个项目符号作为每个列表项的前缀。在设置

无序列表时，用户只需先将文字部分选中，然后在【属性】面板中单击【项目列表】按钮即可，如图 2-25 所示。

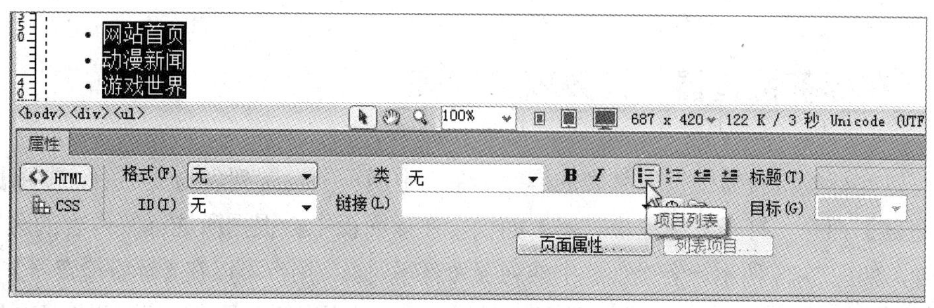

图 2-25　设置无序列表

设置无序列表后，文本前将自动添加一个列表符号(“圆点”符号)。当用户需要在列表中设置下级列表时，只需要将文本选中，然后单击【项目列表】按钮后的【缩进】按钮即可。被选中的文本会向后缩进一些，并且其项目符号将会发生改变，如图 2-26 所示。

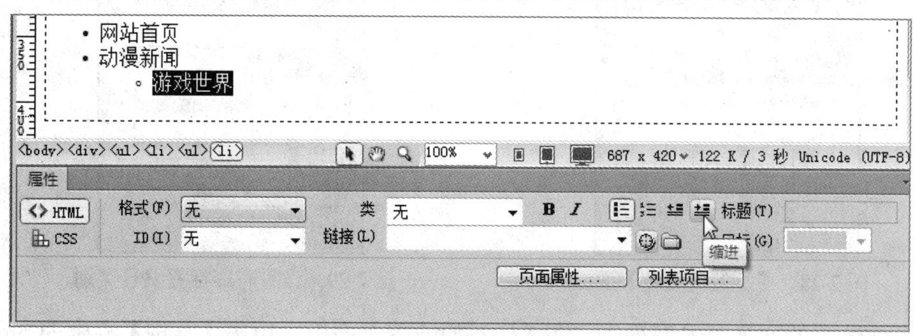

图 2-26　设置下级列表

用户可以将选中的文本设置为下级列表，也可以将其设置为上级列表。与【缩进】按钮相对应的是【凸出】按钮，在需要设置上级列表时，选中相应的文本并单击【凸出】按钮即可。

2.4.2　设置有序列表

有序列表以数字或英文字母开头，并且每个项目都会有先后顺序。将网页中的文本选中后，在【属性】面板中单击【编号列表】按钮，即可为文本设置有序列表，如图 2-27 所示。

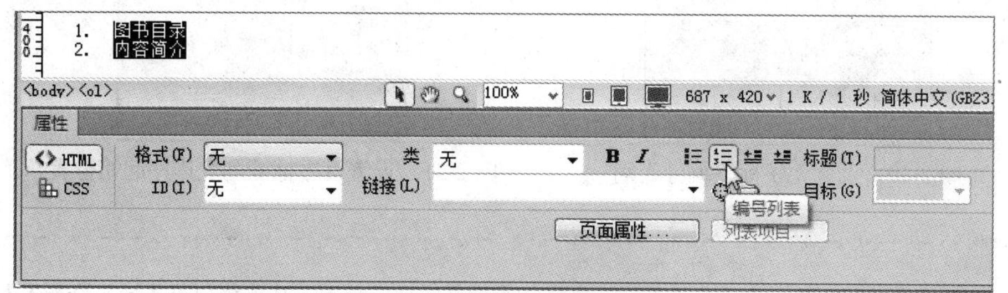

图 2-27　设置有序列表

与【编号列表】按钮配合使用的是【凸出】按钮和【缩进】按钮，这两个按钮的使用方法在介绍无序列表设置中讲解过，这里不再介绍。

2.4.3 在标签检查器中设置项目列表

用户可以在标签检查器中设置列表的属性。在选中网页中设置列表的文字后，选择【窗口】|【标签检查器】命令，打开【标签检查器】面板，在该面板中会根据所选标签内容的区别显示不同的设置，如图 2-28 所示。若当前选中的列表为有序列表，用户可以在【标签检查器】面板中单击【常规】栏中的 type 选项，在弹出的下拉列表中对有序列表的编号类别进行设置，如图 2-29 所示。

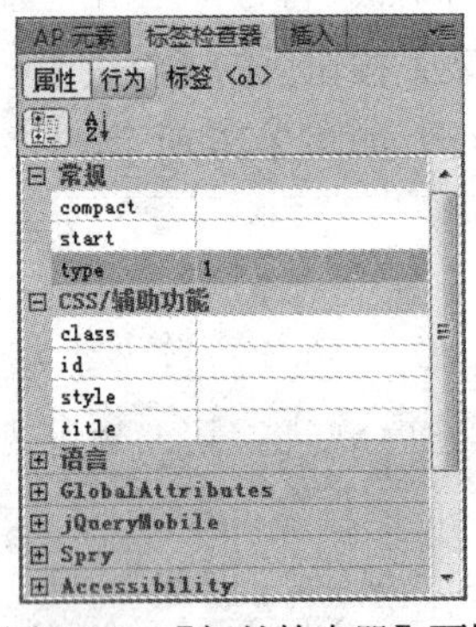

图 2-28 【标签检查器】面板

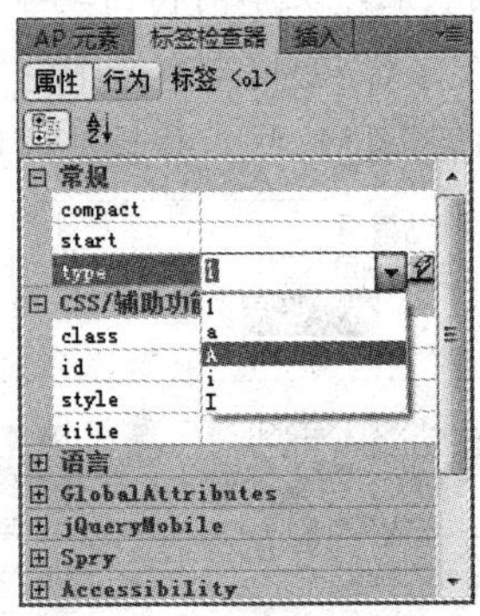

图 2-29 设置有序标签编号类别

如果当前选中的列表为无序列表，在【标签检查器】面板中单击【常规】栏中的 type 选项将显示如图 2-30 所示的 3 种符号的代码。

另外，在标签检查器中用户也可以设置有序列表排序的开始位置，选中 type 选项下的 value 选项，并直接在该选项后的文本框中输入开始序号的位置即可，如图 2-31 所示。

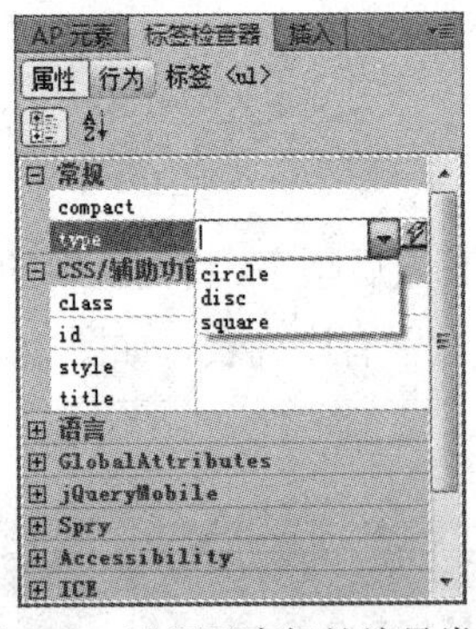

图 2-30 设置无序标签编号类别

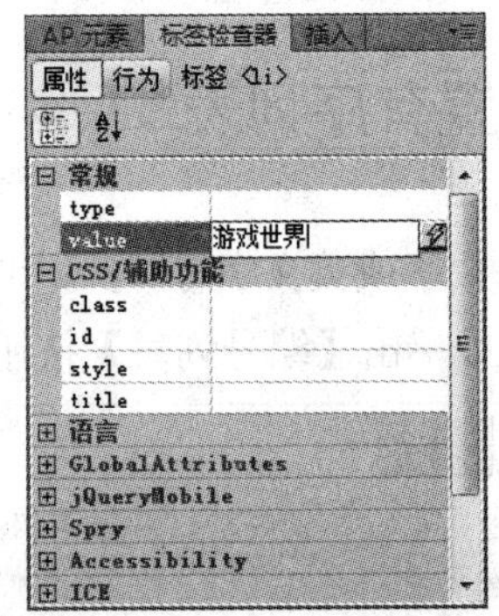

图 2-31 设置有序标签列表排序起始位置

提示

使用标签检查器对项目列表进行设置，无需将视图调整为代码视图，只需要使用【标签检查器】面板中提供的选项即可完成项目列表所有的参数修改。

2.4.4　定义项目列表

编号列表和项目列表的前导符还可以自行编辑。设置列表属性的具体方法如下。

【例 2-2】在 Dreamweaver CS6 中定义项目列表的属性。

(1) 将光标移至编号列表或项目列表中，选择【格式】|【列表】|【属性】命令，打开【列表属性】对话框，如图 2-32 所示。

(2) 在【列表属性】对话框中设置列表的属性后，单击【确定】按钮，列表的效果如图 2-33 所示。

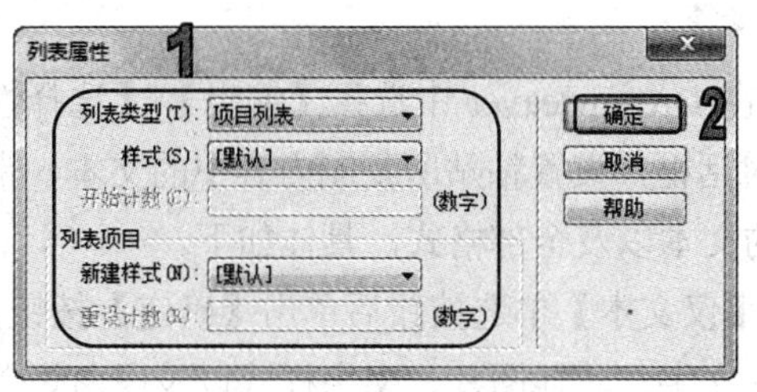

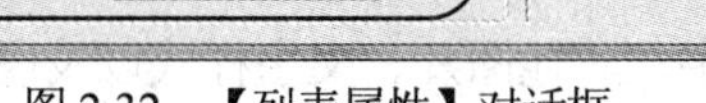

图 2-32　【列表属性】对话框

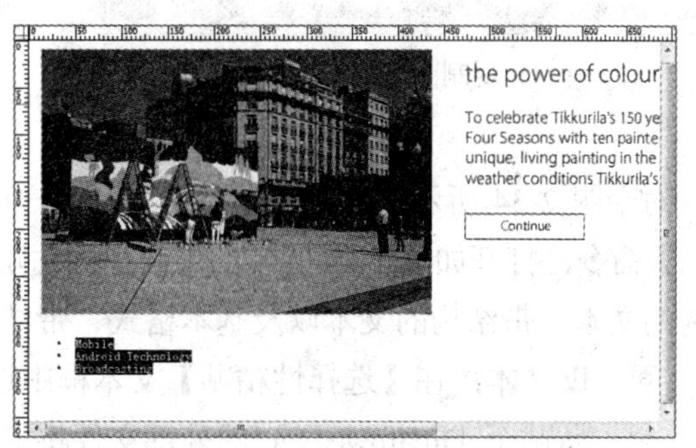

图 2-33　列表修改效果

在【列表属性】对话框中，主要参数选项的具体作用如下。

- 【列表类型】下拉列表：可以选择列表类型。
- 【样式】下拉列表：设置选择的列表样式。
- 【新建样式】下拉列表：可以选择列表的项目样式。
- 【开始计数】文本框：可以设置编号列表的起始编号数字，只对编号列表作用。
- 【重设计数】文本框：可以重新设施编号列表编号数字，只对编号列表作用。

2.5　使用外部文本

网页中的文字较多，如果用户已经编写了文字，只需要把编辑好的文字直接粘贴到 Dreamweaver 中或导入到已编排好的文件中即可。

2.5.1　粘贴文本

在 Dreamweaver 中粘贴文本是使用外部文本的一种常用方法。在复制、粘贴文本时，一般情况下都会直接从 Word 文件中粘贴。

在 Dreamweaver 中布局好文本所要放置的位置，然后将文件粘贴在文档窗口中。当粘贴的文件中有图片和文字叠加的情况时，如果直接粘贴会使图片上的文字和图片分离，如图 2-34 所示。

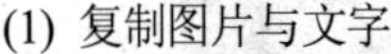
(1) 复制图片与文字

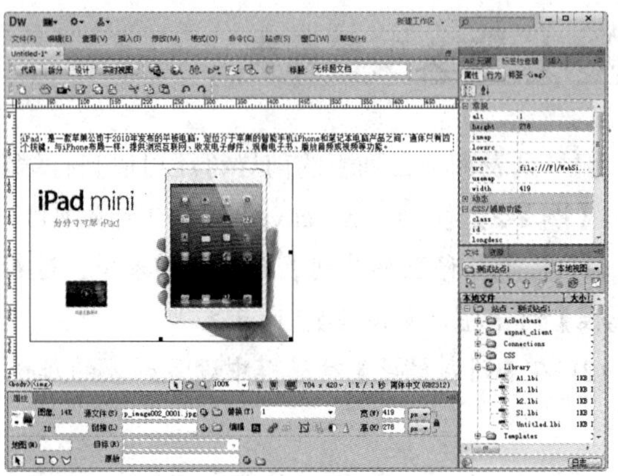

(2) 粘贴图片与文字

图 2-34　添加新字体

对于图 2-34 所示的复制与粘贴情况，用户可以在 Dreamweaver 中选择【编辑】|【选择性粘贴】命令，打开如图 2-35 所示的【选择性粘贴】对话框，设置粘贴所复制内容中的文本、带结构的文本、带结构的文本以及基本格式、带结构的文本以及全部格式，具体如下。

- 仅文本：在【选择性粘贴】文本框中选中【仅文本】单选按钮后单击【确定】按钮，粘贴至 Dreamweaver 的外部文件将只包含文字，其他图片、文字样式以及段落设置则不会被粘贴。
- 带结构的文本(段落、列表、表格等)：在【选择性粘贴】文本框中选中【带结构的文本】单选按钮后单击【确定】按钮，粘贴至 Dreamweaver 的外部文件将会保持其段落、列表、表格等最简单的设置，例如图 2-34 所示的内容被粘贴至 Dreamweaver 后的效果如图 2-36 所示。

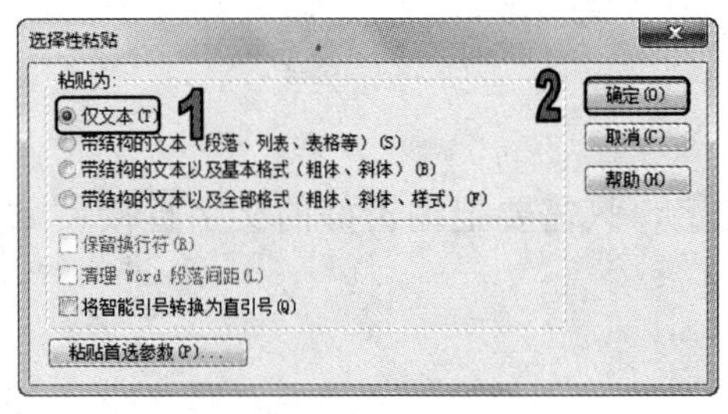

图 2-35　【选择性粘贴】对话框

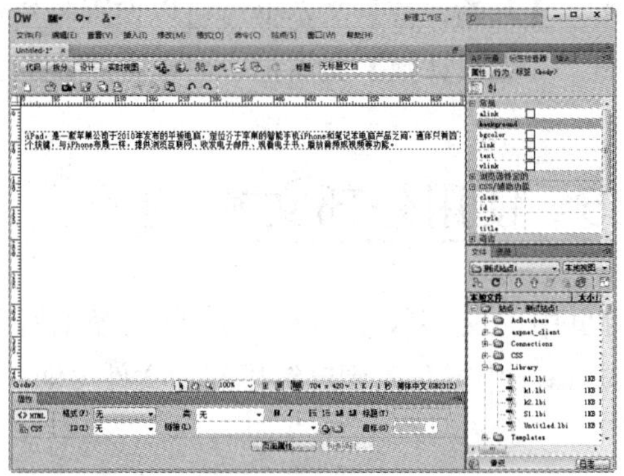

图 2-36　粘贴带结构的文本

- 带结构的文本以及基本格式(粗体、斜体)：在【选择性粘贴】文本框中选中【带结构的文本以及基本格式】单选按钮后单击【确定】按钮，粘贴至 Dreamweaver 的外部文件将会保持其原稿中的一些粗体和斜体设置，同时文字中的基本设置和图片也会显示。
- 带结构的文本以及全部格式(粗体、斜体、样式)：在【选择性粘贴】文本框中选中【带结构的文本以及全部格式】单选按钮后单击【确定】按钮，粘贴至 Dreamweaver 的外部文件将会保持其原稿中所有的效果和内容。

2.5.2　粘贴表格

用户虽然可以直接在 Dreamweaver 中制作表格，但对于一些数据量较大的表格而言，在 Dreamweaver 中进行制作很繁琐。这时，可以用专业的表格制作软件(例如 Excel)制作表格，然后将制作的表格粘贴至 Dreamweaver 中。

【例 2-3】将 Excel 中的表格粘贴到 Dreamweaver 中。

(1) 打开一个 Excel 表格，选中表格中需要复制的单元格后，按下 Ctrl+C 组合键，如图 2-37 所示。

(2) 切换至 Dreamweaver，然后选择【编辑】|【选择性粘贴】命令，打开【选择性粘贴】对话框，并在该对话框中选中【带结构的文本以及全部格式】单选按钮，如图 2-38 所示。

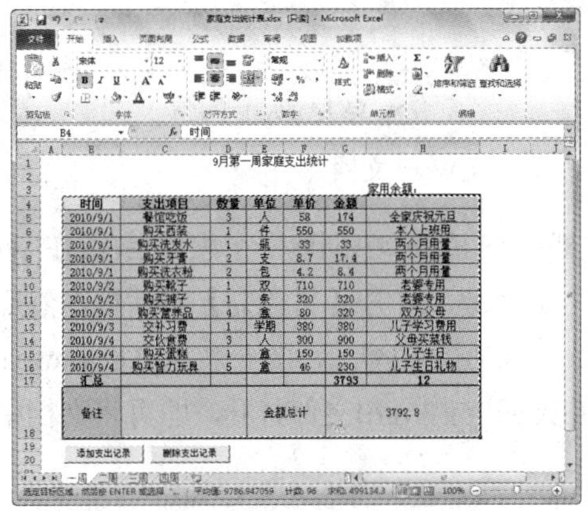

图 2-37　复制表格

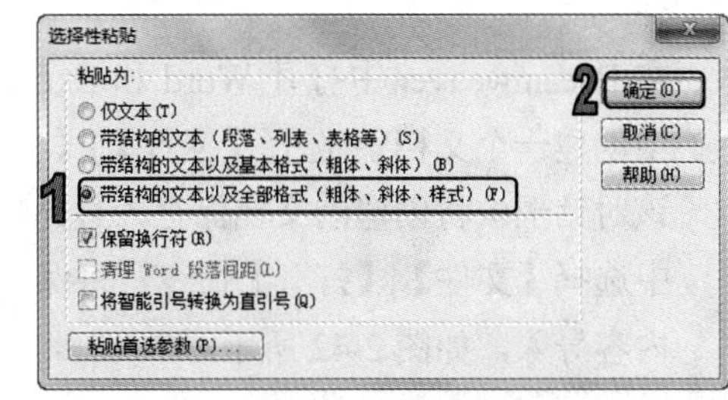

图 2-38　【选择性粘贴】对话框

(3) 在【选择性粘贴】对话框中单击【确定】按钮后，即可将表格粘贴至 Dreamweaver 中，效果如图 2-39 所示。

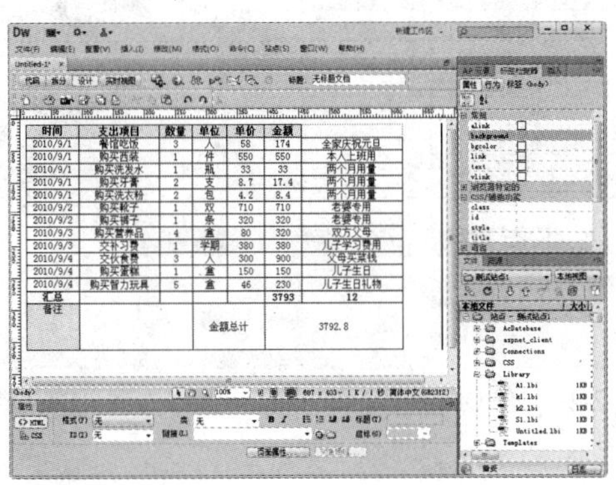

图 2-39　粘贴表格

2.5.3　导入 Word 与 Excel 文档

用户可以参考下面介绍的两种方法，将 Word 和 Excel 文档中的内容导入至 Dreamweaver 中。

- 直接导入 Word 和 Excel 文档：在 Dreamweaver 中选择【文件】|【导入】|【导入 Word 文档】(或【Excel 文档】命令)，然后在打开的对话框中选中相应的 Word(或 Excel)文档，并单击【确定】按钮即可，如图 2-40 所示。

(1) 选中 Word 文档

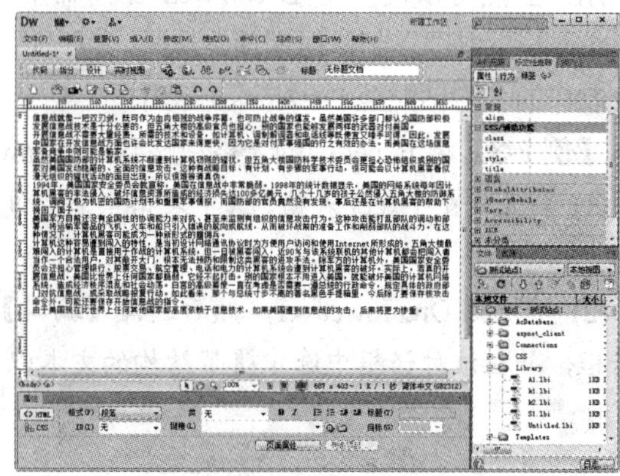

(2) 导入 Word 文档

图 2-40　在 Dreamweaver 中直接导入 Word 文档

- 在 Dreamweaver 中打开 Word 和 Excel 文档：在 Excel 中创建一个表格后(或在 Word 中创建一个文档)，选择【文件】|【另存为】命令，打开【另存为】对话框，然后在该对话框中将创建的文档保存为 HTML 文件，如图 2-41 所示。接下来，在 Dreamweaver 中选择【文件】|【打开】命令，将保存的 Excel(或 Word)文件打开，即可将文档中的内容导入，如图 2-42 所示。

图 2-41　将文档保存为网页

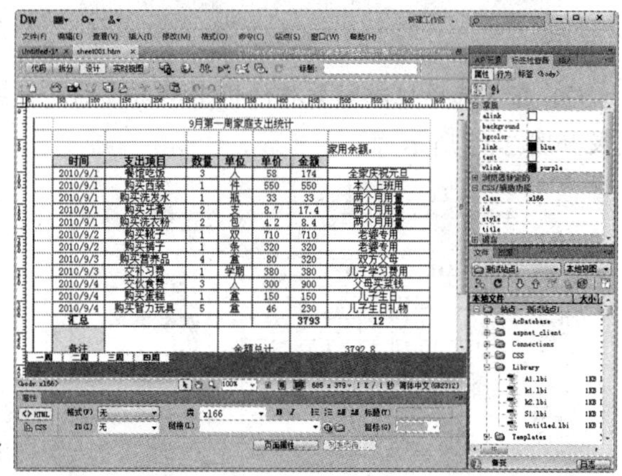

图 2-42　在 Dreamweaver 中打开保存为网页的文档

2.6　上机练习

本章的上机练习将通过实例介绍在网页中输入、编辑与设计文本的具体操作方法，帮助用户进一步掌握处理网页文本的相关知识。

2.6.1　在网页中导入文本

利用 Dreamweaver CS6 在网页中导入 Word 文档，制作一个图文混排的网页。

(1) 启动 Dreamweaver 后，选择【文件】|【新建】命令，新建一个空白 HTML 网页，然后将鼠标指针插入网页中，选择【插入】|【图片】命令，在网页内插入如图 2-43 所示的包含文本的图片。

(2) 启动 Word，并创建一个如图 2-44 所示的图文混排文档。

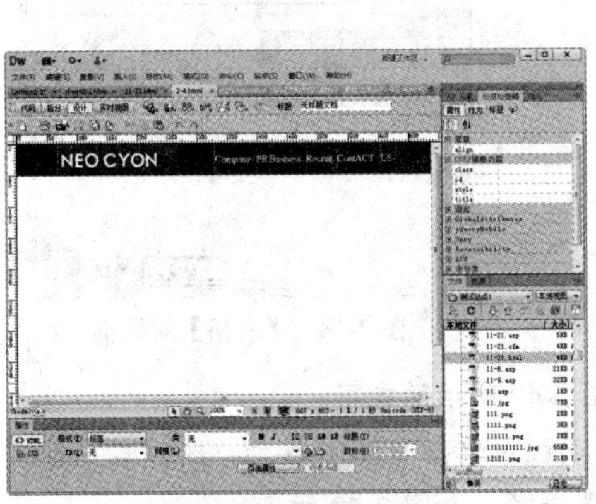

图 2-43　创建网页

图 2-44　创建 Word 文档

(3) 在 Word 中将创建的文档保存后，返回 Dreamweaver，将鼠标指针插入页面中合适的位置，然后选择【文件】|【导入】|【Word 文档】命令，打开【导入 Word 文档】对话框。

(4) 在【导入 Word 文档】对话框中选中步骤(2)创建的 Word 文档后，单击【打开】按钮，然后在打开的【图像描述】对话框中输入图像描述信息，如图 2-45 所示，

(5) 单击【确定】按钮，将 Word 文档中的内容导入 HTML 网页中，如图 2-46 所示。

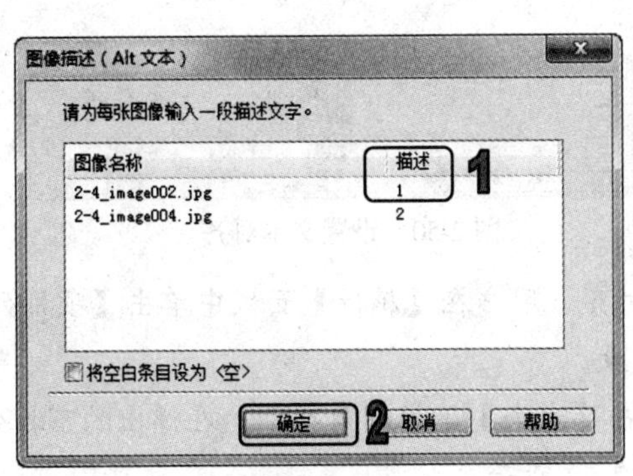

图 2-45　【图像描述】对话框

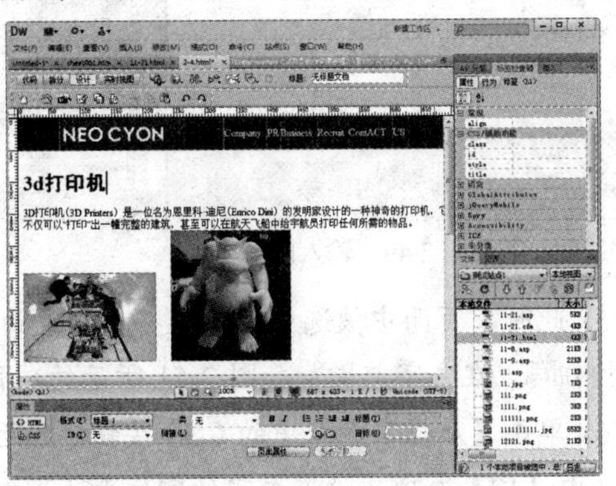

图 2-46　将 Word 文档导入至 Dreamweaver 中

2.6.2　制作网页导航栏

在 Dreamweaver CS6 中新建一个文档，并在该文档中制作网页导航栏板块。

(1) 启动 Dreamweaver CS6 后，选择【文件】|【新建】命令，打开【新建文档】对话框，新建一个 HTML 空白网页，如图 2-47 所示。

(2) 选择【插入】|【表格】命令，打开【表格】对话框，在该对话框中参考如图 2-48 所示设置表格属性后，单击【确定】按钮，在网页中插入一个 2 行 1 列的表格。

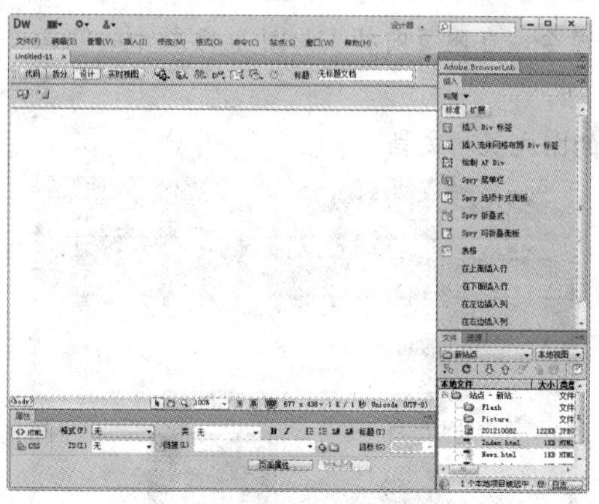
图 2-47　创建空白网页

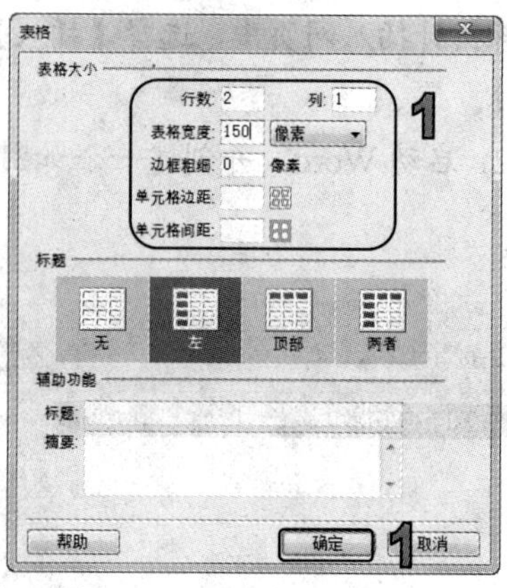

图 2-48　【表格】对话框

(3) 将鼠标指针插入页面中的表格内，输入如图 2-49 所示的文字。

(4) 选中表格第 2 行中的文字，然后在【属性】面板中单击 HTML 按钮，然后单击【水平】下拉列表按钮，在弹出的下拉列表中选中【左对齐】选项，如图 2-50 所示。

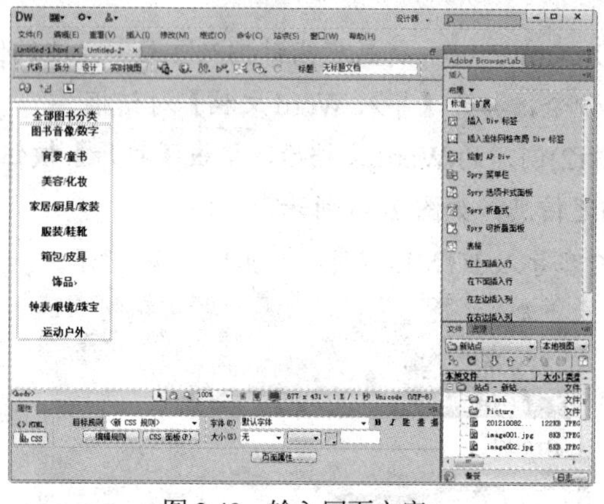
图 2-49　输入网页文字

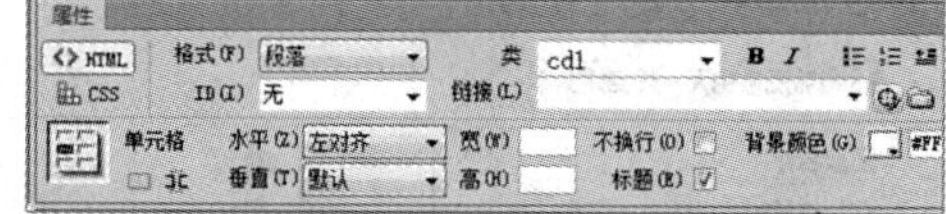

图 2-50　设置文本对齐

(5) 此时，页面中被选中的文字将被设置为左对齐。用户在【属性】面板中单击【项目列表】按钮，在文字前增加如图 2-51 所示的项目列表。

(6) 单击【属性】面板中的 CSS 按钮，然后单击【大小】下拉列表按钮，在弹出的下拉列表中选中【12】选项，设置文字的字体大小，如图 2-52 所示。

(7) 打开【新建 CSS 规则】对话框，在【选择或输入选择器名称】文本框中任意输入一个 CSS 规则名后，单击【确定】按钮，如图 2-53 所示。

(8) 右击选中的文字，在弹出的菜单中选择【列表】|【属性】命令(如图 2-54 所示)，打开【列表属性】对话框。

图 2-51　设置项目列表

图 2-52　设置字体大小

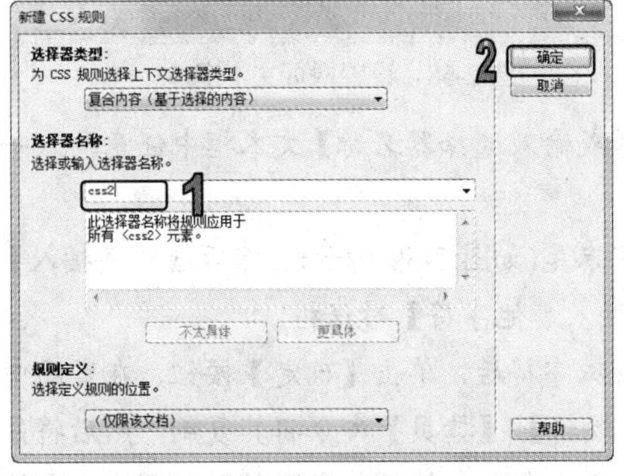

图 2-53　【新建 CSS 规则】对话框

图 2-54　选择【列表】/【属性】命令

(9) 在【列表属性】对话框中单击【样式】下拉列表按钮，在弹出的下拉列表中选中【正方形】选项后，单击【确定】按钮，如图 2-55 所示。

(10) 选中表格第 1 行中的文字“全部图书分类”，然后在【属性】面板中单击【字体】下拉列表按钮，并在弹出的下拉列表中选中【编辑字体列表】选项(如图 2-56 所示)，打开【编辑字体列表】对话框。

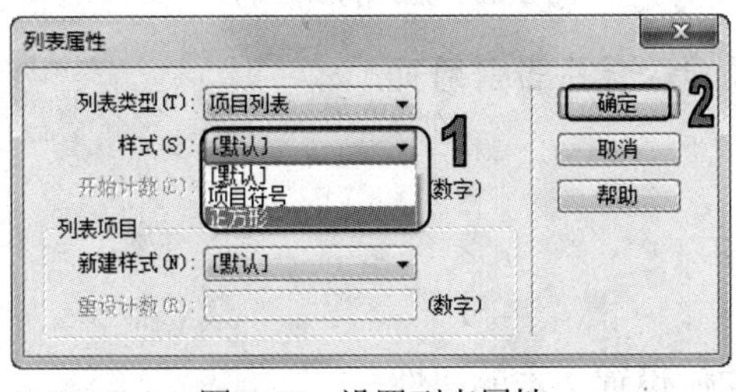

图 2-55　设置列表属性

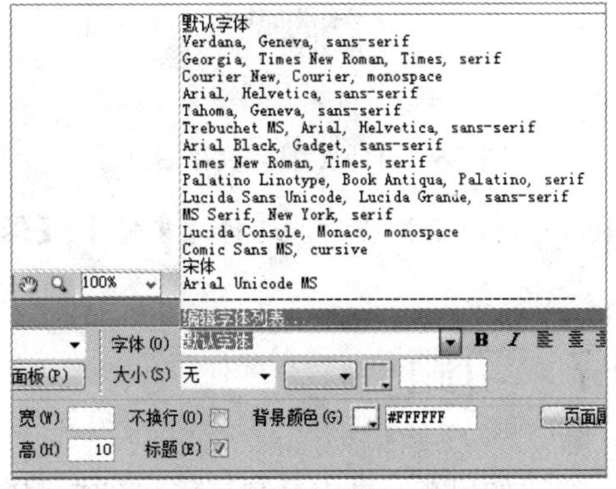

图 2-56　选择【编辑字体列表】选项

(11) 在【编辑字体列表】对话框的【可用字体】列表框中选中【黑体】选项，然后单击«按钮，将该选项添加至【选择的字体】列表框中，如图 2-57 所示。

(12) 在【编辑字体列表】对话框中单击【确定】按钮，在【属性】面板中再次单击【字体】下拉列表按钮，在弹出的下拉列表中选中【黑体】选项，如图 2-58 所示。

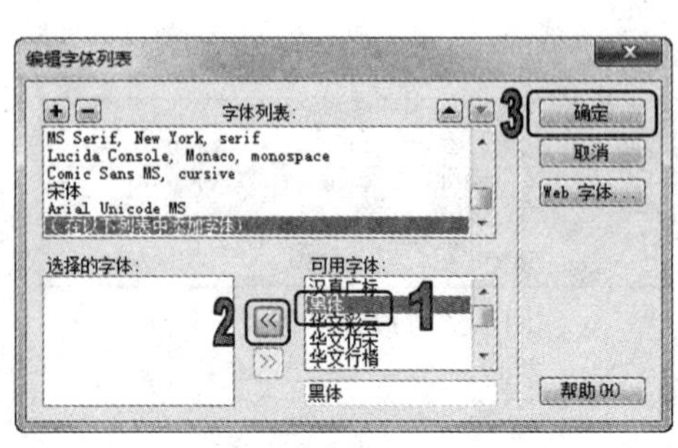

图 2-57 【编辑字体列表】对话框

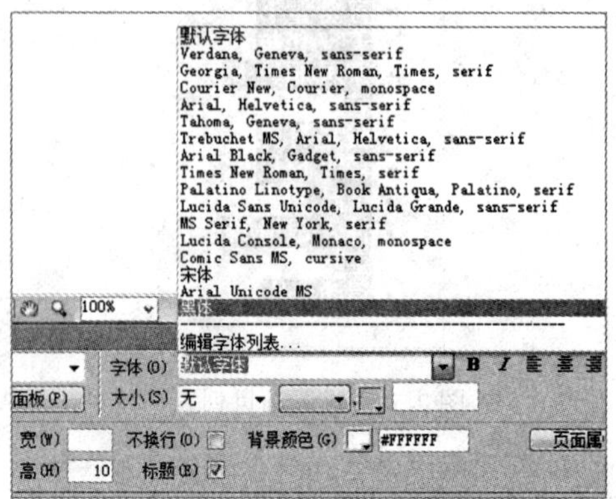

图 2-58 设置网页文本字体

(13) 打开【新建 CSS 规则】对话框，在【选择或输入选择器名称】文本框中任意输入一个 CSS 规则名后，单击【确定】按钮。

(14) 将鼠标指针插入表格第 2 行第 1 列的文字末尾(如图 2-59 所示)，然后选择【插入】| HTML |【特殊字符】|【其他字符】命令，打开【插入其他字符】对话框。

(15) 在【插入其他字符】对话框中选中一种特殊字符后，单击【确定】按钮，在页面中插入特殊字符。选中页面中插入的特殊字符，选择【编辑】|【拷贝】命令将其复制，然后将鼠标指针插入页面中合适的位置，再选择【编辑】|【粘贴】命令，将特殊字符粘贴至页面中合适的位置，如图 2-60 所示。

图 2-59 将鼠标插入文字后方

图 2-60 插入特殊字符

(16) 完成以上操作后，选择【文件】|【保存】命令保存当前网页。

2.7 习题

1. 简述如何在网页中复制与粘贴文本，以及如何设置文本的属性。
2. 简述如何显示网页头部信息，以及如何在网页头部插入信息元素。

第3章 创建网页超链接

学习目标

网站由诸多网页组成，网页与网页之间通常通过超链接的方式相互建立关联。超链接在网页设计中的应用范围非常广泛，它不仅可以链接网页，还可以链接图像文件、多媒体文件及下载程序等，用户也可以利用超链接在网页的内部进行链接或发送 E-mail。本节将通过实例操作，详细介绍创建与设置网页超链接的方法，从而使用户进一步掌握制作网页的相关知识。

本章重点

- 在网页中创建超链接
- 管理页面中的超链接
- 在 HTML 代码中编辑超链接

3.1 网页超链接的概念

超链接是网页中重要的组成部分，其本质上属于一个网页的一部分，它是一种允许网页访问者与其他网页或站点之间进行连接的元素。各个网页链接在一起后，才能真正构成一个网站。

3.1.1 URL 概述

超链接与 URL 及网页文件的存放路径是紧密相关的。URL 可以简单地称为网址，顾名思义，就是 Internet 文件在网上的地址，定义超链接其实就是指定一个 URL 地址来访问它指向的 Internet 资源。URL(Uniform Resource Locator，统一资源定位器)是指 Internet 文件在网上的地址，是使用数字和字母按一定顺序排列来确定的 Internet 地址，由访问方法、服务器名、端口号，以及文档位置组成，其格式如下：

```
Access-method :// server-name:port / document-location)
```

在 Dreamweaver CS6 中，用户可以创建下列几种类型的链接。

- 页间链接：利用该链接可以跳转到其他文档或文件，例如图形、PDF 或声音文件等。
- 页内链接：也称为锚记链接，利用它可以跳转到本站点指定文档的位置。
- E-mail 链接：使用 E-mail 链接，可以启动电子邮件程序，允许用户书写电子邮件，并发送到指定地址。
- 空链接及脚本链接：空链接与脚本链接允许用户附加行为至对象或创建一个执行 JavaScript 代码的链接。

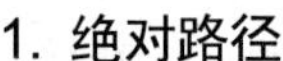
3.1.2 超链接中的路径

从作为链接起点的文档到作为链接目标的文档之间的文件路径，对于创建链接至关重要。一般来说，链接路径可以分为绝对路径与相对路径两类。

1. 绝对路径

绝对路径指包括服务器协议在内的完全路径，比如：http://www.xdchiang/dreamweaver/index.htm(此处使用的协议是最常用的 http 协议)。使用绝对路径与链接的源端点无关，只要目标站点地址不变，无论文档在站点中如何移动，都可以正常实现跳转而不会发生错误。如果所要链接当前站点之外的网页或网站，就必须使用绝对路径。

但是，绝对路径链接方式不利于测试。如果在站点中使用绝对路径地址，要想测试链接是否有效，必须在 Internet 服务器端进行。此外，采用绝对路径不利于站点的移植。例如，一个较为重要的站点，可能会在几个服务器上创建镜像，同一个文档也就有几个不同的网址，要将文档在这些站点之间移植，必须对站点中的每个使用绝对路径的链接进行一一修改，这样才能达到预期目的。

2. 相对路径

相对路径包括根相对路径(Site Root)和文档相对路径(Document)两种。

- 使用 Dreamweaver 制作网页时，需要选定一个文件夹来定义一个本地站点，模拟服务器上的根文件夹，系统会根据这个文件夹来确定所有链接的本地文件位置，而根相对路径中的根就是指这个文件夹。
- 文档相对路径就是指包含当前文档的文件夹，也就是以当前网页所在文件夹为基础来计算的路径。文档根相对路径(也称相对根目录)的路径以“/”开头，路径是从当前站点的根目录开始计算(例如在 C 盘 Web 目录建立的名为 web 的站点，这时/index.htm 路径为 C:\Web\index.htm。根相对路径适用于链接内容频繁更换环境中的文件，这样即使站点中的文件被移动了，链接仍可以生效，但是仅限于在该站点中)。

另外，如果目录结构过深，在引用根目录下的文件时，用根相对路径会更好些。比如网页文件中引用根目录下 images 目录中的一个图 good.gif，在当前网页中用文档相对路径表示为：../../.. /images/good.gif，而用根相对路径只要表示为/images/good.gif 即可。

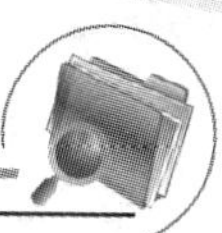

3.2 为文本添加超链接

在浏览网页时，可以看到很多文本，而当浏览者将鼠标指针移到这些文本上时，有时文本的颜色会变成蓝色或出现下划线，这就表示当前的这个文本被添加上了链接。对它进行单击就直接打开了其所链接的网页。而当用户浏览过链接的网页后，再返回之前文本的网页中，又会发现凡是被单击过的文本链接都会变成紫红色，这就是网页中的文本链接。

3.2.1 添加超链接

在 Dreamweaver CS6 中，要在网页中的文本上创建超链接，用户可以在打开一个网页文档后，选中要创建超链接的文本内容，打【属性】面板，然后在【链接】文本框中输入 URL 地址，如图 3-1 所示。

(1) 选中文本

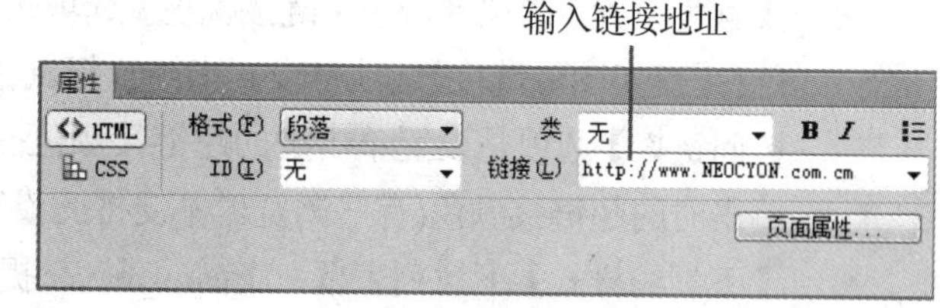

(2) 设置链接地址

图 3-1 创建超链接

创建文本链接后，保存网页文档，然后按下 F12 键在浏览器中预览网页文档，将光标移至创建超链接的文本上，当光标显示为手形图标时单击，即可跳转到链接页面。

3.2.2 设置超链接

在 Dreamweaver 中，对超链接的设置主要通过【页面属性】对话框来实现。在如图 3-2 所示的【属性】面板中单击【页面属性】按钮，可以打开【页面属性】对话框。

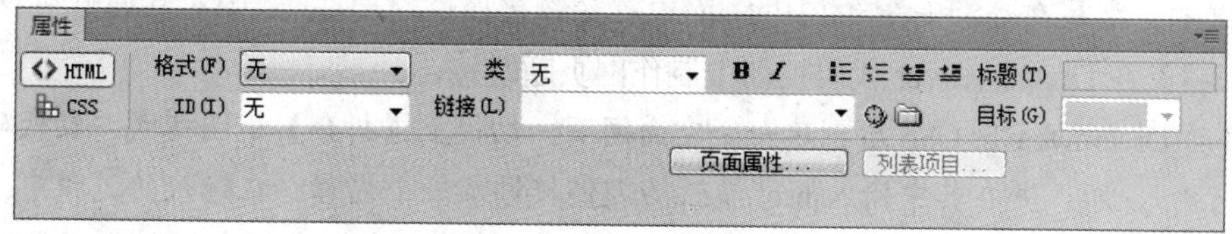

图 3-2 【属性】面板

在【页面属性】对话框选的【分类】列表框中选择【链接(CSS)】选项，在打开的【链接 CSS】选项区域中可以对页面中的链接进行设置，如图 3-3 所示。

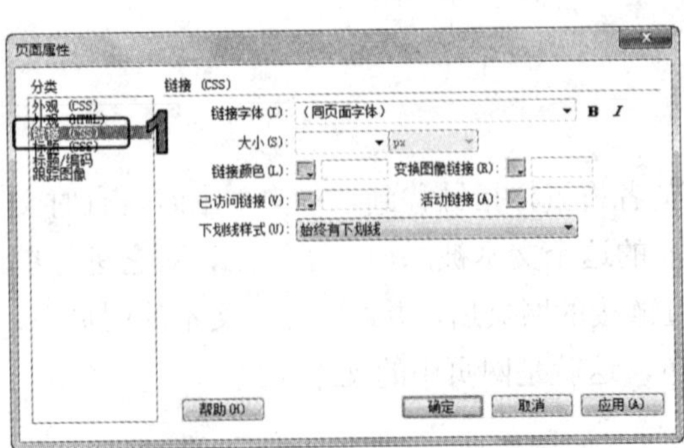

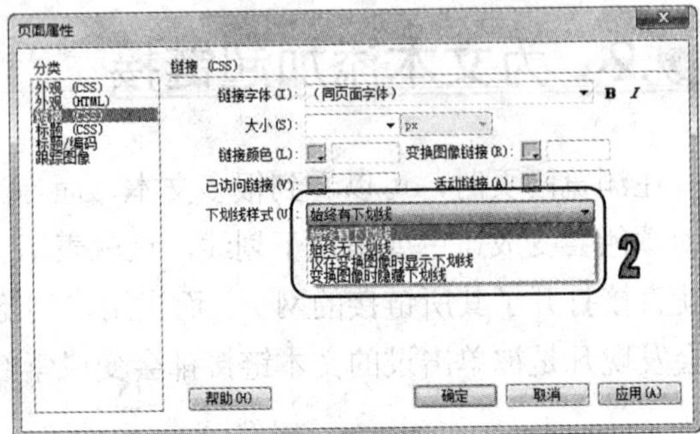

图 3-3 【页面属性】对话框

【链接 CSS】选项区域中主要选项的功能如下。

- 【链接字体】下拉列表框：在该下拉列表框中可以对设置为链接的字体进行设置，如果当前的默认字体中没有所需的字体，可以选择【编辑字体列表】选项，在弹出的对话框中可以根据需要添加和删除各种字体。
- 【大小】下拉列表框：该下拉列表框用于对链接字体的大小进行设置，用户可以选择不同的大小设置方式。
- 【颜色设置】选项区域：【链接颜色】选项是设置超链接没有单击前的静态链接的颜色；【变换图像链接】选项是设置当用户把鼠标指针移动至链接上时显示的颜色；【已访问链接】选项是设置单击过的超链接颜色；【活动链接】选项是设置用户对超链接单击时的超链接颜色(有些浏览器不支持此设置)。
- 【下划线样式】下拉列表框：Dreamweaver 提供了 4 种下划线的样式。如果用户不需要超链接显示下划线，可以在该下拉列表框中选中【始终无下划线】选项。

3.2.3 使用超链接标签

在 Dreamweaver 代码视图中，超链接只有一个标签<a>，其属性有 href、name、title、target 和 accesskey，最常用的是 href 和 target，href 用于指定超链接的地址，target 用于指定超链接的目标窗口(这两个属性是创建超链接时必不可少的部分)。另外，name 属性用于为超链接命名，title 属性用于为超链接添加说明文字，accesskey 属性用于为链接设置热键。

在 Dreamweaver 代码视图中使用<a>标签进行超链接编辑时，可以用<a>…</a>格式。被添加超链接的文字写在<a>和</a>的中间，而设置超链接属性时要在<a>中对其属性进行设置。

【例 3-1】在 Dreamweaver 代码视图中制作网页超链接。

(1) 启动 Dreamweaver CS6 后创建一个空白网页，切换至【拆分】视图模式，在代码视图中另起一行输入<a>，并在其中输入 href 属性为超链接添加一个内容。在输入的过程中，用户不需要手动输入，当用户在“a”后按下空格键时，可以在出现的列表框中找到 href 属性。选择 href 属性后又会自动出现后续的等号与双引号，而在双引号的后面又会出现【浏览】按钮，单击该按钮可以在打开的【选择文件】对话框中设置超链接的地址，如图 3-4 所示。

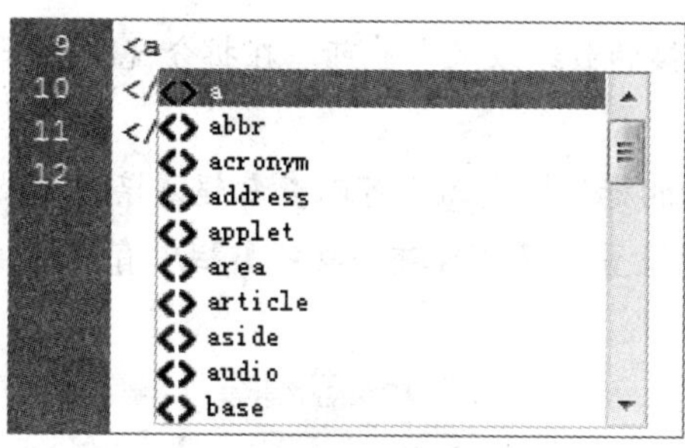

(1) 输入<a>

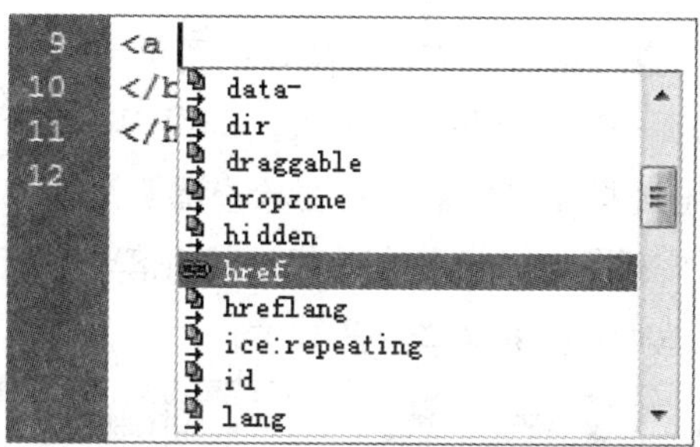

(2) 设置 hraf 属性

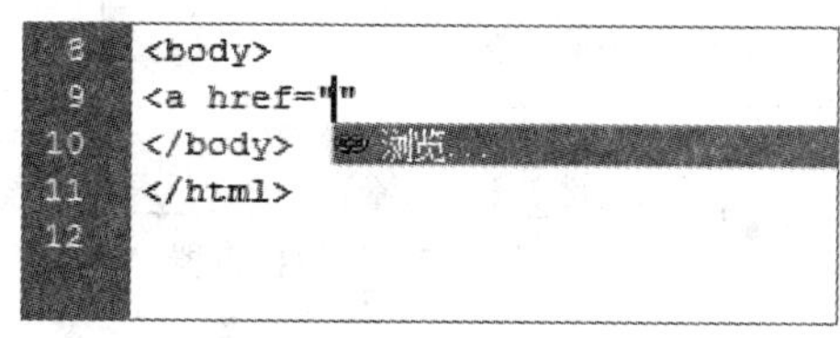

(3) 单击【浏览】按钮

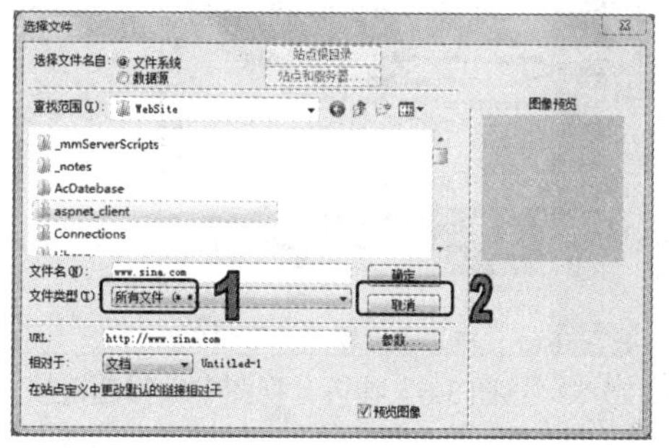

(4) 【选择文件】对话框

图 3-4　输入<a>标签

(2) 在【选择文件】对话框的 URL 文本框中输入超链接的链接地址后，单击【确定】按钮，此时超链接的目标窗口需要通过 target 属性来设置，如图 3-5 所示。

```
<a href="http://www.sina.com" target="value"
```

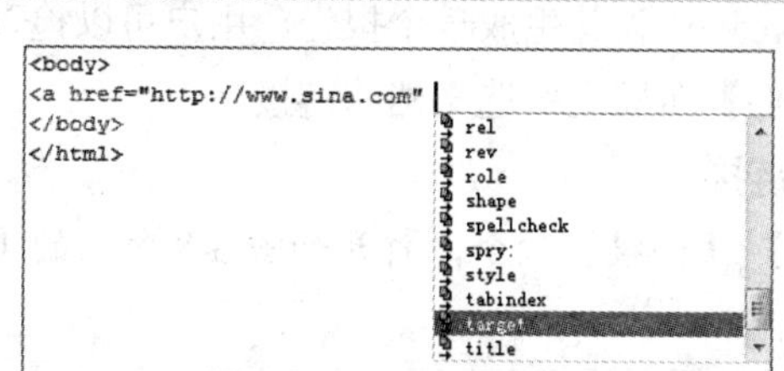

(1) 选择 target 选项

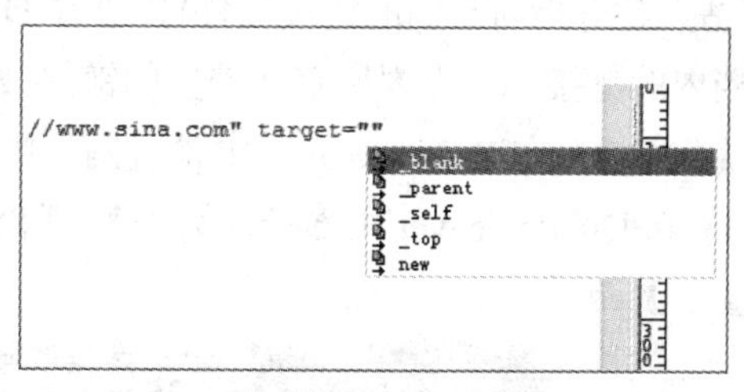

(2) 设置 target 参数

图 3-5　设置 target 属性

(3) 接下来，根据需要为超链接设置其他属性，其方法与步骤(2)类似。若用户需要设置超链接的文本说明，可以先输入 title，然后在后面的双引号中使用汉字输入文字说明(例如输入“网页超链接”)，具体如下。

```
<a href="http://www.sina.com" target="new" title="网页超链接"
```

(4) 完成超链接标签及相应属性的设置后，输入“>”，然后输入相应的超链接文字(例如输入“新浪首页”)，并输入</a>即可创建超链接，具体如下。

```
<a href="http://www.sina.com" target="new" title="网页超链接">新浪首页</a>
```

(5) 最后，用户可以在设计视图中查看网页超链接的最终效果，也可以在拆分视图中一边编写网页一边查看超链接效果，如图 3-6 所示。

(6) 选择【窗口】|【标签检查器】命令，在打开的标签检查器中可以查看超链接的参数，其中【常规】栏是最基本的超链接内容和目标窗口的设置，【CSS/辅助功能】栏中有超链接的其他属性的设置，如图 3-7 所示。

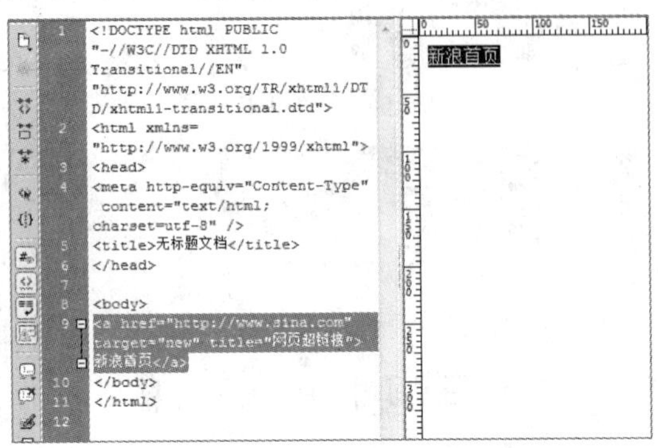

图 3-6　在拆分视图中编辑超链接

图 3-7　标签检查器

3.3 检查网页超链接

完成网页与网站的制作后，用户需要对网站中的众多超链接进行检查。Dreamweaver 具有强大的链接检查和链接更新功能，网站中断掉的链接、链接到站点以外文件的链接以及孤立的文件(站点没有指向它们的链接文件)会通过 Dreamweaver 为其生成一个报告。用户可以检查打开文档内的链接、站点内所有文档里的链接或【文件】面板上所选文档的链接。

【例 3-2】在 Dreamweaver 中检查网页中的超链接。

(1) 在 Dreamweaver 中选择【文件】|【检查页】|【链接】命令，打开如图 3-8 所示的【链接检查器】面板。

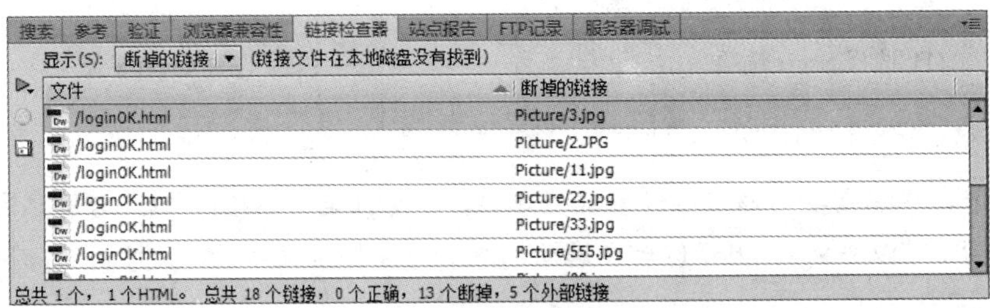

图 3-8　【链接检查器】面板

(2) 在【链接检查器】面板中默认显示当前网页中断掉的超链接，单击面板中的【显示】下拉列表按钮，在弹出的下拉列表中选中【外部链接】和【孤立文件】选项，可以查看文档中存在的外部链接和孤立文件，如图 3-9 所示。

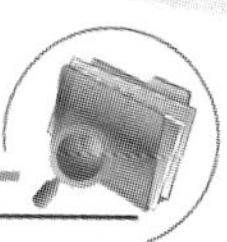

图 3-9　查看外部链接和孤立文件

(3) 在【链接检查器】面板中单击【检查链接】按钮，在弹出的下拉列表中用户可以选择检查超链接的方式，包括检查当前文档中的链接、检查整个当前本地站点的链接和检查站点中所选文件的链接，如图 3-10 所示。

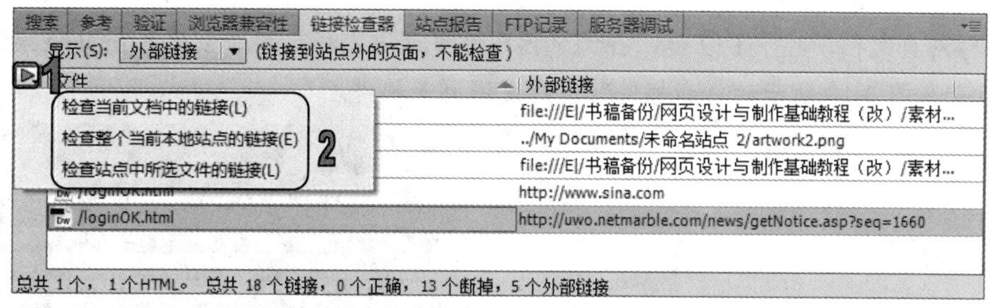

图 3-10　选择链接检查的方式

(4) 在完成网页超链接的检查操作后，用户可以单击【链接检查器】面板中的【保存报告】按钮，打开【另存为】对话框将链接检查结果保存，如图 3-11 所示。

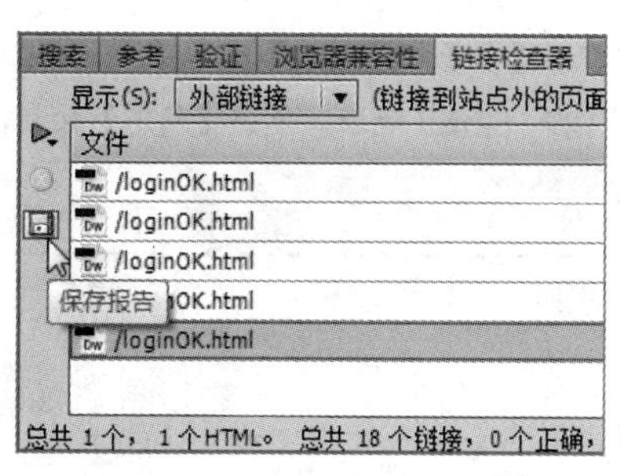

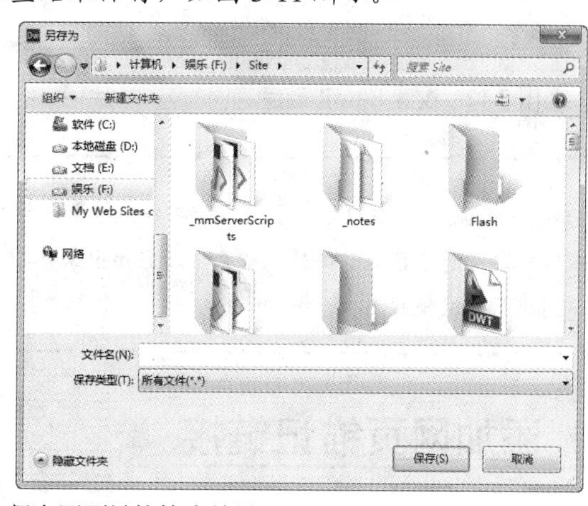

图 3-11　保存网页链接检查结果

提示

通过【链接检查器】面板，不仅可以检查网页中的超链接，还可以对出现问题的链接进行修改。在【链接检查器】面板中选中要修改的文件，然后对其进行双击即可找到页面中错误的超链接，或打开有错误的文件。

3.4 设置电子邮件链接

E-mail 链接是一种特殊的链接，单击 E-mail 链接，可以打开一个空白通信窗口。在 E-mail 通信窗口中，可以创建电子邮件，并发送到指定的地址。在 Dreamweaver 中创建 E-mail 链接的具体方法如下。

【例 3-3】使用 Dreamweaver CS6 在网页中创建电子邮件链接。

(1) 启动 Dreamweaver 后，选择【文件】|【打开】命令打开一个网页文档，然后在网页中合适的位置输入一段文本作为 E-mail 链接。

(2) 选中网页中输入的文本后，在打开的【属性】面板中的【链接】文本框中输入mailto:miaofa@sina.com，如图 3-12 所示。

(3) 保存网页文档，按下 F12 键，在浏览器中预览网页文档。单击创建 E-mail 链接的文本内容后，打开如图 3-13 所示的“新邮件”窗口发送电子邮件。

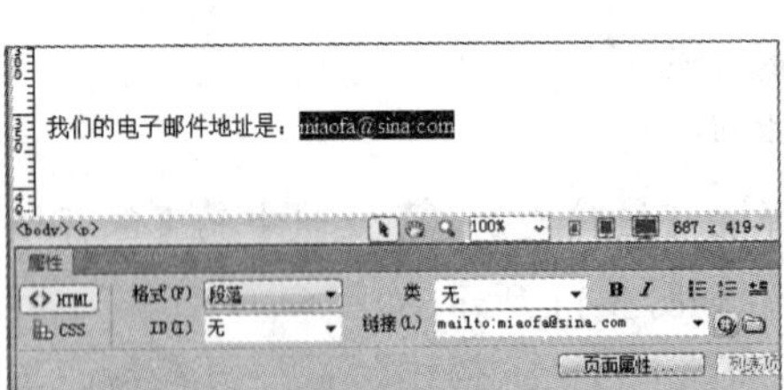

图 3-12　设置 E-mail 链接

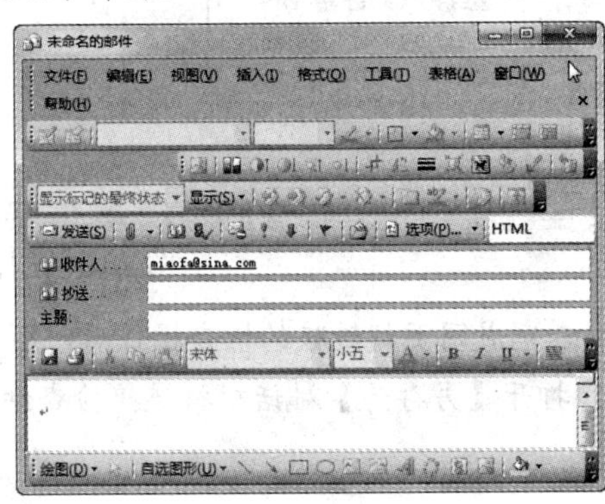

图 3-13　发送电子邮件

提示

在 Dreamweaver 中选择【插入】|【电子邮件链接】命令，打开【电子邮件链接】对话框，然后在【文本】文本框中输入创建 E-mail 链接的对象，在 E-mail 文本框中输入 E-mail 地址，单击【确定】按钮，同样也可以创建 E-mail 链接。

3.5 添加网页锚记链接

在 Dreamweaver 中，创建网页锚记链接是通过使用命名锚记(用于标记位置的标识)来完成的。通过对文档中指定位置的命名，用户可以利用链接打开目标文档并直接跳转到相应的命名位置。

3.5.1 在单一页面中添加锚记链接

通常用户在打开一个网页时，浏览器都是从页面顶部开始显示。要显示当前屏幕下方的内容必须拖动页面右侧的滚动条，或使用鼠标滚轮向下翻动页面。对于内容较多的网页，

Dreamweaver 可以通过设置页面内锚记链接，使浏览者可以快速访问页面中的任意位置。

【例 3-4】使用 Dreamweaver CS6 在网页中创建锚记链接。

(1) 首先在页面中加入一个命名锚记，可以将光标置于文本中需要创建超链接的位置，然后选择【插入】|【命名锚记】命令，打开【命名锚记】对话框，如图 3-14 所示。

(2) 在【锚记名称】文本框中输入锚记的名称(例如 text_top)，然后单击【确定】按钮。创建好命名锚记之后，在网页文档中将出现一个锚记标记，如图 3-15 所示。

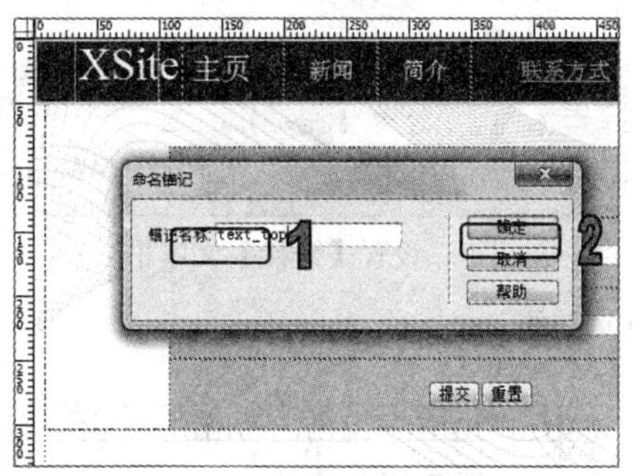

图 3-14　【命名锚记】对话框

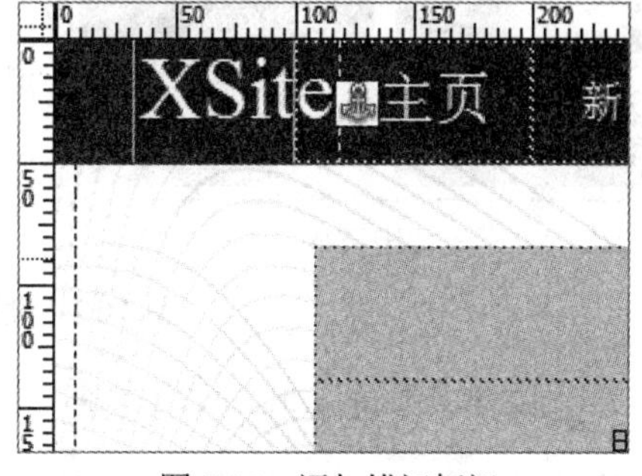

图 3-15　添加锚记标记

(3) 完成以上操作后，用户在页面中选中要创建锚点链接的文字，打开【属性】面板，在【链接】文本框中输入前缀和锚记名称“#text_top”，如图 3-16 所示。

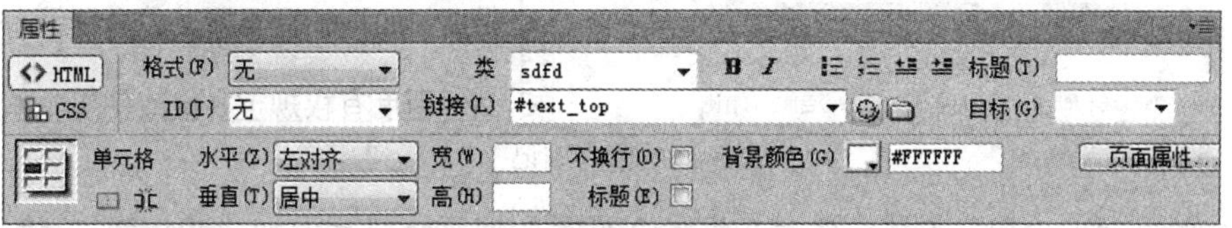

图 3-16　创建锚记链接

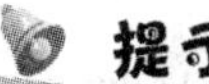

提示

命名锚记链接一般用在网页篇幅较大，浏览者需要翻屏查看的情况，应用“命名锚记链接”，有助于访问者浏览网页。

3.5.2　在不同页面中应用锚记链接

在 Dreamweaver 中用户可以在不同页面中使用锚记链接，从而实现不同网页之间的相互访问，其具体设置方法如下。

【例 3-5】使用 Dreamweaver CS6 在不同网页中添加锚记链接。

(1) 将一个用于创建锚记链接的网页命名为“anchor.html”。

(2) 打开网页文档“Index.html”，然后选中该文档中需要添加超链接的文本“用户登录”，然后在【属性】面板的【链接】文本框中输入“anchor.html”，如图 3-17 所示。

(3) 打开“anchor.html”文档，然后将鼠标指针置于页面中合适的位置，选择【插入|【命名锚记】命令，打开【命名锚记】对话框，在网页中插入一个如图 3-18 所示的锚记“Part2”。

选中文本

设置【链接】文本框

图 3-17　设置网页链接

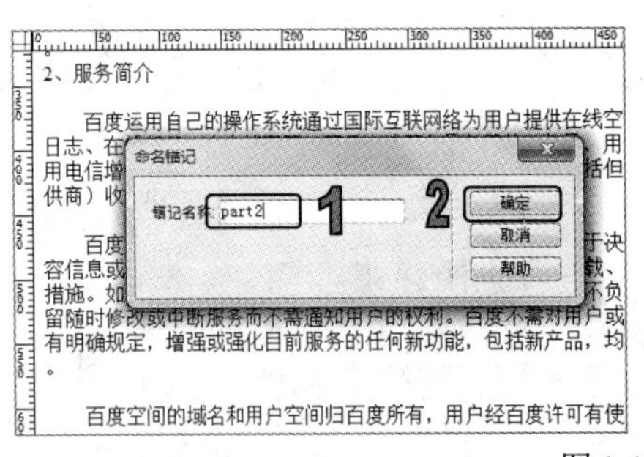

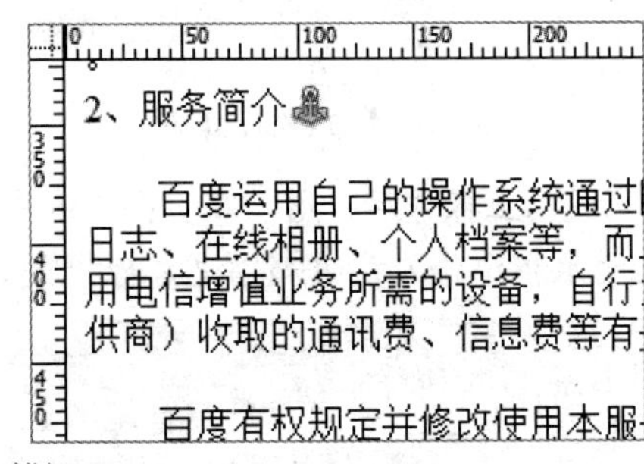

图 3-18　插入锚记

(4) 返回“Index.html”文档，然后在步骤(2)设置的网页链接后添加“#Part2”，使【属性】面板中【链接】文本框中的链接为“anchor.html#part2”。

(5) 将创建的网页文档保存后预览网页。此时，单击“Index.html”页面中的文字链接即可进入“anchor.html”页面并切换至相应的文字位置，如图 3-19 所示。

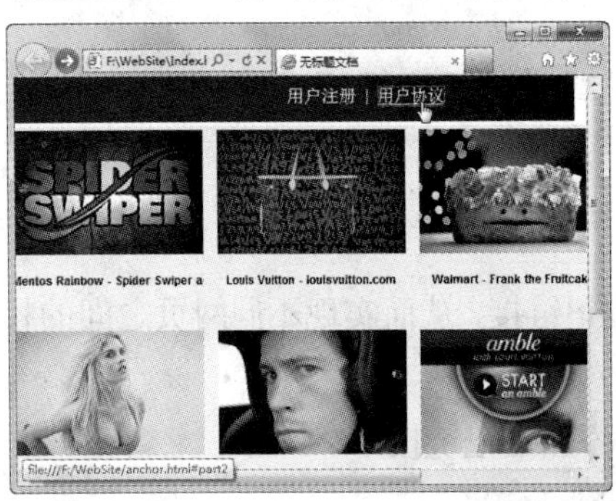

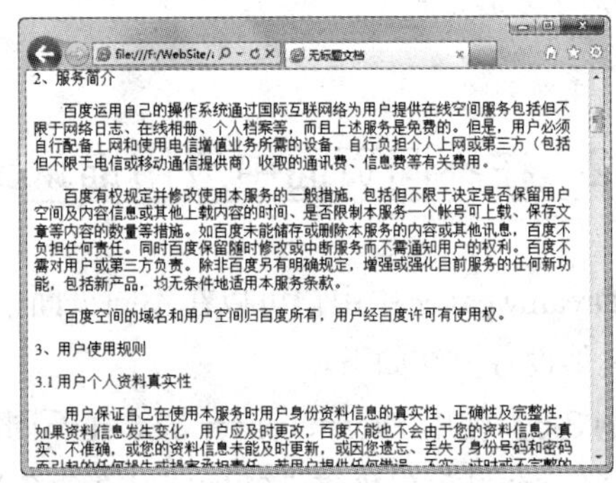

图 3-19　网页效果

3.6　制作文件下载链接

在 Dreamweaver 中，用户可以在网页中添加文件下载链接，使链接被单击时自动打开“文

件下载提示”对话框，向网页浏览者提供文件下载服务。

【例 3-6】使用 Dreamweaver CS6 在不同网页中添加文件下载链接。

(1) 首先将用于创建文件下载链接的图片和文本复制到 Dreamweaver 本地站点中，然后在文档视图中选中需要添加文件下载链接的图片，如图 3-20 所示。

(2) 在【属性】面板中单击【链接】下拉列表按钮后的【选择文件】按钮，然后在打开的【选择文件】对话框中选中一个压缩文件，并单击【确定】按钮，如图 3-21 所示。

图 3-20　选中图片

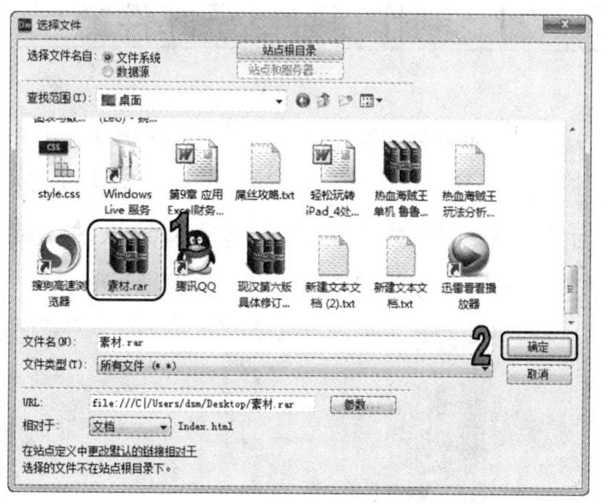

图 3-21　【选择文件】对话框

(3) 完成以上操作后，选择【文件】|【保存】命令将网页保存，按下 F12 键预览网页，在打开的浏览器中单击步骤(1)选中的网页图片，即可打开如图 3-22 所示的“文件下载提示”对话框，提示用户是否下载步骤(2)设置的压缩文件。

(4) 单击“文件下载提示”对话框中的【保存】按钮即可下载文件，如图 3-23 所示。

图 3-22　提示文件下载

图 3-23　下载文件

提示

在制作文件下载链接时，如果用户需要链接一个可执行文件，需要在文字进行链接时选择.exe 格式的文件。链接上.exe 文件后，在预览网页时单击“文件下载提示”对话框中的【运行】按钮可以直接运行该文件。

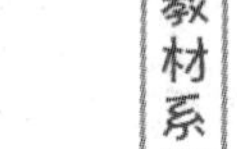

3.7 上机练习

本章的上机练习将通过实例介绍在网页中创建并设置超链接的方法与技巧，帮助用户进一步掌握应用与管理网页超链接的相关知识。

3.7.1 制作复杂电子邮件链接

在 Dreamweaver 中制作能够自动添加邮件主题和抄送的复杂电子邮件链接。

(1) 在 Dreamweaver 中打开一个需要添加电子邮件链接的网页后，在网页中选中需要设置电子邮件链接的文本，在【属性】面板的【链接】文本框中输入“mailto:miaofa@sina.com”，创建一个电子邮件链接，如图 3-24 所示。

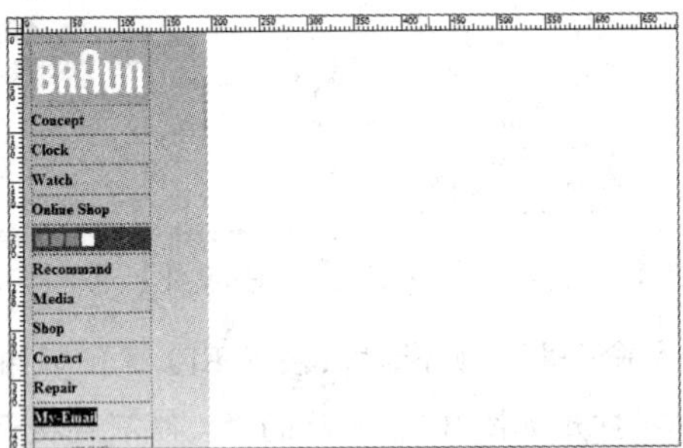

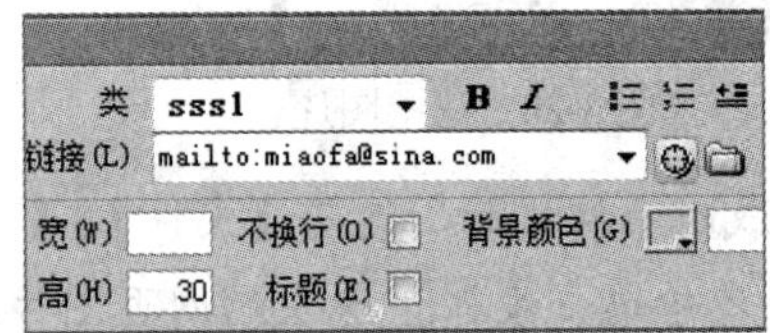

图 3-24 创建电子邮件链接

(2) 在电子邮件链接后先输入符号“?”，然后输入“subject=”为电子邮件设定预置主题，具体代码如下：

```
mailto:miaofa@sina.com? subject=网站管理员来信
```

(3) 在电子邮件链接后添加一个连接符“&”，然后输入“cc=”，并输入另一个电子邮件地址为邮件设定抄送，具体代码如下：

```
mailto:miaofa@sina.com? subject=网站管理员来信&cc=duming1980@hotmail.com
```

(4) 完成以上设置后的【属性】面板如图 3-25 所示。

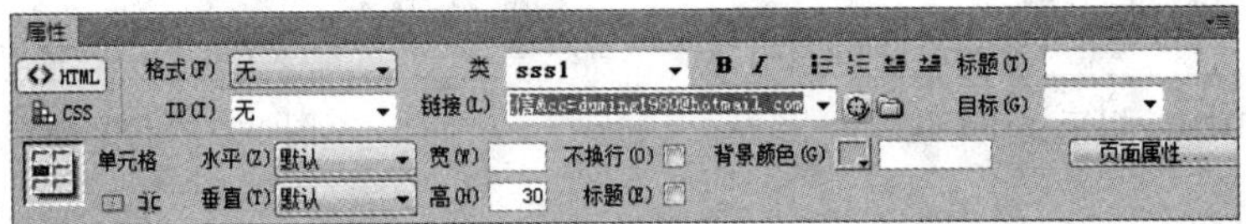

图 3-25 【属性】面板

(5) 选择【文件】|【保存】命令，将网页保存后，按下 F12 键预览网页，效果如图 3-26 所示。

(6) 当用户单击网页中的电子邮件链接时，弹出的邮件应用程序将自动为电子邮件添加主题和抄送邮件地址，效果如图 3-27 所示。

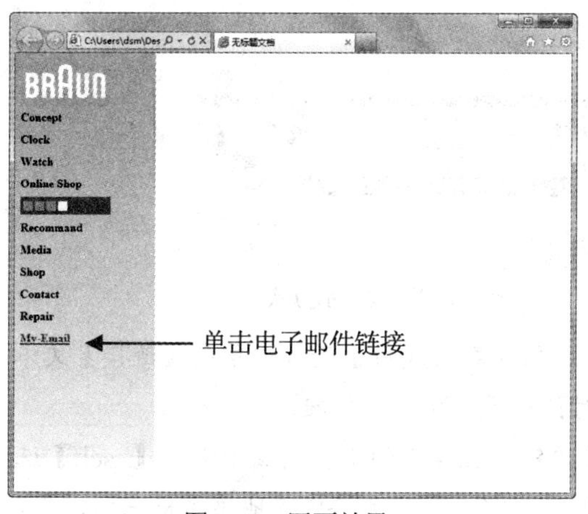

图 3-26　网页效果

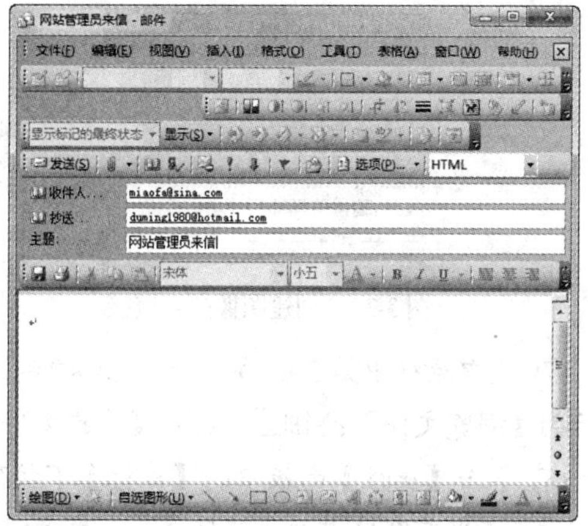

图 3-27　自动为电子邮件添加主题和抄送邮件地址

3.7.2　制作网站首页导航栏

在 Dreamweaver 中制作一个游戏网站的首页导航栏。

(1) 选择【文件】|【新建】命令，创建一个空白 HTML 网页，然后将鼠标置入页面中，选择【插入】|【表格】命令，在网页中插入一个 5 行 2 列的表格，如图 3-28 所示。

(2) 合并表格第一行单元格，然后选择【插入】|【图像】命令，在该单元格中插入图像，并在其余单元格中输入文字，创建如图 3-29 所示的表格效果。

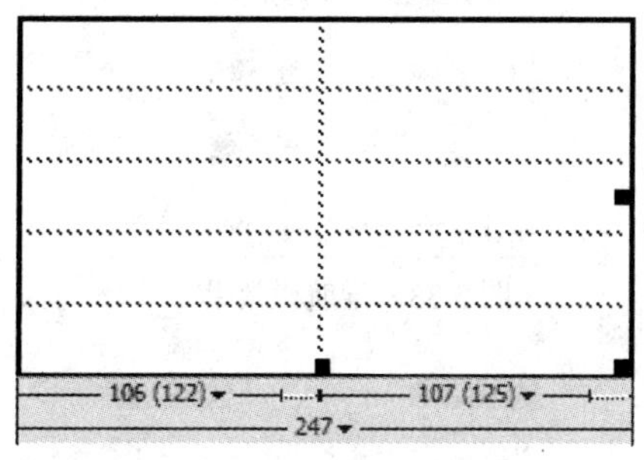

图 3-28　创建表格

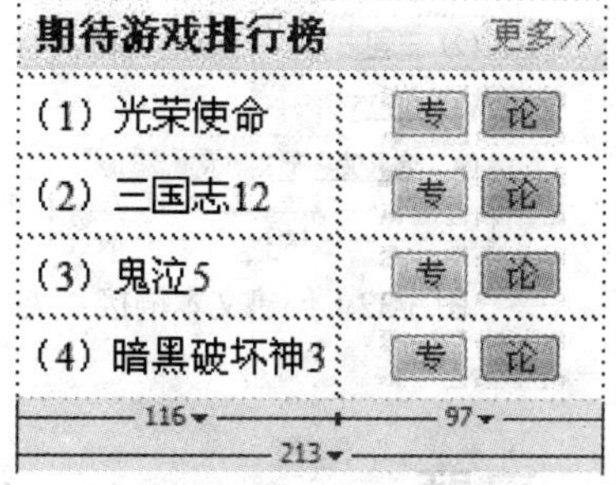

图 3-29　输入表格内容

(3) 选中表格第一行中的图片，然后在“属性”面板中单击【矩形热点工具】按钮，在该图像上(在文字“更多”上)绘制一个图像热点。

(4) 选中绘制的图像热点，在热点【属性】面板中单击【链接】文本框后的【浏览文件】按钮，打开【选择文件】对话框。

(5) 在【选择文件】对话框中选中链接的文件后，单击【确定】按钮，创建图像热点链接，如图 3-30 所示。

(6) 单击“属性”面板中的“目标”下拉列表按钮，在弹出的下拉列表中选择【_blank】选项，设置在新窗口中打开超链接页面，如图 3-31 所示。

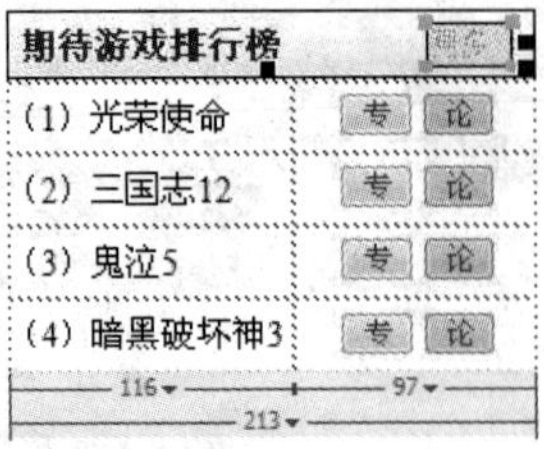

图 3-30 创建图像热点链接

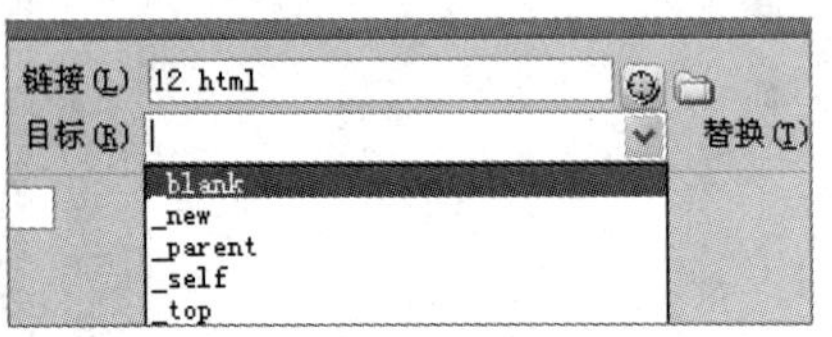

图 3-31 设置链接显示方式

(7) 选中表格中第 2 行第 1 列单元格中的文字，然后在【属性】面板中单击【链接】文本框后的【浏览文件】按钮，打开【选择文件】对话框设置文本超链接。

(8) 单击【属性】面板中的【目标】下拉列表按钮，在弹出的下拉列表中选中【_self】选项，设置在当前窗口中打开链接页面。参考以上操作步骤，设置表格中其他单元格中的文本链接，完成后的效果如图 3-32 所示。

(9) 选中表格中第 2 行第 2 列单元格中的图片，然后在【属性】面板中单击【链接】文本框后的【浏览文件】按钮，打开【选择文件】对话框设置图像超链接。

(10) 单击【属性】面板中的【目标】下拉列表按钮，在弹出的下拉列表中选中【_self】选项，设置在当前窗口中打开链接页面。在【属性】面板的【边框】文本框中输入参数 0，设置图像链接的边框为 0。

(11) 参考以上操作步骤，设置其他单元格中的图像链接，完成后保存并预览网页，效果如图 3-33 所示。

图 3-32 创建文本链接

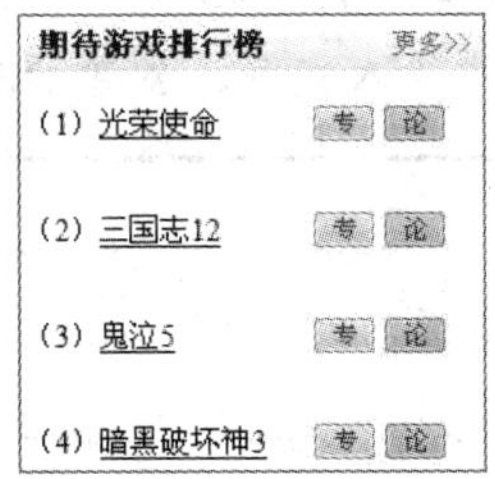

图 3-33 导航栏效果

3.8 习题

1. 在 Dreamweaver 中，用户可以创建哪几种类型的超链接？
2. 简述如何在 Dreamweaver 中更新超链接。

第4章 插入网页图像与多媒体

学习目标

在 Dreamweaver CS6 中，用户可以在“设计”视图或“代码”视图中将图像与多媒体插入网页文档。在设计包含图像与多媒体的网页时，Dreamweaver 会自动在 HTML 源代码中生成对图像(或多媒体)文件的引用。为了确保引用的正确性，该图像(或多媒体)文件必须位于当前站点中。如果图像(或多媒体)文件不在站点中，Dreamweaver 会询问是否要将文件复制到当前站点中。

本章重点

- 在网页中插入图像
- 设置网页图像属性
- 在网页中插入动画
- 设置网页背景音乐

4.1 网页图像格式简介

网页中大多数精美的图片都是通过各种图形处理软件加工而来的，不同软件所专属的图像文件格式不同。网站依赖图像传递各种信息，要快速发展，就需要使用跨平台图形，使不同软件处理、制作的图片都能够具有通用性，保证网页浏览者在所有平台上都能够顺利浏览。目前，获得各类浏览器全面支持的图形格式有 GIF 和 JPEG，另外，现在除了逐步退出市场的 IE6 只支持 8 位 PNG 外，其他浏览器的最新版本均支持 PNG 格式图片。

- GIF 图像：GIF(Graphics Interchange Format)原意是“图像互换格式”，它是 CompuServe 公司在 1987 年开发的图像格式。GIF 图像是一种位图图像，其每个像素都被赋予或映射到一种特定的颜色。一个 GIF 图形最多可以有 256 种颜色，被广泛应用于文本、标志或卡通图像。

- JPEG 图像：JPEG(联合图像专家组)图像格式的扩展名可以是.jpg、.jpeg(比较常见的是.jpg)。JPEG 格式是专门为处理照片而开发的，它与 GIF 格式相比，JPEG 格式提供了数百种颜色，每个像素可以有 24 位的颜色信息，而 GIF 格式只有 256 色，而每个像素只有 8 位颜色信息。
- PNG 图像：PNG(Portable Network Graphic Format)的中文名是便携式网络图像。PNG 图像的优点是不但能够像 GIF 图像一样在压缩时毫无像素上的损失，而且能像 JPEG 图像那样显示更多的颜色。另外，PNG 格式的图像提供一种隔行显示方案，在显示速度上比 GIF 与 JPEG 格式的图像更快一些。

4.2 在 Dreamweaver CS6 中插入图片

图像是网页中最基本的元素之一，制作精美的图像可以大大增强网页的视觉效果。图像所蕴涵的信息量对于网页而言显得非常重要。使用 Dreamweaver CS6 在网页中插入图像，通常是用于添加图形界面(例如按钮)、创建具有视觉感染力的内容(例如照片、背景等)或交互式设计元素。

4.2.1 在【设计】视图中插入图片

在 Dreamweaver 的【设计】视图中直接为网页插入图片是一种比较快捷的方法。用户在文档窗口中找到网页上需要插入图片的位置后，选择【插入】|【图像】命令，然后在打开的【选择图像源文件】对话框中选中电脑中的图片文件，并单击【确定】按钮，如图 4-1 所示。

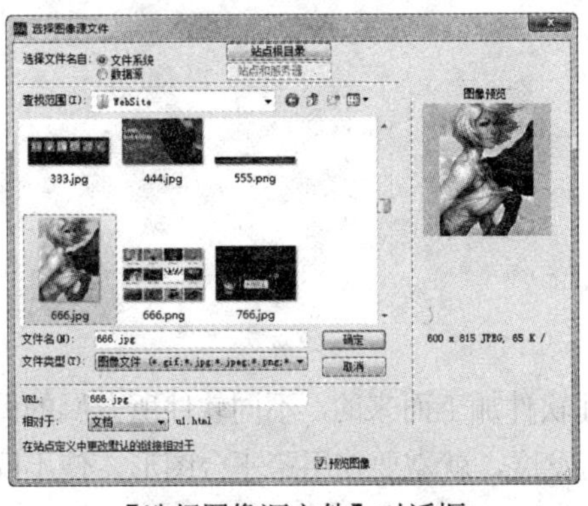

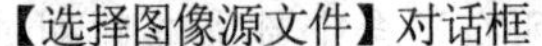
【选择图像源文件】对话框

插入图像

图 4-1　在网页中插入图像

当用户在【选择图像源文件】对话框中选中一个图片文件后，该对话框右侧的【图像预览】区域中将显示图片的预览效果以及选中图片的尺寸、格式和大小信息。单击【确定】按钮后，Dreamweaver 将打开【图像标签辅助功能属性】对话框提示用户输入图像替换文本，如图 4-2 所示。替换文本是当鼠标指针位于网页图像上显示的文字，当图片无法在网页中显示时，将显示替换文本内容。

另外，若用户在网页中插入的图片位于站点中的图片文件夹中，那么在插入图片时，Dreamweaver 将打开如图 4-3 所示的对话框，提示用户是否将图片复制到本地站点的根目录文件夹中。

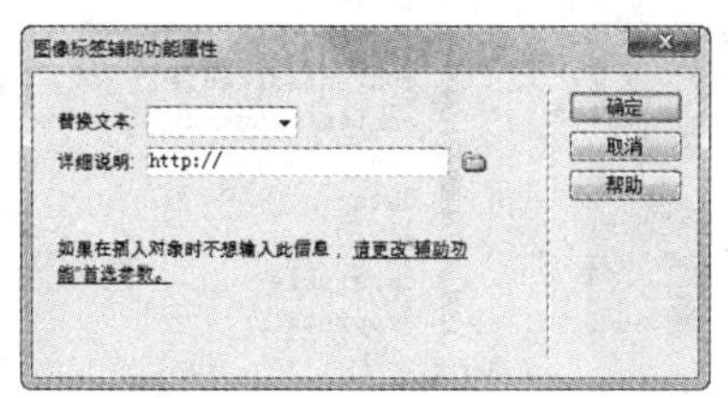

图 4-2　【图像标签辅助功能属性】对话框

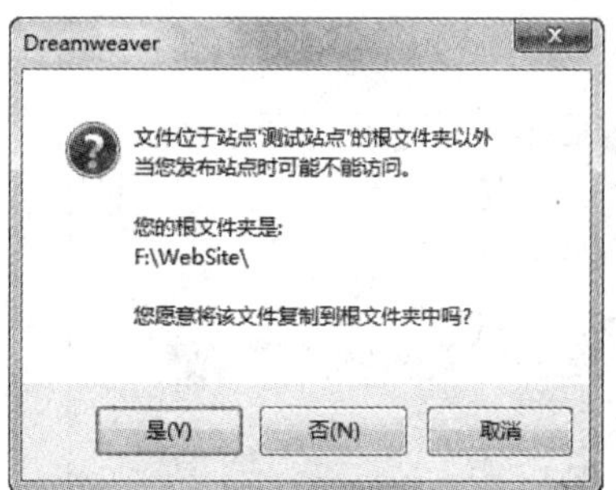

图 4-3　提示信息

4.2.2　通过【资源】面板插入图片

在 Dreamweaver 中用户可以选择【窗口】|【资源】命令，使用【资源】面板在网页中插入图片。【资源】面板中显示本地站点中所包含的 GIF、JPEG 和 PNG 文件，选中某个图片文件后，面板的上方将显示图片的略缩图，将图片拖动至网页中适当的位置，即可插入图片，如图 4-4 所示。

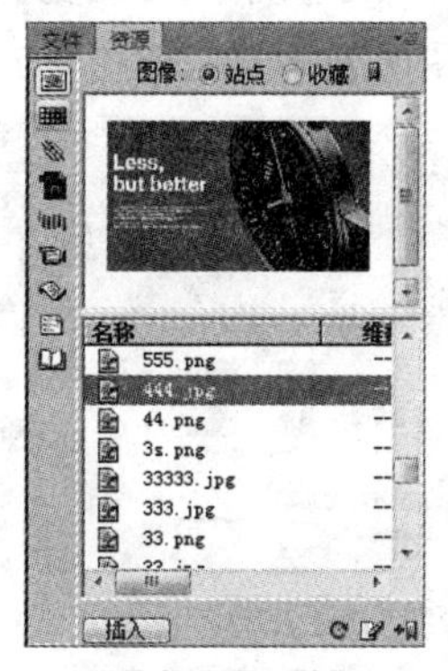

【资源】面板

插入图像

图 4-4　使用【资源】面板在网页中插入图像

用户在使用【资源】面板插入网页图像之前，需要对站点的内容进行整理，在【资源】面板中单击【刷新站点列表】按钮，可以检查当前站点并创建所有图像的列表，包括尺寸、文件类型和完整路径等。

4.2.3　在网页的源代码中插入图片

在 Dreamweaver 设计视图中进行的任何设置都会在代码视图中以代码的形式显示，对代码视图的任何编辑也都会在设计视图中表现。将视图切换至 Dreamweaver 代码视图，通常情况下会另起一行编写图片代码，首先输入“<”，然后在后面输入“img”，在输入图片的代码标签时，软件会提供常用的标签选项，如图 4-5 所示。

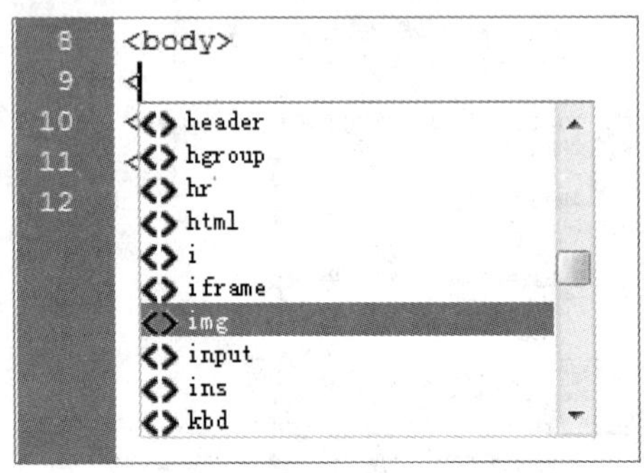

输入“<img”

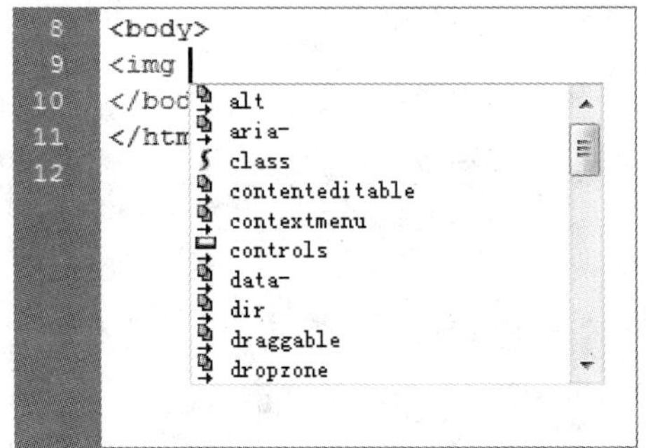

显示标签

图 4-5　输入插入图像代码

<img>标签的常用属性如下。

- src：图像的源文件。
- alt：图像无法显示时的替换文本。
- name：图像的名称。
- width/height：图像的宽度/高度。

在图 4-5 右图所示的列表中选中“src”属性后，将显示如图 4-6 所示的【浏览】按钮，单击该按钮，即可打开【选择文件】对话框，选中要插入网页的图像源文件，如图 4-7 所示。

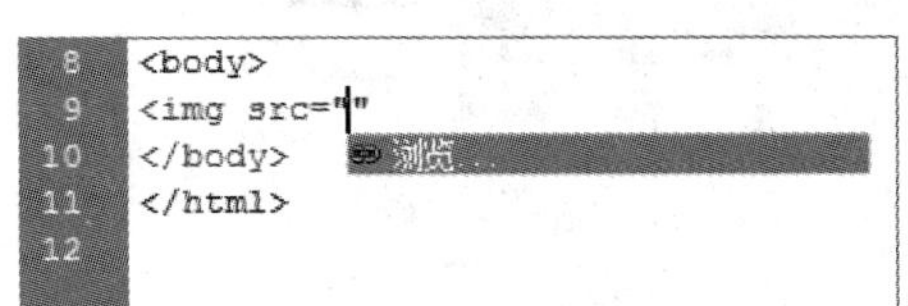

图 4-6　【浏览】按钮

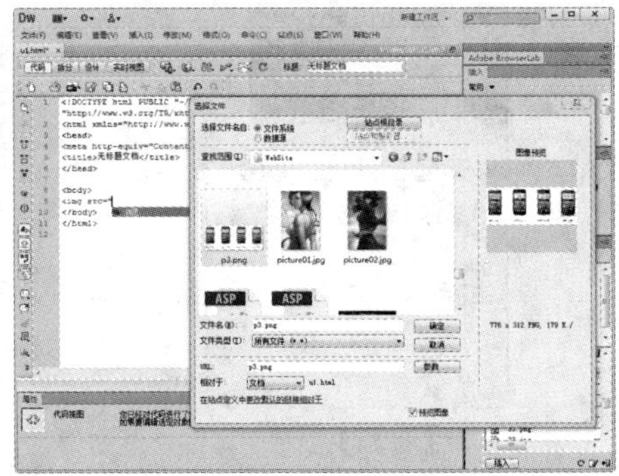

图 4-7　选择图像源文件

在【选择文件】对话框中单击【确定】按钮后，即可将选中图像文件的 URL 添加至<img>标签中。随后，使用键盘输入“/>”符号，完成的图像插入代码如下：

```
<img src="p3.png"/>
```

此时，切换至 Dreamweaver 设计视图即可查看插入的图片效果，如图 4-8 所示。若用户需要为网页中插入的图片添加文本，可以在代码视图中的图像插入代码后按下空格键，在弹出的列表框中选中“alt”属性并按下回车键，将其添加至“<img>”标签中，如图 4-9 所示。

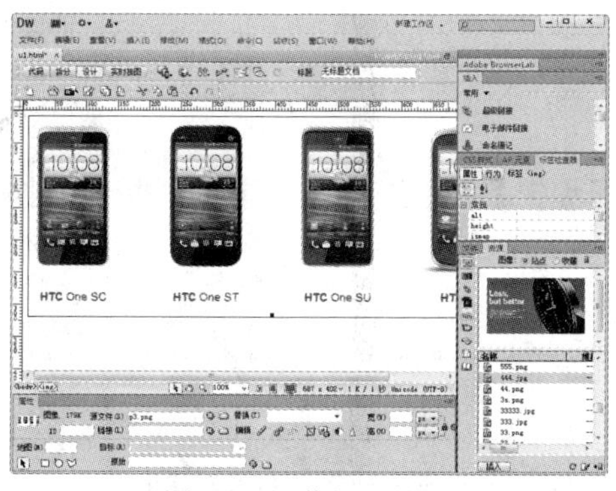

图 4-8　图像插入效果

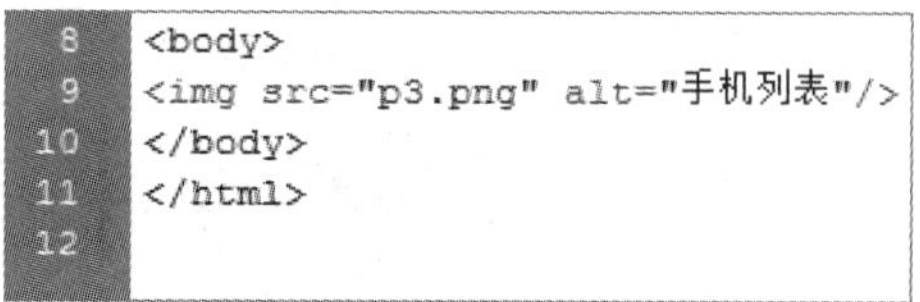

图 4-9　添加图像替换文本

在“代码”视图中完成插入网页图像的代码编写后，按下 F12 键即可在浏览器中查看网页中插入的图像效果。

4.3　在 Dreamweaver 中处理图片

在 Dreamweaver CS6 中，用户可以利用软件所自带的图像编辑功能，对网页中插入的图片文件进行简单的编辑操作，使其更加适应网页设计的需求。

4.3.1　网页图片的基本设置

在 Dreamweaver 中对图片文件的编辑与处理操作都是在【属性】面板中完成，用户在选中网页中的图片后，可以使用如图 4-10 所示的图片【属性】面板设置图片。

图 4-10　图片【属性】面板

图片【属性】面板最左侧显示当前选中图片的略缩图以及图片的大小，用户可以在 ID 文本框中设置图片的名称。当在【宽】和【高】文本框处于锁定状态时，在其中输入值，图片会按比例进行缩放，单击🔒按钮，可以取消图片大小的锁定状态。另外，图片【属性】面板中比较重要的【源文件】和【链接】文本框用于设置网页图片的文件位置和超链接，其具体功能如下。

- 【源文件】文本框：【源文件】文本框的设置和插入网页图片的方法相同，在单击该文本框后的📁按钮，在打开的【选择图像源文件】对话框对图片进行更换或插入，也是一种插入网页图片的方法。
- 【链接】文本框：【链接】文本框用于设置图片的超链接，该文本框后的【替换】文本框用于添加图片超链接的替换文字，直接在其中输入文字即可为图片设置说明信息。

4.3.2 编辑网页图片

在 Dreamweaver 的图片【属性】面板中，使用【编辑】栏中提供的工具可以进一步对网页中的图片进行简单的编辑操作，如图 4-11 所示。

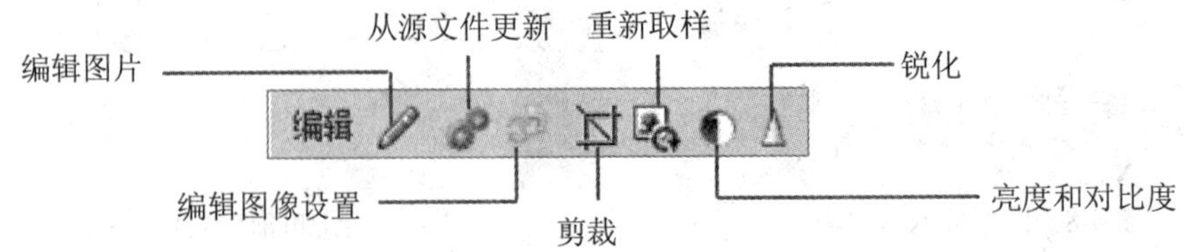

图 4-10　图片【属性】面板中的【编辑】栏

1. 编辑图片

在【编辑】栏中单击【编辑图片】按钮后，软件将自动打开 Dreamweaver 默认的图像处理软件，例如 Photoshop、Fireworks 等。用户选择【编辑】|【首选参数】命令，打开【首选参数】对话框，然后在该对话框的【分类】列表框中选中【文件类型/编辑器】选项，可以在对话框右侧的【编辑器】列表框中设定 Dreamweaver 默认的图像处理软件，如图 4-11 所示。

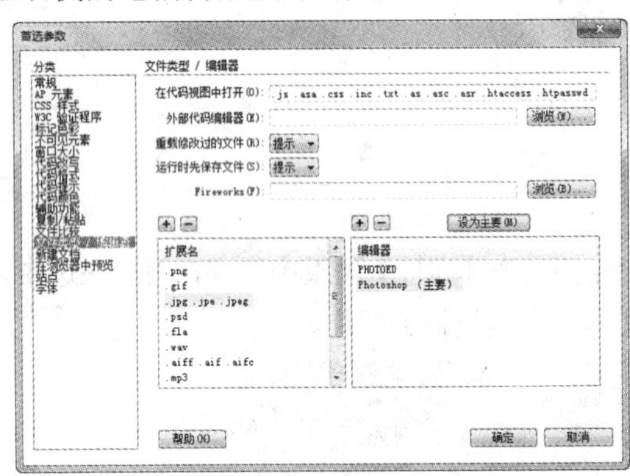

【首选参数】对话框

设置 Photoshop 为默认的图像处理软件

图 4-11　设置默认图像处理软件

在图 4-11 左图所示的【扩展名】列表框中列出了很多文件格式，在该列表框中选择相应的文件格式后，可以在【编辑器】列表框中指定编辑选中文件格式的软件。在 Dreamweaver 中，用户可以为某一类的文件格式指定多种编辑软件，在【编辑器】列表框中可以对多个编辑软件进行指定设置，选择一种编辑器后单击【设为主要】按钮即可。

2. 编辑图像设置

用户在 Dreamweaver 中需要对网页中的图片进行更精细的操作时，可以单击【属性】面板中的【编辑图像设置】按钮，打开【图像优化】对话框，如图 4-12 所示。在【图像优化】对话框中，用户可以通过单击【预置】下拉列表，设置 Dreamweaver CS6 针对不同的图像进行专门的优化设置，如图 4-13 所示。

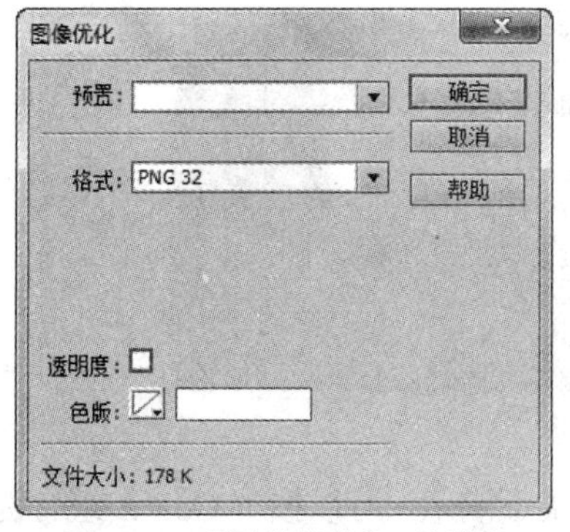

图 4-12 【图像优化】对话框

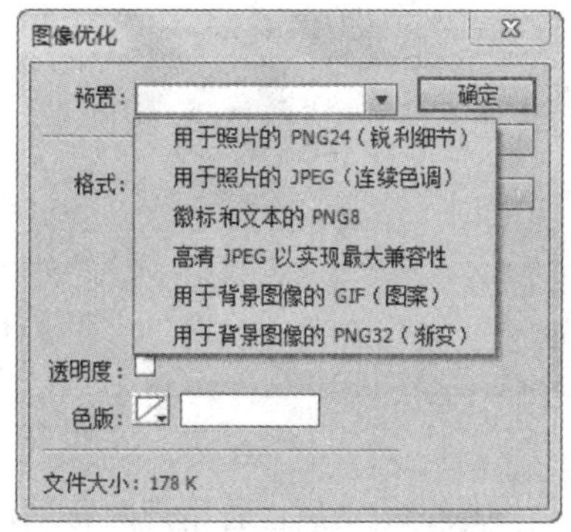

图 4-13 设置图像优化方式

在 Dreamweaver CS6 的图像优化设置中，用户可以将图片的 GIF、JPEG、PNG 等格式进行转换。例如，将网页中的图片转化为 GIF 格式，可以直接在 Dreamweaver 中将图片处理为透明图片，如图 4-14 所示，或者对图片的压缩质量进行设置，即使图片在其他软件中没有被压缩好，在 Dreamweaver 中也可以对其进行压缩。

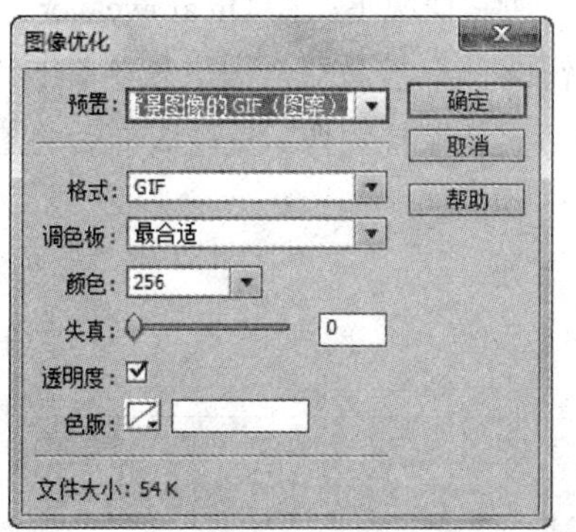

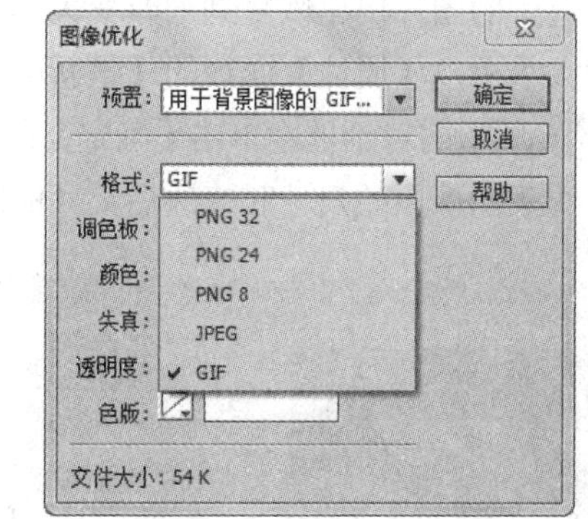

图 4-14 设置图片转换为 GIF 格式

3. 从源文件更新

Dreamweaver CS6【属性】面板中的【从源文件更新】按钮主要用于支持与 Photoshop 智能对象之间的联系。对于智能对象来说，更新其源文件后，Dreamweaver 视图窗口会有相应的反应，此时单击【从源文件更新】按钮可以实现文件的更新。

4. 剪裁图片

在 Dreamweaver CS6 中对图片进行裁剪操作，可以使浏览者的注意力集中在图片某个特定的区域中。在 Dreamweaver【属性】面板中单击【裁剪】按钮后，网页中的图像上将显示一条带有阴影的边框，用户可以通过拖动边框的边缘确定裁剪图像的位置，如图 4-15 所示。被裁剪的图片中，没有被选中的部分将变暗，而选中的部分则显示正常的颜色。按下回车键可以将未选中的部分图像裁剪掉，如果需要取消选中，只需在图片外的任意位置单击或按下 Esc 键即可。若需要对图片中选中的部分进行移动，改变正常显示的区域，只需要将鼠标指针放在选中的区域，当鼠标指针变为四向箭头时，拖动选中区域到目标位置。

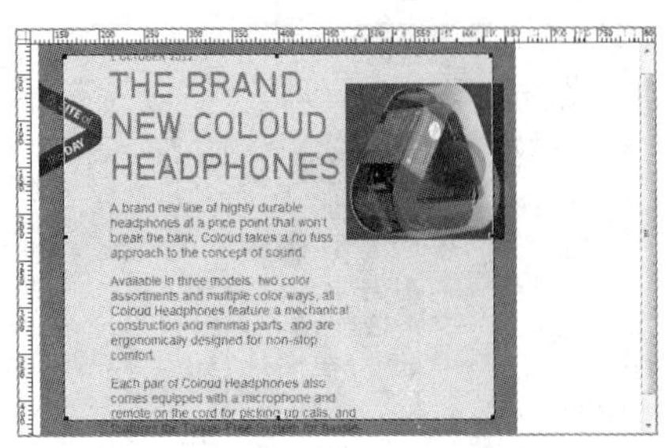

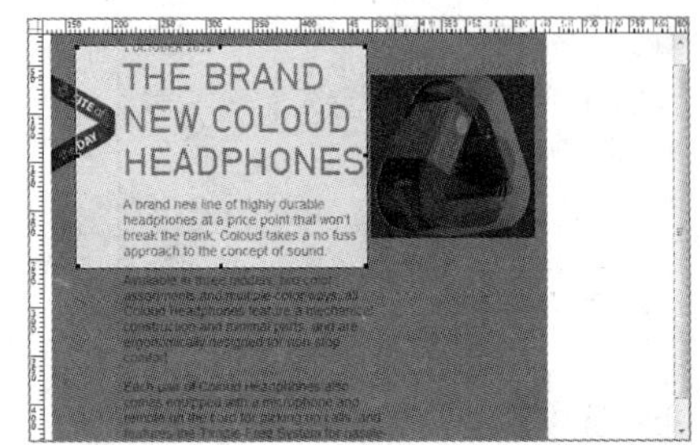

图 4-15　裁剪图像

完成网页图像的裁剪后，若用户对裁剪的图像效果不满意，可以按下 Ctrl+Z 组合键，撤销裁剪操作。但是要注意，若裁剪图像后将网页保存或将图像发送到外部图像编辑软件，再进行撤销操作就不起作用了。

5. 重新取样

在 Dreamweaver CS6 中选中页面中插入的图片后，单击【属性】面板上的【重新取样】按钮可以使被选中的图片快速恢复到未改变大小的状态。通常情况下，在 Dreamweaver 中改变了网页图像的大小后，【属性】面板的【重新取样】按钮就会被激活，用户只要单击该按钮，并在如图 4-16 所示的对话框中单击【确定】按钮，即可重新取样图像。重新取样后的图像显示效果主要取决于图像原始尺寸和修改后尺寸的区别。

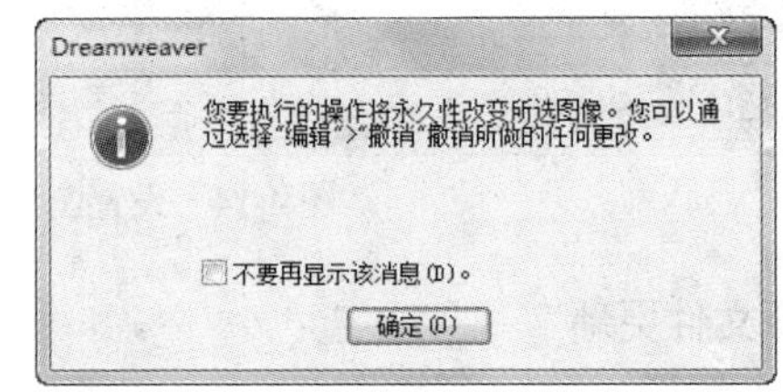

图 4-16　重新取样

6. 调整图片亮度与对比度

在 Dreamweaver 图片【属性】面板中单击【亮度和对比度】按钮，在弹出的提示框中单击【确定】按钮后，将打开如图 4-17 所示的对话框，在该对话框中，用户可以调整网页中选中图片的亮度与对比度。

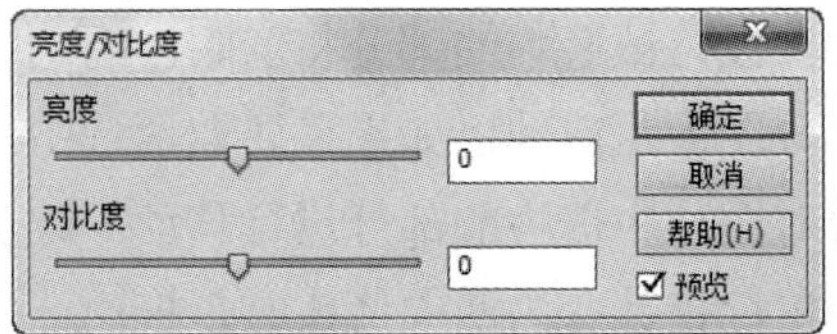

图 4-17　打开【亮度/对比度】对话框

在 Dreamweaver 中调整网页图片亮度与对比度的作用如下。

◉ 亮度：图片的明亮程度，增加图片的亮度可以使整张图片更加明亮，图片中最亮的部分、最暗的部分、灰度部分都会在颜色上亮很多。如果图片过亮，就会使图片效果看上去很灰，该突出的地方不够突出，而过暗则会使图片中所有的颜色都接近黑色，图片中过渡的部分将越来越少，以至于无法清晰地显示图片中的内容。一般情况下，在【亮度/对比度】对话框亮度的调整部分可以通过滑杆来增加或减少图片的亮度，如图 4-18 所示。

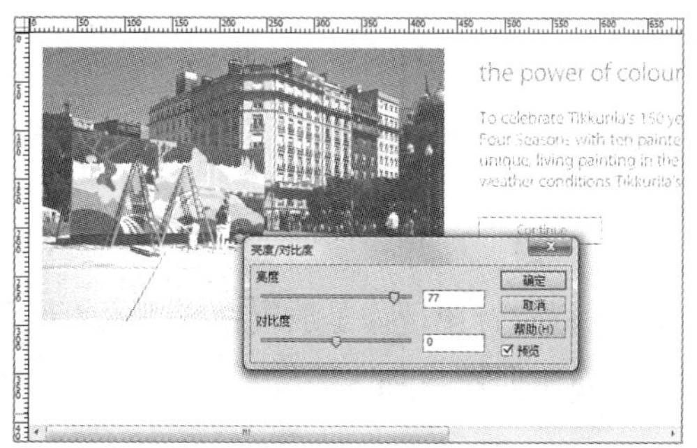

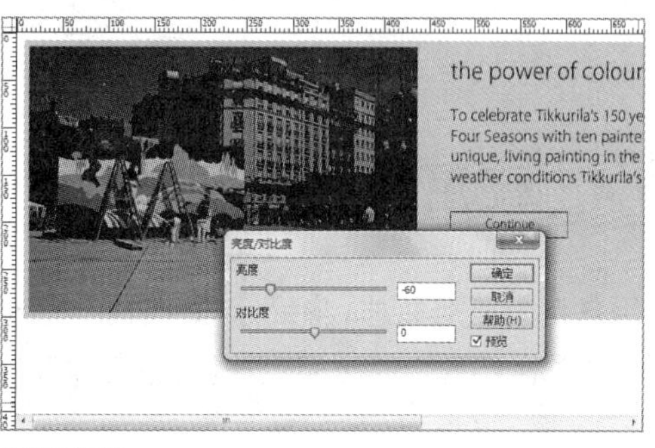

图 4-18　调整图像亮度

◉ 对比度：在图片中选中亮的部分和暗的部分，亮和暗就产生了对比。当它们的对比度较大时，会产生亮部更亮、暗部更暗的效果，调整后图片的颜色对比会比之前更强烈一些，但是会损失很多中间过渡的部分。对比度比较小的情况下就会变成亮部向暗部过渡、暗部向亮部过渡的情况。由于这两个部分相互靠近，很容易都接近灰色，这样就会导致无法看清楚亮部与暗部，整张图片缺乏视觉冲击力。如图 4-19 所示为高对比度与低对比度下的图片效果。

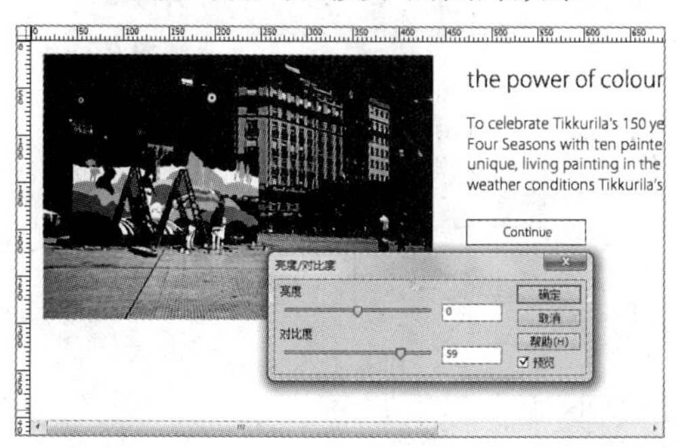

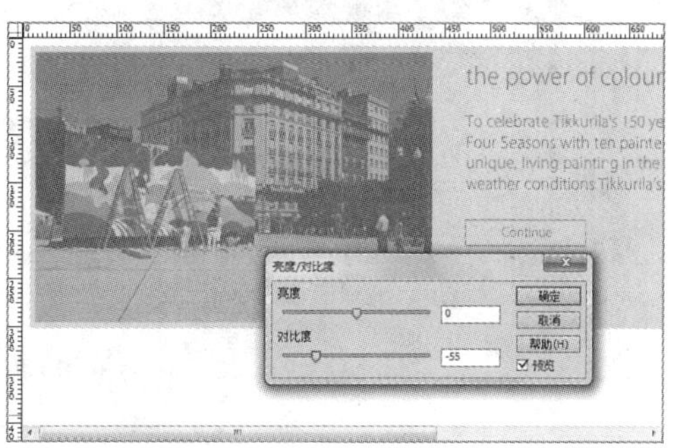

图 4-19　调整图像对比度

7. 锐化图片

锐化主要用于调整网页中画面轮廓模糊不清的图片。一般情况下，锐化图片可增强图像中边缘的定义。在网页设计中，很多图片都需要进行锐化处理，这取决于图片的模糊程度。另外，锐化图片无法校正严重模糊的图片，如图 4-20 所示为在 Dreamweaver 图片【属性】面板中锐化网页图片的效果。

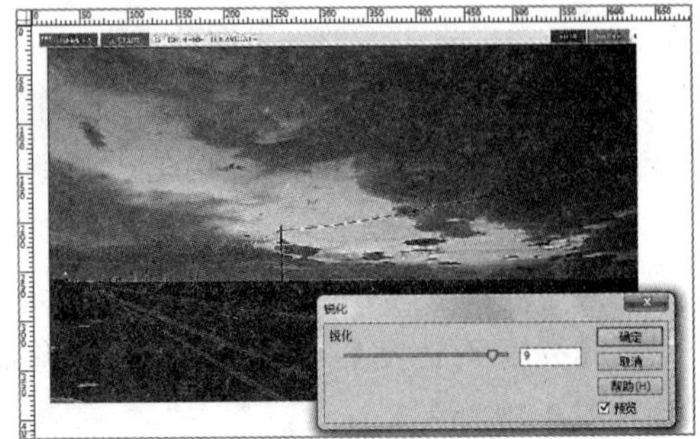

图 4-20　锐化图片

4.4　使用图像热区

用户在浏览网页时，将鼠标指针放在一个图片上，鼠标指针出现像是放置在按钮上的状态。此时，若单击图片上的区域图片就会打开相应的链接，这就是图像热区的设置效果。

4.4.1　绘制图像热区

图像热区的设置位于图像【属性】面板的左下角，Dreamweaver 将其称为“地图”，包括如图 4-21 所示的矩形热区、圆形热区和多边形热区 3 种样式。

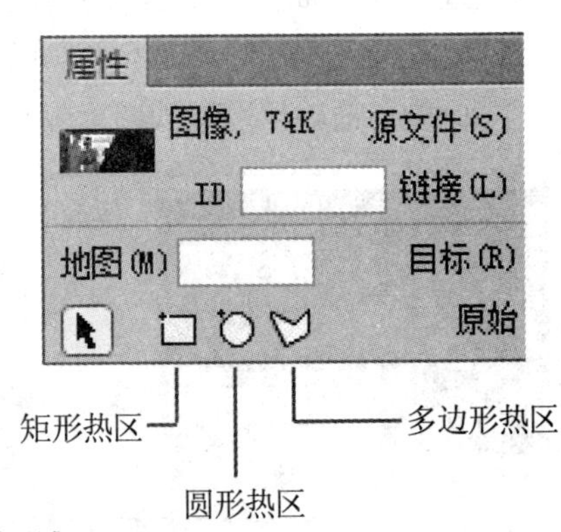

图 4-21　【地图】选项区域

1. 绘制矩形热区

在 Dreamweaver 中选中网页上的某张图片后，使用【属性】面板上的【矩形热区工具】按钮，可以在图片上绘制如图 4-22 所示的矩形热区。矩形热区的 4 个角上有控制点，对控制点进行拖动可以调整热区的大小(在调整矩形热区之前应在【属性】面板中单击【指针热点工具】按钮，该按钮的功能与选择工具一样)，如图 4-23 所示。

图 4-22 绘制矩形热区

图 4-23 调整矩形热区

提示

在【属性】面板中使用【指针热点工具】按钮调整图像热区时，用户可以直接在键盘上按下 4 个方向键来改变区域的位置。

2. 绘制圆形热区

在【属性】面板中使用【圆形热点工具】按钮可以在图片上绘制如图 4-24 所示的圆形热点区域，该热点区域上也有 4 个控制点，对控制点进行拖动调整时无论怎样拖动，绘制出的热区都是一个圆形，如图 4-25 所示。

图 4-24 绘制圆形热区

图 4-25 调整圆形热区

3. 绘制多边形热区

在【属性】面板中使用【多边形热点工具】按钮可以在网页图像上绘制如图 4-26 所示的多边形区域。多边形热区相比矩形热区和圆形热区更加自由，用户在使用【指针热点工具】按钮调整多边形热区时，可以单独调整热区周围的控制点，直到热区的大小符合网页设计的需求为止，如图 4-27 所示。

图 4-26 绘制多边形热区

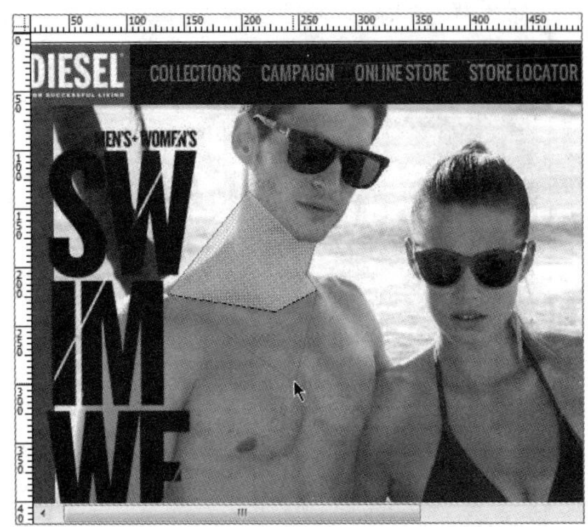

图 4-27 调整多边形热区

4. 设置图像热区参数

用户在 Dreamweaver 中为网页图像设置热区后，可以使用如图 4-28 所示的热点【属性】面板设置图片热区的链接网页、替换文本、名称和链接内容打开方式等参数。

图 4-28 热点【属性】面板

热点【属性】面板中的【目标】下拉列表用于设置热区链接内容的打开方式，该列表框中包含以下 5 种选项。

- _blank：选择该选项后，可以将链接内容在新浏览器窗口中打开，保持当前窗口不变。
- _new：选择该选项后，可以设置将链接内容在新浏览器窗口中打开。
- _parent：选择该选项后，可以设置将链接内容在其父窗口中打开，替换整个框架集。
- _self：选择该选项后，链接内容将替换当前的窗口。
- _top：选择该选项后，链接内容将在顶层窗口中打开，并覆盖原窗口的内容。

4.4.2 在标签检查器中设置热区

用户除了能够在热点【属性】面板中通过按钮和选项来设置热区，也可以在标签检查器中对图片热区进行设置。在设置热区时先选中已绘制的热区，然后选择【窗口】|【标签检查器】命令，可以打开标签检查器显示热区标签的参数，如图 4-29 所示。

图 4-29　使用标签检查器设置热区

标签检查器中比较重要的属性功能如下。

- alt：该属性为【替换】下拉列表框的设置，如果要修改热区的说明文字，也可以在这里进行修改。
- href：href 选项是为热区设置链接的属性，单击该选项可以改变热区的链接内容。
- shape：shape 选项为热区的样式设置项，该选项中包含 poly、circle 和 rect3 个参数，其中 poly 参数表示当前使用多边形热区；circle 参数表示当前使用圆形热区；rect 表示当前使用矩形热区。
- target：target 选项是设置链接目标的打开方式，其参数设置和【属性】面板中的一样。
- coords：coords 属性参数显示的是数字，这些数字是当前热区的坐标位置。

4.5　制作鼠标经过图像

在静态网页中插入有变化的图片，可以使整个网页效果看上去更加丰富。用户在浏览网页时经常会遇到这样的情况，当鼠标指针经过某个图像时，会转换成另外一个图像，而当鼠标指针离开图像时就又恢复到原来的图像。这就是使用 Dreamweaver 的插入交换图像功能实现的鼠标经过图像效果。

鼠标经过图像是由原始图像和鼠标经过图像组成，简单来说就是当鼠标经过图像时，原始图像会变成另一张图像，因此组成鼠标经过图像的两张图像必须是相同的大小。如果两张图像大小不同，系统会自动将第 2 张图像大小调整为与第 1 张图像同样大小。

【例 4-1】在 Dreamweaver CS6 中创建鼠标经过图像。

(1) 在 Dreamweaver CS6 中创建一个空白网页文档，将鼠标指针插入网页中合适的位置，选择【插入】|【图像对象】|【鼠标经过图像】命令，打开【插入鼠标经过图像】对话框，如图 4-30 所示。

(2) 在【插入鼠标经过图像】对话框中单击【原始图像】文本框后的【浏览】按钮，然后在打开的【原始图像】对话框中选中如图 4-31 所示的图片，单击【确定】按钮，返回【插入鼠标经过图像】对话框。

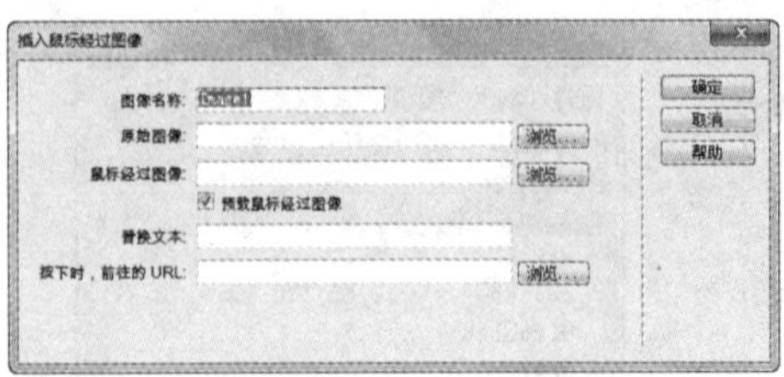

图 4-30 【插入鼠标经过图像】对话框

图 4-31 原始图像

(3) 在【插入鼠标经过图像】对话框中单击【鼠标经过图像】文本框后的【浏览】按钮，在打开的【鼠标经过图像】对话框中选中如图 4-32 所示的图片，单击【确定】按钮，返回【插入鼠标经过图像】对话框。

(4) 完成以上操作后，在【插入鼠标经过图像】对话框中单击【确定】按钮，即可在网页中创建一个鼠标经过图像，如图 4-33 所示。

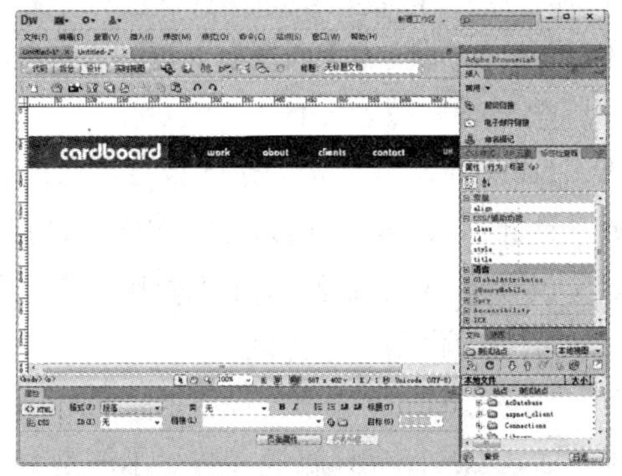

图 4-32 鼠标经过图像

图 4-33 网页中创建的鼠标经过图像

(5) 单击【文档】工具栏中的【实时视图】按钮，当鼠标未经过图像时，图像的效果如图 4-34 所示。

(6) 当网页浏览者将鼠标指针移动至图片上时，鼠标经过图像的效果将如图 4-35 所示。

图 4-34 鼠标离开图像

图 4-35 鼠标置于图像上

4.6 插入图像占位符

在网页的制作过程中，如果所需插入的图像未制作完成或还未计划好要插入的图像，可以使用插入图像占位符的方式来插入图像。简单来说，图像占位符是在准备将最终图像添加到网页文档前而使用的图像。用户可以参考以下方法在网页中插入图像占位符。

【例 4-2】使用 Dreamweaver CS6 在网页中插入图像占位符。

(1) 将鼠标指针插入网页中合适的位置，如图 4-36 所示，选择【插入】|【图像对象】|【图像占位符】命令，打开【图像占位符】对话框，如图 4-37 所示。

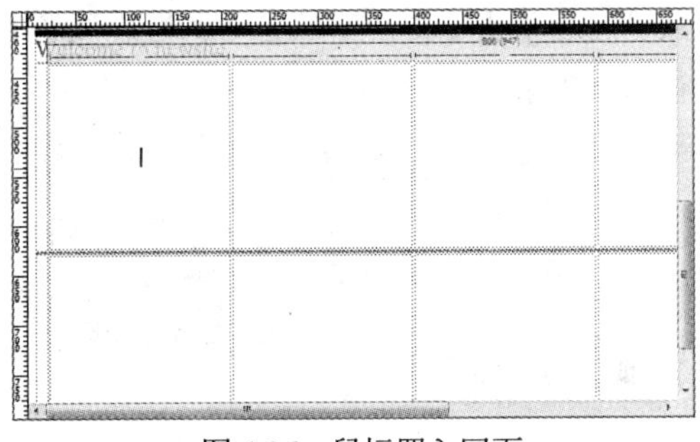

图 4-36　鼠标置入网页

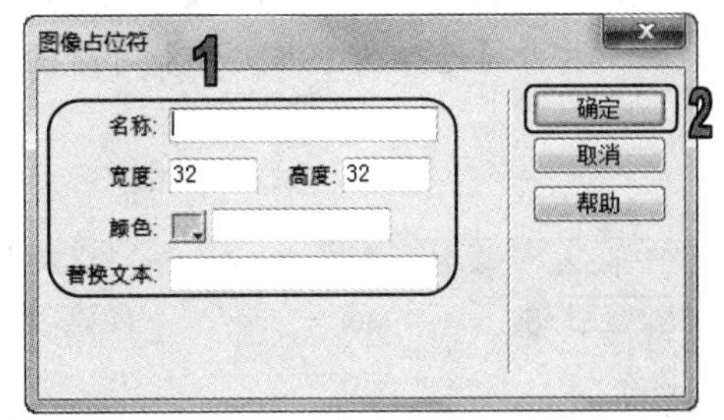

图 4-37　【图像占位符】对话框

(2) 在【图像占位符】对话框中的【宽度】和【高度】设置占位符参数，然后单击【确定】按钮，即可在网页中插入如图 4-38 所示的图像占位符。

(3) 选中创建的图像占位符，然后使用 Ctrl+C 组合键(复制)和 Ctrl+V 组合键(粘贴)，将图像占位符复制到网页中的其他位置，如图 4-39 所示。

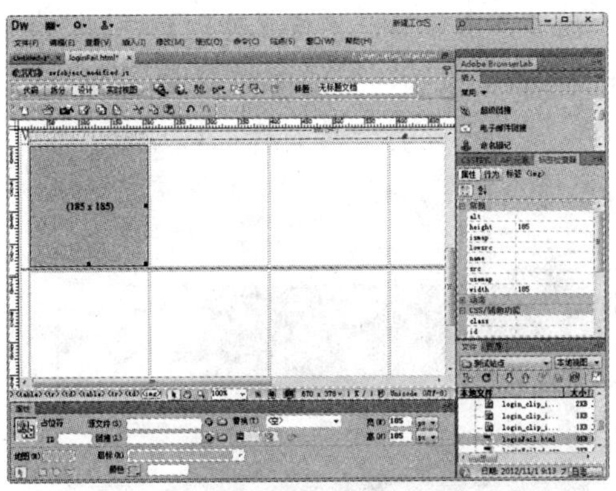

图 4-38　创建图像占位符

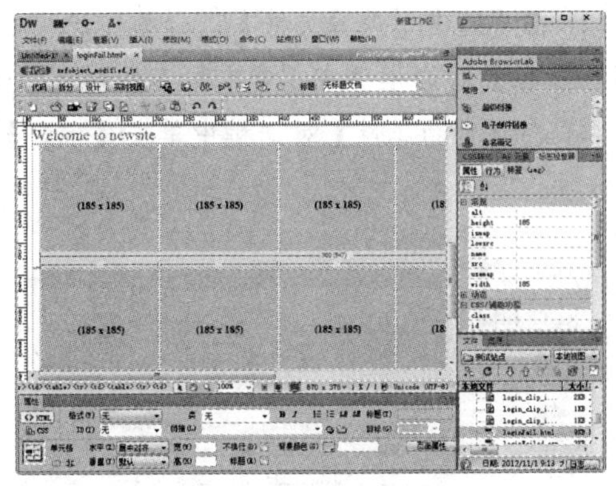

图 4-39　复制图像占位符

在【图像占位符】对话框中，主要参数选项的具体作用如下。

- 【名称】文本框：可以在文本框中输入要作为图像占位符的标签文字显示的文本(该文本框只能包含字母与数字，不允许使用空格和高位 ASCⅡ字符)。
- 【宽度】文本框：可以在文本框中输入图像宽度大小数值。
- 【高度】文本框：可以在文本框中输入图像高度大小数值。
- 【替换文本】文本框：用于输入图像占位符的替换文本。
- 【颜色】文本框：可以在文本框中输入图像占位符指定的颜色。

4.7　设置网页背景图

在 Dreamweaver CS6 中，用户可以选择【修改】|【页面属性】命令，也可以在【属性】面板中单击【页面属性】按钮，打开【页面属性】对话框，设置网页背景图像。

【例 4-3】使用 Dreamweaver CS6 为网页设置背景图像。

(1) 在 Dreamweaver CS6 中打开一个网页文档，然后右击文档空白区域，在弹出的快捷菜单中选择【页面属性】命令，打开【页面属性】对话框，如图 4-40 所示。

(2) 在【分类】列表框中选中【外观(CSS)】选项，然后单击【背景图像】文本框右侧的【浏览】按钮，打开【选择图像源文件】对话框，如图 4-41 所示。

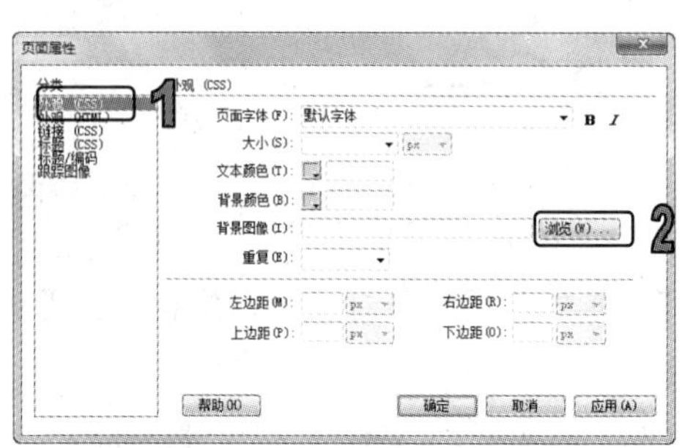

图 4-40　【页面属性】对话框

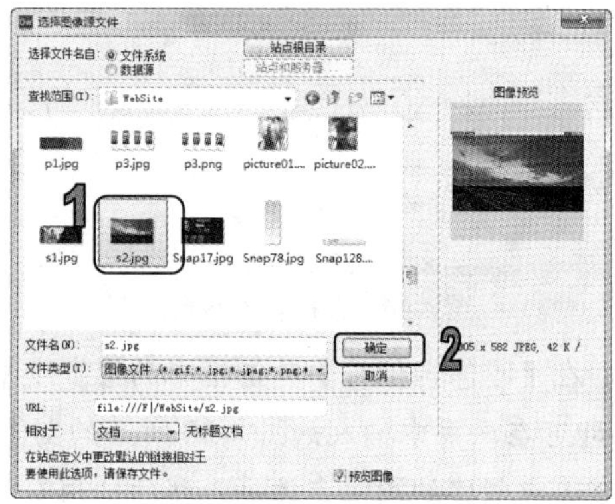

图 4-41　【选择图像源文件】对话框

(3) 在【选中图像源文件】对话框中选中要插入的背景图像后，单击【确定】按钮。返回【页面属性】对话框，在【重复】下拉列表中选择 no-repeat 选项，如图 4-42 所示。

(4) 在【页面属性】对话框中单击【确定】按钮。此时，网页背景如图 4-43 所示

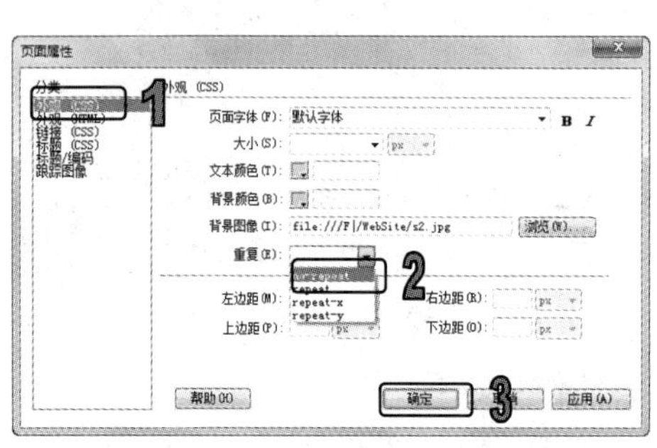

图 4-42　设置【重复】选项

图 4-43　网页背景图像

如图 4-42 所示的【重复】下拉列表框中有 4 种重复选项，其各自的含义如下。

- no-repeat：背景图像将仅显示一次。
- repeat：背景图像将在垂直方向和水平方向重复。
- repeat-x：背景图像将在水平方向重复。
- repeat-y：背景图像将在垂直方向重复。

提示

由于 Dreamweaver 的平铺图像特征，用户可以利用它使用比较小的图像文件为整个网页设置背景纹理。如果使用一张和整个网页一样大的图片作为背景，那么它的下载速度会变慢。而使用较小的图片平铺的方法既可以制作填充整个网页的背景，又可以提高网页的下载速度。

4.8　在网页中使用 Photoshop 文件

Dreamweaver CS6 作为 Adobe 软件系列中的一员，可以无缝地与该系列中其他软件进行组合，其中包括 Photoshop。将图像从一个软件转移到另一个软件的方法很多，最直接的方法之一就是在 Dreamweaver 中打开一个原始的 Photoshop PSD 文件。作为源文件，Photoshop PSD 文件不能用于 Web。但是选择 PSD 文件时，Dreamweaver 会自动打开【图像优化】对话框，用于创建一个准备在网页中使用的 Web 图像。下面将通过一个实例介绍，在 Dreamweaver CS6 中使用 Photoshop PSD 文件的具体方法。

4.8.1　在 Dreamweaver 中插入 PSD 文件

在 Dreamweaver 中插入 PSD 文件的方法很简单，与普通图像的插入方法一样。用户可以选择【插入】|【图像】命令，打开【选择图像源文件】对话框，在对话框中选中一个 PSD 文件，单击【确定】按钮将该文件插入网页中，如图 4-44 所示。此时，Dreamweaver 将在网页中插入 PSD 文件的同时打开如图 4-45 所示的【图像优化】对话框，用户只需要在该对话框中根据需要设置图片的类型即可。

图 4-44　【选择图像源文件】对话框

图 4-45　【图像优化】对话框

在【图像优化】对话框中单击【预置】下拉列表按钮，在弹出的下拉列表中有 6 种预置优化图像的方式，每种方式下还有各自不同的选项，具体如下。

1. 用于照片的 PNG24(锐利细节)

在【图像优化】对话框的【预置】下拉列表中选中【用于照片的 PNG24(锐利细节)】选项后，将显示如图 4-46 所示的对话框，该对话框中默认格式为 PNG24，该类预置用于获取较高品质的图像(当然，也可以按照需求修改不同的格式)。

2. 用于照片的 JPEG(连续色调)

在【图像优化】对话框的【预置】下拉列表中选中【用于照片的 JPEG(连续色调)】选项后，

将显示如图 4-47 所示的对话框，该对话框中默认格式为 JPEG，其中【品质】选项用于设置提高或降低插入网页中图像的品质(品质越高文件越大)。

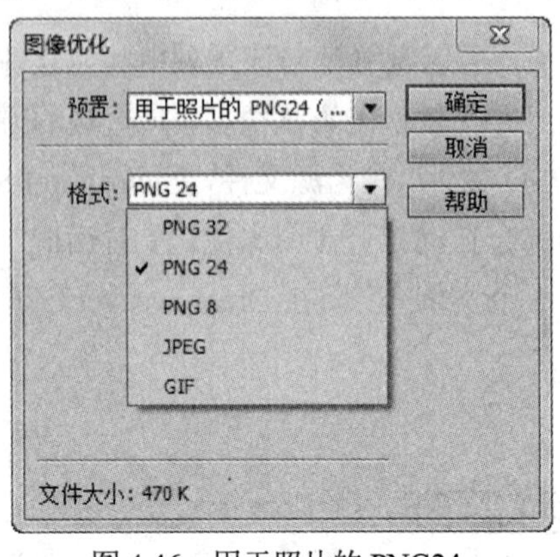

图 4-46　用于照片的 PNG24

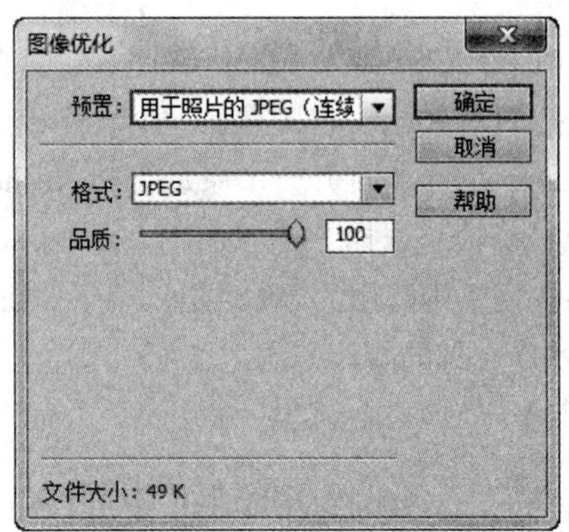

图 4-47　用于照片的 JPEG

3. 徽标和文本的 PNG8

在【图像优化】对话框的【预置】下拉列表中选中【徽标和文本的 PNG8】选项后，将显示如图 4-48 所示的对话框，该对话框中默认格式为 PNG8。其中【调色板】选项中包含【最合适】和【灰度】等两个选项；【颜色】选项中的最小值为 2，最大值为 256；【透明度】选项允许用户设置图像背景是否透明；【色版】选项允许用户设置图像的背景，用户可以将色板颜色与目标背景匹配。

4. 高清 JPEG 以实现最大兼容性

在【图像优化】对话框的【预置】下拉列表中选中【高清 JPEG 以实现最大兼容性】选项后，将显示如图 4-49 所示的对话框，该对话框中默认格式为 JPEG，其中【品质】选项用于设置提高或降低插入网页中图像的品质(品质越高，文件越大)。

图 4-48　徽标和文本的 PNG8

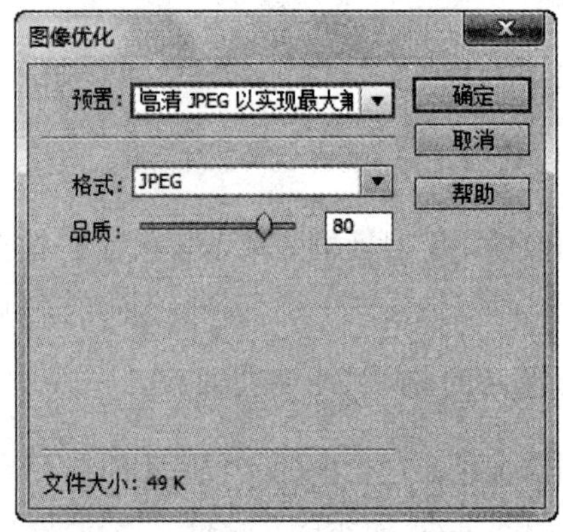

图 4-49　高清 JPEG 以实现最大兼容性

5. 用于背景图像的 GIF(图案)

在【图像优化】对话框的【预置】下拉列表中选中【用于背景图像的 GIF(图案)】选项后，

将显示如图 4-50 所示的对话框，该对话框中默认格式为 GIF，其中【失真】选项的默认值为 0，其他选项的功能与 PNG8 的一样，这里不再阐述。

6. 用于背景图像的 PNG32(渐变)

在【图像优化】对话框的【预置】下拉列表中选中【用于背景图像的 PNG32(渐变)】选项后，将显示如图 4-51 所示的对话框，该对话框预置的选项分别为格式、透明度和色板。

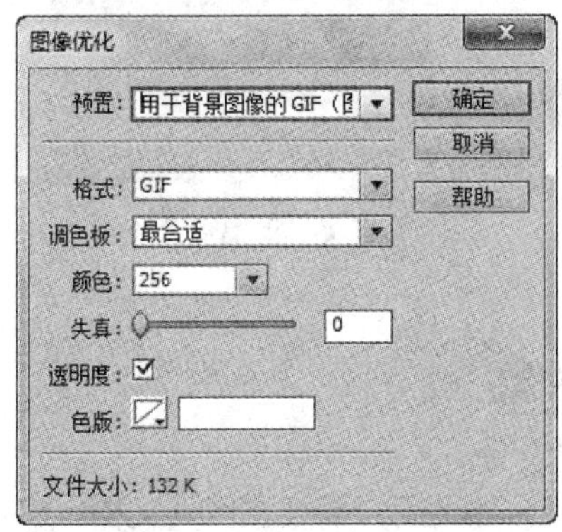

图 4-50　用于背景图像的 GIF

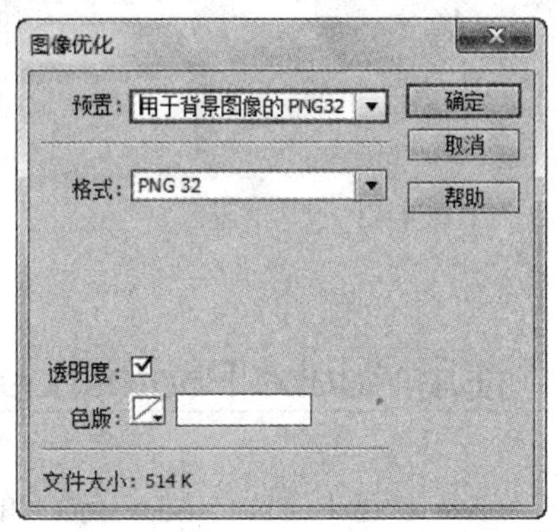

图 4-51　用于背景图像的 PNG32

提示

在网页布局中插入 Photoshop PSD 文件后，在 Dreamweaver 图像【属性】面板中会显示插入的图像为一个 Photoshop 图像。

4.8.2　从 Photoshop 中复制和粘贴图片

使用 Photoshop CS6 和 Dreamweaver CS6 设计网页，可以从 Photoshop 中的复合图像中复制所需的部分，然后再将其粘贴至 Dreamweaver 的网页布局中。执行此类操作时，Dreamweaver 中将打开【图像优化】对话框，辅助设计者将文件转换为所需的格式。

【例 4-4】将 Photoshop 中的图像复制至 Dreamweaver 中。

(1) 启动 Photoshop CS6 后，可以直接在设计好的文件中使用选区工具选择需要的一张图片，如图 4-52 所示。

(2) 选择【编辑】|【拷贝】命令，然后在不保存图像的情况下关闭 Photoshop，返回 Dreamweaver 并选择【编辑】|【粘贴】命令，打开【图像优化】对话框，如图 4-53 所示。

(3) 在【图像优化】对话框中设置图像属性后单击【确定】按钮，在打开的【保存 Web 图像】对话框中设置当前站点图片位置，使网页中使用的图片都位于事先设置好的站点文件夹中。

(4) 在【保存 Web 图像】对话框中单击【保存】按钮保存图像后，从 Photoshop 粘贴入 Dreamweaver 中的图片将直接位于网页中。

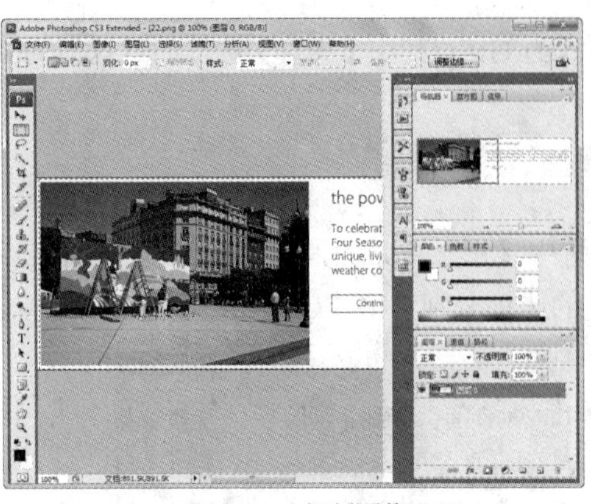

图 4-52　复制图像

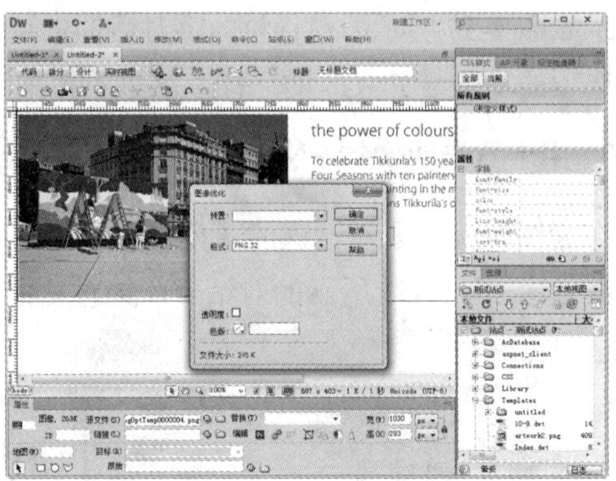

图 4-53　粘贴图像

4.8.3　使用 Adobe Photoshop 智能对象

Dreamweaver CS6 与 Photoshop 有强大的集成功能。如果用户需要在网页文档中编辑插入的图像，只需要在【属性】面板中单击 Photoshop 编辑按钮，就可以直接进入包含源图像地 Photoshop 界面进行编辑。除此之外，还有“智能对象”工作流程，将两个软件更紧密、快捷地联系在一起。在 Dreamweaver 中直接插入 Photoshop 源文件，它将这些图片文件优化为可用于 Web 的图像(例如 GIF、JPEG 或 PNG 格式的图片)。执行此操作时，Dreamweaver 将图像作为智能对象插入，并保持与原始 PSD 文件的实时连接。

【例 4-5】直接在 Dreamweaver CS6 中编辑 Photoshop 源文件，并进行相应的更新操作。

(1) 在 Dreamweaver 中选择【插入】|【图像】命令，在打开的【选择图像源文件】对话框中选中一个 Photoshop 源文件并单击【确定】按钮，如图 4-54 所示，软件将自动打开【图像优化】对话框，提示用户根据情况设置不同的文件存储格式以及设置图像“品质”等属性，如图 4-55 所示。

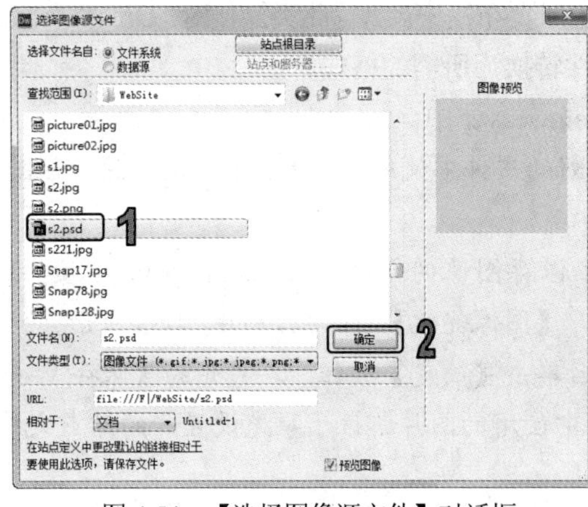

图 4-54　【选择图像源文件】对话框

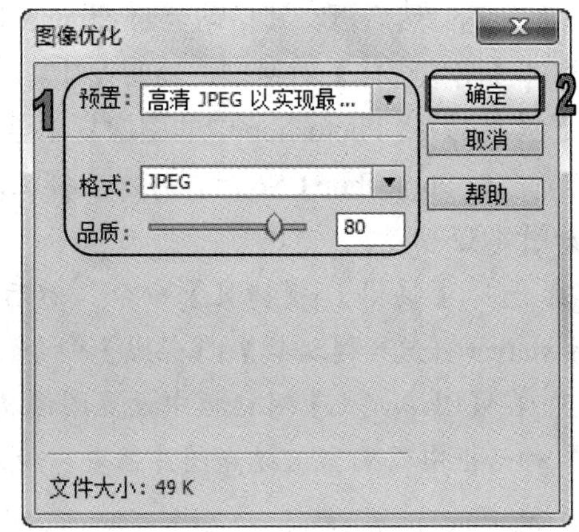

图 4-55　【图像优化】对话框

(2) 在【图像优化】对话框中单击【确定】按钮，可以在文档窗口中看到插入的图像，该图像与其他网页图像不同，图像的左上角有一个循环样式图标，如图 4-56 所示。当用户对网页中的 Photoshop 图像进行修改操作后，在 Photoshop 中保存图像，该图像将与原始 Photoshop 文件不同步，在 Dreamweaver 中将以红色显示智能对象图标的一个箭头，如图 4-57 所示。

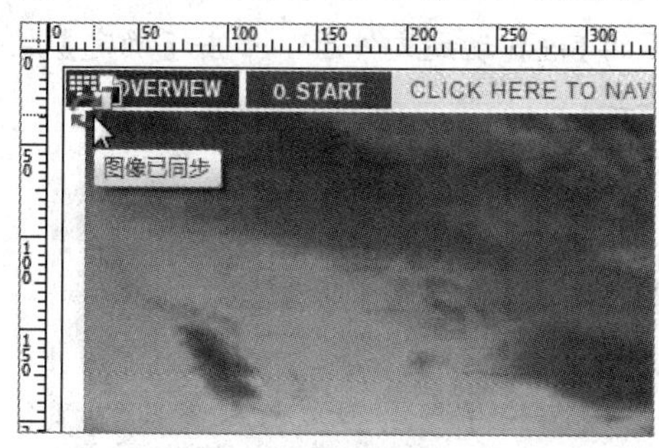

图 4-56　图像已同步

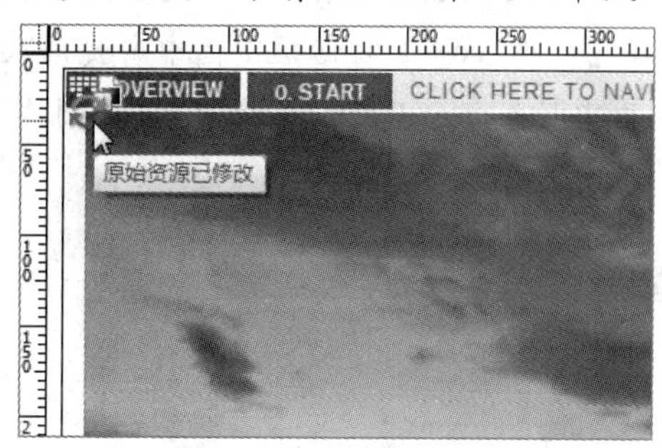

图 4-57　原始资源已修改

(3) 在设计视图中选中 Photoshop 图像后，单击【属性】面板中的【从源文件更新】按钮，图像将自动更新，以反映对原始 Photoshop 文件的修改，如图 4-58 所示。

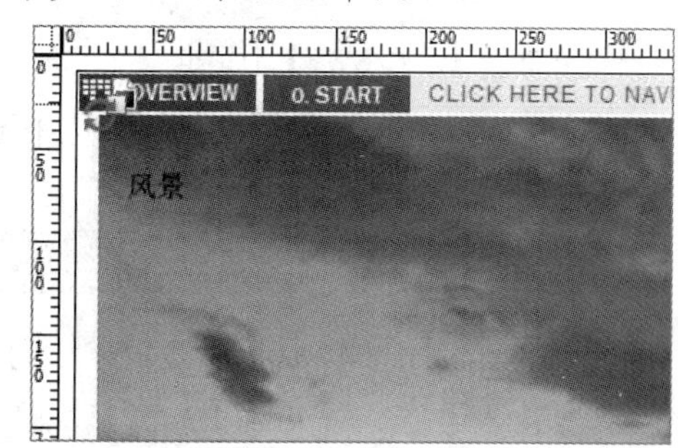

图 4-58　更新 Photoshop 图像

提示

使用智能对象时，不打开 Photoshop 也可以更新 Web 图像。此外，在 Dreamweaver 中对智能对象所做的任何更新都不具有破坏性。也就是说，用户可以随意更改页面上的 Web 图像，但是原始的 Photoshop 图像将保持不变。

4.9　在网页中插入 Flash

使用 Dreamweaver 可以非常方便、快捷地在网页中添加动画、声音等媒体文件。下面将通过实例详细介绍在网页中插入 Flash 动画并设置动画属性的具体方法。

4.9.1　在网页中插入 SWF 文件

在使用 Dreamweaver 编辑网页时，用户若要在页面中插入 Flash 动画，可以将鼠标光标移至需插入 Flash 动画的位置，选择【插入】|【媒体】| SWF 命令，在打开的【选择文件】对话

框中选择一个 Flash 动画，然后单击【确定】按钮即可。

【例 4-6】在网页中插入一个 Flash 动画。

(1) 在 Dreamweaver 中打开一个网页文档后，将鼠标光标置于页面中合适的位置上，选择【插入】|【媒体】| SWF 命令，打开【选择 SWF】对话框，如图 4-59 所示。

(2) 在【选择 SWF】对话框中选中需要插入网页的 Flash 动画文件后，单击【确定】按钮即可在网页中插入一个 Flash 动画文件，如图 4-60 所示。

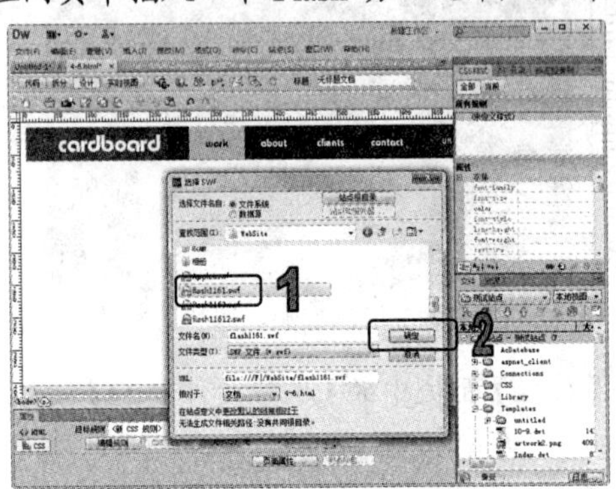

图 4-59 【选择 SWF】对话框

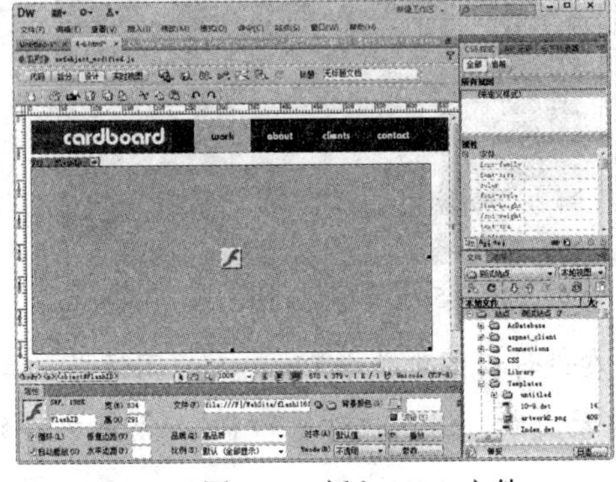

图 4-60 插入 Flash 文件

在网页文档中插入 Flash 动画文件后，选中 SWF 对象，在打开【属性】面板中用户可以设置 Flash 动画的属性，如图 4-61 所示。

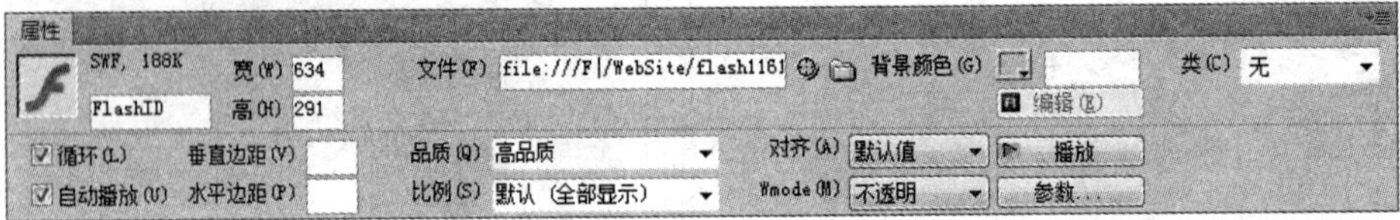

图 4-61 【属性】面板

在 SWF 文件的【属性】面板中，主要参数选项的具体作用如下。

- ID：在左侧的标记文本框中可以输入 SWF 文件的唯一 ID 名称。
- 【宽】和【高】文本框：可以在文本框中输入以像素为单位的宽和高指定影片的宽度和高度。
- 【文件】文本框：指定 SWF 文件的路径。单击文件夹按钮选择文件，也可以直接输入路径。
- 【背景颜色】文本框：指定动画区域的背景颜色，在不播放动画时也显示此颜色。
- 【编辑】按钮：单击该按钮，启动 Flash 来修改 FLA 文件。如果计算机上没有安装 Flash，则会禁用此选项。
- 【类】下拉列表：可用于对影片应用 CSS 类。
- 【循环】复选框：选中该复选框，可以连续播放动画。如果没有选择循环，则影片将播放一次，然后停止。
- 【自动播放】按钮：选中该复选框，在加载页面时自动播放影片。
- 【垂直边距】和【水平边距】文本框：可以指定影片上、下、左、右空白区域大小的像素数。

- 【品质】下拉列表：在影片播放期间控制失真。高品质设置可改善影片的外观。但高品质设置的影片需要较快的处理器才能在屏幕上正确呈现。低品质设置首先会照顾到显示速度，然后才考虑外观，而高品质设置首先照顾到外观，然后才考虑显示速度。自动低品质会首先照顾到显示速度，但会在可能的情况下改善外观。自动高品质开始时会同时照顾显示速度和外观，但以后可能会根据需要牺牲外观以确保速度。
- 【比例】下拉列表：设定影片如何适合在宽度和高度文本框中设置的尺寸。默认设置为显示整个影片。
- 【对齐】下拉列表：设置影片在页面上的对齐方式。
- Wmode 选项：为 SWF 文件设置 Wmode 参数以避免与 DHTML 元素(例如 Spry)构件相冲突。默认值是不透明，这样在浏览器中，DHTML 元素就可以显示在 SWF 文件的上面。如果 SWF 文件包括透明度，并且希望 DHTML 元素显示在它们的后面，可以选择【透明】选项。选择【窗口】选项可以从代码中删除 Wmode 参数并允许 SWF 文件显示在其他 DHTML 元素的上面。

4.9.2　在网页中插入 FLV 视频

FLV 是 Flash 视频文件，在文档中插入的 FLV 文件是以 SWF 组件显示的，当在浏览器中查看时，该组件显示所选的 FLV 文件以及一组播放控件。下面将主要介绍通过 Dreamweaver 在网页中插入 FLV 视频的具体方法。

1. 视频的类型

将光标移至要插入 FLV 文件的位置，选择【插入】|【媒体】|FLV 命令，打开【插入 FLV】对话框，如图 4-62 所示，在该对话框的“视频类型”下拉列表中用户可以选择“累进式下载视频”和“流视频”两种视频类型。

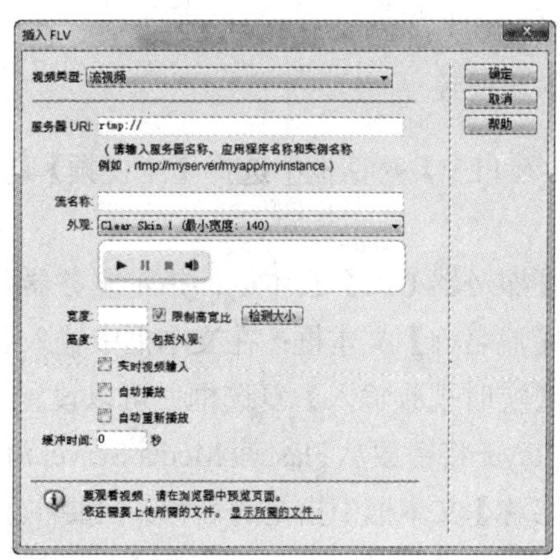

图 4-62　【插入 FLV】对话框

累进式下载视频与流视频的区别如下。

- 累进式下载视频：将 FLV 文件下载到站点访问者的硬盘上，然后进行播放。但是，与传统的下载并播放视频的传送方法不同，累进式下载允许在下载完成之前就开始播放视频文件。
- 流视频：对视频内容进行流式处理，并在一段可确保流畅播放的很短的缓冲时间后在网页上播放该内容。

提示

要播放 FLV 文件，必须安装 Flash Player 8 或更高版本播放器。如果没有安装所需的 Flash Player 版本，但安装了 Flash Player 6.0 或更高版本，则浏览器将显示 Flash Player 快速安装程序，而非替代内容。如果拒绝快速安装，则页面会显示替代内容。

2. 插入累进式下载视频

在【插入 FLV】对话框中选择【累进式下载视频】选项，显示相关的选项区域后，其中比较重要的选项功能如下。

- URL 文本框：指定 FLV 文件的相对路径或绝对路径。
- 【外观】下拉列表：指定视频组件的外观。
- 【宽度】文本框：设置 FLV 文件的宽度。可以单击【检测大小】按钮，让系统自动确定 FLV 文件的准确宽度。
- 【高度】文本框：设置 FLV 文件的高度。同样可以单击【检测大小】按钮，让系统自动确定 FLV 文件的准确高度。
- 【限制高宽比】复选框：选中该复选框，可以保持视频组件的宽度和高度之间的比例不变。默认情况下该复选框为选中状态。
- 【自动播放】复选框：选中该复选框，可以设置在网页文档打开时是否播放视频。
- 【自动重新播放】复选框：选中该复选框，可以设置播放控件在视频播放完之后是否返回起始位置。

3. 插入流视频

在【插入 FLV】对话框中选择【流视频】选项后，在显示选项区域中比较重要的选项功能如下。

- 【服务器 URI】文本框：指定服务器名称、应用程序名称和实例名称。
- 【流名称】文本框：在文本框中输入要播放的 FLV 文件的名称。
- 【实时视频输入】复选框：可以设置视频内容是否是实时的。选中该复选框，Flash Player 将播放从 Flash® Media Server 流入的实时视频流。实时视频输入的名称是在【流名称】文本框中指定的名称。但要注意的是，如果选中该复选框，组件的外观上只会显示音量控件，并且不支持【自动播放】和【自动重新播放】选项。
- 【缓冲时间】文本框：可以设置在视频开始播放之前进行缓冲处理所需的时间(以秒为单位)。默认的缓冲时间设置为 0。

4.10　在网页中插入各类插件

在网页文档中除了可以插入 Flash 动画外，还可以插入 Shockwave 影片、Java Applet、音频文件等各种媒体文件。本节将介绍利用 Dreamweaver 在网页中插入多媒体文件的方法。

4.10.1　在网页中插入 Shockwave 影片

Shockwave 影片是多媒体影片文件，被广泛应用于制作多媒体光盘和游戏等领域。用户可以参考下面实例介绍的方法在网页中插入 Shockwave 影片。

【例 4-7】在网页中插入多媒体文件。

(1) 将鼠标指针插入网页中合适的位置后，选择【插入】|【媒体】| Shockwave 命令，打开【选择文件】对话框。

(2) 在【选择文件】对话框中选择要插入的 Shockwave 影片，如图 4-63 所示，然后单击【确定】按钮即可将 Shockwave 影片插入到网页文档中，如图 4-64 所示。

图 4-63　【选择文件】对话框

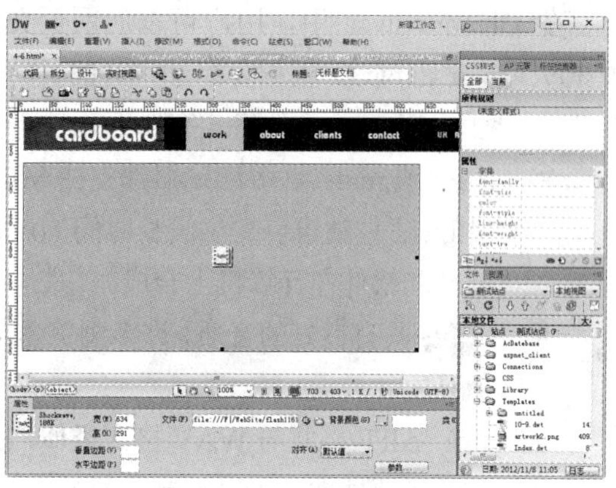

图 4-64　插入 Shockwave 影片

4.10.2　在网页中插入 Java Applet

Java Applet 是使用 Java 语言编写的一种应用程序，它具有动态、安全和跨平台等特点，能够在网页中实现一些特殊效果。在 Dreamweaver 中用户可以参考以下方法在网页中插入 Java Applet。

【例 4-8】在网页中插入 Java Applet。

(1) 将鼠标指针插入网页中合适的位置后，选择【插入】|【媒体】| Applet 命令，打开【选择文件】对话框。

(2) 在【选择文件】对话框中选择需要插入网页的 Java Applet 文件，然后单击【确定】按钮即可将 Java Applet 插入到网页文档中。

(3) 选中页面中插入的 Java Applet 文件，在打开的如图 4-65 所示“属性”面板中，用户可以在【宽】和【高】文本框中设置 Java Applet 大小；单击【参数】按钮，可以打开【参数】对话框设置 Java Applet 参数。

图 4-65　Applet【属性】面板

4.10.3　在网页中插入音频文件

生动的音效和背景音乐能提高浏览者的用户体验。下面主要介绍在网页中添加声音的方法，包括直接插入声音和添加背景音乐。

1. 网页音频文件格式

在 Dreamweaver 中，用户可以向网页文档中添加多种不同类型的声音文件和格式，例如.wav、.midi 和.mp3。根据要添加声音的目的、文件大小、声音品质等要素，来确定插入哪种格式。常见的网页音频文件格式有以下几种。

- .midi 或.mid：许多浏览器都支持 MIDI 文件，并且不需要插件。音质非常好，很小的 MIDI 文件就可以提供较长时间的声音剪辑。但不能进行录制，并且必须使用特殊的硬件和软件在计算机上合成。
- .wav：具有良好的音质，许多浏览器都支持此类格式文件并且不需要插件。可以录制，但是文件较大。
- .aif：AIFF 格式与 WAV 格式类似，具有较好的音质，大多数浏览器都可以播放它并且不需要插件，可以录制，但是文件较大。
- .mp3：一种声音文件的压缩格式，可使声音文件明显缩小，音质非常好。
- .ra、.ram、.rpm 或 Real Audio 文件：具有非常高的压缩度，文件小于 mp3。歌曲文件可以在合理的时间范围内下载。必须下载并安装 RealPlayer 辅助应用程序才可以播放。

2. 在网页中插入音频

在 Dreamweaver 中，用户可以参考以下方法在网页中加入声音文件。

【例 4-9】在网页中插入声音文件。

(1) 将光标移至要插入声音文件的位置，选择【插入】|【媒体】|【插件】命令，打开【选择文件】对话框。

(2) 在【选择文件】对话框中选中要插入网页的声音文件，然后单击【确定】按钮即可。

提示

网页上播放的音乐或影片等多媒体文件，并不是依靠浏览器本身播放的，而是依靠浏览器所搭配的插件。大多数媒体文件在播放时都有相应的播放器，例如 Windows Media Player。

3. 添加网页背景音乐

打开添加背景音乐的网页时，背景音乐会自动播放，为网页增色不少。要为网页添加背景音乐，可以在“代码”视图中输入代码完成相应的操作。

【例 4-10】打开一个网页文档，在文档中插入背景音乐。

(1) 在 Dreamweaver CS6中打开一个网页文档后，选择【查看】|【代码】命令，切换到【代码】视图。

(2) 在【代码】视图中的“<body>”标签后面输入“<”，系统会自动弹出一个下拉列表，在下拉列表中选择 bgsound 标签，如图 4-66 所示。

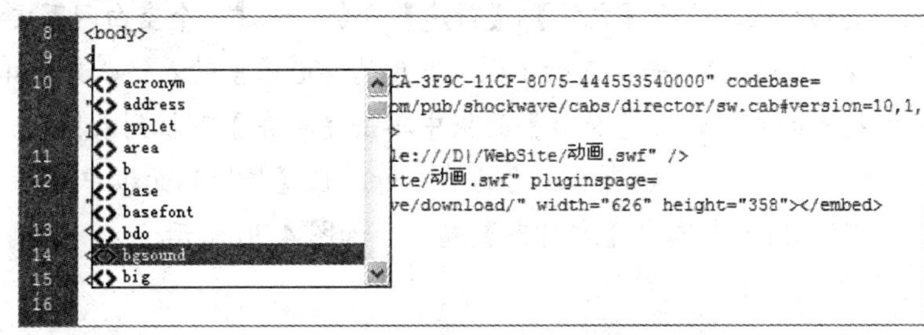

图 4-66　选择 bgsound 标签

(3) 在 bgsound 标签后按下空格键，系统会自动显示该标签允许的属性下拉列表，在下拉列表中选择 src 属性，如图 4-67 所示，该属性用于设置背景音乐文件的路径。

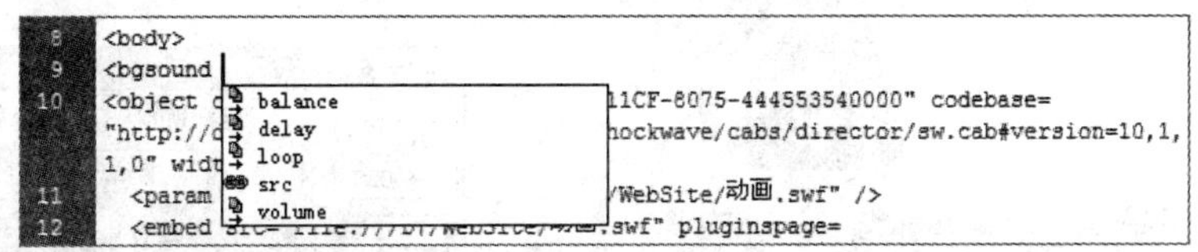

图 4-67　选择 src 属性

(4) 单击【浏览】按钮，在打开的【选择文件】对话框中选择所需插入的声音文件，然后单击【确定】按钮即可。

(5) 在插入的音乐文件代码后按下空格键，在弹出的属性下拉列表中选择 loop 属性，这时会显示属性值-1，选中该属性值，如图 4-68 所示。

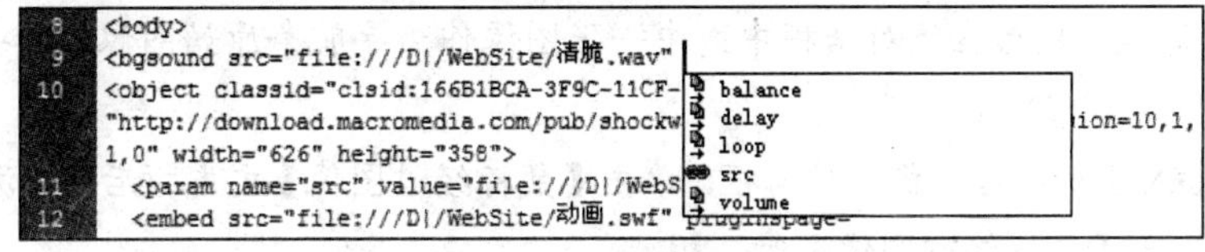

图 4-68　选择属性值

(6) 完整的插入背景音乐的代码如下：

```
<bgsound src="music/HONDA.mp3" loop="-1"
```

(7) 选择【查看】|【设计】命令，切换到【设计】视图，插入网页的背景音乐将以代码形式显示在页面文档中。

(8) 完成以上操作后，保存网页文档，按下 F12 键，在浏览网页文档的同时播放背景音乐(页面中将不会显示背景音乐代码)。

4.11 上机练习

本章的实验指导将通过实例详细介绍利用 Dreamweaver 在网页中插入图像导航条的方法，帮助用户进一步掌握利用 Dreamweaver CS6 设计网页的技巧。

(1) 启动 Dreamweaver 后，选择【文件】|【新建】命令，新建一个空白网页文档并选择【插入】|【表格】命令，在网页中插入一个 3 行 1 列，宽度为 400 像素的表格，如图 4-69 所示。

(2) 选中页面中插入的表格，在【属性】面板中单击【对齐】下拉列表按钮，在弹出的下拉列表中选中【右对齐】选项，然后选中表格的第 1 行，在【属性】面板中单击【水平】下拉列表按钮，在弹出的下拉列表中选中【右对齐】选项，如图 4-70 所示。

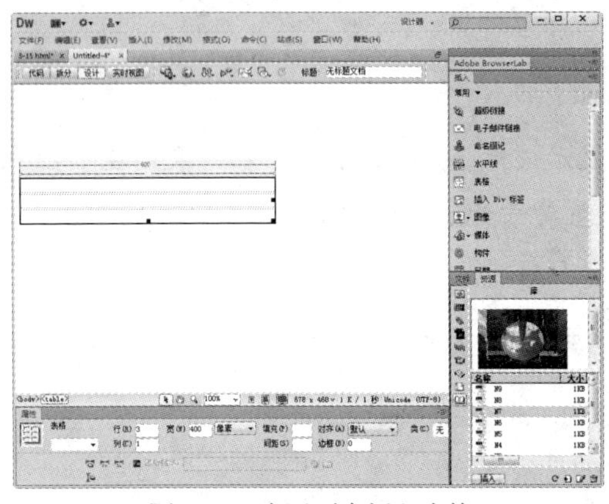

图 4-69　在网页中插入表格

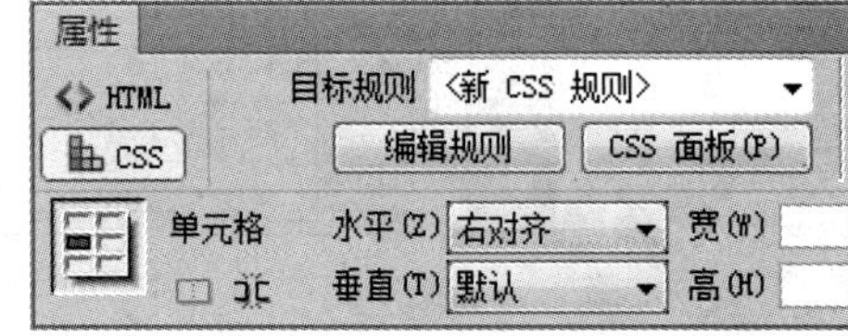

图 4-70　设置表格属性

(3) 将鼠标指针插入表格第 1 行中，选择【插入】|【图像对象】|【鼠标经过图像】命令，打开【插入鼠标经过图像】对话框，如图 4-71 所示。

(4) 在【插入鼠标经过图像】对话框中单击【原始图像】文本框后的【浏览】按钮，打开【原始图像】对话框，然后在该对话框中选中一张图像作为导航条原始图像，单击【确定】按钮，如图 4-72 所示。

(5) 返回【插入鼠标经过图像】对话框，单击【鼠标经过图像】文本框后的【浏览】按钮(如图 4-73 所示)，打开【鼠标经过图像】对话框。

(6) 在【鼠标经过图像】对话框中，选中一张图像作为鼠标经过导航条时显示的图像，然后单击【确定】按钮，如图 4-74 所示。

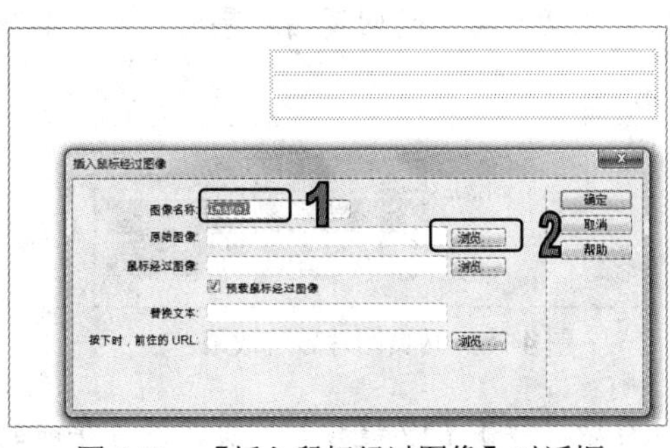

图 4-71　【插入鼠标经过图像】对话框

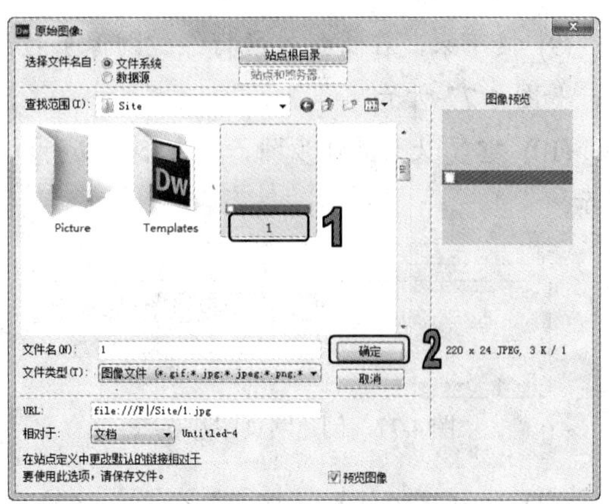

图 4-72　【原始图像】对话框

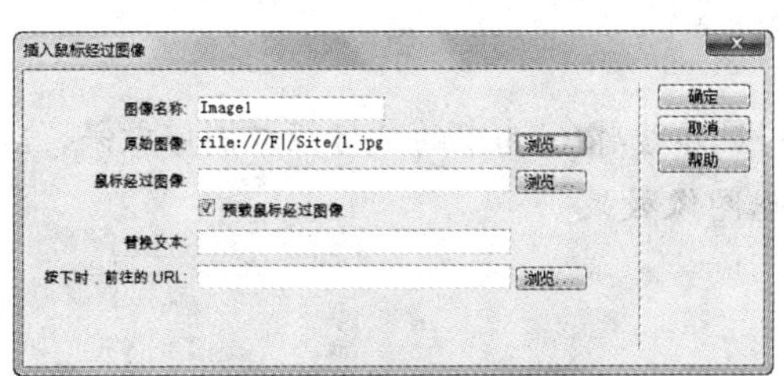

图 4-73　设置鼠标经过图像

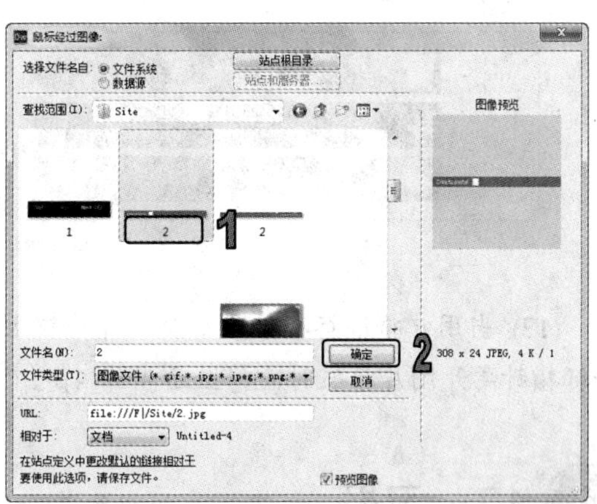

图 4-74　【鼠标经过图像】对话框

(7) 返回【插入鼠标经过图像】对话框后，单击【按下时，前往的 URL】文本框后的【浏览】按钮(如图 4-75 所示)，打开【单击后，转到 URL】对话框。

(8) 在【单击后，转到 URL】对话框中选中一个网页文档，作为单击导航条时跳转的网页后，单击【确定】按钮，如图 4-76 所示。

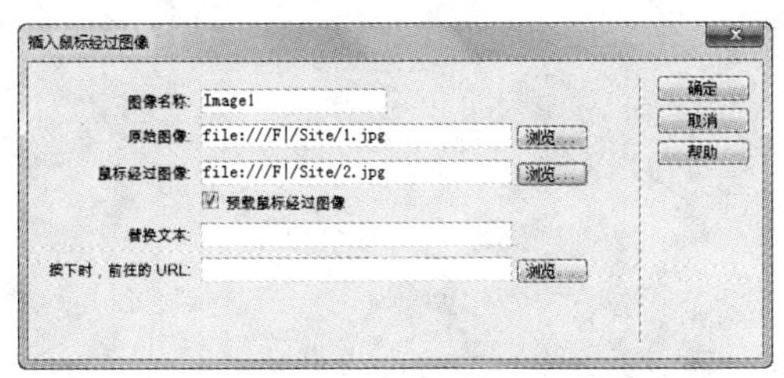

图 4-75　设置单击图像效果

图 4-76　【单击后，转到 URL】对话框

(9) 接下来，在【插入鼠标经过图像】对话框中单击【确定】按钮，创建一个网页图片导航，如图 4-77 所示。

(10) 重复以上操作步骤，在表格第 2 行和第 3 行中也插入类似的网页图片导航，如图 4-78 所示。

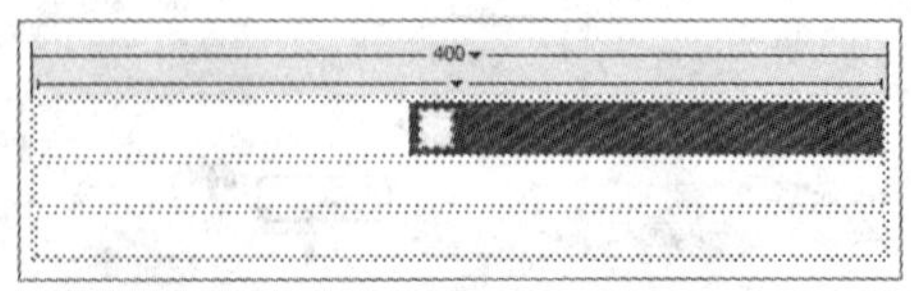

图 4-77　创建网页图片导航

图 4-78　网页图片导航效果

(11) 选择【文件】|【保存】命令，将网页文档保存后，按下 F12 键预览网页，图片导航的效果如图 4-79 所示。

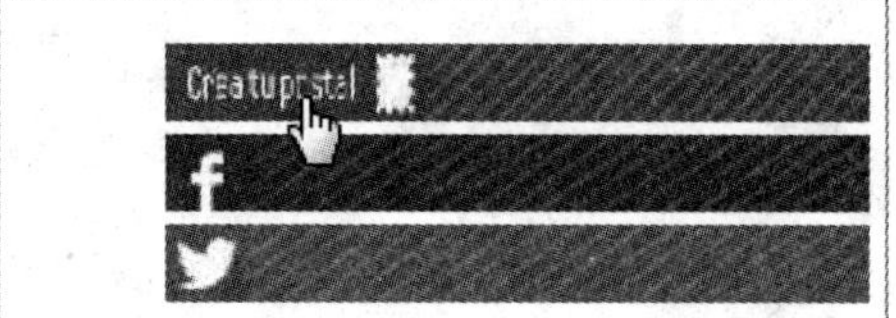

图 4-79　网页效果

(12) 当用户将鼠标指针移动至图片导航上时，将显示步骤(6)选中的鼠标经过图像效果，当鼠标指针离开图片导航时，将显示步骤(4)选中的原始图像效果。

4.12　习题

1. 网页中常用的图像文件格式有哪几种？
2. 练习在网页中插入鼠标经过图像。

第5章 使用表格布局网页

学习目标

在利用 Dreamweaver CS6 设计网页的过程中，表格与框架是最常用的网页布局工具，其中表格在网页中不仅可以排列数据，还可以对页面中的图像、文本、动画等元素进行准确定位，使网页页面效果显得整齐而有序。本节将重点介绍使用表格布局网页的相关知识。

本章重点

- 在网页中创建表格
- 编辑网页中的表格
- 设置网页表格的属性
- 表格内容的排序操作
- 导入与导出表格式数据

5.1 表格的基本概念

网页能够向访问者提供的信息是多样化的，包括文字、图像、动画和视频等。如何使这些网页元素在网页中的合理位置上显示出来，使网页变得不仅美观而且有条理，是网页设计者在着手设计网页之前必须要考虑的问题。表格的作用就是帮助用户高效、准确地定位各种网页数据，并直观、鲜明地表达设计者的思想。

5.1.1 表格简介

表格是用于在 HTML 页面上显示表格式数据以及对文本和图形进行布局的工具。表格由一行或多行组成，每行又由一个或多个单元格组成。

当选定栏表格或表格中有插入点时，Dreamweaver 将显示表格宽度和每个表格列的列宽，如图 5-1 所示。宽度旁边是表格标题菜单与列标题菜单的箭头。使用这些菜单可以快速访问与表格相关的常用命令，如图 5-2 所示。

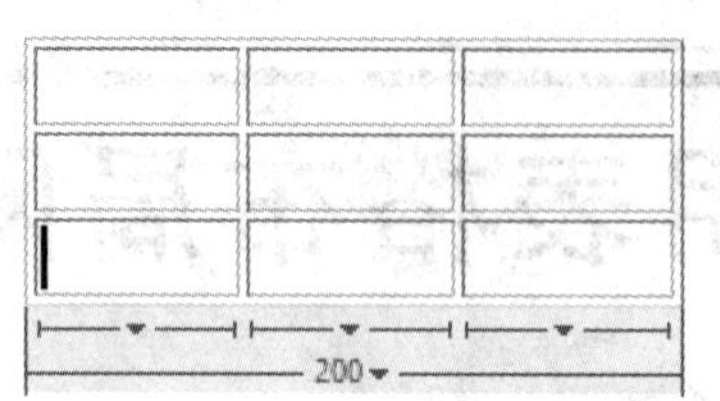

图 5-1　Dreamweaver 中的表格

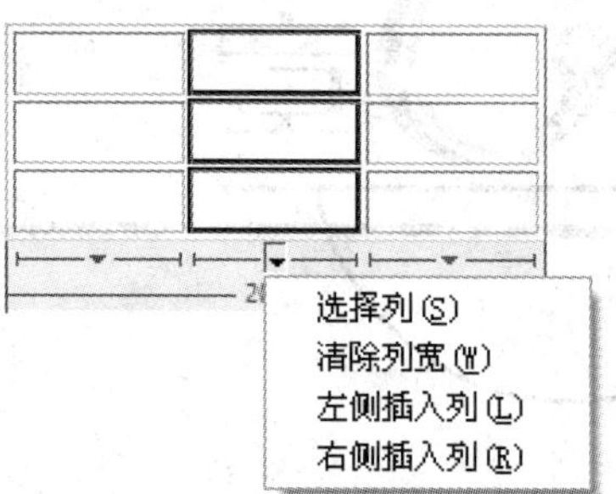

图 5-2　快速访问表格相关命令

提示

若用户在表格中设置插入点后未显示表格宽度或列的宽度，则说明没有在 HTML 代码中指定该表格或列的宽度。如果出现两个数字，则说明【设计】视图中显示的表格可视宽度与 HTML 代码中指定的宽度不一致。当用户拖动表格右下角来调整表格大小，或添加到单元格的内容比单元格所设置的宽度大时，会出现这样的情况。

5.1.2　表格模式

在网页文档中，表格用于整理复杂的数据内容，安排网页文档的整体布局。利用表格来设计网页的布局，可以不受网页形态的限制，并在不同分辨率下维持原有的页面布局。常见的表格布局网页如图 5-3 所示。

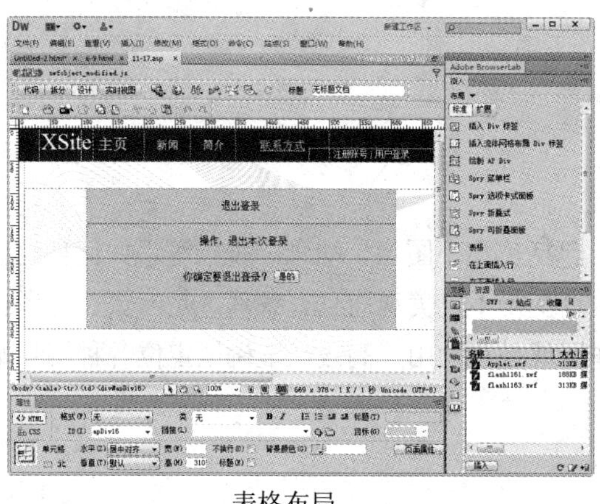

表格布局

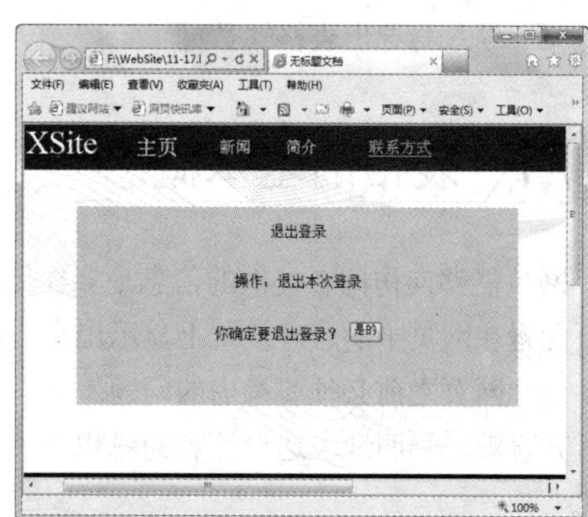

网页效果

图 5-3　使用表格设计的网页

在 Dreamweaver 中，软件提供了两种表格视图模式，用户可以根据实际需要选择不同的视图模式。选择【查看】|【表格模式】命令，在弹出的菜单中可以选择【标准模式】和【扩展表格模式】，其各自的特点如下。

- 【标准模式】：该模式是最常用的表格编辑模式，也是最接近浏览器中预览效果的表格模式。
- 【扩展表格模式】：在扩展表格模式中，表格的边框将变得非常粗，而间距将会变得非常宽大，如此，可以方便用户选择较为细小的单元格或相关内容。

提示

用户在【代码】视图中不可以选择表格视图模式，要设置表格的视图模式，用户必须切换到【拆分】或【设计】视图。

5.2　在 Dreamweaver 中使用表格

在 Dreamweaver 中，表格可以用于制作简单的图表，使用表格来显示数据，可以更加方便地进行查看、修改或分析。表格不仅可以为网页页面进行宏观布局，还能够使页面中的文本、图像等元素更有条理。在网页中插入表格后，还可以在表格中插入嵌套表格。

5.2.1　在网页文档中插入表格

表格是设计网页时不可缺少的元素，它以简洁明了和高效快捷的方式将图片、文本、数据等元素有序地显示在页面中。下面将介绍在网页文中插入表格的具体方法。

1. 在网页中插入表格

要在网页中插入表格，用户可以在将鼠标指针置于网页中需要插入表格的位置上后，单击【插入】面板的【常用】类别中的【表格】按钮(或选择【插入】|【表格】命令)，打开【表格】对话框，如图 5-4 所示，然后在该对话框中设置表格参数后，单击【确定】按钮即可。

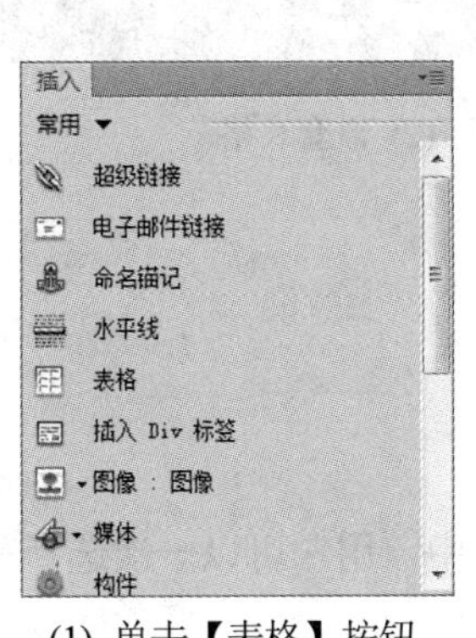

(1) 单击【表格】按钮

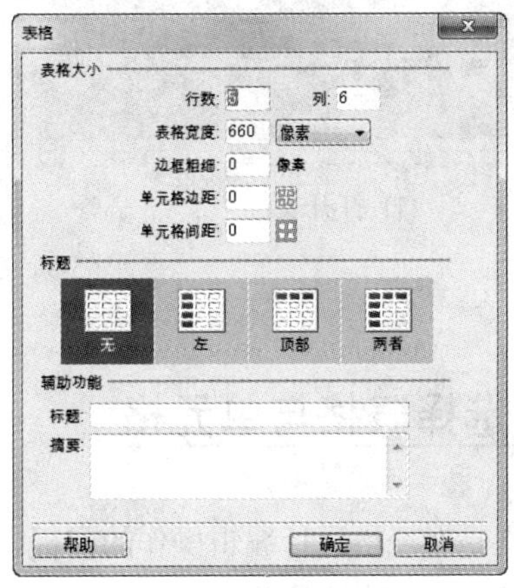

(2)【表格】对话框

图 5-4　打开【表格】对话框

【表格】对话框中比较重要的选项功能如下。

- 【行数】文本框：可以在文本框中输入表格的行数。
- 【列数】文本框：可以在文本框中输入表格的列数。
- 【表格宽度】文本框：可以在文本框中输入表格的宽度，在右边的下拉列表中可以选择度量单位，包括【百分比】和【像素】两个选项。
- 【边框粗细】文本框：可以在文本框中输入表格边框的粗细。
- 【单元格边距】文本框：可以在文本框中输入单元格中的内容与单元格边框之间的距离值。
- 【单元格间距】文本框：可以在文本框中输入单元格与单元格之间的距离值。

 **提示**

边距是指单元格中文本与单元格边框之间的距离，而间距是指单元格之间的距离。如果用户没有明确指定单元格间距和单元格边距的值，则大多数浏览器按单元格边距设置为 1，单元格间距设置为 2 显示表格。为了确保浏览器不显示表格中的边距和间距，可以将【单元格边距】和【单元格间距】设置为 0。

2. 在网页中插入嵌套表格

嵌套表格就是在已经存在的表格中插入的表格。插入嵌套表格的方法与插入表格的方法相同。打开一个已经插入表格的网页文档，将光标移至表格的某个单元格中，选择【插入】|【表格】命令，打开【表格】对话框，然后在【行数】和【列】等表格设置文本框中输入参数，并单击【确定】按钮，即可在表格中插入一个嵌套表格，如图 5-5 所示。

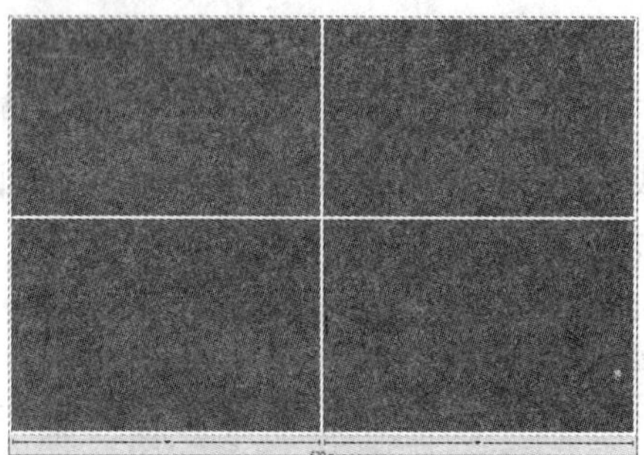

(1) 打开表格

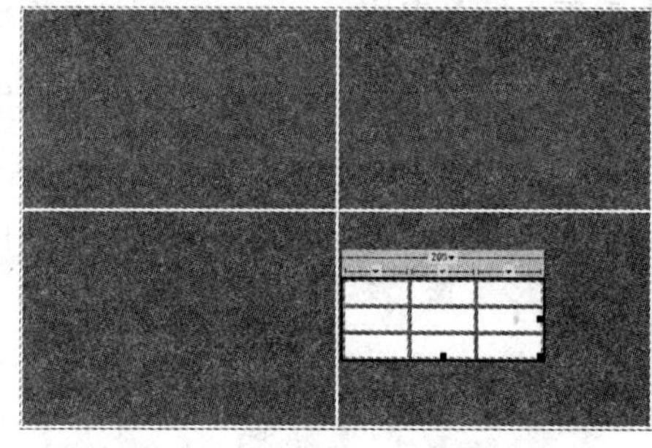

(2) 嵌套表格

图 5-5　插入嵌套表格

5.2.2　选择表格与单元格

选择表格是对表格进行编辑操作的前提。在 Dreamweaver 中，用户可以一次选择整个表、行或列，也可以选择连续的单元格。

1. 选择整个表格

在 Dreamweaver 中，要选择整个表格对象，用户可以使用以下几种方法：

- 将光标移动到表格的左上角或底部边缘稍向外一点的位置，当光标变成【表格】状光标时单击鼠标，即可选中整个表格，如图 5-6 所示。

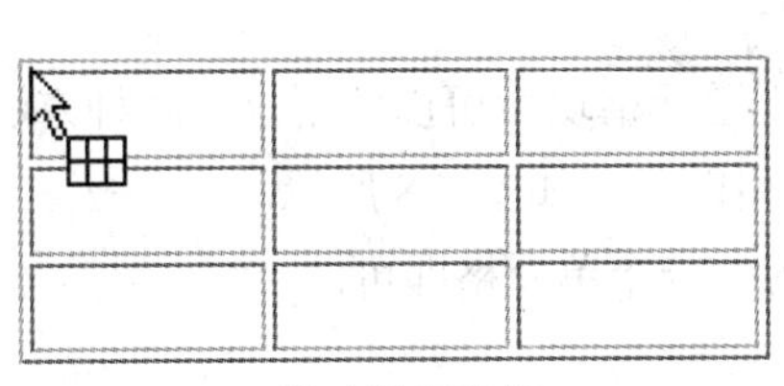

(1) 移动鼠标光标

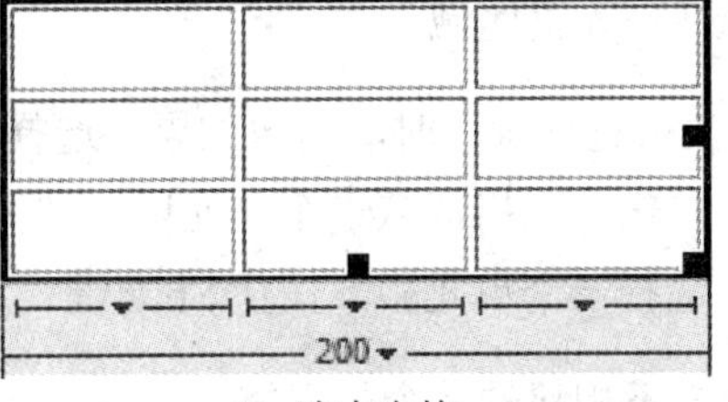

(2) 选中表格

图 5-6　选择整个表格

- 单击表格中任何一个单元格，然后在文档窗口左下角的标签选择器中选择<table>标签，即可选中整个表格。
- 单击表格单元格，然后在弹出的菜单中选择【修改】|【表格】|【选择表格】命令，即可选中整个表格。
- 将光标移至任意单元格上，按住 Shift 键，单击鼠标，即可选中整个表格。

2. 选择行或列

在对表格进行操作时，有时需要选中表格中的某一行或某个列，如果要选择表格的某一行或列，可以使用以下两种方法：

- 将光标移至表格的上边缘位置，当光标显示为向下箭头时，单击鼠标，可以选中整列；将光标移至表格的左边缘位置，当光标显示为向右箭头时，单击鼠标，可以选中整行，如图 5-7 所示。

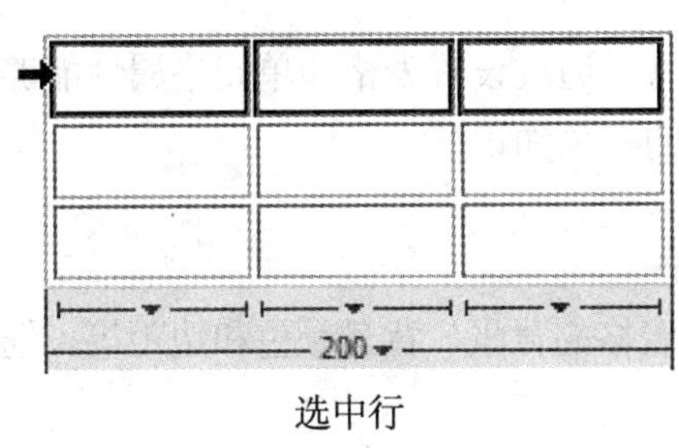

选中行

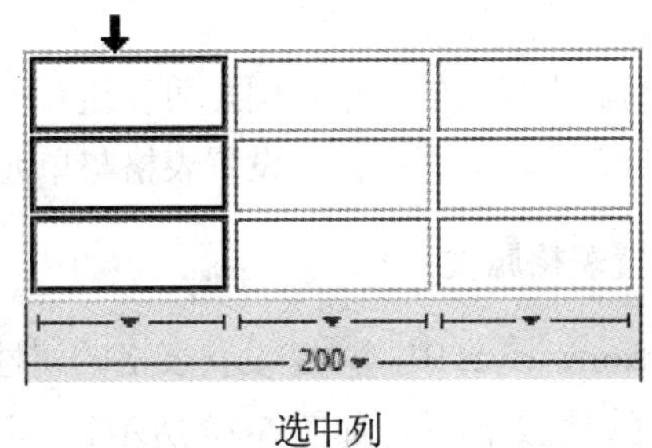

选中列

图 5-7　选择行或列

- 单击单元格，然后拖动鼠标，即可拖动选择整行或整列。同时，还可以拖动选择多行和多列。

3. 选择单个单元格

要选择表格中单个的单元格，用户可以使用以下两种方法：

- 单击单元格，然后在文档窗口左下角的标签选择器中选择<td>标签，即可选中该表格单元格。

计算机 基础与实训教材系列

- 单击单元格，然后选择【编辑】|【全选】命令，或是按 Ctrl+A 组合键，即可选中该单元格。

4. 选择单元格区域

在对表格进行操作时，用户如果要选择单行或矩形单元格块，可以使用以下两种方法。

- 单击单元格，从一个单元格拖到另一个单元格即可，如图 5-8 所示。
- 选择一个单元格，按住 Shift 键，单击矩形的另一个单元格即可。

5. 选择不相邻的多个单元格

要选择表格中不相邻的多个单元格，用户可以使用以下两种方法。

- 按住 Ctrl 键，将光标移至任意单元格上，光标会显示一个矩形图形，单击所需选择的单元格、行或列即可选中，如图 5-9 所示。
- 按住 Ctrl 键，单击尚未选中的单元格、行或列即可选中。

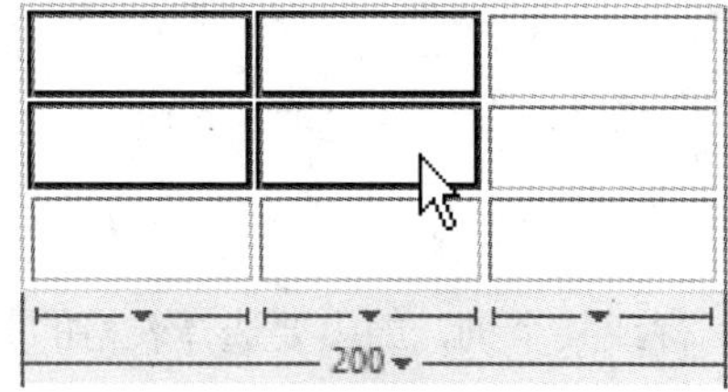

图 5-8　选中单元格区域

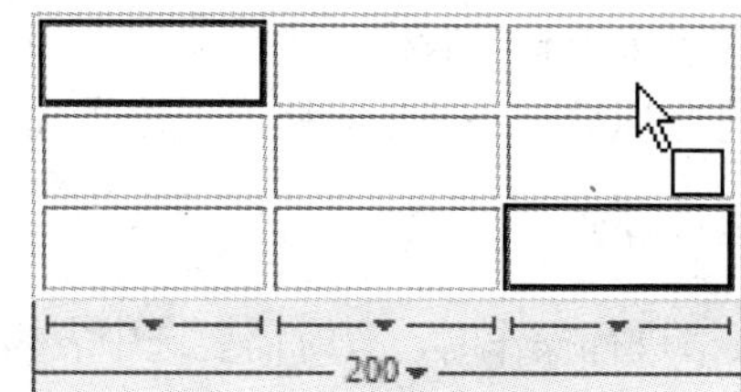

图 5-9　选择不相邻的单元格

5.2.3　设置表格与单元格属性

对于网页中插入的表格，用户可以进行一定的设置，通过设置表格和单元格属性能够满足网页设计的需求。下面将介绍设置表格与单元格属性的相关知识。

1. 设置表格属性

在 Dreamweaver 中，可以设置表格的属性，例如表格的背景、背景颜色和边距等。选中表格，打开【属性】面板，如图 5-10 所示。

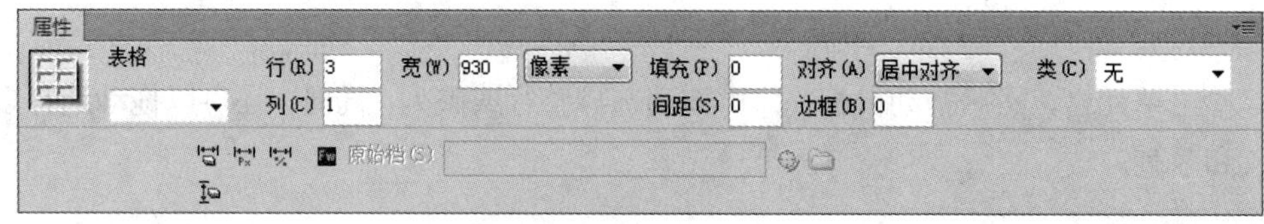

图 5-10　表格【属性】面板

在表格的【属性】面板中，常用参数选项的具体作用如下。

- 【表格】文本框：可以输入表格的 ID。
- 【行】和【列】文本框：设置表格的行数和列数。

- 【宽】和【高】文本框：设置表格的宽度和高度，在右边的下拉列表中可以选择高度和宽度的单位，如选择像素为单位或按占浏览器窗口宽度的百分比为单位。
- 【填充】文本框：设置单元格内容和单元格边界之间的像素数。
- 【间距】文本框：设置相邻的表格单元格之间的像素数。
- 【对齐】下拉列表框：用于确定表格相对于同一段落中其他元素的显示位置。
- 【边框】文本框：设置表格边框的宽度，单位为像素。

2. 设置单元格属性

除了设置表格属性外，还可以设置单元格、行或列的属性。首先选中一个或一组单元格，打开【属性】面板，如图 5-11 所示。

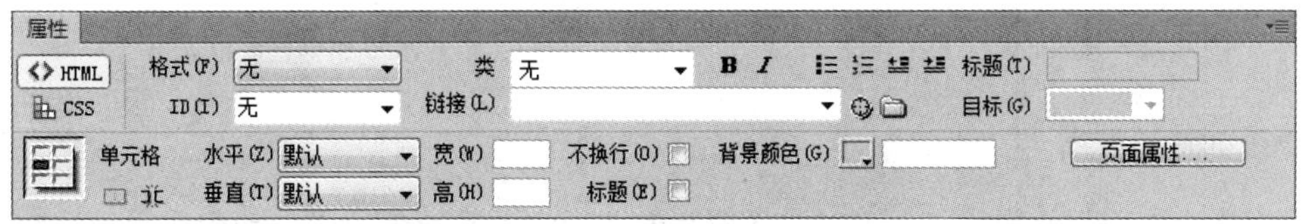

图 5-11　单元格【属性】面板

在单元格、行或列的【属性】面板中，主要参数选项的具体作用如下。

- 【水平】下拉列表框：指定单元格、行或列内容的水平对齐方式。
- 【垂直】下拉列表框：指定单元格、行或列内容的垂直对齐方式。
- 【宽】和【高】文本框：设置单元格的宽度和高度。
- 【背景颜色】按钮：设置单元格、列或行的背景颜色。
- 【不换行】复选框：防止换行，从而使单元格中的所有文本都在一行上。
- 【标题】复选框：将所选的单元格格式设置为表格标题单元格。默认情况下，表格标题单元格的内容为粗体并且居中。

5.2.4　编辑表格与单元格

单元格的编辑操作是通过设置单元格的属性来改变表格的外观，可以对网页中的表格及单元格进行调整大小，添加及删除行、列，合并、拆分单元格等操作。

1. 剪切、复制和粘贴单元格

用户在 Dreamweaver 中插入表格并选中一个单元格后，选择【编辑】命令，在弹出的菜单中可以对表格执行【剪切】、【复制】和【粘贴】等操作。

2. 调整表格的大小

在 Dreamweaver 中选中表格后，表格上会出现 3 个控制点，拖动控制点可以调整表格的大小，具体方法如下。

- 用鼠标拖动右边的选择控制点，光标显示为水平调整指针，拖动鼠标可以在水平方向上调整表格的大小；用鼠标拖动底部的选择控制点，光标显示为垂直调整指针，拖动鼠标可以在垂直方向上调整表格的大小，如图 5-12 所示。

- 用鼠标拖动右下角的选择控制点，光标显示为水平调整指针沿对角线调整指针，拖动鼠标可以在水平和垂直两个方向调整表格的大小，如图 5-13 所示。

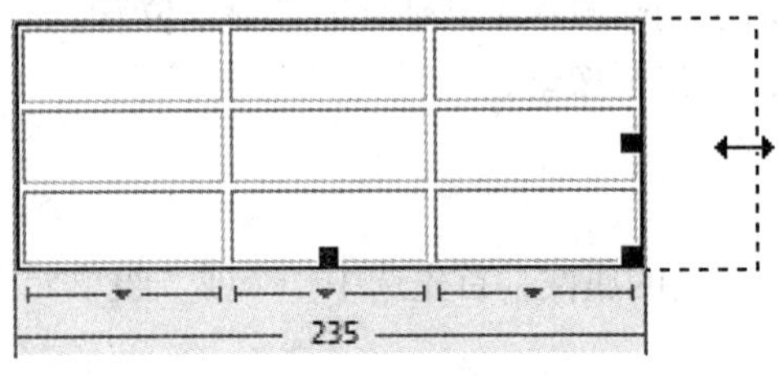

图 5-12　水平调整表格

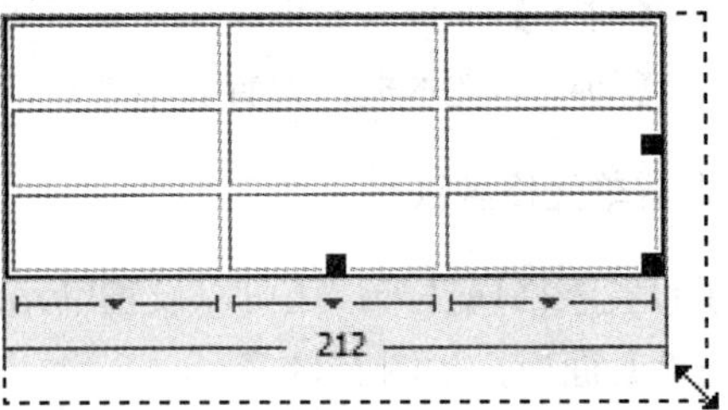

图 5-13　水平和垂直调整表格

3. 更改列宽和行高

要更改单元格的列宽和行高，可以在【属性】面板中调整数值，或拖动列或行的边框来更改表格的列宽或行高；也可以在【代码】视图中修改 HTML 代码来更改单元格的宽度和高度，具体操作方法如下。

- 更改列宽，将光标移至所选列的右边框，光标显示为左右指针⇹时，拖动鼠标即可调整，如图 5-14 所示。
- 更改行高，将光标移至所选行的下边框，光标显示为上下指针÷时，拖动鼠标即可调整，如图 5-15 所示。

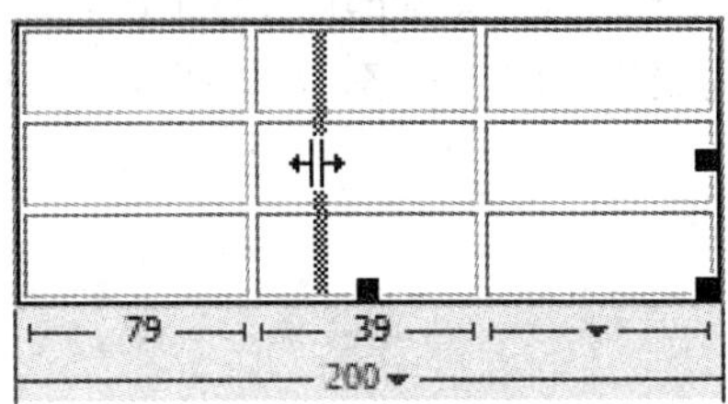

图 5-14　调整列宽

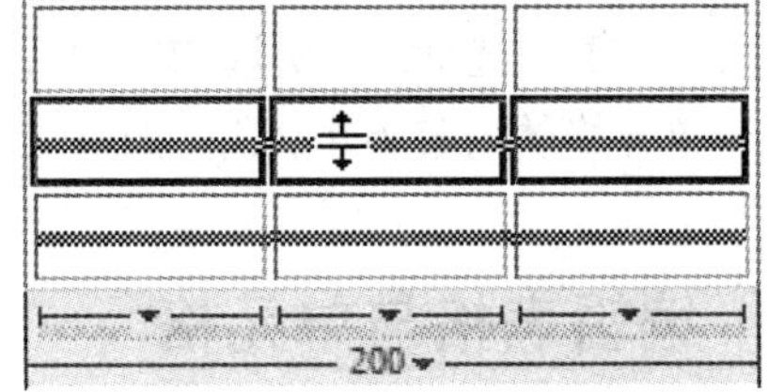

图 5-15　调整行高

- 在【属性】面板中调整表格宽和高的数值可以改变列宽和行高：选中列或行，然后在【属性】面板的【宽】或【高】文本框中输入数值来调整列宽或行高。

4. 添加和删除行、列

表格中空白的单元格也会占据页面位置，所以多余的行或列可以删除；此外，也可以在特定行(或列)上方(或左侧)添加行(或列)，具体操作方法如下。

- 要在当前单元格的上面添加一行，选择【修改】|【表格】|【插入行】命令即可。
- 要在当前单元格的左边添加一列，选择【修改】|【表格】|【插入列】命令即可。
- 单击【插入】面板的【常用】按钮右侧的下拉按钮，在下拉列表中选择【布局】选项，打开【布局】类别。分别单击【在上面插入行】按钮、【在下面插入行】按钮、

【在左边插入列】按钮和【在右边插入列】按钮，可以分别实现单元格上面插入行、下面插入行及左边插入列、右边插入列的功能。

- 要一次添加多行或多列，或者在当前单元格的下面添加行或在其右边添加列，可以选择【修改】|【表格】|【插入行或列】命令，打开【插入行或列】对话框，选择插入行或列、插入的行数和列数以及插入的位置，然后单击【确定】按钮即可。
- 要删除行或列，选择要删除的行或列，选择【修改】|【表格】|【删除行】命令或按 Delete 键，可以删除整行；选择【修改】|【表格】|【删除列】命令或按 Delete 键，可以删除整列。
- 要删除单元格里面的内容，先选择要删除内容的单元格，然后选择【编辑】|【清除】命令，或按下 Delete 键。

5. 拆分和合并单元格

在制作页面时，如果插入的表格与实际效果不相符，例如有缺少或多余单元格的情况，可根据需要，进行拆分和合并单元格操作。

- 选中要合并的单元格，选择【修改】|【表格】|【合并单元格】命令，即可合并选择的单元格，如图 5-16 所示。
- 选择需要拆分的单元格，然后选择【修改】|【表格】|【拆分单元格】命令，或单击【属性】面板中的合并按钮，打开【拆分单元格】对话框；选择要把单元格拆分成行或列，然后再设置要拆分的行数或列数，单击【确定】按钮即可拆分单元格，如图 5-17 所示。

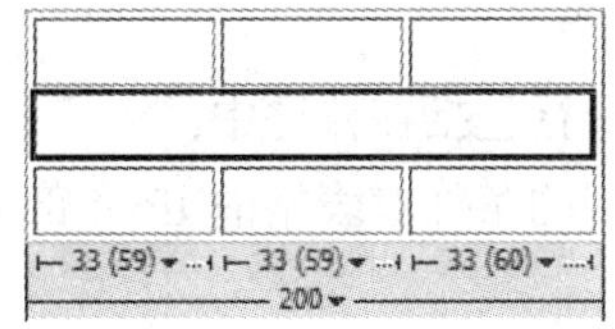

图 5-16　合并单元格

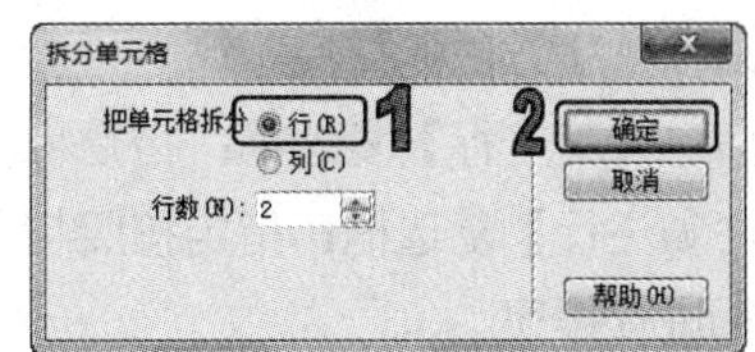

图 5-17　【拆分单元格】对话框

5.4　处理表格数据

在 Dreamweaver CS6 中，用户可以对表格数据执行排序、导入与导出等操作，从而使表格的内容符合自己的网页设计需求。

5.4.1　设置表格排序

对于网页中插入的表格，用户可以根据单列的内容对表格中的行进行排序或者根据两个列的内容执行更加复杂的表格排序，具体如下。

【例 5-1】在 Dreamweaver CS5 中对网页表格中的内容进行排序处理。

(1) 选择表格或任意单元格，选择【命令】|【排序表格】命令，打开【排序表格】对话框，如图 5-18 所示。

(2) 在【排序表格】对话框中设置相应的参数选项后，单击【确定】按钮。

3	Access	Windows
1	Oracle	Unix
2	DB2	Windows
41	59	78

200

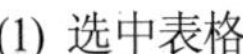

(1) 选中表格

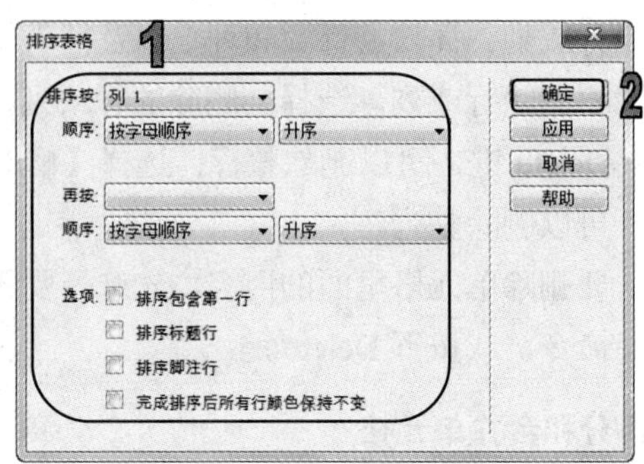

(2) 【排序表格】对话框

图 5-18　排序表格

【排序表格】对话框中的主要参数选项具体作用如下。

- 【排序按】下拉列表：选择使用哪个列的值对表格的行进行排序。
- 【顺序】下拉列表：确定是按字母还是按数字顺序以及是以升序(A 到 Z，数字从小到大)或是以降序对列进行排序。
- 【再按】和【顺序】下拉列表：确定将在另一列上应用的第二种排序方法的排序顺序。在【再按】下拉列表中指定将应用第二种排序方法的列，并在【顺序】弹出菜单中指定第二种排序方法的排序顺序。
- 【排序包含第一行】复选框：指定将表格的第一行包括在排序中。
- 【排序脚注行】复选框：指定按照与主体行相同的条件对表格的 tfoot 部分中的所有内容行进行排序。
- 【完成排序后所有行颜色保持不变】复选框：设置排序之后表格行属性与同一内容保持关联。

5.4.2　导入与导出表格数据

使用 Dreamweaver，用户不仅可以将另一个应用程序，例如 Excel 中创建并以分隔文本格式(其中的项以制表符、逗号、冒号、分号或其他分隔符隔开)保存的表格式数据导入到网页文档中并设置为表格的格式，而且还可以将 Dreamweaver 中的表格导出。

1. 导入表格式数据

用户可以参考以下方法在 Dreamweaver 中导入表格式数据。

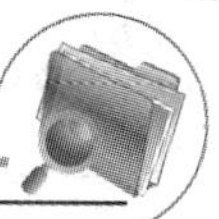

【例 5-2】在 Dreamweaver CS6 中为网页导入表格式数据。

(1) 首先，创建一个如图 5-19 所示的 TXT 文档，文档中每组数据之间使用 Tab 键设置分隔。

(2) 启动 Dreamweaver CS6 并创建一个空白网页后，选择【编辑】|【首选参数】命令，打开【首选参数】对话框，然后在该对话框的【分类】列表框中选中【新建文档】选项。

(3) 在【新建文档】选项区域中单击【默认编码】下拉列表按钮，在弹出的下拉列表中选中【简体中文 GB2312】选项，如图 5-20 所示。

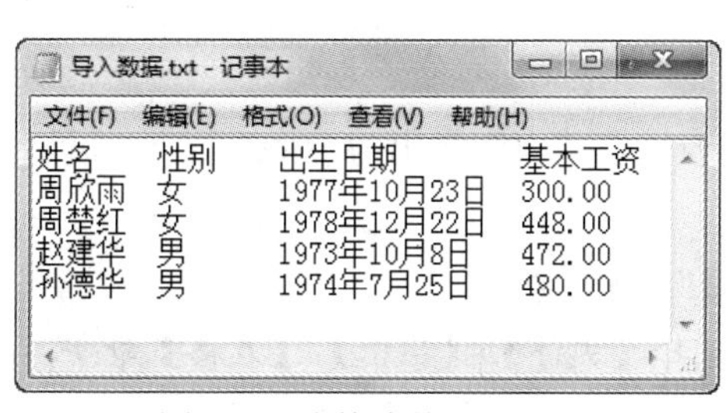

图 5-19　表格式数据内容

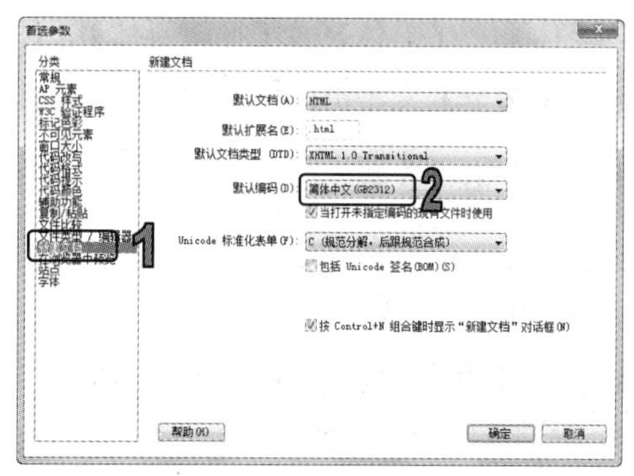

图 5-20　【首选参数】对话框

(4) 选择【文件】|【导入】|【表格式数据】命令(或者选择【插入】|【表格对象】|【导入表格式数据】命令)，打开【导入表格式数据】对话框。

(5) 在【导入表格式数据】对话框中单击【定界符】下拉列表按钮，在弹出的下拉列表中选择 Tab 选项，然后单击【浏览】按钮，在打开的【打开】对话框中选中步骤(1)创建的文档，如图 5-21 所示。

(6) 在【导入表格式数据】对话框中单击【确定】按钮，即可导入表格式数据，其效果如图 5-22 所示。

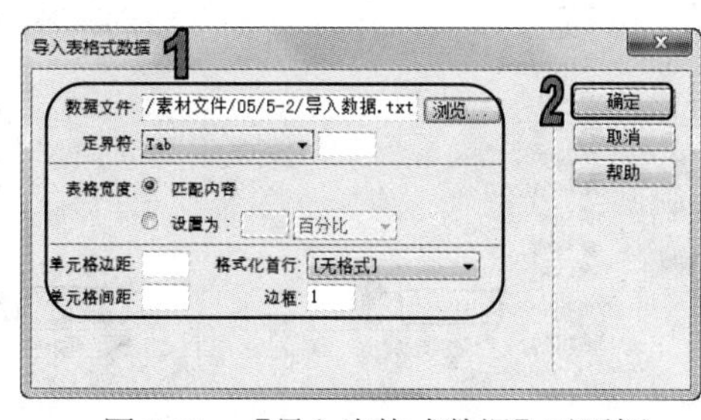

图 5-21　【导入表格式数据】对话框

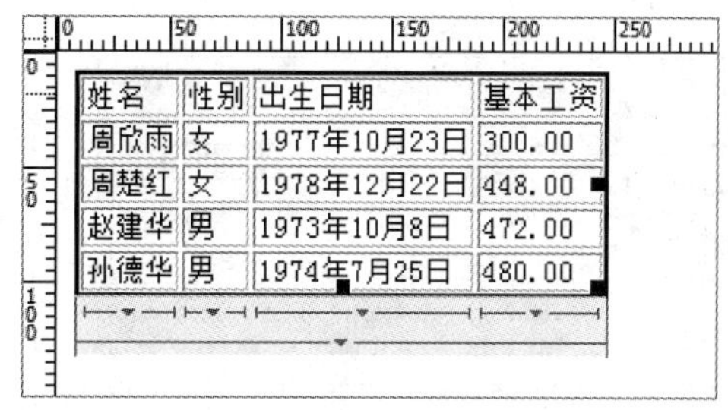

姓名	性别	出生日期	基本工资
周欣雨	女	1977年10月23日	300.00
周楚红	女	1978年12月22日	448.00
赵建华	男	1973年10月8日	472.00
孙德华	男	1974年7月25日	480.00

图 5-22　导入表格式数据

【导入表格式数据】对话框中主要参数选项的具体作用如下。

- 【数据文件】文本框：可以设置要导入的文件。用户也可以单击【浏览】按钮选择一个导入文件。
- 【定界符】下拉列表框：可以选择在导入的文件中所使用的定界符，如 Tab、逗号、分号、引号等。如果在此选择【其他】选项，在该下拉列表框右面将出现一个文本框，用户可以在其中输入需要的定界符。定界符就是在被导入的文件中用于区别行、列等

信息的标志符号。定界符选择不当，将直接影响到导入后表格的格式，而且有可能无法导入。

- 【表格宽度】选项区域：可以选择创建的表格宽度。其中，选择【匹配内容】单选按钮，可以使每个列足够宽以适应该列中最长的文本字符串；选择【设置为】单选按钮，将以像素为单位，或按占浏览器窗口宽度的百分比指定固定的表格宽度。
- 【单元格边距】文本框与【单元格间距】文本框：可以设置单元格的边距和间距。
- 【格式化首行】下拉列表框：可以设置表格首行的格式，可以选择【[无格式]】、【粗体】、【斜体】或【加粗斜体】4 种格式。
- 【边框】文本框：用于设置表格边框的宽度，单位为像素。

2. 导出表格式数据

在 Dreamweaver 中，用户若要将页面内制作的表格及其内容导出为表格式数据，可以参考下面所介绍的操作步骤。

【例 5-3】在 Dreamweaver CS6 中导出网页中的表格式数据。

(1) 在 Dreamweaver 中选择要导出的表格后，选择【文件】|【导出】|【表格】命令，打开【导出表格】对话框。

(2) 在【导出表格】对话框中设置相应的参数选项后，单击【导出】按钮，打开【表格导出为】对话框。

(3) 在【表格导出为】对话框中设置导出文件的名称和类型后，单击【确定】按钮即可导出表格，如图 5-23 所示。

(1) 【导出表格】对话框

(2) 【表格导出为】对话框

图 5-23 导出表格式数据

【导出表格】对话框中主要选项的功能如下。

- 【定界符】下拉列表框：可以设置要导出的文件以什么符号作为定界符。
- 【换行符】下拉列表框：可以设置在哪个操作系统中打开导出的文件，例如在 Windows、Macintosh 或 UNIX 系统中打开导出文件的换行符方式。

5.5　扩展表格模式与标准模式

相比 CSS、AP Div 等方式，表格是唯一能够让用户严格地按照自己的期望部署网页页面内容的布局方式。但是在 Dreamweaver 中使用表格对网页进行布局需要有很大的耐心，因为这种方法虽然效果较好，但是制作布局的工作量相对也较大。

5.5.1　认识扩展表格和标准模式

在 Dreamweaver【插入】面板的【布局】分类中有多个用于网页版面布局的工具，其中使用【插入 Div 标签】、【插入流体网格布局 Div 标签】、【绘制 AP Div】、【Spry 菜单栏】、【Spry 选项卡式面板】、【Spry 折叠式】、【Spry 可折叠面板】以及【表格】等按钮可以分别在标准模式和扩展表格模式状态中插入 Div 标签、流体网格布局 Div、AP Div、Spry 菜单栏、普通表格以及单元格等。

在扩展模式下，Dreamweaver 会临时向文档中的所有表格添加单元格边距和间距，并且增加表格的边框以使编辑操作更加方便。使用扩展模式，可以准确选择表格中的项目或者精确地放置插入点，如图 5-24 所示。

标准模式用于在扩展表格模式和标准设计视图之间切换。用户可以通过在 Dreamweaver 中选择【查看】|【表格模式】|【标准模式】命令，或者直接单击【布局】面板上方的【标准模式】按钮(如图 5-25 所示)切换至标准模式。

图 5-24　扩展模式

图 5-25　【布局】面板

在如图 5-24 所示的对话框中单击【确定】按钮后，进入文档窗口的扩展表格模式，文档窗口的顶部会出现浅蓝色提示文字“扩展表格模式”。Dreamweaver 会向页面上的所有表格添加单元格边距与间距，并增加表格边框。

5.5.2　在扩展模式下插入网页元素

在文档的扩展表格模式下，插入文本、图像或 Flash 动画等元素的方法与在标准模式下的

插入方法相同。

【例 5-4】在扩展表格模式下插入一张图片。

(1) 在 Dreamweaver 中切换至扩展表格模式后，选择【插入】|【表格】命令，打开【表格】对话框，然后在该对话框的【行数】文本框中输入参数 3，【列】文本框中输入参数 4，【边框粗细】文本框中输入参数 2，如图 5-26 所示。

(2) 在【表格】对话框中单击【确定】按钮后，在网页中插入如图 5-27 所示的表格。

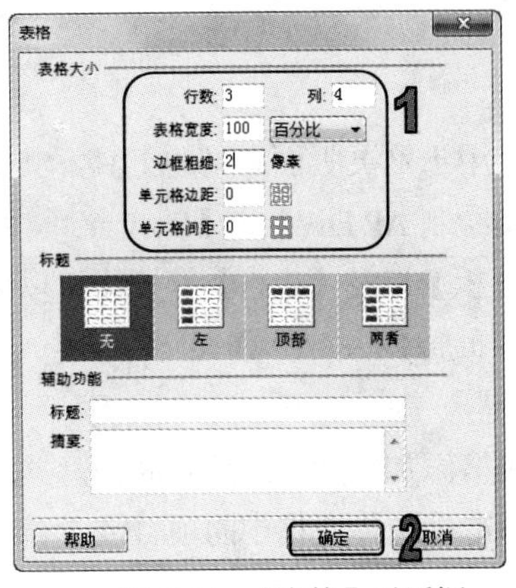

图 5-26 【表格】对话框

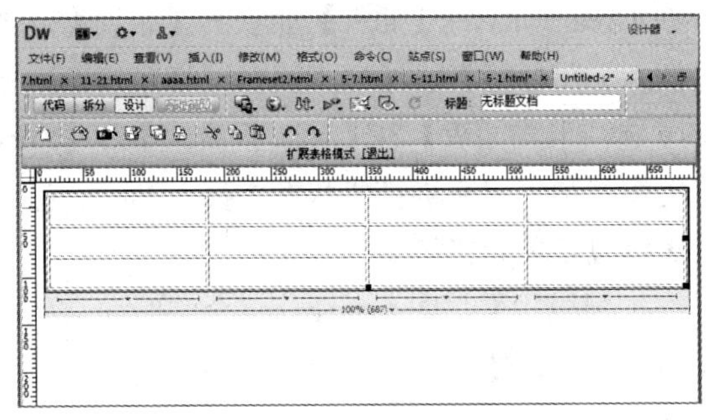

图 5-27 插入表格

(3) 将鼠标光标定位在表格中需要插入图像的位置后，选择【插入】|【图像】命令，在表格中插入一张图像，如图 5-28 所示。此时，当插入表格的图像大于布局单元格的宽度时，布局单元格将自动扩展。在单元格扩展的同时，其周围的单元格也会受到影响，单元格所在的列也会随之扩展。

(4) 通过在【属性】面板中输入图像需要显示的宽度值和高度值后，表格会自动调整所有单元格的宽度与高度，如图 5-29 所示。用户也可以使用【属性】面板编辑图片的大小或为图片设置链接与替换文本等属性(另外，在表格其他单元格中输入文字或其他网页元素，表格也会根据插入内容，自动设置表格的宽度与高度)。

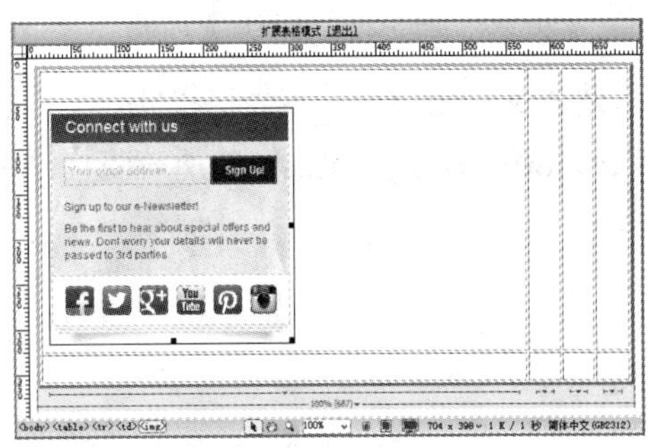

图 5-28 插入图像

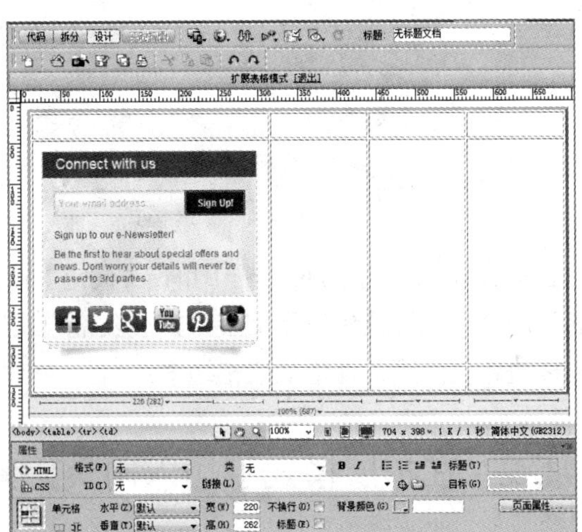

图 5-29 设置单元格高度与宽度

5.6　上机练习

本章的上机练习将通过实例，详细介绍在 Dreamweaver CS6 中使用表格规划网页布局的具体方法，帮助用户进一步掌握设计网页布局的相关知识。

5.6.1　使用表格设计网站首页布局

在 Dreamweaver 中通过使用表格，规划网站首页的布局结构。

(1) 启动 Dreamweaver CS6 后，在该软件的启动界面的【新建】栏中单击 HTML 选项，创建一个空白 HTML 网页。接下来，将鼠标指针插入网页中，选择【插入】|【表格】命令，打开【表格】对话框，如图 5-30 所示。

(2) 在【表格】对话框的【行】和【列】文本框中输入数字 1，在【边框粗细】文本框中输入参数 0，在【表格宽度】文本框中输入参数 100，然后单击该文本框后的下拉列表按钮，在弹出的下拉列表中选中【百分比】选项，如图 5-31 所示。

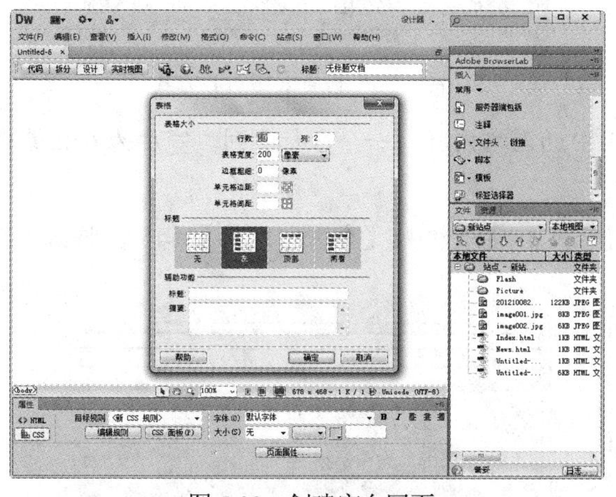

图 5-30　创建空白网页

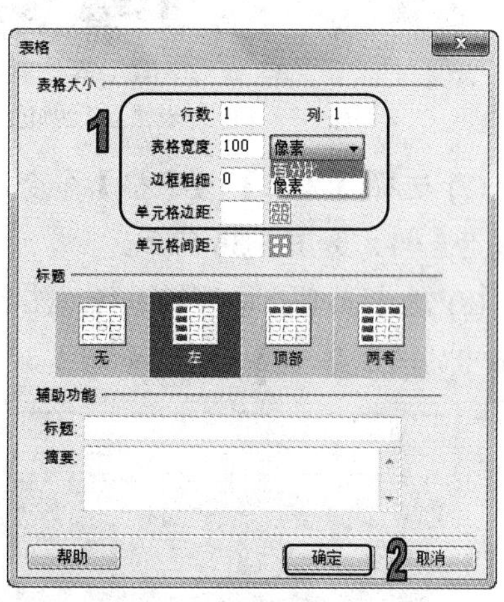

图 5-31　设置表格宽度

(3) 在【表格】对话框的【标题】选项区域中选中【无】选项，然后单击【确定】按钮，在网页中插入一个表格，如图 5-32 所示。

(4) 选中网页中插入的表格后，将鼠标指针置于表格下方的控制点上，然后按住鼠标左键拖动，调整表格的高度。接着将鼠标指针插入表格中，选择【窗口】|【属性】命令，显示【属性】面板，如图 5-33 所示。

(5) 在【属性】面板中单击 CSS 按钮后，单击【背景颜色】按钮，然后在弹出的颜色检查器中选中一种颜色作为表格的背景颜色，如图 5-34 所示。

(6) 在【属性】面板中单击【水平】下拉列表按钮，在弹出的下拉列表中选中【居中对齐】选项，单击【垂直】下拉列表按钮，在弹出的下拉列表中选中【顶端】选项，如图 5-35 所示。

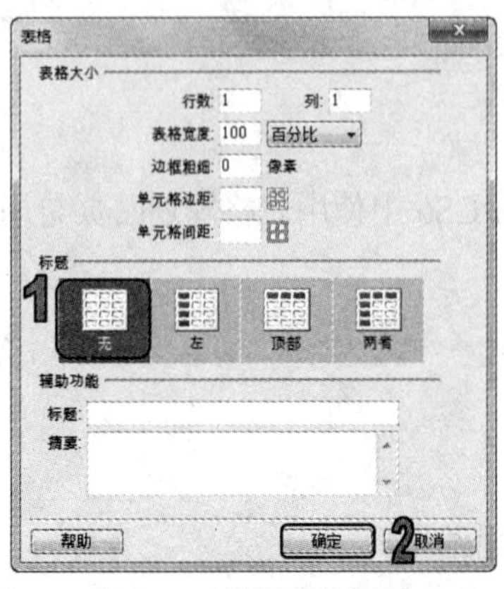
图 5-32 设置表格标题

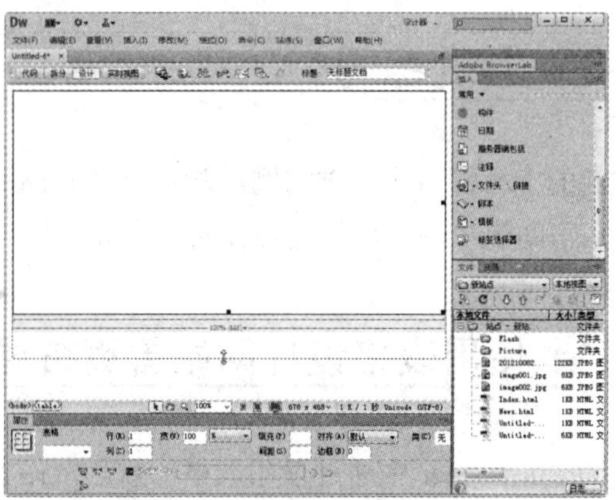
图 5-33 显示【属性】面板

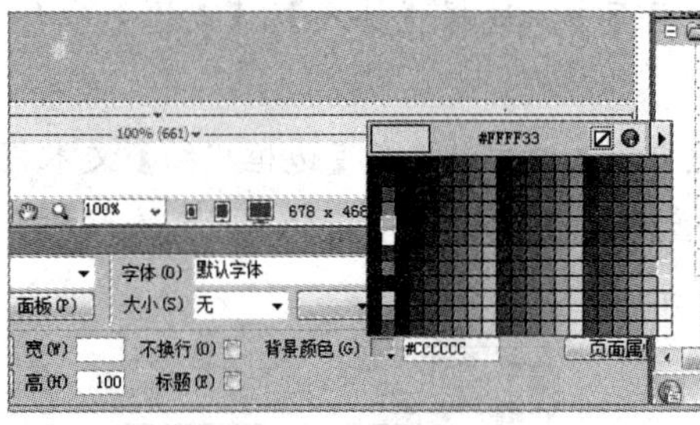
图 5-34 设置表格背景颜色

图 5-35 设置表格对齐方式

(7) 选择【插入】|【表格】命令，在页面中的表格内插入一个 3 行 2 列，宽度为 650 像素的嵌套表格，如图 5-36 所示。

(8) 选中嵌套表格的第 1 行，然后选择【修改】|【表格】|【合并单元格】命令，将第 1 行表格中的两个单元格合并，如图 5-37 所示。

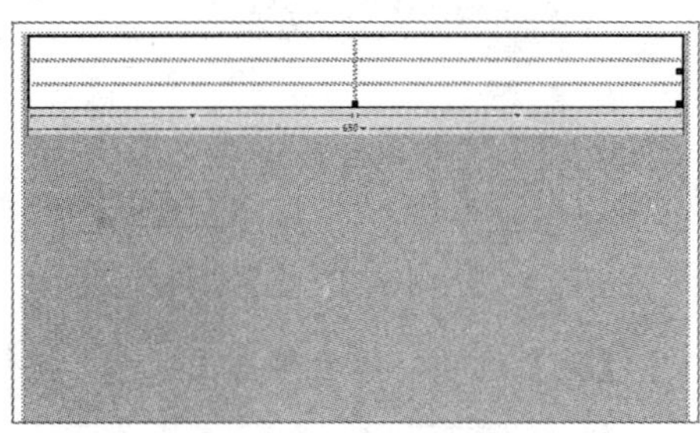
图 5-36 插入嵌套表格

图 5-37 合并单元格

(9) 将鼠标指针插入嵌套表格第 1 行单元格中，选择【插入】|【图像】命令，打开【选择图像源文件】对话框，然后在该对话框选中一个图像文件，单击【确定】按钮，在单元格中插入一张图像，如图 5-38 所示。

(10) 将鼠标指针插入嵌套表格第 2 行左侧的单元格中，然后重复步骤(9)的操作，在该单元格中插入一张图片，如图 5-39 所示。

(11) 将鼠标指针插入嵌套表格第 2 行右侧的单元格中，然后选择【插入】|【表格】命令，在该单元格中插入一个 9 行 1 列，宽度为 100 像素的表格，如图 5-40 所示。

(12) 在步骤(11)插入的表格中输入文本内容，完成后的效果如图 5-41 所示

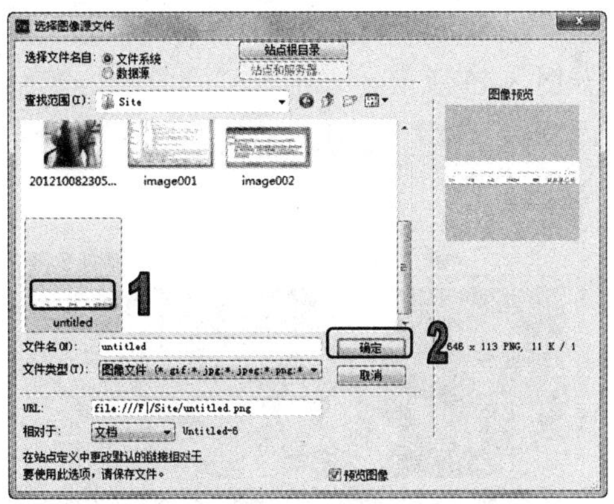

图 5-38　【选择图像源文件】对话框

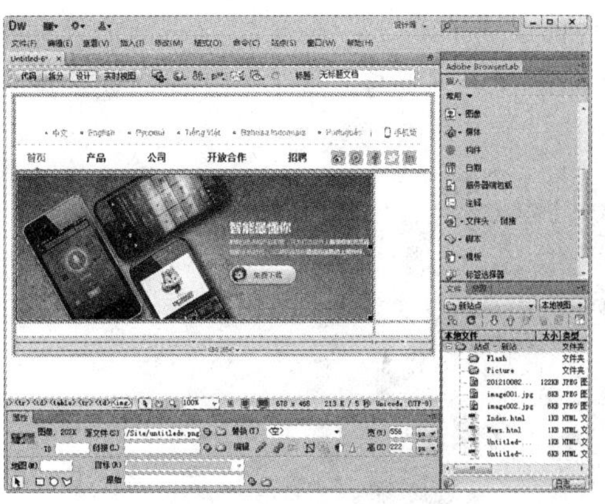

图 5-39　在单元格中插入图片

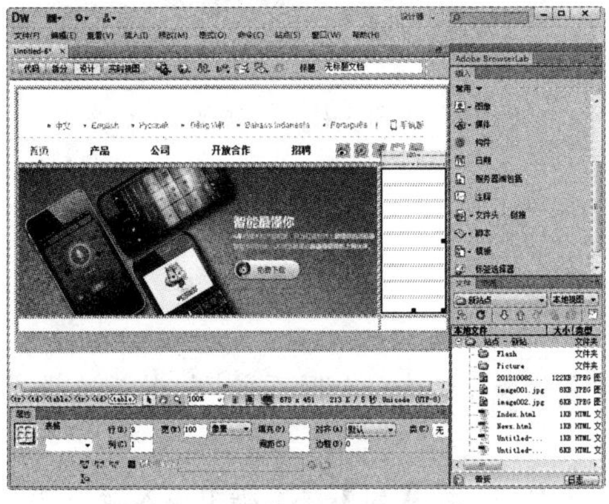

图 5-40　插入 9 行 1 列表格

图 5-41　输入表格内容

(13) 选中嵌套表格的第 3 行，然后选择【修改】|【表格】|【合并单元格】命令，将第 3 行表格中的两个单元格合并，如图 5-42 所示。

(14) 选中合并后的单元格，然后选择【插入】|【表格】命令，在该单元格中插入一个 3 行 1 列，宽度为 650 像素的表格，如图 5-43 所示。

图 5-42　合并表格单元格

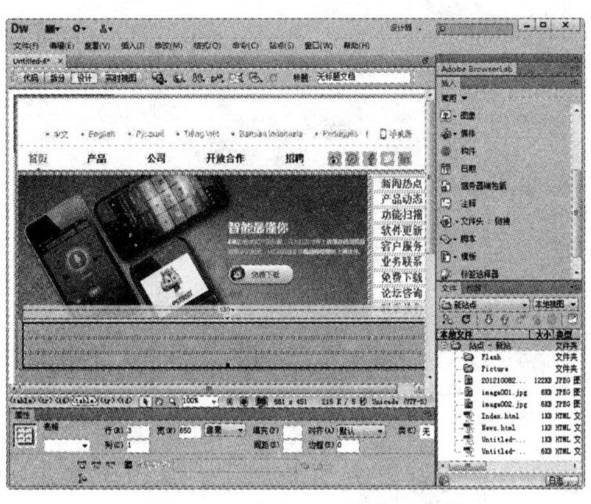

图 5-43　插入 3 行 1 列表格

(15) 在插入的表格中分别插入网页所需的图片和文本元素，完成网页的制作，如图 5-44 所示。

(16) 保存网页后，按下 F12 键预览网页，效果如图 5-45 所示。

图 5-44　在表格中插入图像

图 5-45　网页效果

5.6.2　在网页中使用表格排版内容

在 Dreamweaver 中使用表格排版网页中的内容。

(1) 启动 Dreamweaver 后，选择【文件】|【新建】命令，新建一个网页文档，然后选择【插入】|【表格】命令，打开【表格】对话框。

(2) 在【表格】对话框的【行数】文本框中输入数值 2，在【列】文本框中输入数值 2，设置表格宽度为 100％百分比，如图 5-46 所示，然后单击【确定】按钮，在网页中插入一个如图 5-47 所示的表格。

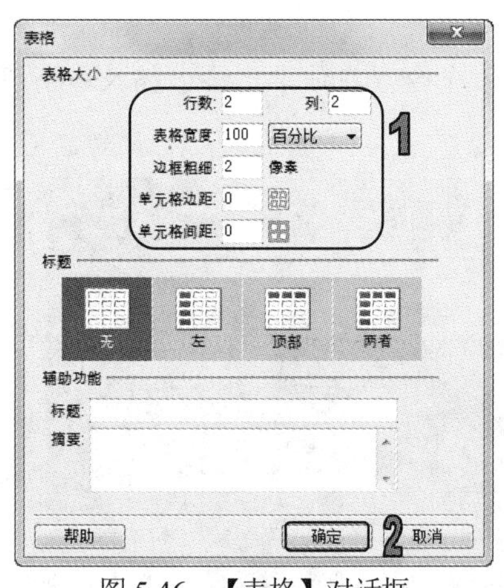

图 5-46　【表格】对话框

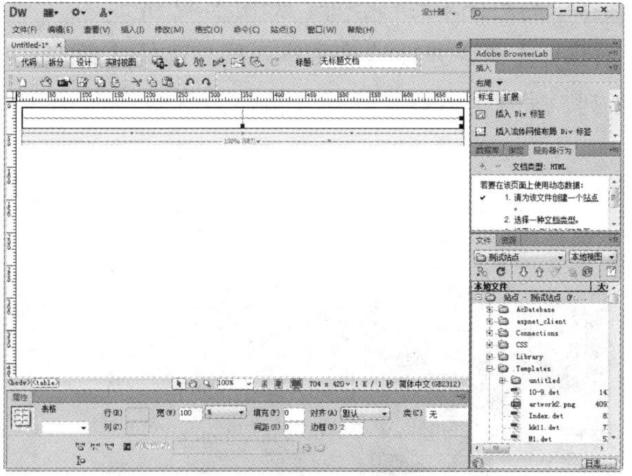

图 5-47　在页面中插入表格

(3) 将光标移至表格的第 1 行第 1 列单元格中，然后选择【插入】|【图像】命令，在该单元格中插入一个图像。重复以上操作，在表格的第 1 行第 2 列单元格中插入图像，如图 5-48 所示。

(4) 选中表格第 2 行中所有单元格，然后右击鼠标，在弹出的快捷菜单中选择【表格】|【合并单元格】命令合并单元格，如图 5-49 所示。

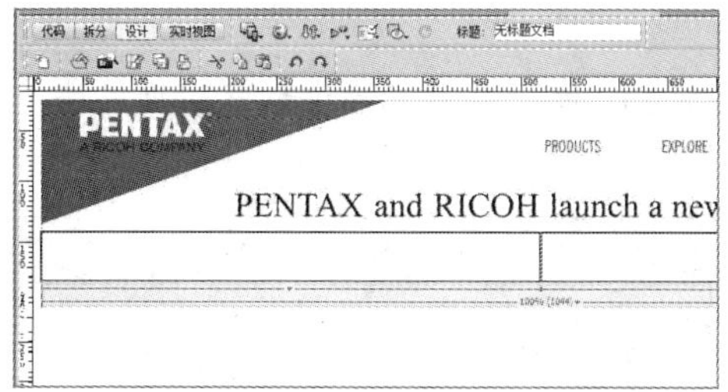

图 5-48　插入图像

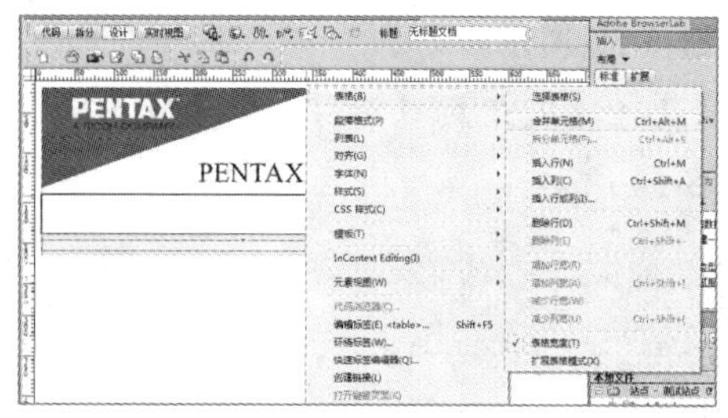

图 5-49　合并单元格

(5) 将鼠标光标置入合并的单元格中后，选择【插入】|【表格】命令，在该单元格中插入一个 1 行 6 列的嵌套表格，如图 5-50 所示。

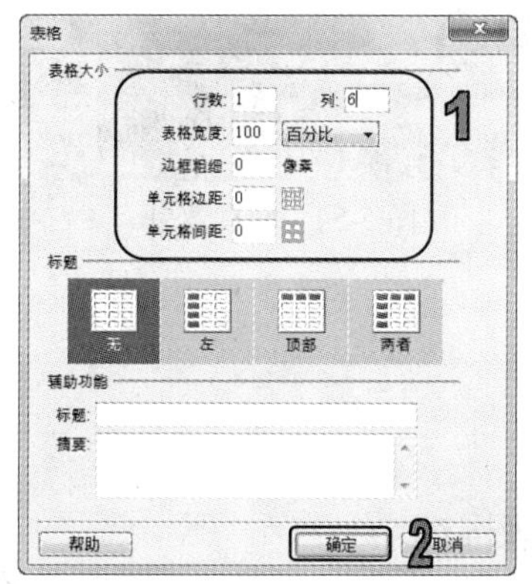

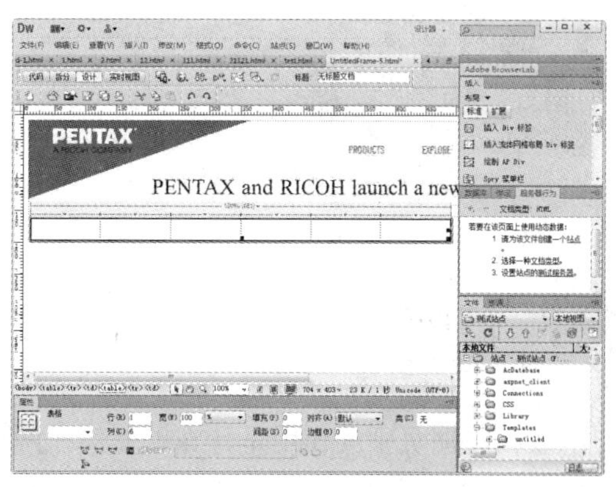

图 5-50　插入 1 行 6 列表格

(6) 在步骤(5)插入的嵌套表格中输入文本内容，并设置字体大小，然后拖动鼠标选中页面中所有单元格的图像和文本元素，打开【属性】面板，在【水平】下拉列表中选中【居中对齐】选项，居中对齐单元格中的所有元素，如图 5-51 所示。

(7) 参照以上操作步骤，在页面中表格的下方插入一个 1 行 1 列的表格，并在表格中插入网页元素，如图 5-52 所示。

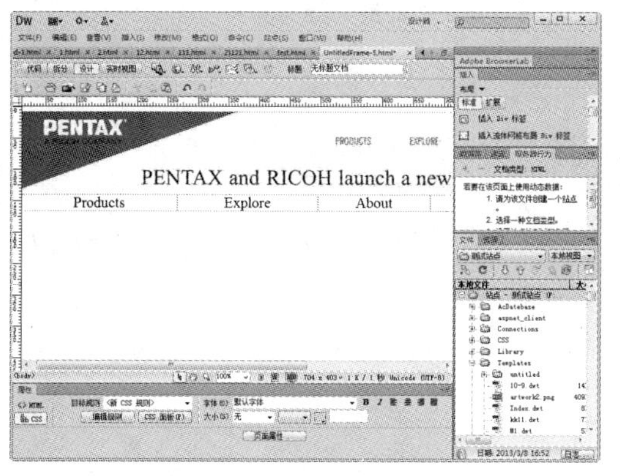

图 5-51　居中对齐网页元素

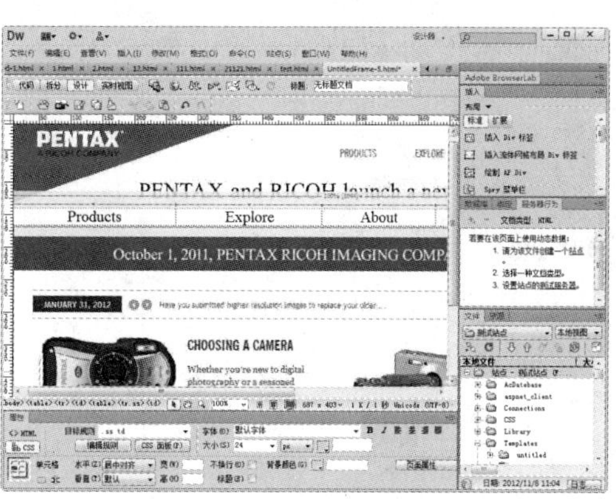

图 5-52　插入网页元素

(8) 选中表格中的所有文本内容，单击【属性】面板中的【背景颜色】按钮，打开颜色选取器，将光标移至文档左上角的图片上，当光标显示为【吸管】图标，单击鼠标，吸取颜色，如图 5-53 所示。

(9) 选择【文件】|【保存】命令保存文档后，按下 F12 键，在浏览器中预览网页文档，效果如图 5-54 所示。

图 5-53　设置文本背景颜色

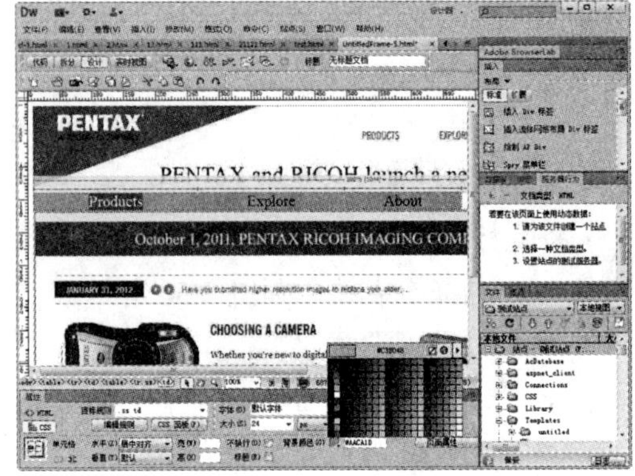

图 5-54　网页效果

5.7　习题

1. 表格在网页中的作用是什么？如何在网页中插入表格？
2. 如何在网页中导入外部(Word、Excel 等)表格文件？

第6章 使用层与Spry布局网页

学习目标

层(AP Div)用于网页元素的精确定位，层的使用非常广泛，可以定位页面上的任意位置，在层中可以插入各种元素。Spry 相当于一个 JavaScript 框架库，使用它可以灵活创建各种丰富的网页框架效果。

本章重点

- 层的基本作用
- 层的基本操作
- 转换表格和层

6.1 创建层

层(Ap Div)就像是包含文字或图像等元素的胶片，按顺序叠放在一起，组合成页面的最终效果。层可以精确地定位页面上的元素，并且在层中可以加入文本、图像、表格、插件等元素，还可以插入嵌套层。在 Dreamweaver 中运用层，为设计者提供了强大的网页控制能力。层不但可以作为一种网页定位技术，也可以作为一种特效形式出现。熟练掌握层的使用方法，是网页制作中最重要的环节之一。

6.1.1 创建普通层

在网页文档中插入层后，在【代码】视图中会自动插入 HTML 标签。层的常用标签有<Div>和<Span>两种，默认是使用<Div>标签来插入层。要创建普通层，将光标移至要创建层的地方，选择【插入】|【布局对象】| AP Div 命令，即可在所需位置插入层，如图 6-1 所示，插入的层模式是以蓝色边框颜色显示的。

(1) 插入光标

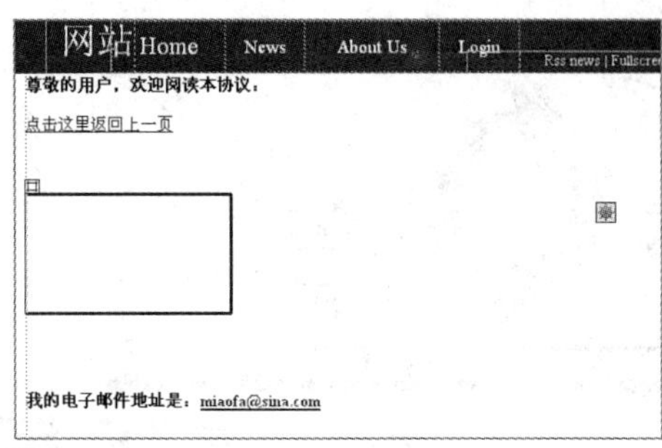

(2) 插入层

图 6-1　插入普通层

6.1.2　创建嵌套层

层与表格一样，可以在层中插入嵌套层，方法类似创建嵌套框架。将光标移至创建的层中，选择“插入”|“布局对象”| AP Div 命令，在该层中插入嵌套层，如图 6-2 所示。

(1) 插入光标

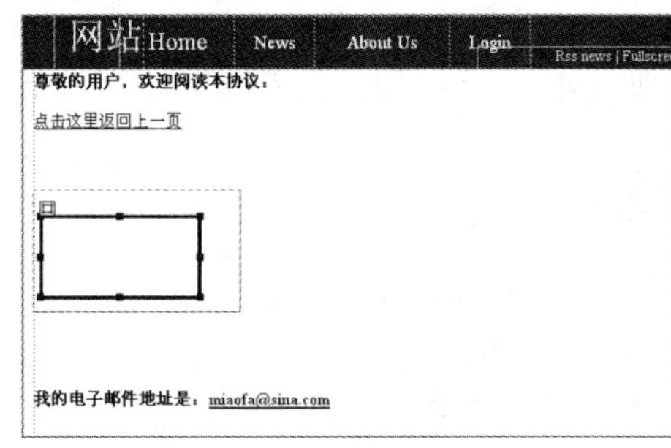

(2) 插入层

图 6-2　插入嵌套层

除了使用上面所介绍的菜单命令插入层外，还可以在网页中绘制层。

【例 6-1】在 Dreamweaver CS6 中绘制层。

(1) 选择【窗口】|【插入】命令，打开【插入】面板，然后单击该面板中的【常用】按钮，并在弹出的下拉列表中选中【布局】选项，打开【布局】插入面板。

(2) 在【布局】插入面板中单击【绘制 AP Div】命令，然后将鼠标光标移至网页文档，单击并按住鼠标左键拖动即可绘制层。

6.2　层的基本操作

在 Dreamweaver 中选择【窗口】|【AP 元素】命令，打开【AP 元素】面板。在该面板中显示了网页文档中所有插入的层，如图 6-3 所示，用户可以通过它管理网页文档中所有插入的层元素。

6.2.1 选择层

在 Dreamweaver CS6 中，用户可以参考以下几种方法选中网页中的层。

- 将鼠标光标移至层的边框位置，当光标显示为十字双向箭头✥时，单击鼠标，即可选中层，如图 6-4 所示。
- 将光标移至层中，选择<div>标签即可选中层。
- 单击【AP 元素】面板中 ID 列中的层名称，即可选择该层。

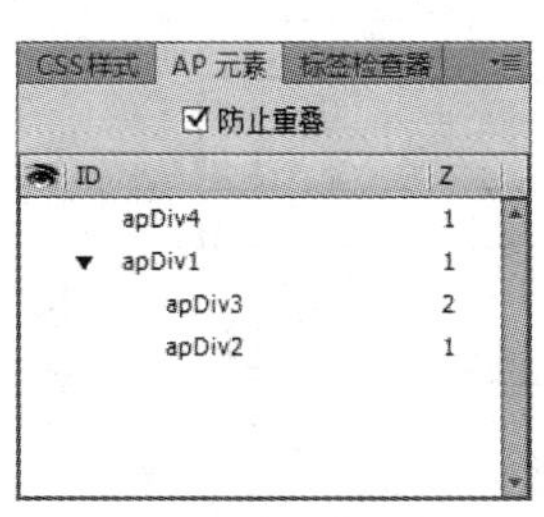

图 6-3 【AP 元素】面板

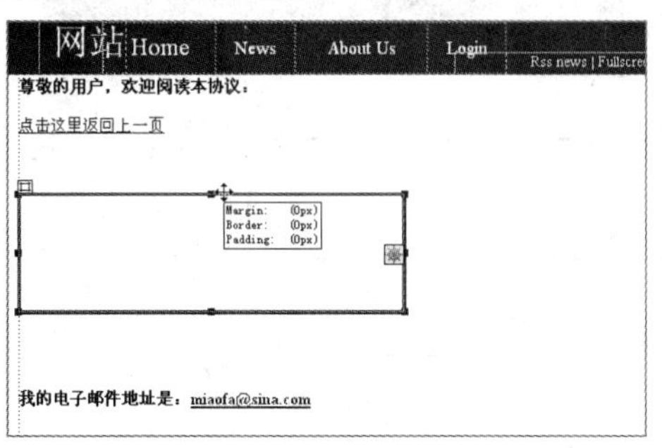

图 6-4 选中层

6.2.2 调整层

在层中插入对象后，根据需求，对层的大小要进行适当的调整，使页面更加美观。

要调整层的大小，首先选中所需调整大小的层，将光标移至层边框上的小黑方框上，当光标显示为垂直双向箭头时，拖动鼠标可以调整层的高度；当光标显示为水平双向箭头时，拖动鼠标可以调整层的宽度；当光标显示为斜向双箭头时，拖动鼠标可以同时调整层的宽度和高度，如图 6-5 所示。

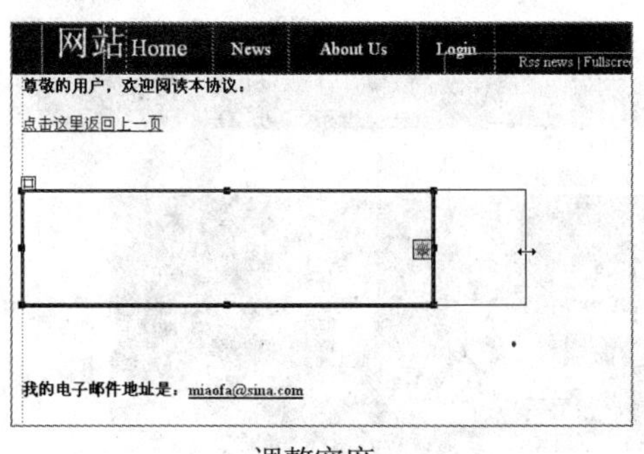

调整宽度

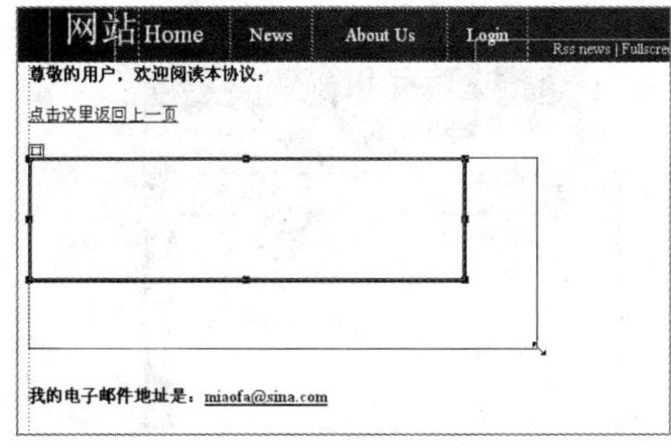

调整宽度和高度

图 6-5 调整层的大小

提示

上面是手动调整层大小的方法，还可以选中层，打开层的【属性】面板，在【宽】和【高】文本框中输入数值，设置层的精确大小。

6.2.3 移动层

在 Dreamweaver CS6 中，用户可以参考以下几种方法移动页面中的层。

- 选择要移动的层，拖动层的边框即可移动层，如图 6-6 所示。
- 选择要移动的层，按下方向键，可以一次移动 1 个像素位置。
- 选择要移动的层，按下 Shift+方向键，可以一次移动 10 个像素位置。

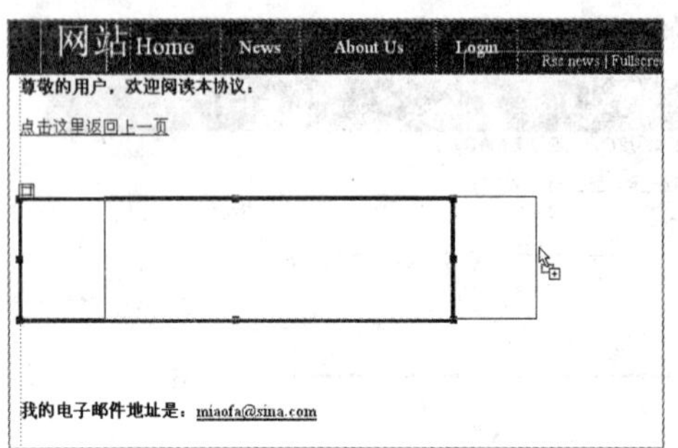

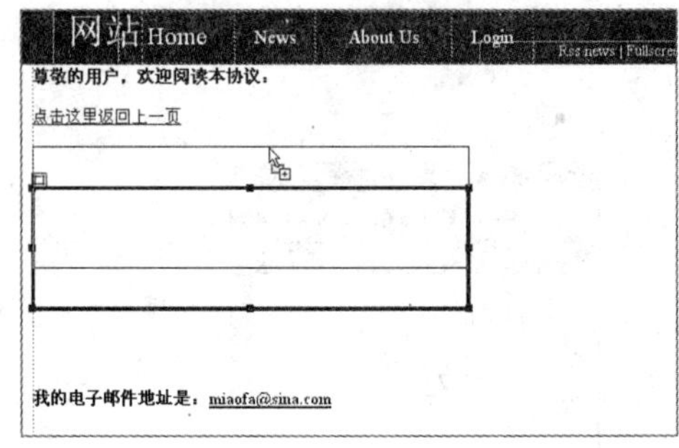

图 6-6 移动层

6.2.4 设置层

在 Dreamweaver 中，用户除了可以对层执行一些基本操作以外，还可以设置层在页面中的状态，例如排列层、对齐层、隐藏层等。

1. 调整层顺序

层的顺序也就是层在堆叠时的显示顺序。要调整层的顺序，用户可以在【AP 元素】面板中选中某个层，单击 Z 轴属性列，然后通过在 Z 轴属性列文本框中输入层的叠堆顺序数值(如图 6-7 所示)，设置层的堆叠显示顺序。

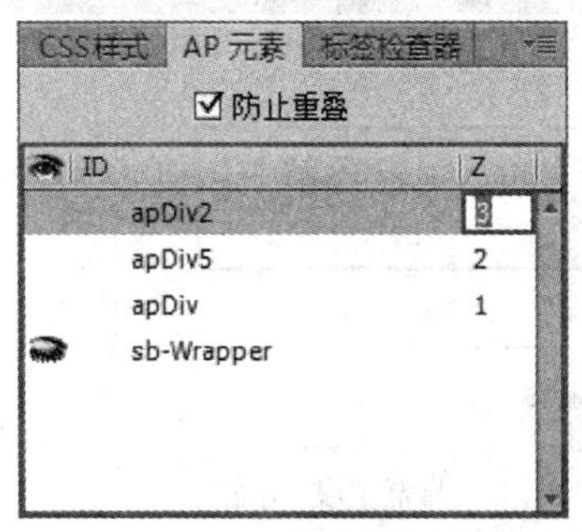

(1) 输入层的叠堆顺序数值

(2) 层顺序修改效果

图 6-7 调整层的顺序

2. 设置层文本

在创建层的过程中，用户可以参考下面所介绍的方法设置层文本。

【例 6-2】在 Dreamweaver CS6 中设置层文本。

(1) 选中要设置层文本的层，选择【窗口】|【行为】命令，打开【行为】面板。

(2) 单击【行为】面板上的+.按钮，在弹出的菜单中选择【设置文本】|【设置容器的文本】命令，如图 6-8 所示，打开【设置容器的文本】对话框。

(3) 在【设置容器的文本】对话框的【层】下拉列表中可以选择层的名称，如图 6-9 所示，在【新建 HTML】文本框中可以输入文本内容，单击【确定】按钮即可设置层文本。

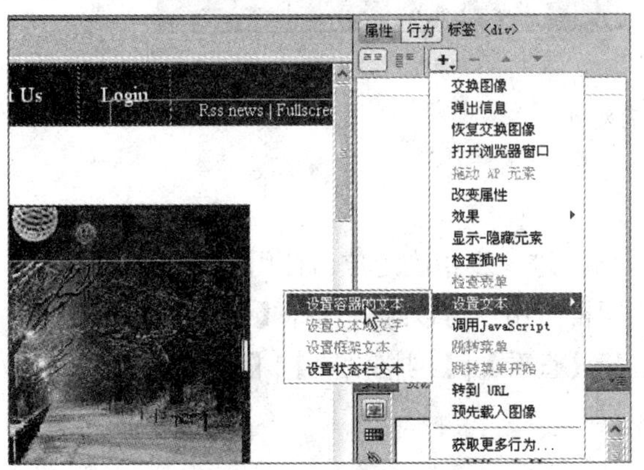

图 6-8　设置容器的文本

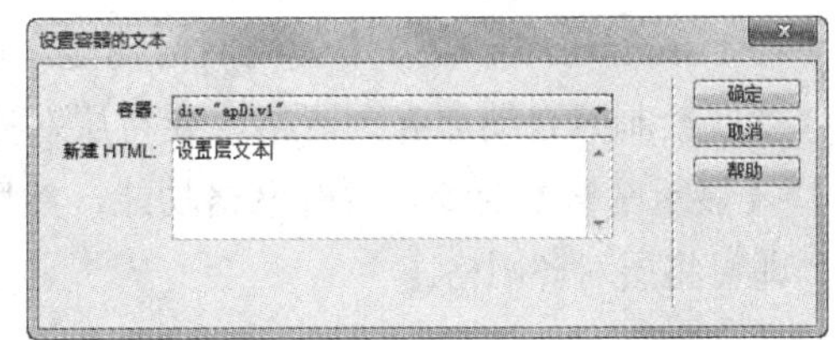

图 6-9　【设置容器的文本】对话框

3. 设置层可见性

在处理文档时，可以在【AP 元素】面板中手动设置层的可见性。以图 6-7 右图所示的 3 个层为例，单击【AP 元素】面板中的按钮，如果显示为图标，层为可见；当显示为图标，隐藏层的显示，如图 6-10 所示。

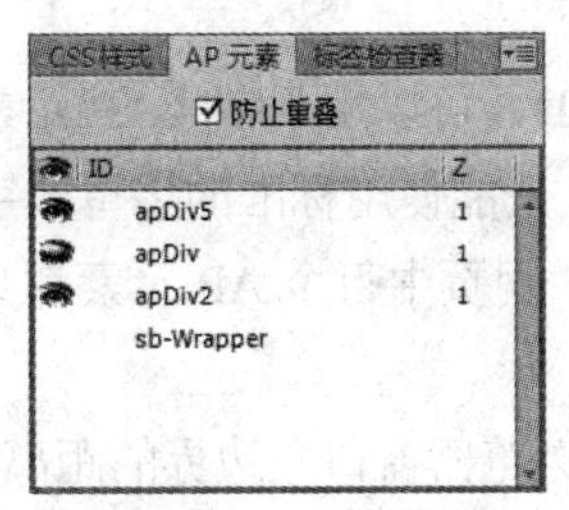

(1) 设置显示与隐藏层

(2) 层效果

图 6-10　设置层的可见性

4. 设置对齐层

对齐层主要是对齐多个层。选中多个层后，选择【修改】|【排列顺序】命令，在子菜单中选择对齐方式。如果选择【修改】|【排列顺序】|【设成高度相同】命令或【修改】|【排列顺序】|【设成宽度相同】命令，将以最后一个选中的层的大小为标准，调整其他层的大小并对齐层，如图 6-11 所示。

原始层

对齐下缘

图 6-11　设置对齐层

5. 将层对齐网格

在 Dreamweaver CS6 中使用网格功能，可以将层进一步精确定位。使用网格，可以让层在移动或绘制时自动靠齐到网格。要将层对齐到网格，用户可以选择选择【查看】|【网格设置】|【显示网格】命令，打开网格功能，然后选择【查看】|【网格设置】|【靠齐到网格】命令，即可将层对齐网格。

6. 设置层的属性

选中层后，用户可以选择【窗口】|【属性】命令，如图 6-12 所示，打开层的【属性】面板设置层的属性。

图 6-12　【属性】面板

在层的【属性】面板中，主要参数选项的具体作用如下。

- 【CSS-P 元素】下拉列表：为 AP 元素指定一个 ID，可以用于在【AP 元素】面板和 JavaScript 代码中标识 AP 元素。但要注意的是，只能使用标准的字母数字字符，而不要使用空格、连字符、斜杠或句号等特殊字符。网页中每个 AP 元素都必须有各自的唯一 ID。
- 【左】文本框：在文本框中输入层的左边界距离浏览器窗口左边界的距离数值。
- 【上】文本框：在文本框中输入层的上边界距离浏览器窗口上边界的距离数值。
- 【宽】和【高】文本框：在文本框中输入层的宽度和高度数值。
- 【Z 轴】文本框：在文本框中输入层的 Z 轴顺序。
- 【背景图像】文本框：设置层的背景图。
- 【可见性】下拉列表：设置层的显示状态，可以选择 default、inherit、visible 和 hidden 4 个选项。选择 default 选项，表示不指定可见性属性，当未指定可见性时，多数浏览器都会默认为继承；选择 inherit 选项，表示使用该层父级的可见性属性；选择 visible 选项，显示该层的内容；选择 hidden 选项，表示隐藏层的内容。

- “背景颜色”色块：设置层的背景颜色。
- “剪辑”选项区域：指定层的可见部分，可以在文本框中输入距离层的 4 个边界的距离数值。
- “溢出”下拉列表：当层的大小已经不能全部显示层中的内容时，可以选择该选项。在“溢出”下拉列表中选择 visible 选项，可以显示超出的部分；选择 hidden 选项，可以隐藏超出部分；选择 scroll 选项，不管是否超出，都显示滚动条；选择 auto 选项，当有超出时才显示滚动条。

6.3　转换表格与层

要改变网页中各元素的布局，最方便的方法就是将元素置于层内，然后通过移动层来改变网页的布局。要使用这种方法改变网页布局，首先要将表格转换为层。Dreamweaver CS6 允许使用层来创建布局，然后将层转换为表格，以使网页能够在浏览器中正确浏览；也可以将网页中的表格转换为层。

6.3.1　将表格转换为层

在 Dreamweaver 中，用户可以参考下面所介绍的方法将表格转换为层。

【例 6-3】在 Dreamweaver CS6 中将表格转换为层。

(1) 选中网页中要转换为层的表格，然后选择【修改】|【转换】|【将表格转换为 AP Div】命令，打开【将表格转换为 AP Div】对话框，如图 6-13 所示。

(2) 在【将表格转换为 AP Div】对话框中设置表格转换为层的效果后，单击【确定】按钮，即可将表格转换为层，如图 6-14 所示。

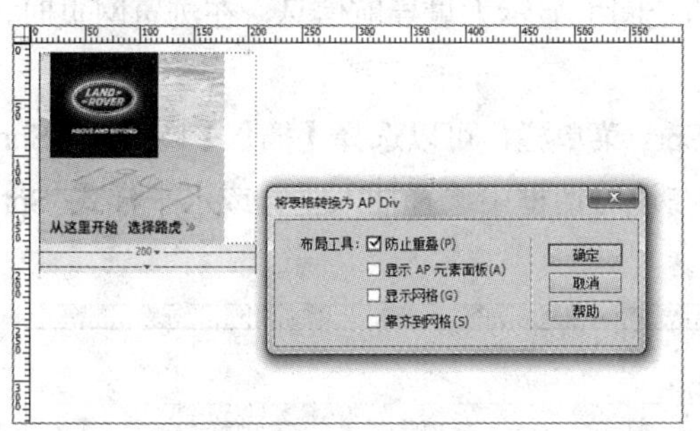

图 6-13　【将表格转化为 AP Div】对话框

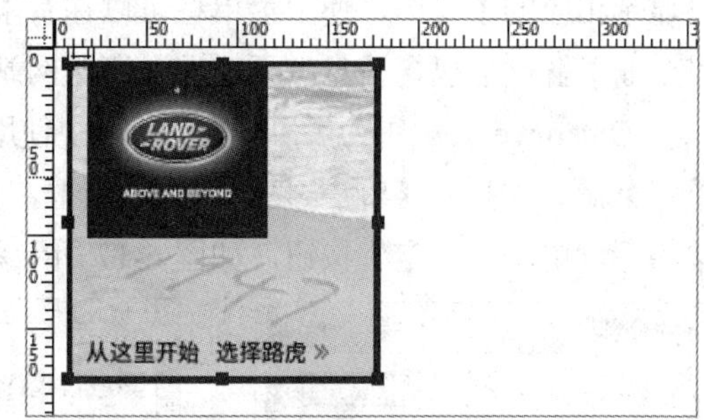

图 6-14　表格转换为层

6.3.2　将层转换为表格

用户若要将层转换为表格，可以参考下面所介绍的操作方法。

【例 6-4】在 Dreamweaver CS6 中将层转换为表格。

(1) 选中所需转换为表格的层后，选择【修改】|【转换】|【将 AP Div 转换为表格】命令，打开【将 AP Div 转换为表格】对话框，如图 6-15 所示。

(2) 在【将 AP Div 转换为表格】对话框中包含将层转换为表格的选项，一般情况下选择系统默认设置的选项即可，单击【确定】按钮，即可将层转换为表格，如图 6-16 所示。

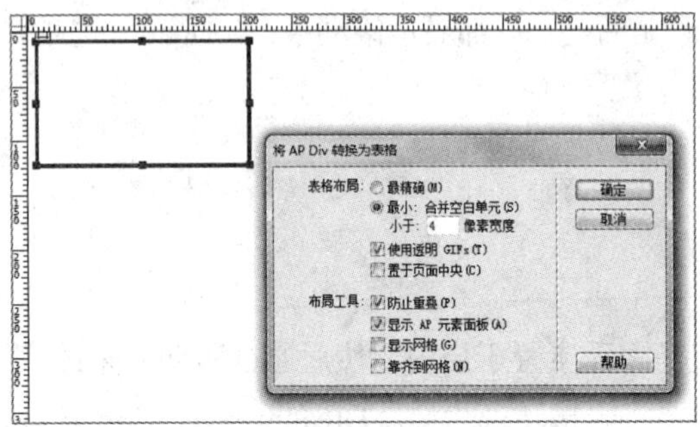

图 6-15 【将 AP Div 转换为表格】对话框

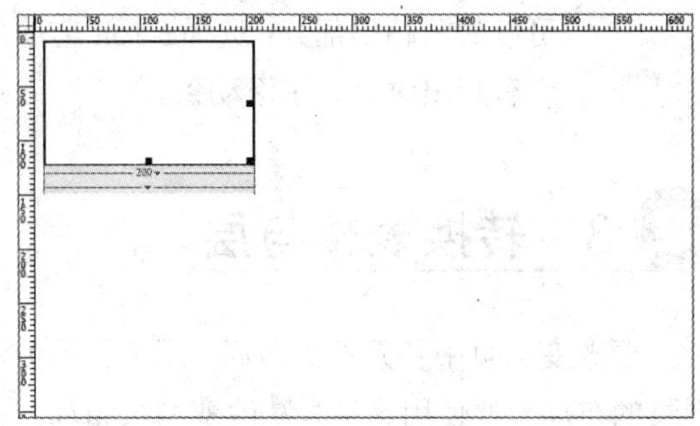

图 6-16 层转换为表格

6.4 使用 Spry Div 构件

Spry 框架是一个 JavaScript 库，使用它可以创建更丰富的网页。可以使用 HTML、CSS 和一些 JavaScript 将 XML 数据合并到 HTML 文档中，创建构件，向各种网页元素添加不同种类的效果等。

6.4.1 使用 Spry 菜单栏

Spry 菜单栏是一组可导航的菜单按钮。当浏览网页时，将光标悬停在某个菜单按钮上时，可以显示相应的子菜单，使用菜单栏可以在有限的空间里显示大量导航信息，在浏览网页时，可以全面了解站点包含信息，无需深入浏览网站。

在 Dreamweaver 中，用户若要在网页中使用 Spry 菜单栏，可以选择【插入】| Spry |【Spry 菜单栏】命令，打开【Spry 菜单栏】对话框，并在该对话框中选择插入垂直或水平样式 Spry 菜单栏后，单击“确定”按钮，如图 6-17 所示。

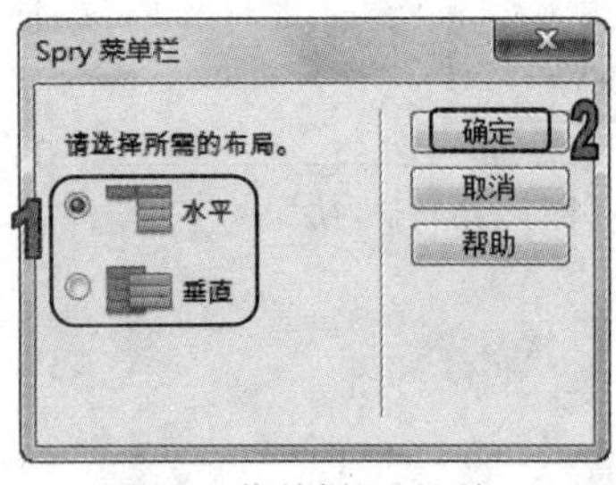

【Spry 菜单栏】对话框

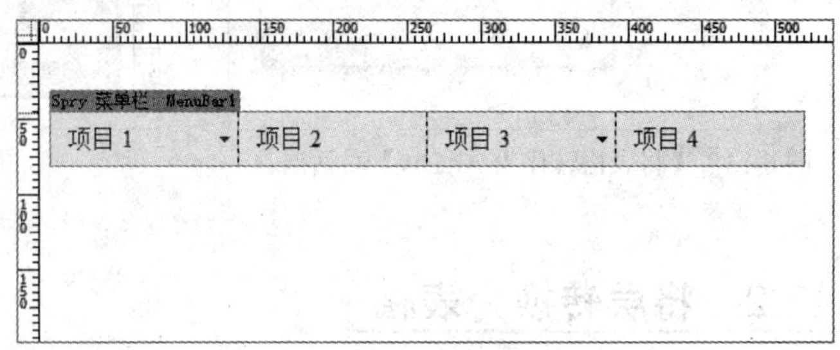

Spry 菜单栏

图 6-17 在网页中插入 Spry 菜单栏

选中页面中插入的 Spry 菜单栏后，在打开的【属性】面板(如图 6-18 所示)中可以添加菜单项。

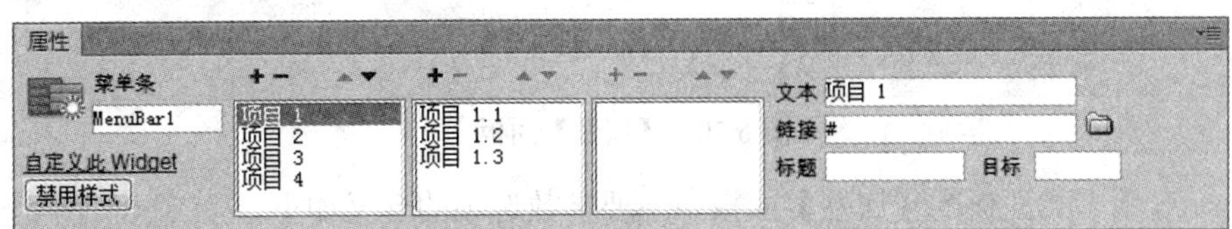

图 6-18　【属性】面板

Spry 菜单栏【属性】面板中主要参数选项的含义如下。

- 【菜单条】文本框：可以在文本框中输入 Spry 菜单栏 ID。
- 左侧列表框：可以定义一级菜单项目列表选项。可以单击+或−按钮，添加和删除项目列表选项；单击▲或▼按钮，调整项目列表显示顺序。
- 中间列表框和右侧列表框：与左侧列表框功能相同，分别定义二级和三级菜单项目列表选项。
- 【文本】文本框：定义项目列表选项名称。
- 【链接】文本框：定义项目列表选项链接目标。

6.4.2　使用 Spry 选项卡式面板

Spry 选项卡面板是一组面板，可以将内容存储到紧凑的空间中。访问站点时，可以单击所需访问的面板上的选项卡来显示或隐藏存储在选项卡面板中的内容。单击不同的选项卡时，会打开相应的面板，但只能同时打开一个面板。

用户在 Dreamweaver 中选择【插入】|【布局对象】|【Spry 选项卡式面板】命令，即可在网页文档中插入 Spry 选项卡面板，如图 6-19 所示。

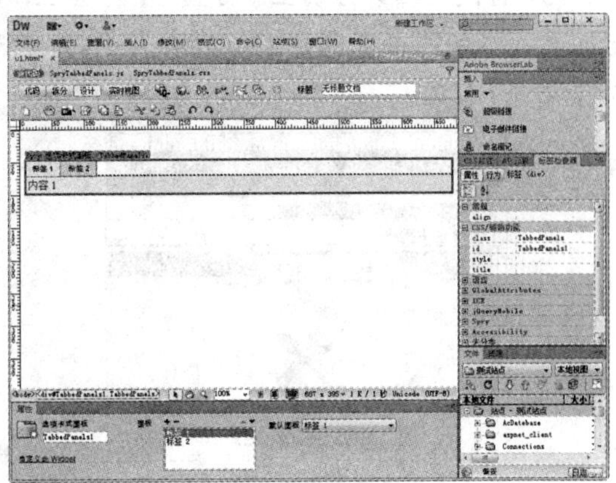

图 6-19　插入 Spry 选项卡式面板

选中插入的 Spry 选项卡面板，打开【属性】面板，如图 6-20 所示，可以在该面板中设置相关选项。

图 6-20 【属性】面板

在 Spry 选项卡式面板的【属性】面板中主要参数选项的含义如下。

- 【选项卡式面板】文本框：可以在文本框中输入 Spry 选项卡面板 ID。
- 【面板】列表框：可以在该列表框中添加和调整选项卡面板项目。
- 【默认面板】下拉列表：设置 Spry 选项卡面板的默认面板。

【例 6-5】在网页中插入 Spry 选项卡式面板。

(1) 打开一个网页文档，将鼠标光标插入网页中需要插入 Spry 选项卡面板的位置后，选择【插入】| Spry |【Spry 选项卡式面板】命令，在网页中插入一个如图 6-21 所示的 Spry 选项卡式面板。

(2) 选中页面中 Spry 选项卡式面板上的【标签 1】标签，将其更改为 Home，然后在其下方的【内容 1】区域中插入图片并输入内容文字，如图 6-22 所示。

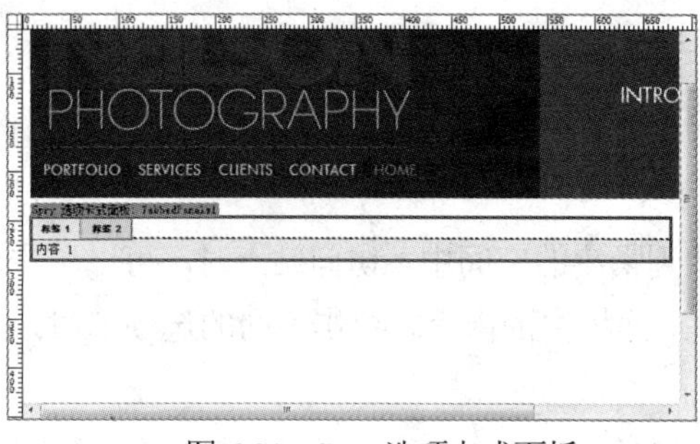

图 6-21 Spry 选项卡式面板

图 6-22 交互式表单

(3) 将鼠标指针移动至【标签 2】标签上，当该标签上显示【单击以显示面板内容】按钮后，单击鼠标选中【标签 2】标签，并参考步骤(2)的操作修改标签和标签内容文字，效果如图 6-23 所示。

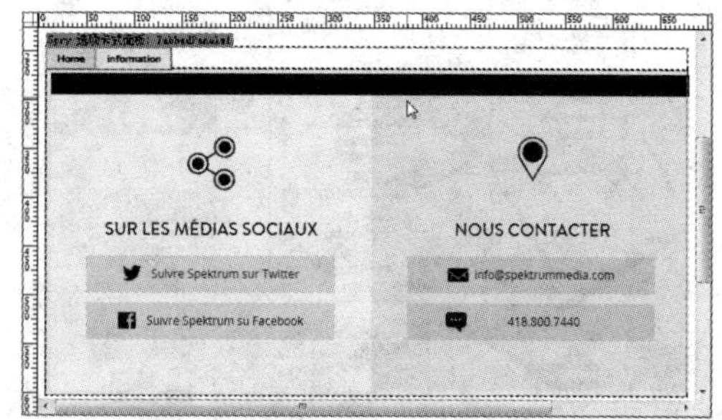

图 6-23 修改【标签 2】标签

(4) 选中页面中的 Spry 选项卡式面板，然后在【属性】面板中单击【添加面板】按钮，为 Spry 选项卡式面板添加【标签 3】和【标签 4】，如图 6-24 所示。

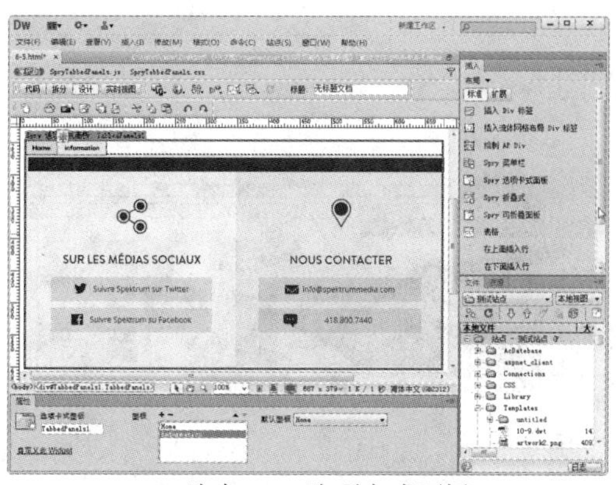

(1) 选中 Spry 选项卡式面板

(2) 【属性】面板

图 6-24　添加【标签 3】和【标签 4】

(5) 参考步骤(2)和步骤(3)的操作方法，分别设置【标签 3】和【标签 4】标签的标签文字和内容文字。

(6) 完成以上操作后，按下 F12 键预览网页，效果如图 6-25 所示。

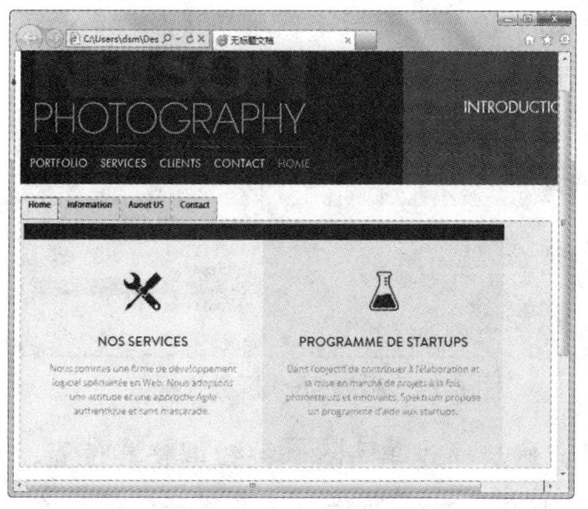

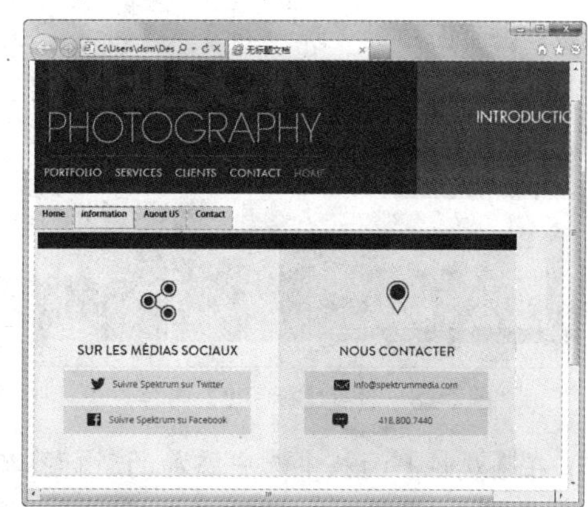

图 6-25　Spry 选项卡式面板效果

6.4.3　使用 Spry 折叠式面板

Spry 折叠式面板可以将大量的内容存储到紧凑的空间中。当访问站点时，可以单击该面板上的选项卡来显示或隐藏存储在折叠面板中的内容。当单击不同的选项卡时，相应的折叠面板会展开或收缩，但同时只能有一个面板处于可见状态。

要使用 Spry 折叠式面板，选择【插入】|【布局对象】|【Spry 折叠式】命令，即可在网页文档中插入 Spry 折叠式面板。

【例 6-6】在网页中插入 Spry 折叠式面板。

(1) 打开网页文档后，将鼠标指针置入网页中合适的位置，选择【插入】| Spry |【Spry 折叠式】命令，插入一个 Spry 折叠式面板，如图 6-26 所示。

(2) 将鼠标指针插入 Spry 折叠式面板【标签 1】栏中后，输入【标签 1】相应的文字说明信息，然后将鼠标指针插入【内容 1】栏中，选择【插入】|【图片】命令，在该栏中插入图片，

如图 6-27 所示。

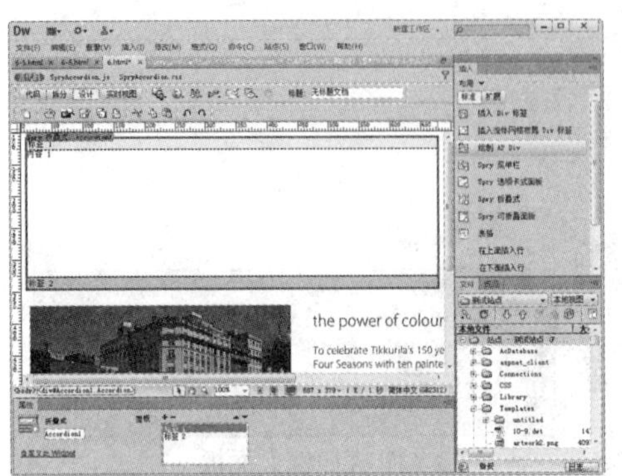

图 6-26　插入 Spry 折叠式面板

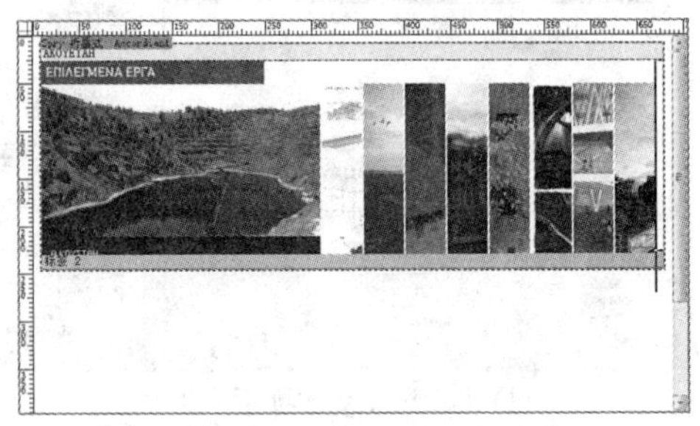

图 6-27　设置【标签 1】内容

(3) 将鼠标指针插入 Spry 折叠式面板【标签 2】栏中后，输入【标签 2】相应的文字说明信息，然后单击【内容 2】栏右侧的按钮，显示【内容 2】内容栏，并将鼠标指针插入该栏中，选择【插入】|【图片】命令插入图片，如图 6-28 所示。

(4) 单击页面中的【Spry 折叠式】标签，选中 Spry 折叠式面板，然后在【属性】面板中单击“+”按钮，添加 Spry 折叠式标签，如图 6-29 所示。

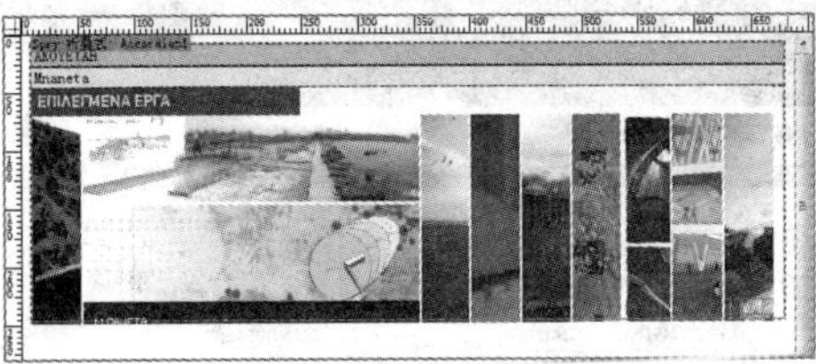

图 6-28　设置【标签 2】内容

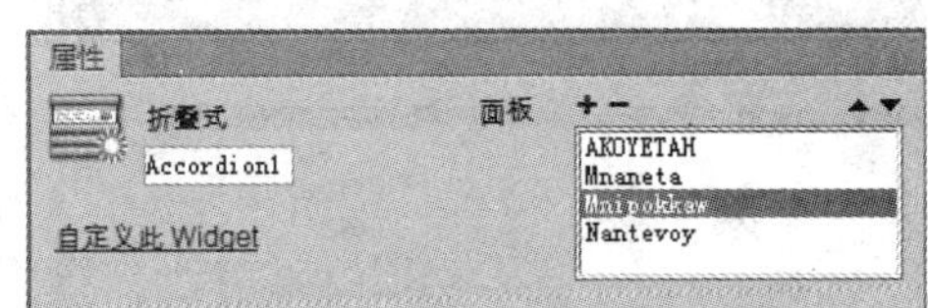

图 6-29　添加 Spry 折叠式标签

(5) 在【属性】面板中选中添加的新标签标签，然后通过单击按钮调整其位置，使其排列在【标签 1】与【标签 2】之后，然后参考步骤(2)步骤和(3)的操作设置新标签的名称与内容。

(6) 完成以上操作后，保存并预览网页效果，如图 6-30 所示。

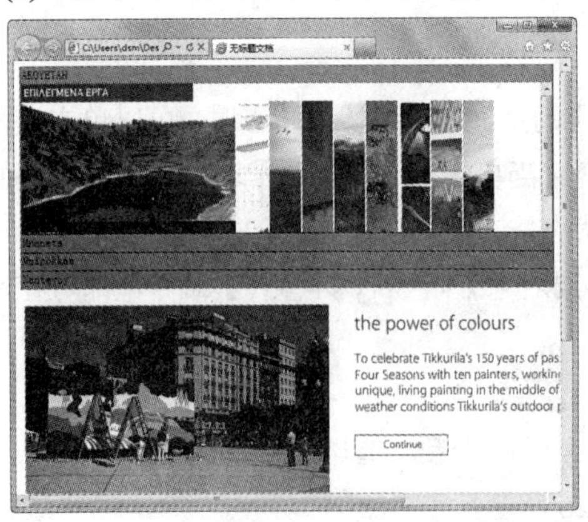

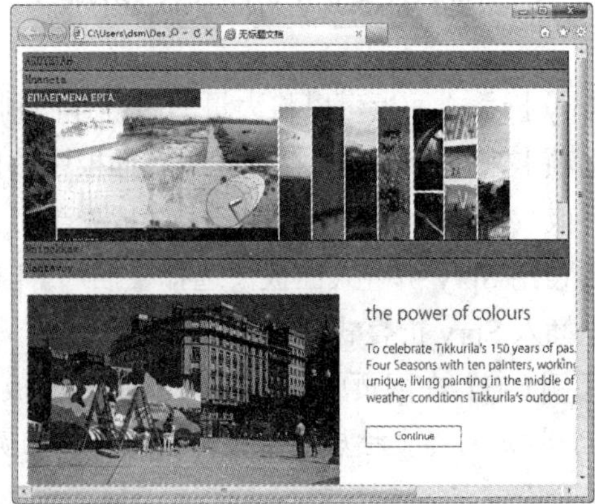

图 6-30　Spry 折叠式标签效果

6.4.4　使用 Spry 可折叠面板

使用 Spry 可折叠面板，可以将内容存储到紧凑的空间中，单击相应的选项卡，可以显示或隐藏可折叠面板中的内容。在 Dreamweaver 中选择【插入】|【布局对象】|【Spry 可折叠面板】命令，即可在网页文档中插入 Spry 可折叠面板。

【例 6-7】在网页中插入 Spry 可折叠面板。

(1) 打开网页文档后，将鼠标指针置入网页中合适的位置，选择【插入】| Spry |【Spry 可折叠面板】命令，插入一个 Spry 可折叠面板，如图 6-31 所示。

(2) 将鼠标指针插入 Spry 可折叠面板的【标签】栏后，输入标签文字，然后将鼠标指针插入【内容】栏中插入内容信息，如图 6-32 所示。

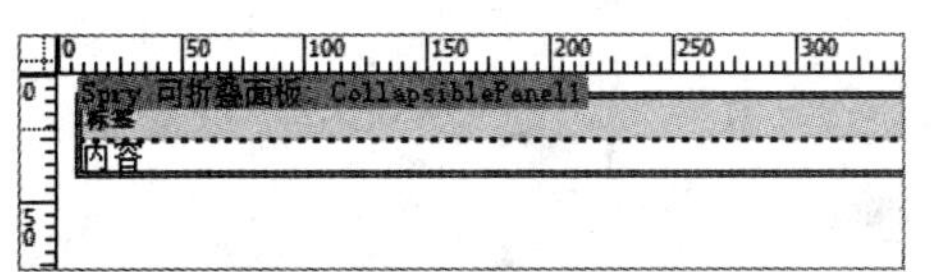

图 6-31　插入 Spry 可折叠面板

图 6-32　设置内容

(3) 选中页面中的 Spry 可折叠面板，在【属性】面板中设置面板的【显示】和【默认】状态，如图 6-33 所示。

图 6-33　Spry 可折叠式面板【属性】面板

(4) 保存并预览网页，网页的效果如图 6-34 所示。

图 6-34　Spry 可折叠式面板的效果

计算机 基础与实训教材系列

6.5 上机练习

本章的上机练习将通过实例，介绍在网页中应用层设计网页布局的方法，帮助用户进一步掌握设计与制作网页的相关知识。

6.5.1 制作网页顶部导航条

在 Dreamweaver CS6 中，使用层设计规划网页的布局。

(1) 启动 Dreamweaver CS6 后，选择【文件】|【新建】命令，打开【新建文档】对话框，在该对话框中单击【创建】命令，创建一个空白网页文档。选择【插入】|【布局对象】|【AP Div】命令，在网页中插入一个层，如图 6-35 所示。

(2) 选中页面中插入的层，在【属性】面板中的【宽】文本框中输入“100%”，在【高】文本框中输入“50px”。在【左】和【右】文本框中输入“0”，设置页面中层的大小和位置，如图 6-36 所示。

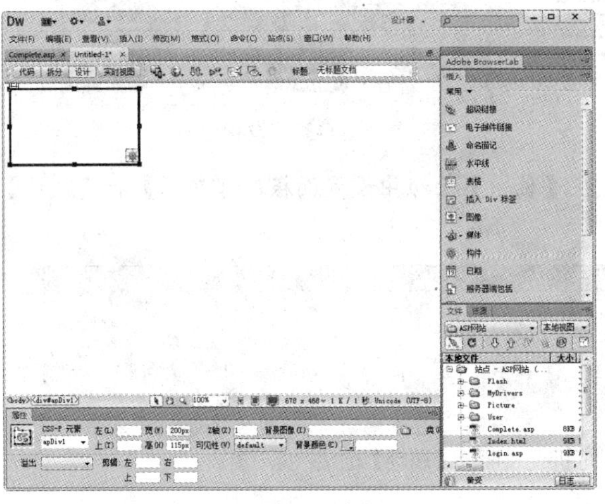
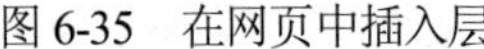

图 6-35 在网页中插入层

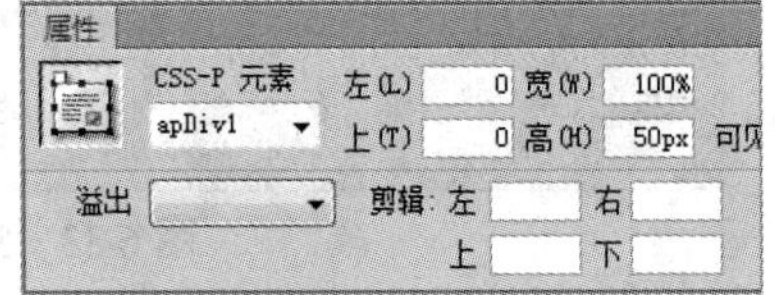

图 6-36 设置层

(3) 将鼠标指针插入层中，选择【插入】|【布局对象】|【AP Div】命令，创建一个嵌套层，如图 6-37 所示。

(4) 选中页面中插入的嵌套层，然后参考步骤(2)的方法，调整嵌套层的大小和位置，效果如图 6-38 所示。

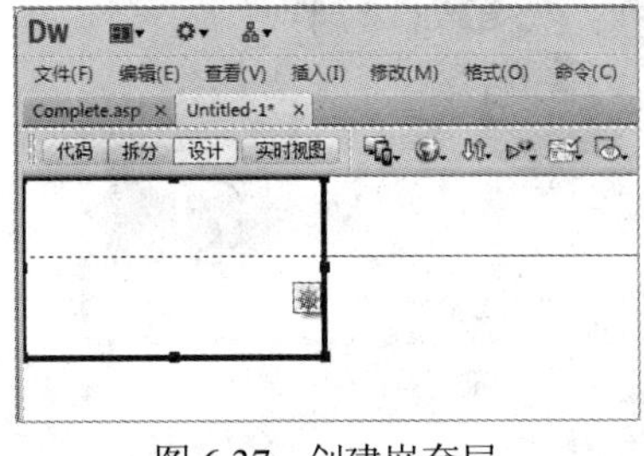

图 6-37 创建嵌套层

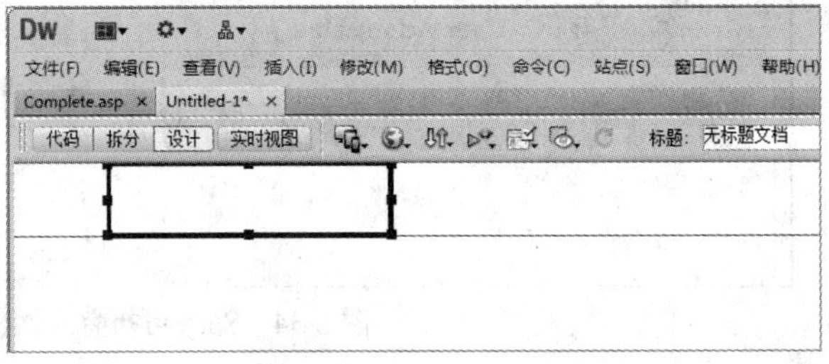

图 6-38 调整层大小和位置

(5) 将鼠标指针插入嵌套层中，选择【插入】|【图像】命令，打开【选择图像源文件】对话框，然后在该对话框中选中一个图像文件后，单击【确定】按钮，在层中插入一副图像，如图 6-39 所示。

图 6-39 在层中插入图像

(6) 选择【窗口】|【AP 元素】命令，显示【AP 元素】面板，然后在该面板中选中 apDiv1 层，如图 6-40 所示。

(7) 在【属性】面板中单击【背景颜色】按钮，在弹出的颜色检查器中设置 apDiv1 层的背景颜色，如图 6-41 所示。

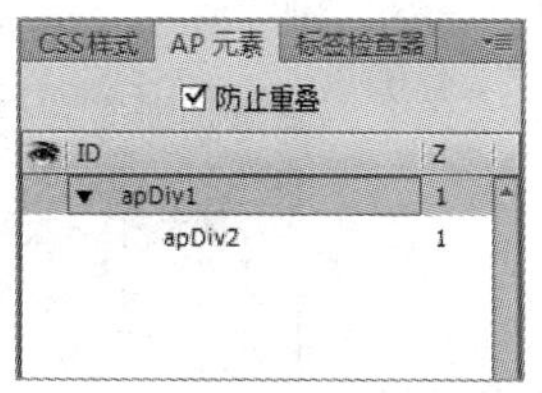

图 6-40 【AP 元素】面板

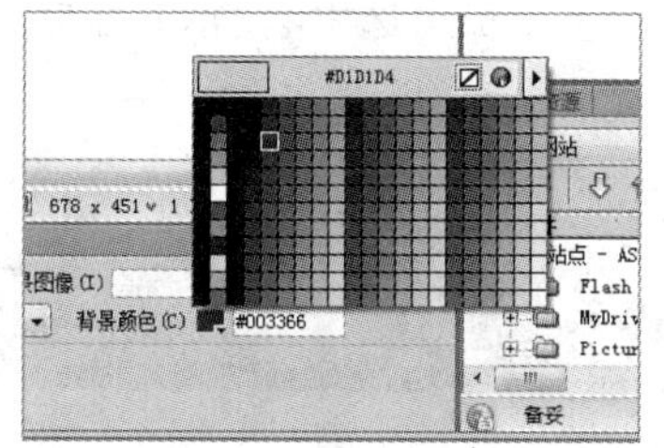

图 6-41 设置层背景颜色

(8) 在【AP 元素】面板中选中 apDiv2 层，选择【插入】|【布局对象】|【AP Div】命令，在网页中插入 apDiv3 层，如图 6-42 所示。

(9) 在【AP 元素】面板中选中 apDiv3 层后，在【属性】面板中设置其大小和位置，如图 6-43 所示。

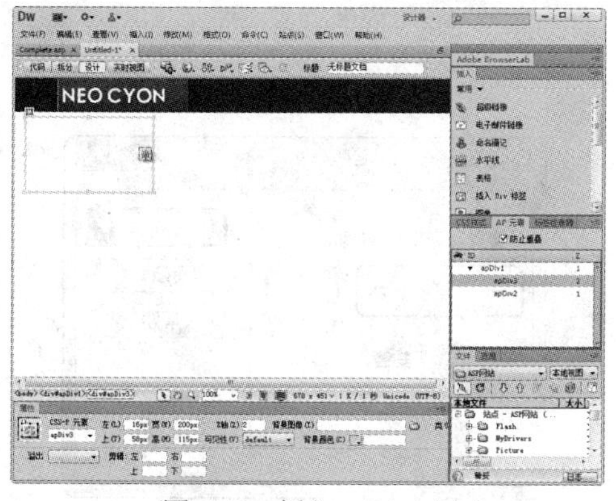

图 6-42 插入 apDiv3 层

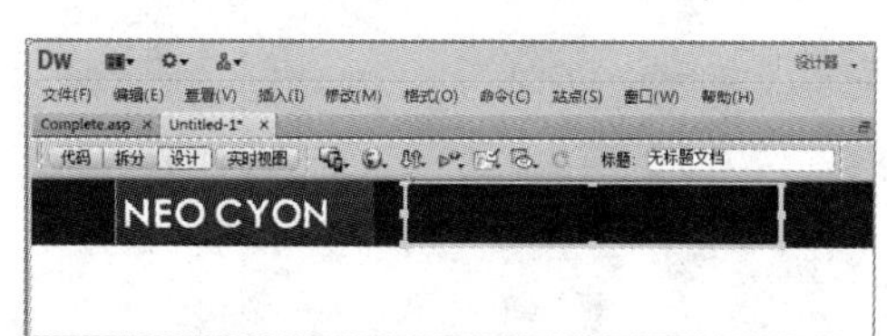

图 6-43 调整 apDiv3 层

(10) 将鼠标指针插入 apDiv3 层中，选择【插入】|【表格】命令，打开【表格】对话框，在该对话框中设置在层中插入一个 1 行 6 列的表格，单击【确定】按钮，如图 6-44 所示。

(11) 将鼠标指针插入表格中的任意单元格内，在【属性】检查器的【高】文本框中输入参数 50，设置表格单元格高度，如图 6-45 所示。

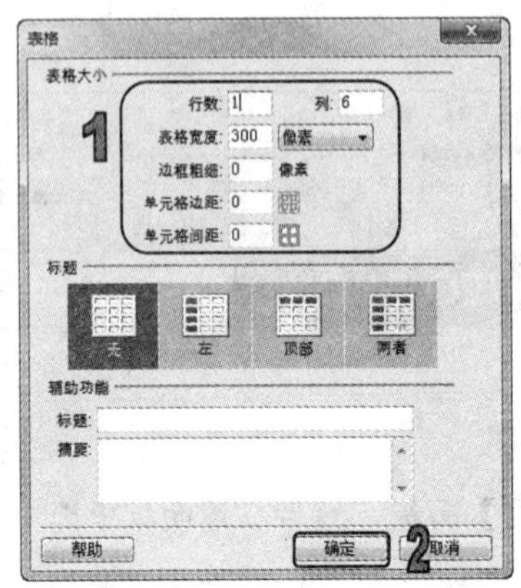
图 6-44 【表格】对话框

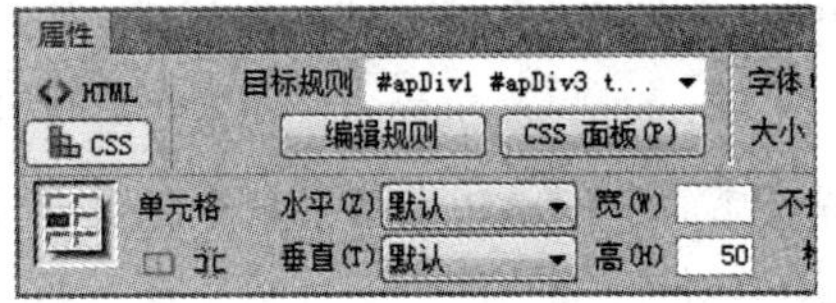
图 6-45 设置单元格高度

(12) 在表格的 6 个单元格中分别输入文本，并设置文本的字体和颜色，如图 6-46 所示。

(13) 在【AP 元素】面板中选中 apDiv1 层后，选择【插入】|【布局对象】|【AP Div】命令，在网页中插入 apDiv4 层，如图 6-47 所示。

图 6-46 输入表格内容

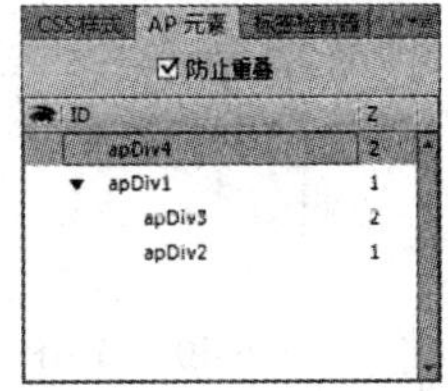
图 6-47 插入 apDiv4 层

(14) 使用鼠标调整 apDiv4 层的大小和位置，效果如图 6-48 所示。

(15) 将鼠标指针插入 apDiv4 层中，选择【插入】| Spry |【Spry 菜单栏】命令，打开【Spry 菜单栏】对话框，如图 6-49 所示。

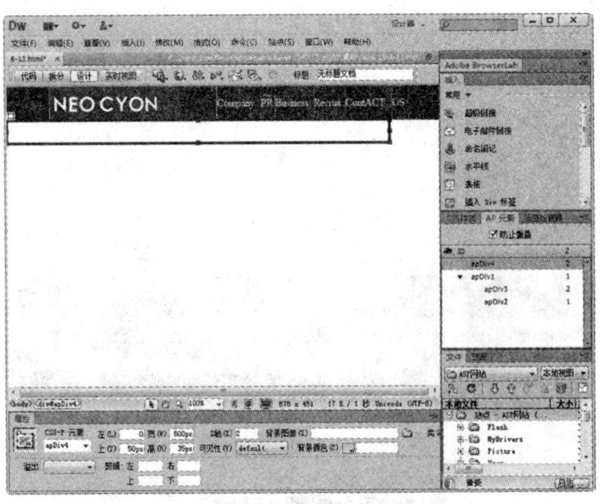
图 6-48 调整 apDiv 层

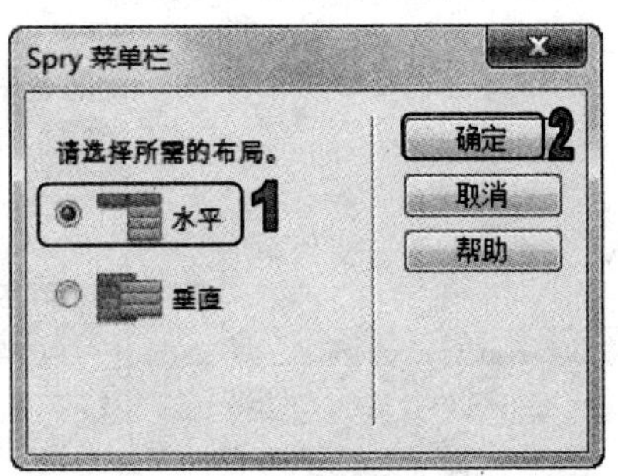

图 6-49 【Spry 菜单栏】对话框

(16) 在【Spry 菜单栏】对话框中选中【水平】单选按钮，单击【确定】按钮，在层中插入一个 Spry 菜单栏，如图 6-50 所示。

(17) 将鼠标指针分别插入 Spry 菜单栏的 4 个菜单项中，重新编辑菜单项的名称，如图 6-51 所示。

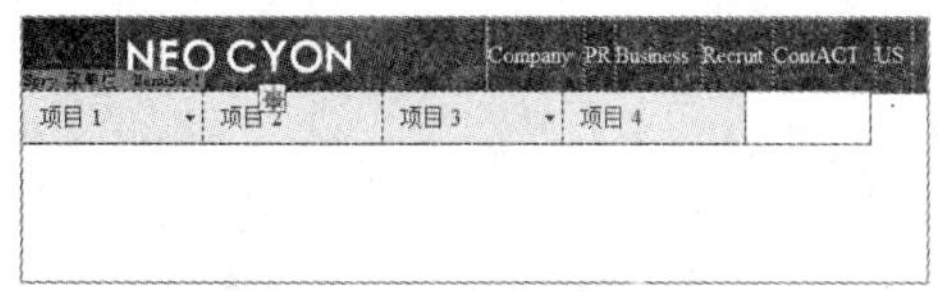

图 6-50　插入 Spry 菜单栏

图 6-51　编辑 Spry 菜单栏

(18) 选中 Spry 菜单栏，在【属性】面板中单击【首页】选项后，选中【项目 1.1】选项，在页面中显示相关的菜单栏，如图 6-52 所示。

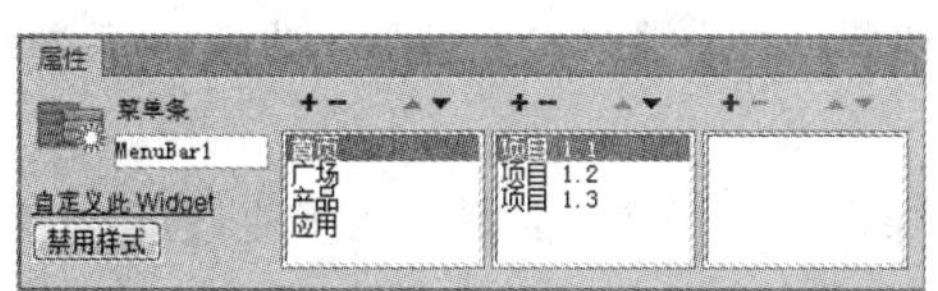

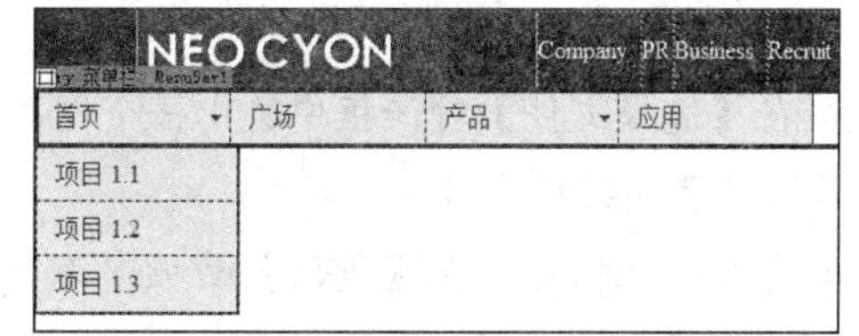

图 6-52　设置 Spry 菜单栏属性

(19) 将鼠标插入“首页”菜单下的菜单项中，然后输入相应的文字，如图 6-53 所示。

(20) 选中 Spry 菜单栏，在【属性】面板中单击【产品】选项，然后单击【添加菜单项】按钮+，添加两个菜单项，如图 6-54 所示。

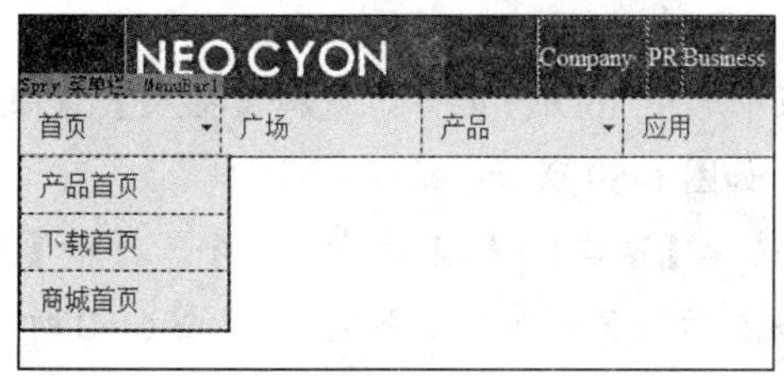

图 6-53　输入“首页”菜单项文字

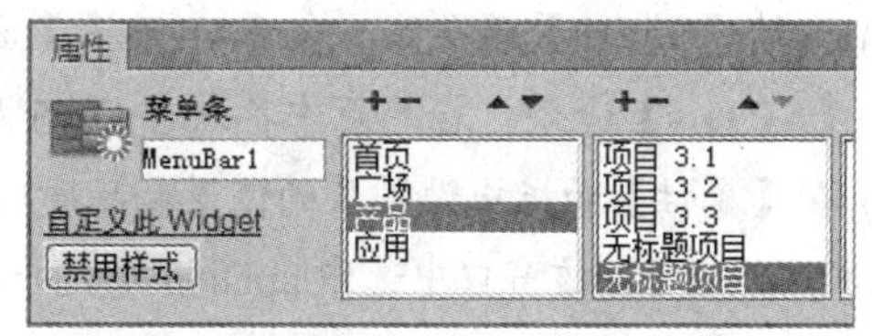

图 6-54　添加菜单项

(21) 将鼠标插入“产品”菜单下的菜单项中，然后输入相应的文字，如图 6-55 所示。

(22) 选中 Spry 菜单栏，在【属性】面板中单击【产品】选项后，单击【移动通信】选项，展开该选项下的子选项，如图 6-56 所示。

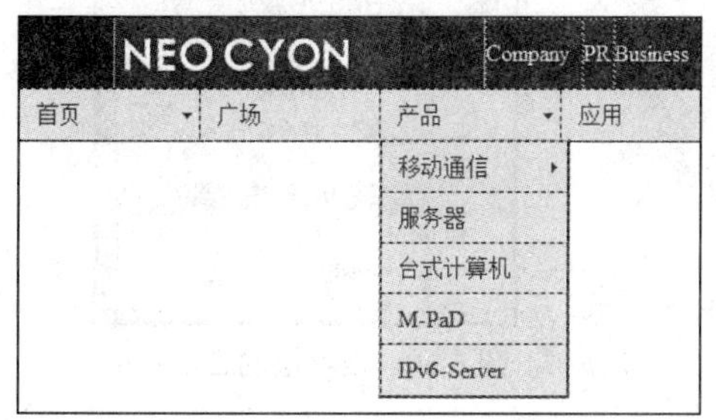

图 6-55　设置“产品”菜单项文字

图 6-56　设置“移动通信”子菜单项

(23) 选中【移动通信】选项下的任意子选项，然后在页面中输入文字，如图 6-57 所示。

(24) 选中 Spry 菜单栏，在【属性】面板中选中【首页】选项，再选中【产品首页】选项，然后单击【链接】文本框后的【浏览】按钮(如图 6-58 所示)，打开【选择文件】对话框。

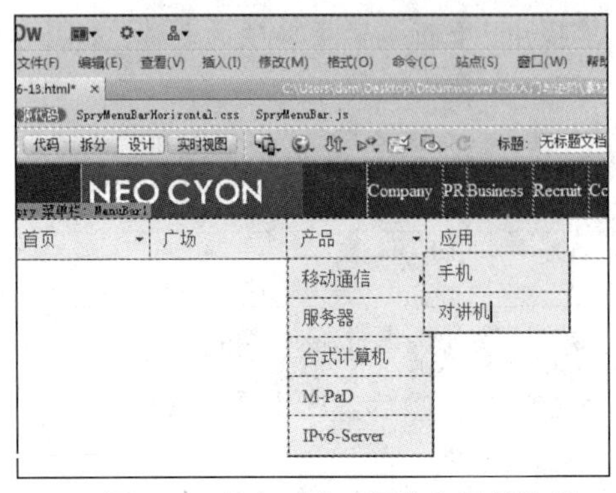

图 6-57 输入“移动通信”子菜单项

图 6-58 设置菜单项超链接

(25) 在【选择文件】对话框中选中一个网页文档后，单击【确定】按钮，为 Spry 菜单栏中的菜单项设置超链接。

(26) 重复以上操作，在【属性】面板中为 Spry 菜单栏中的各个菜单项设置超链接。选择【文件】|【保存】命令保存网页。

6.5.2 使用层制作网站内容页面

使用层制作网站内容页面。

(1) 继续【例 6-8】的操作，在【AP 元素】面板中选中 apDiv1 层后，选择【插入】|【布局对象】|【AP Div】命令，在网页中插入 apDiv5 层，如图 6-59 所示。

(2) 在【属性】面板中设置层的位置和高度后，选择【窗口】|【AP 元素】命令，打开【AP 元素】窗口，然后在该窗口中选中 apDiv5 层，并在该层后的 Z 列中输入参数 1，如图 6-60 所示。

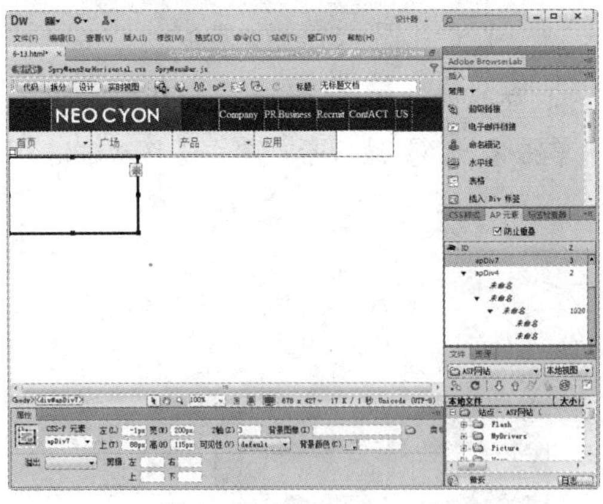

图 6-59 插入 apDiv5 层

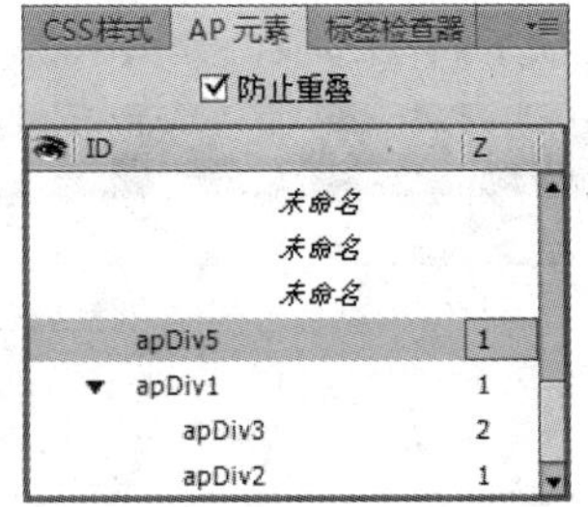

图 6-60 设置层的 Z 列参数

(3) 将鼠标指针插入 apDiv5 层中，选择【插入】|【图像】命令，打开【选择图像源文件】对话框，然后在该对话框中选中一个图像文件，单击【确定】按钮，如图 6-61 所示。

(4) 在【AP 元素】面板中选中 apDiv5 层，选择【插入】|【布局对象】|【AP Div】命令，在网页中插入 apDiv6 层，如图 6-62 所示。

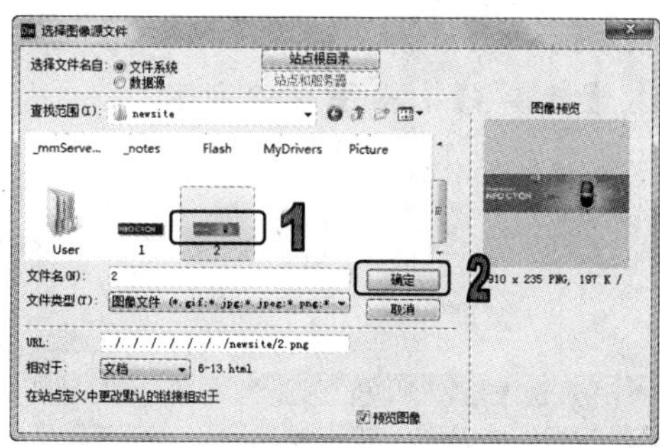

图 6-61　【选择图像源文件】对话框

图 6-62　插入 apDiv6 层

(5) 在【属性】面板中调整 apDiv6 层的位置和大小后，参考步骤(2)、(3)的操作，在该层中插入一张图片，效果如图 6-63 所示。

(6) 选中插入的图像，然后在【属性】检查器中单击【矩形热点工具】按钮，在图像上创建一个图像热点区域，如图 6-64 所示。

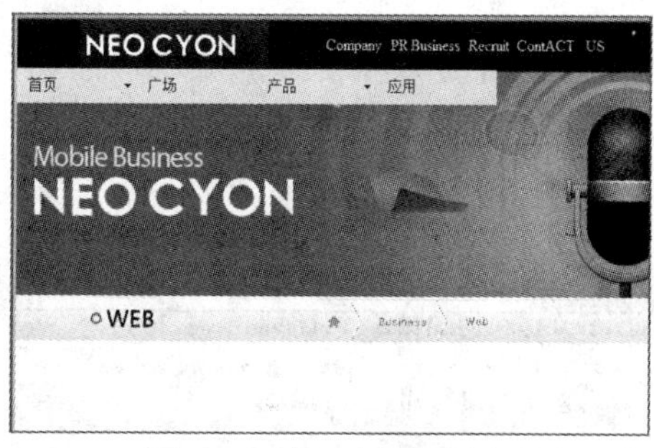

图 6-63　在层中插入图片

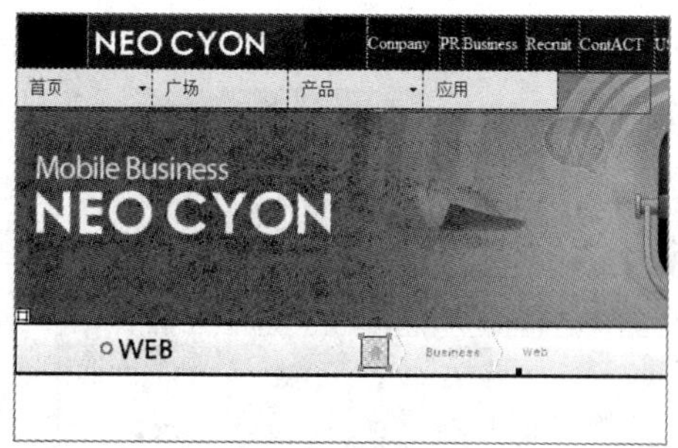

图 6-64　创建图像热点区域

(7) 选中创建的图像热点区域，在【属性】面板中单击【链接】文本框后的【浏览】按钮，打开【选择文件】对话框，然后在该对话框中选中一个网页文件，单击【确定】按钮，如图 6-65 所示。

(8) 成功创建图像热点链接后，在【AP 元素】面板中选中 apDiv6 层，选择【插入】|【布局对象】|【AP Div】命令，在网页中插入 apDiv7 层，如图 6-66 所示。

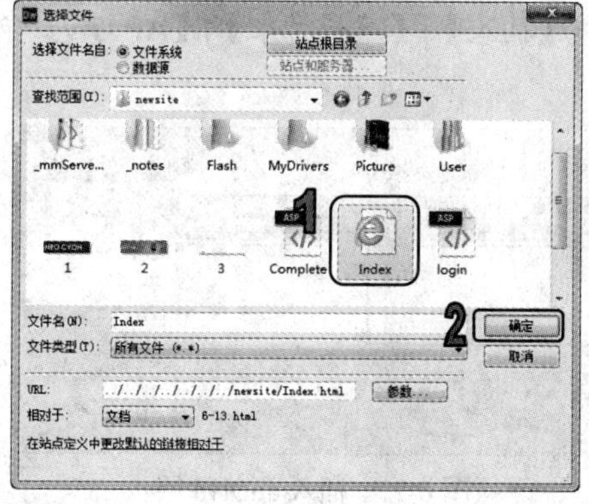

图 6-65　【选择文件】对话框

图 6-66　插入 apDiv7 层

(9) 在【属性】面板中调整 apDiv7 层的位置和大小后，选择【插入】| Spry |【折叠式】命令，在该层中插入一个折叠式面板，如图 6-67 所示。

(10) 选中插入 apDiv7 层中的折叠式面板，然后在【属性】面板中选中【标签 2】选项后，单击【添加面板】按钮+，在 Spry 折叠式面板中插入【标签 3】，如图 6-68 所示。

图 6-67　插入 Spry 折叠式面板

图 6-68　设置【属性】面板

(11) 在页面中选中【标签 1】标签后，重新输入标签文字，然后单击标签后的按钮，展开该标签，如图 6-69 所示。

(12) 将鼠标指针插入内容页中，输入网站的内容文字，效果如图 6-70 所示。

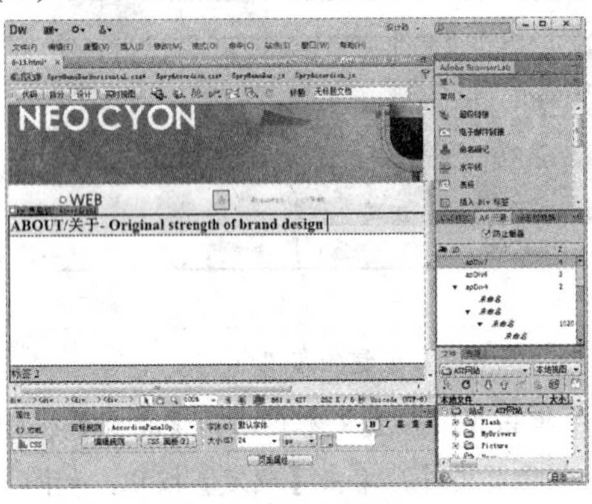

图 6-69　展开标签

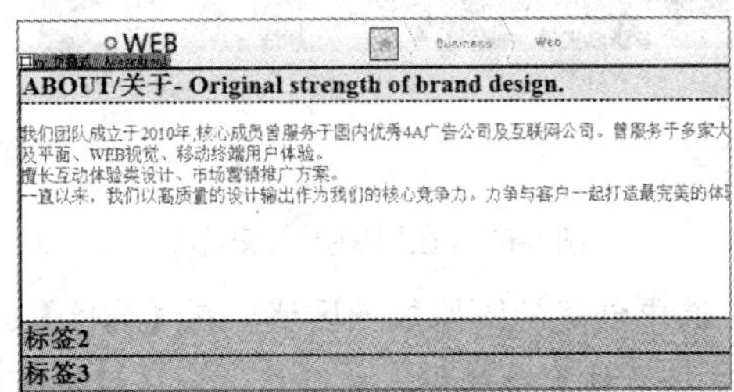

图 6-70　输入内容文字

(13) 参考步骤(11)、(12)的操作，设置【标签 2】标签和【标签 3】标签，完成后的效果如图 6-71 所示。

(14) 在【AP 元素】面板中选中 apDiv7 层，选择【插入】|【布局对象】|【AP Div】命令，在网页中插入 apDiv8 层，如图 6-72 所示。

图 6-71　设置标签内容

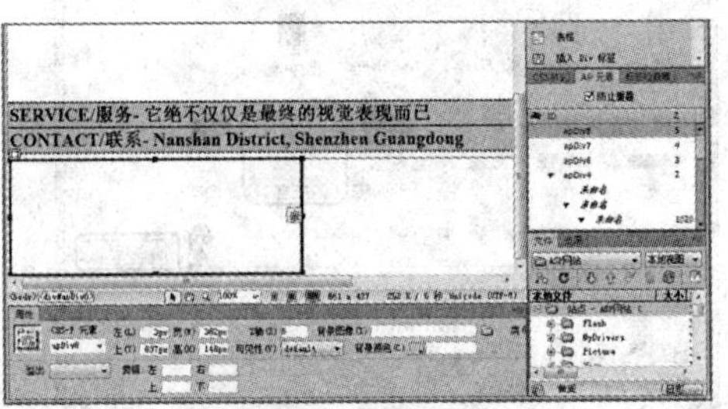

图 6-72　插入 apDiv8 层

(15) 选中 apDiv8 层，然后在【属性】面板中单击【背景颜色】按钮，在弹出的颜色选择器中选中一种颜色，作为层的背景色，如图 6-73 所示。

(16) 调整 apDiv8 层的大小和位置后，将鼠标指针插入该层中，选择【插入】|【表格】命令，打开【表格】对话框，如图 6-74 所示。

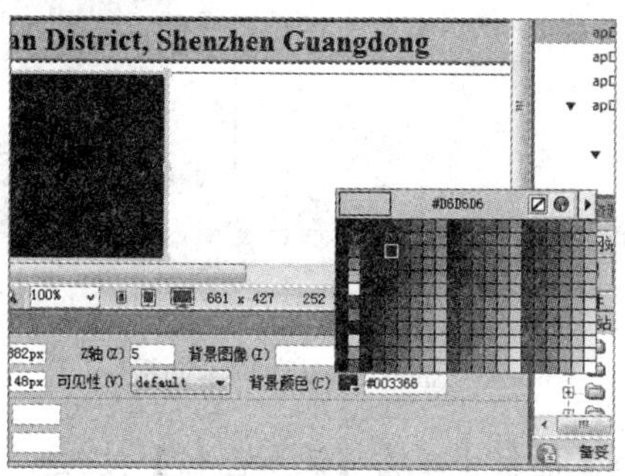

图 6-73　设置层背景色

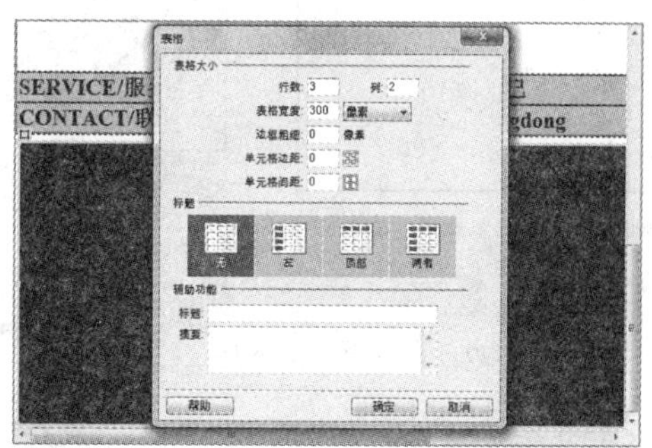

图 6-74　在层中插入表格

(17) 在【表格】对话框的【行数】文本框中输入 3，在【列数】文本框中输入 2，在【边框粗细】、【单元格边距】和【单元格间距】文本框中输入 0，然后单击【确定】按钮，如图 6-75 所示，在 apDiv8 层中插入一个表格。

(18) 在插入的表格中输入文本并插入图片，完成网页底部内容的制作，效果如图 6-76 所示。

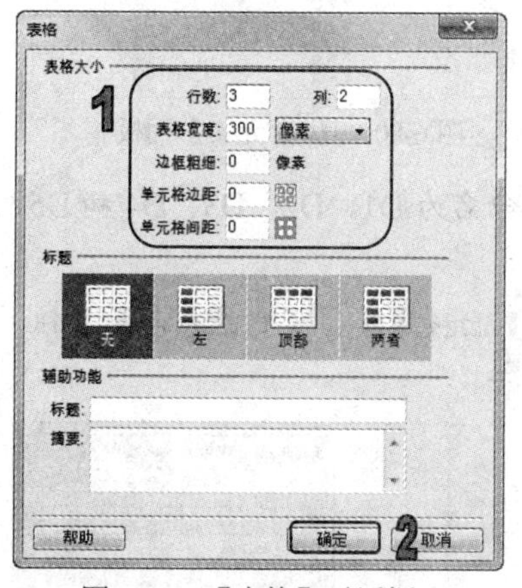

图 6-75　【表格】对话框

图 6-76　在表格中插入内容

(19) 选择【文件】|【保存】命令，保存制作的网页。

6.5.3　制作网页弹出式菜单效果

利用 Spry 选项卡式面板制作一个弹出式菜单。

(1) 启动 Dreamweaver CS6 后，选择【文件】|【新建】命令，新建一个网页文档，然后选择【插入】|【布局对象】|【AP Div】命令，在网页中插入一个层，如图 6-77 所示。

(2) 将鼠标指针插入页面中的层中，选择【插入】| Spry |【Spry 选项卡式面板】命令，在层中插入一个 Spry 选项卡面板，如图 6-78 所示。

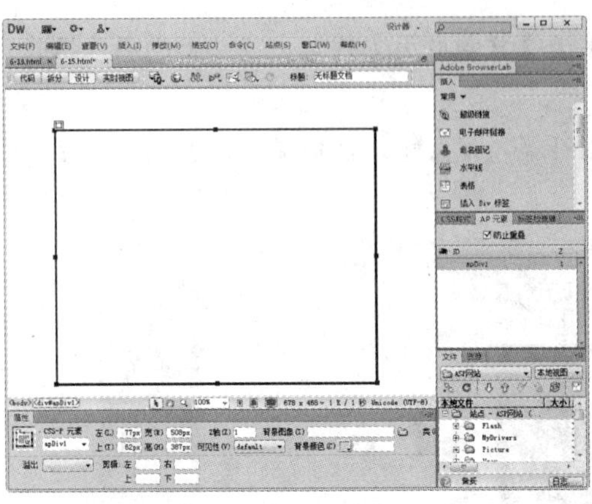

图 6-77 在网页中插入层

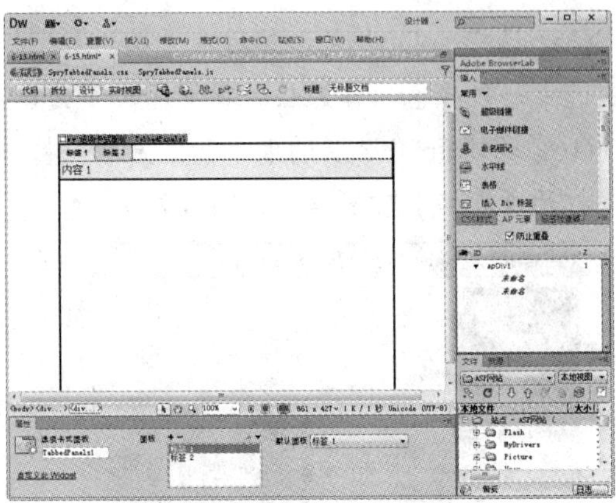

图 6-78 插入 Spry 选项卡面板

(3) 选中插入的 Spry 选项卡式面板，然后在【属性】面板中单击【添加面板】按钮+，在【面板】列表框中添加标签 3、标签 4 和标签 5，如图 6-79 所示。

(4) 选择【窗口】|【AP 元素】命令，显示【AP 元素】面板，如图 6-80 所示。

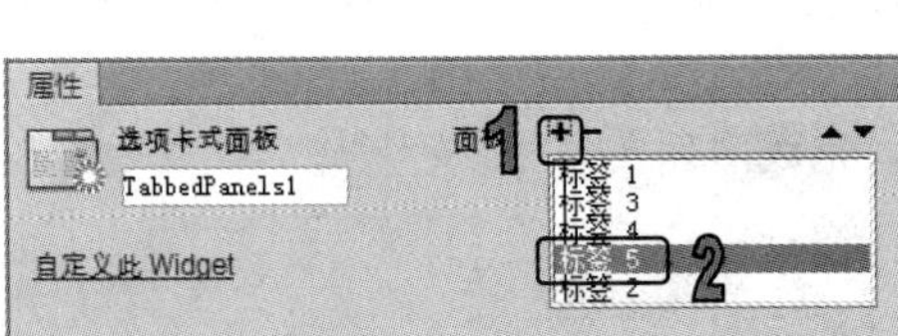

图 6-79 添加标签

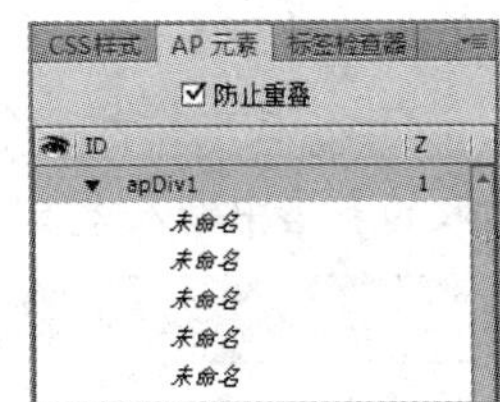

图 6-80 【AP 元素】面板

(5) 在【AP 元素】面板中双击“未命名”的层，将其命名为 D1、D2、D3、D4 和 D5，如图 6-81 所示。

(6) 在【AP 元素】面板中选中 D1 层，然后在【属性】面板中单击【背景颜色】按钮，在弹出的颜色选择器中设置 D1 层的背景颜色，如图 6-82 所示。

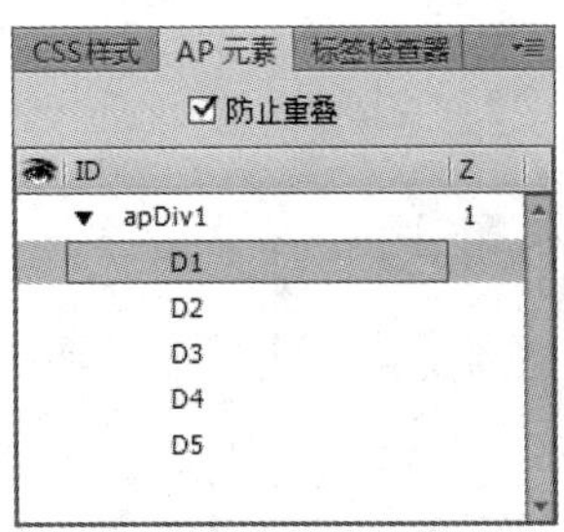

图 6-81 命名层

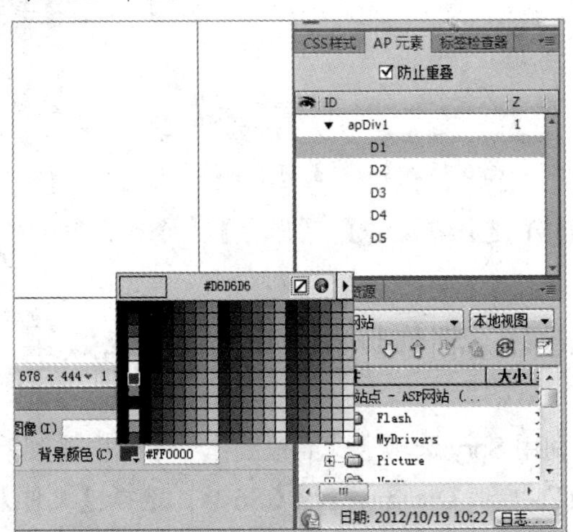

图 6-82 设置 D1 层背景颜色

(7) 重复步骤(6)的操作，为其他层设置背景颜色，完成后的效果如图 6-83 所示。

(8) 选中 Spry 选项卡面板中的文字“标签 1”，然后在【属性】面板中单击 CSS 按钮，并单击【大小】下拉列表按钮，在弹出的下拉列表中选中 medium 选项，如图 6-84 所示。

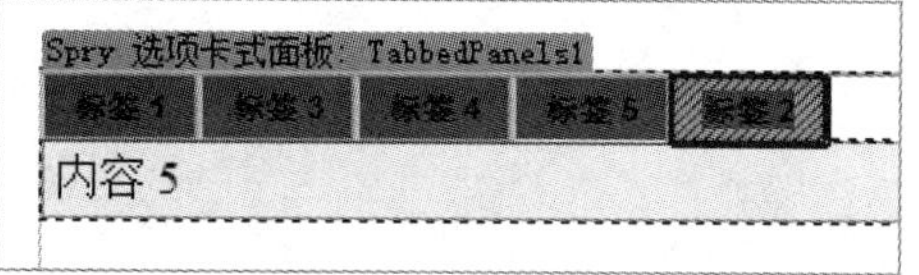

图 6-83　设置层背景

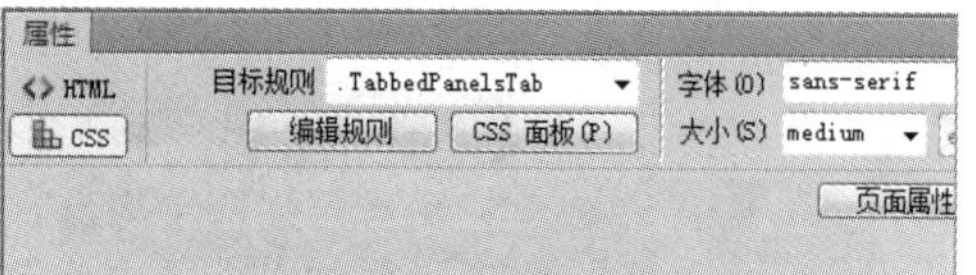

图 6-84　设置 medium 选项

(9) 在【属性】面板中单击【大小】文本框后的□按钮，在弹出的颜色选择器中选中一种颜色，作为 Spry 选项卡式面板中标签的颜色，如图 6-85 所示。

(10) 在打开的【新建 CSS】规则中的【选择或输入选择器名称】文本框中任意输入一个名称，单击【确定】按钮。此时，Spry 选项卡式面板的效果如图 6-86 所示。

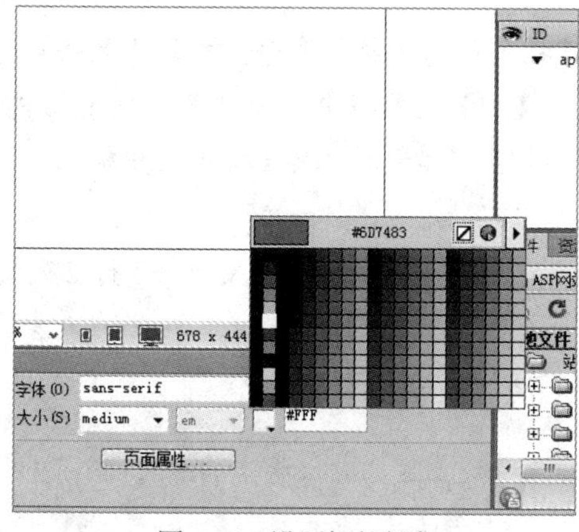

图 6-85　设置标签颜色

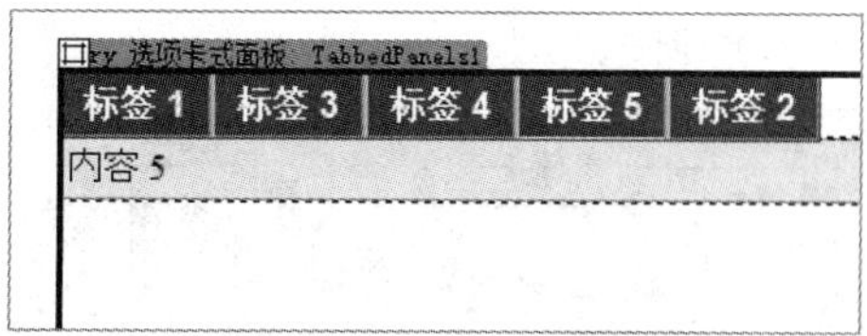

图 6-86　Spry 选项卡式面板效果

(11) 将鼠标指针移至【标签 1】上，当显示按钮后单击，选中该标签，如图 6-87 所示。

(12) 将鼠标指针插入【标签 1】标签的内容面板“内容 1”中，单击状态栏中的<div.TabbedPanelsContent">标签，如图 6-88 所示。

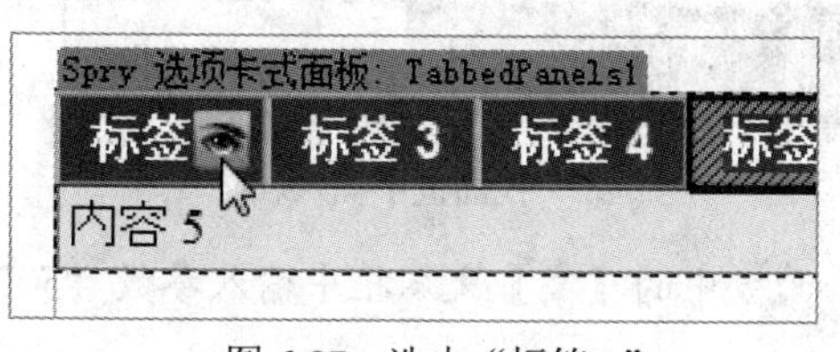

图 6-87　选中“标签 1”

图 6-88　<div.TabbedPanelsContent">标签

(13) 在【属性】面板中单击【类】下拉列表按钮，在弹出的下拉列表中选中一种 CSS 样式，如图 6-89 所示。

(14) 接下来，重复步骤(11)~(13)的操作，设置【标签 2】~【标签 5】标签的【内容】面板，完成操作后，分别修改【标签 1】、【标签 2】、【标签 3】、【标签 4】和【标签 5】文字，使其效果如图 6-90 所示。

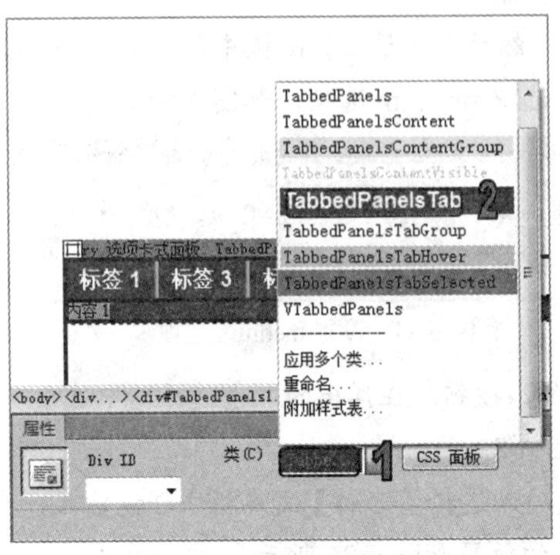

图 6-89　应用 CSS 样式

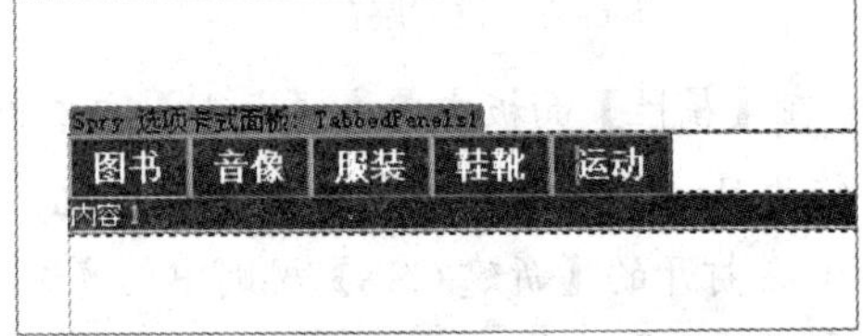

图 6-90　修改标签文字

(15) 将鼠标指针插入【内容 1】面板后，选择【插入】|【表格】命令，打开【表格】对话框，然后在该对话框的【行数】文本框中输入“3”，【列】文本框中输入“2”，【表格宽度】文本框中输入“500”，【边框粗细】、【单元格边距】和【单元格间距】文本框中输入“0”，如图 6-91 所示。

(16) 在【表格】对话框中单击【确定】按钮，在【内容 1】面板内插入一个 3 行 2 列的表格，如图 6-92 所示。

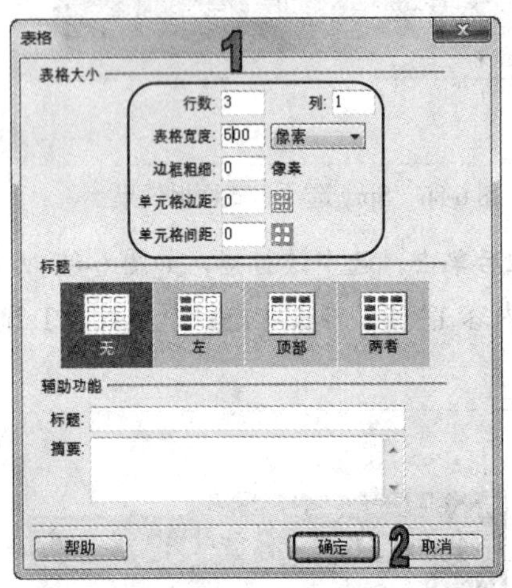

图 6-91　设置表格参数

图 6-92　在面板中插入表格

(17) 选中表格的所有单元格，然后在【属性】面板中的【高】文本框中输入参数“50”，设置单元格的高度。

(18) 将鼠标指针插入表格第 1 行第 1 列的单元格中，选择【插入】|【表格】命令，打开【表格】对话框，然后在该对话框的【行数】文本框中输入“3”，在【列】文本框中输入“1”，在表格【表格宽度】文本框中输入“150”，在【边框粗细】、【单元格边距】和【单元格间距】文本框中输入“0”，并单击【确定】按钮，在单元格中插入一个嵌套表格，如图 6-93 所示。

(19) 接下来，在嵌套表格中的第 1 行和第 3 行中输入文字，效果如图 6-94 所示。

(20) 选中嵌套表格的第 1 行，然后在【属性】面板中单击【水平】下拉列表按钮，在弹出的下拉列表中选中【居中对齐】选项，如图 6-95 所示。

(21) 将鼠标指针插入嵌套表格的第 2 行中，选择【插入】|HTML|【水平线】命令，在表格中插入一条水平线，如图 6-96 所示。

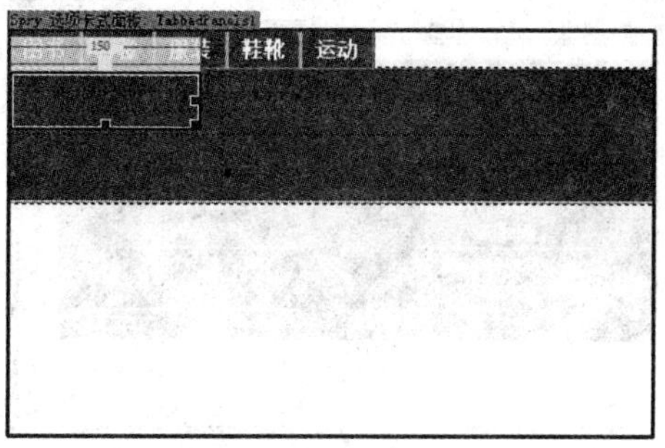

图 6-93　插入嵌套表格

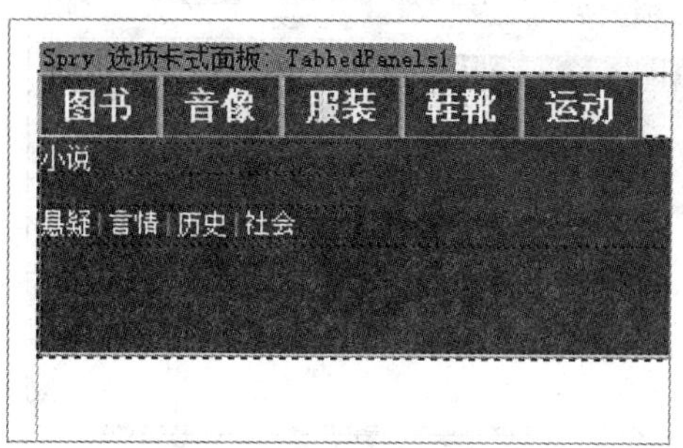

图 6-94　输入表格文字

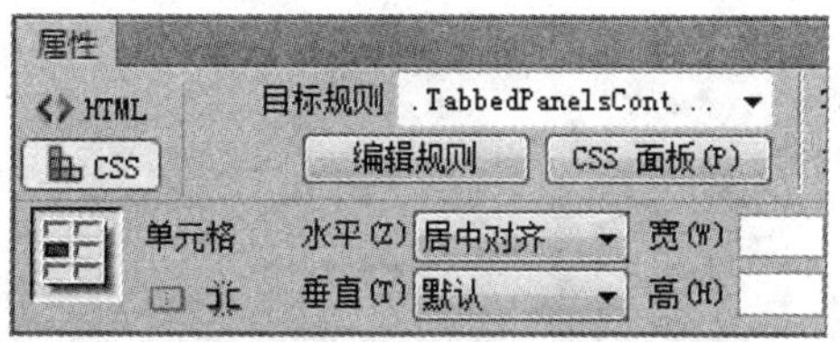

图 6-95　设置表格属性

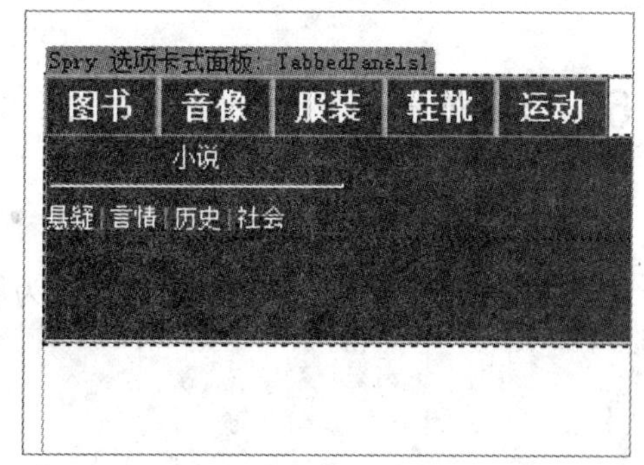

图 6-96　插入水平线

(22) 选中制作的嵌套表格，然后选择【编辑】|【拷贝】命令，将其复制，然后将嵌套表格粘贴至表格的其他单元格中，如图 6-97 所示。

(23) 分别修改各个单元格中的文字，制作如图 6-98 所示的“图书”面板内容。

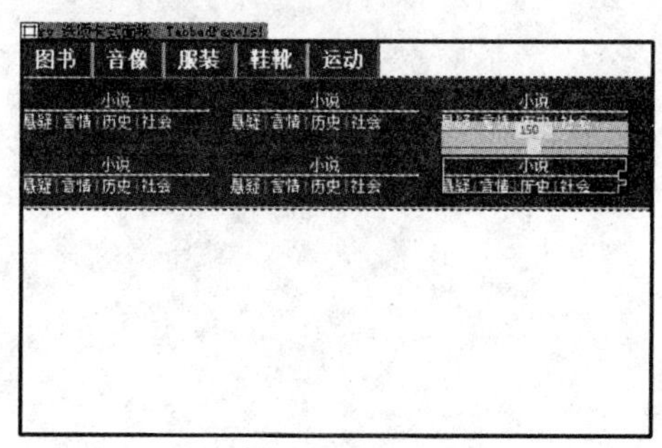

图 6-97　粘贴嵌套表格

图 6-98　编辑表格内容

(24) 将鼠标指针移至【音像】上，当显示按钮后单击，选中该标签。

(25) 重复前面的操作方法，在【音像】标签面板中插入表格，并在表格中输入内容。

(26) 采用相同的操作方法，制作【服装】、【鞋靴】和【运动】面板中的内容，选择【文件】|【保存】命令，保存网页，然后按下 F12 键预览网页，菜单的效果如图 6-99 所示。

(27) 菜单默认显示【图书】标签中的内容，用户可以通过单击菜单中的不同标签，切换对应的面板内容，如图 6-100 所示。

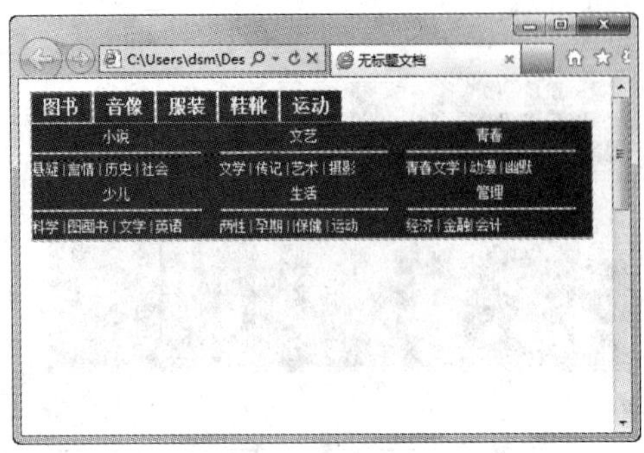

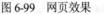

图 6-99　网页效果

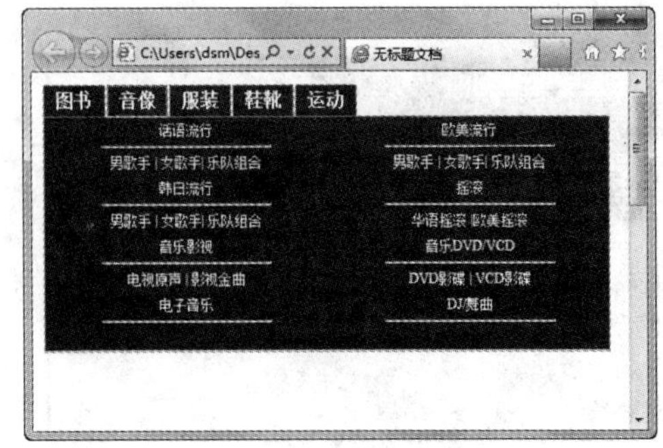

图 6-100　标签效果

6.6　习题

1. Spry 布局对象包括哪几种?
2. 在 Dreamweaver 中哪种表格不能转换为层?

第7章 使用框架布局网页

学习目标

框架网页是一种非常常见的网页类型，在网页设计中使用框架，可以把页面分成多个部分，不仅可以使每个部分都是一个独立的 HTML 页，显示不同的内容，而且还能够通过超链接实现框架内容的相互切换。本章将详细介绍在 Dreamweaver CS6 中制作框架网页的具体操作方法。

本章重点

- ◉ 创建框架网页
- ◉ 保存框架网页
- ◉ 创建嵌套框架
- ◉ 设置框架属性

7.1 在网页中使用框架

在网络带宽十分有限的情况下，如何提高网页的下载速度，是网页设计者必须要考虑的问题。如果多个网页拥有相同的导航区，知识内容有所不同，则可以考虑使用框架来设计网页布局。如此，浏览者在查看不同的内容时，便无需每次都下载整个页面，而只是在保持导航部分不变的情况下，下载网页中需要更新的内容即可。框架网页可以极大地提高网页的下载速度。

7.1.1 框架简介

框架页面通过框架将网页分成多个独立的区域，在每个区域中可以单独显示不同的网页内容，每个区域能够独立翻滚。正是基于框架页面的这种特点，使用框架可以极大增加网页设计的自由度，在不同的页面部分设置不同的网页属性，尤其是对于页面间的链接，可以使网页的结构变化自如。

1. 框架网页的结构

框架网页由框架和框架集组成，框架就是网页中被分隔开的各个部分，每部分都是一个完整的网页，这些网页共同组成了框架集，框架集实际上也是一个网页文件，用于定义框架的结构、数量、尺寸等属性，如图 7-1 所示。

图 7-1　框架网页

通过图 7-1 所示的框架网页可以看出，框架网页包含了多个框架，而框架集并不显示在具体的浏览器中，如果要访问一个框架网页，则需要输入这个框架网页的框架集文件所在的 URL 地址。

2. 框架网页的特点

框架一方面可以将浏览器显示空间分割成几个部分，每个部分可以独立显示不同的网页，同时对于整个网页设计的整体性的保持也是有利的；但它对于不支持框架结构的浏览器，页面信息不能显示。使用框架设计网页布局的优缺点如下：

- 访问者的浏览器不需要为每个页面重新加载与导航相关的图形。这样可以大大提高网页下载的效率，同时也减轻了网站服务器的负担。
- 每个框架都具有自己的滚动条，因此访问者可以独立滚动这些框架。
- 可能难以实现在不同框架中精确地对齐各个页面元素。
- 对导航进行测试时可能很耗时间。
- 带有框架的页面的 URL 不显示在浏览器中，因此可能难以将特定页面设为书签。

7.1.2　创建框架网页

框架网页由框架集组成，框架集是 HTML 文件，它定义一组框架的布局和属性，包括框架的数量、大小和位置，以及在每个框架中默认显示页面的 URL 地址。在 Dreamweaver CS6 中，用户可以在普通 HTML 网页中应用框架，创建框架网页。

1. 创建框架集

新建 HTML 网页文档后，选择【插入】| HTML |【框架】命令，然后在弹出的菜单中选中相应的框架集名称，即可在网页中创建框架集。

【例 7-1】使用 Dreamweaver CS6 创建一个“左对齐”框架集。

(1) 启动 Dreamweaver CS6 后，新建一个空白 HTML 网页文档，选择【插入】| HTML |【框架】|【左对齐】命令，打开【框架标签辅助功能属性】对话框，如图 7-2 所示。

(2) 在【框架标签辅助功能属性】对话框中单击【确定】按钮，即可创建如图 7-3 所示的框架结构网页。

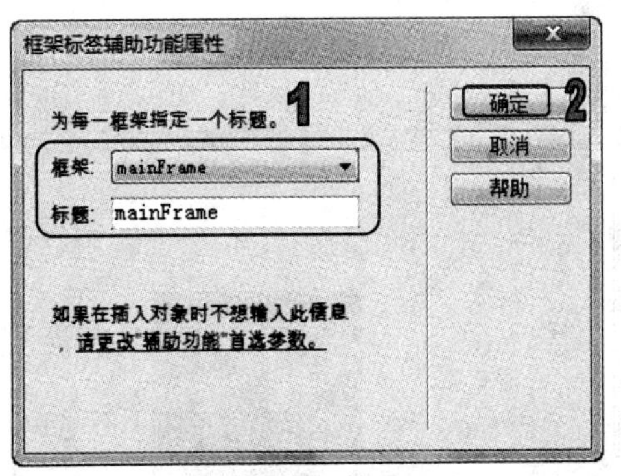

图 7-2　【框架标签辅助功能属性】对话框

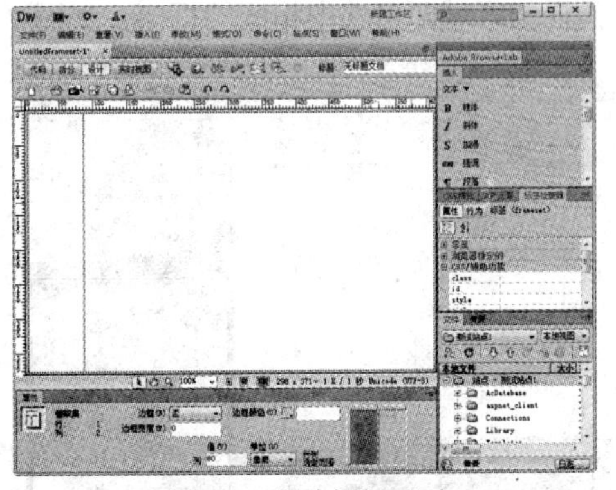

图 7-3　创建框架网页

1. 创建嵌套框架集

嵌套框架与嵌套表格相似，是在已经存在的框架中插入一个框架。一个框架集文件可以包含多个嵌套框架集。大多数使用框架的网页，实际上都使用了嵌套的框架，并且在 Dreamweaver 中的多数预定义的框架集也使用嵌套。如果在一组框架里，不同行或不同列中有不同数目的框架，则要求使用嵌套框架。创建嵌套框架的具体方法如下。

【例 7-2】使用 Dreamweaver CS6 创建一个嵌套框架集网页。

(1) 完成【例 7-1】的操作，创建一个框架网页后，将鼠标指针放置在文档右侧的框架中，如图 7-4 所示。

(2) 选择【插入】| HTML |【框架】|【对齐上缘】命令，即可在网页右侧的框架中创建一个如图 7-5 所示的顶部框架集，该框架集为嵌套框架集。

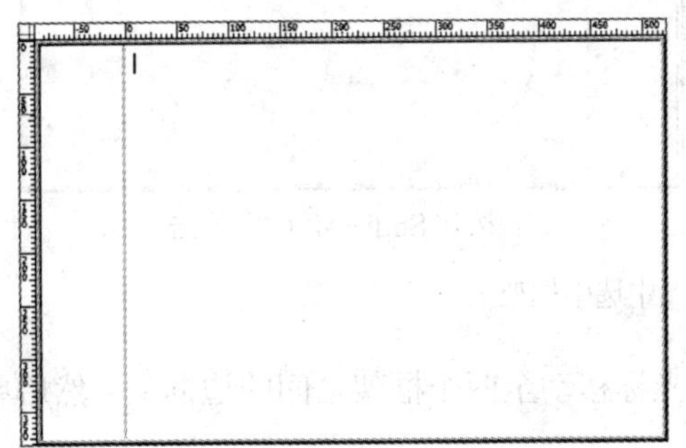

图 7-4　将鼠标指针置入框架中

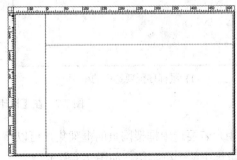

图 7-5　创建嵌套框架集

7.1.3 编辑框架网页

Dreamweaver CS6 的【框架】面板提供框架集内各个框架的可视化表示形式，从而方便用户选取与编辑框架网页，它能够显示框架集的层次结构，而这种层次结构在【文档】窗口中不能够直观地显示出来。

1. 在【框架】面板中选择框架

在网页中创建框架集后，选择【窗口】|【框架】命令，打开【框架】面板，然后单击该面板中的框架区域即可选中相应的框架，如图 7-6 所示。

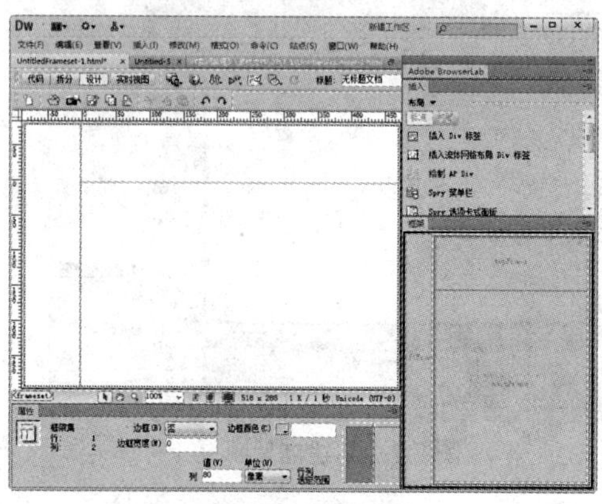

(1) 显示【框架】面板

(2) 选中某个框架

图 7-6 在【框架】面板中选中框架

2. 在【设计】视图中选择框架

在 Dreamweaver CS6 的【设计】视图中，如果要选择某个框架，可以在按住 Shift 和 Alt 键的同时，单击框架内部，如图 7-7 所示。

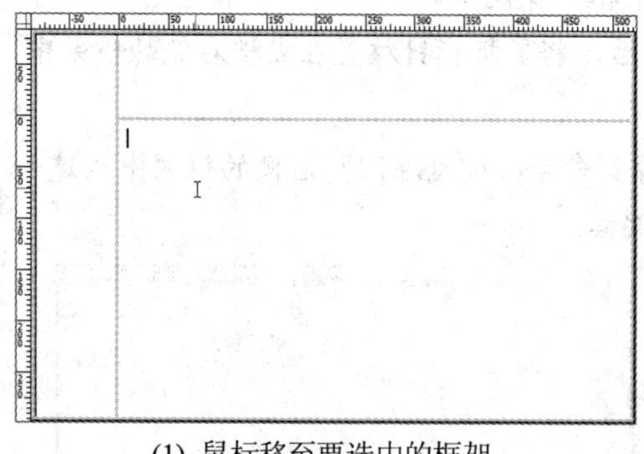

(1) 鼠标移至要选中的框架

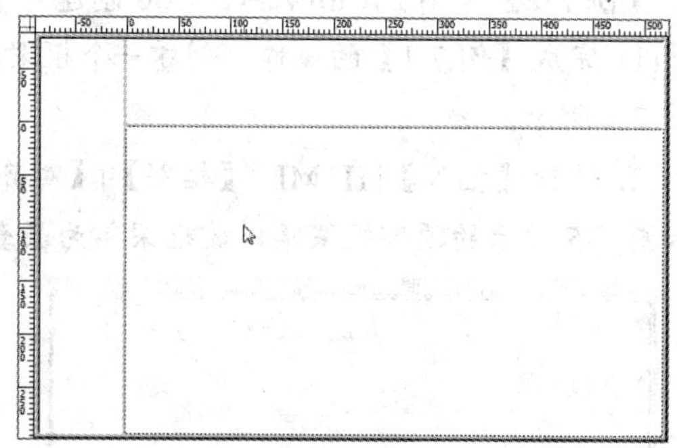

(2) 按住 Shift+Alt 键后单击

图 7-7 在【设计】视图中选中框架

用户若要选中框架网页的框架集，可以将鼠标光标移动至两个框架之间的边框上，然后单击即可选中整个框架集，如图 7-8 所示。

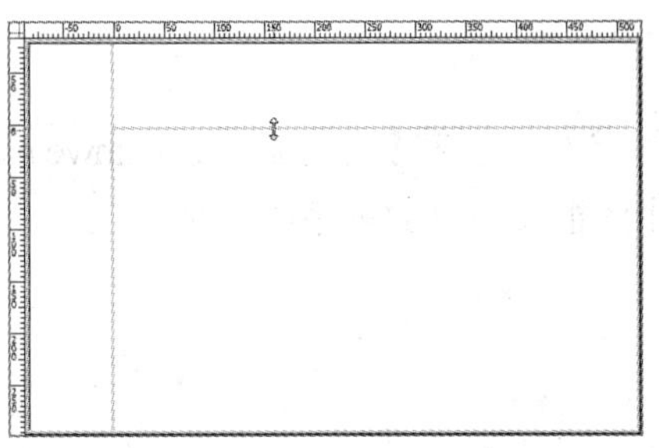

(1) 鼠标移至两个框架的边框上

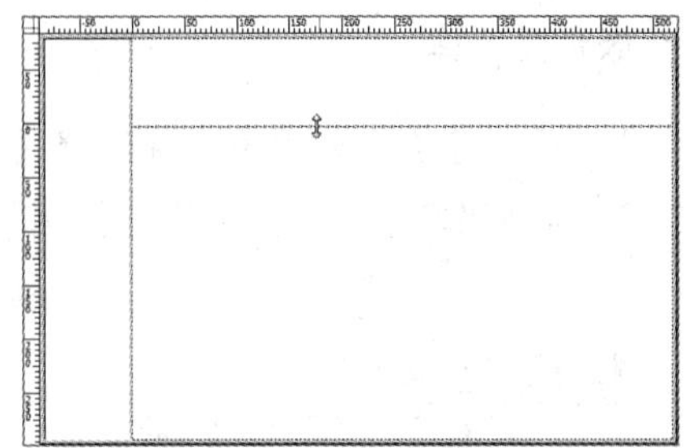

(2) 单击选中框架集

图 7-8 选中框架集

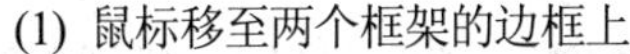

3. 选中页面中的不同框架

对于单个框架而言，用户可以很容易地选择不同部分的内容。但在框架集中，想要选择不同的框架就比较困难。下面介绍 3 种选择多个嵌套框架集的方法。

- 若要在当前选定的同一层次级别上选择下一个框架(框架集)或前一框架(框架集)，可以在按住 Alt 键的同时按下左箭头键或右箭头键，按照框架和框架集在框架集文件中定义的顺序依次选中不同的框架和框架集。
- 若要选择框架网页中的父框架集(指包含当前选中内容的框架集)，可以在按住 Alt 键的同时按向上箭头键。
- 若要选择当前选定框架集的第一个子框架或框架集(即按在框架集文件中定义顺序中的第一个)，在按住 Alt 键的同时按下箭头键即可。

7.1.4 保存框架网页

在浏览器中预览包含框架或框架集的网页文档之前，必须保存框架集文件以及要在框架中显示的所有文档。可以单独保存每个框架集文件和带框架的文档，也可以同时保存框架集文件和框架中出现的所有文档。

1. 保存框架集

在预览框架集网页之前，首先必须保存框架集文件以及框架中显示的所有文档。用户既可以单独保存每个框架集文件和带框架的文档，也可以同时保存框架集文件和框架中出现的所有文档。

【例 7-3】保存例【例 7-1】创建的框架集。

(1) 完成【例 7-1】的操作创建一个框架集后，选择【文件】|【框架集另存为】命令，打开【另存为】对话框，

(2) 在【另存为】对话框中单击【保存】按钮，即可保存创建的框架集。

提示

若用户选择【文件】|【保存全部】命令，将会按照框架集、右侧框架、左侧框架的顺序依次保存框架中等框架集与框架(执行该命令以 mainFrame 框架为优先保存的，无论该框架在左侧还是在右侧)。

2. 保存嵌套框架集

如果用户创建的是嵌套框架集，在选择【文件】|【保存全部】命令后，Dreamweaver CS6 将按照框架集、嵌套框架集中的框架网页、框架集中的框架网页的顺序依次保存。

7.1.5 使用浮动框架

浮动框架(iFame)又称为嵌入帧，是一种特殊的框架结构，它可以像层一样插入到网页中，并且能够自由移动位置(一种可以在网页中浮动的框架)。

1. 浮动框架简介

在网页中使用一般框架，必须将 HTML 的 DTD 文档类型设置为框架型，并且将框架的代码写在网页主题内容元素之外。而浮动框架是一种灵活的框架，它是一种块状对象，与层(Div)的属性非常类似，所有普通块状对象的属性都可以应用在浮动框架中。当然，浮动框架的标签页必须遵循 HTML 的规则，例如必须闭合。

要在网页中使用浮动框架，其代码如下：

```
<iframe src="index.html" id="newframe"></iframe>
```

浮动框架可以使用所有块状对象，并可以使用 CSS 属性以及 XHTML 属性。IE5.5 以上版本的浏览器已开始支持透明的浮动框架。用户只需将浮动框架的 allowTransparency 属性设置为 true，并将文档背景颜色设置为 allowTransparency，即可将框架设置为透明。

提示

在使用浮动框架时需要注意，该标签仅在微软 IE4.0 以上版本浏览器中被支持，并且该标签仅仅是一个 HTML 标签，而非 XHTML 标签。因此在使用浮动框架时，网页文档的 DTD 类型不能是 Strict(严格型)。在 XHTML1.1 中并不支持浮动框架。

2. 插入浮动框架

用户若要在 Dreamweaver CS6 中为网页插入浮动框架，可以在打开网页后选择【插入】| HTML |【框架】| IFRAME 命令，在指定的位置插入浮动框架，如图 7-9 所示。

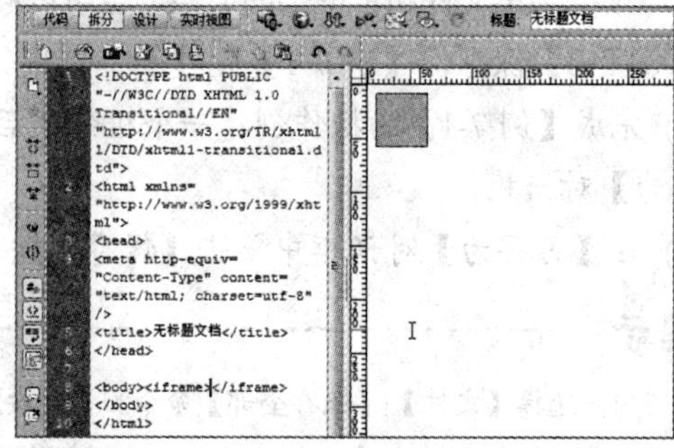

图 7-9　插入浮动框架

除了以上方法以外，用户还可以在【代码】视图中选中相应的位置，通过直接输入“<iframe></iframe>”标签，在网页中添加浮动框架。在网页中添加浮动框架后，选择【窗口】|【标签检查器】命令，在打开的【标签检查器】窗口的【属性】选项卡中可以设置浮动框架的属性，如图 7-10 所示。

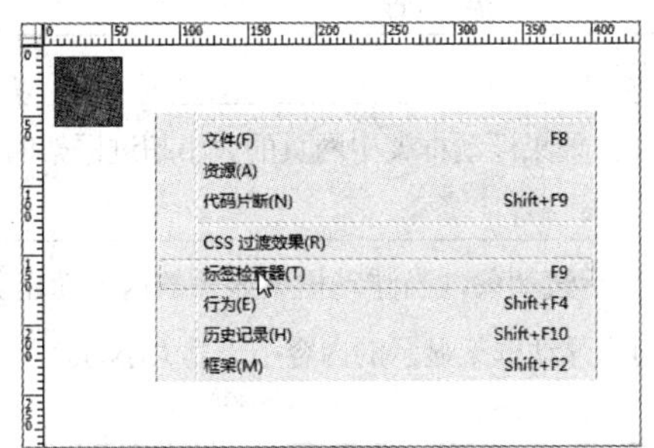

图 7-10　标签检查器

3. iframe 属性

浮动框架除了可以使用普通块状对象的属性以外，也可以使用一些专有的属性，如框架和浮动框架独有的属性。浮动框架的各类属性如下。

- align：align 属性的作用是设置浮动框架在其父对象中的对齐方式，其有 5 种属性值，如表 7-1 所示。

表 7-1　align 的属性

属　性	说　明
top	顶部对齐，使用该属性后，浮动框架将对齐在其父对象的顶端
middle	居中对齐，使用该属性后，浮动框架将对齐在其父对象的中间
left	左侧对齐，使用该属性后，浮动框架将对齐在其父对象的左侧
right	右侧对齐，使用该属性后，浮动框架将对齐在其父对象的右侧
bottom	底部对齐，使用该属性后，浮动框架将对齐在其父对象的底部

- frameborder：该属性是框架和浮动框架共有的属性，其作用是控制框架的边框，定义其在网页中是否显示。frameborder 属性值为 0 或者 1，0 代表不显示，而 1 代表显示。
- height：该属性定义浮动框架的高度，其属性值为由整数或百分比组成的长度值。
- longdesc：该属性定义获取描述浮动框架的网页的 URL。通过设置 longdesc 属性，用户可以用网页作为浮动框架的描述。
- marginheight：该属性主要用于设置浮动框架与父对象顶部和底部的边距，该属性值为整数与像素组成的长度值。
- marginwidth：该属性主要用于设置浮动框架与父对象左侧和右侧的边距，该属性值为整数与像素组成的长度值。
- name：该属性主要用于设置浮动框架的唯一名称，通过设置名称，可以用 JavaScript 或 VBSpript 等脚本语言来使用浮动框架对象。

◉ scrolling：该属性主要用于设置浮动框架的滚动条显示方式，其属性值及说明如表 7-2 所示。

表 7-2 scrolling 的属性

属 性	说 明
是	允许浮动框架出现滚动条
否	禁止浮动框架出现滚动条，如果浮动框架中网页的大小超过框架的大小，则自动隐藏超出的部分
自动	由浏览器窗口决定是否显示滚动条，当浮动框架显示的内容超出其大小时，自动显示滚动条，而当浮动框架显示的内容小于其大小时择不显示滚动条

◉ src：该属性用于显示浮动框架中网页的地址，其可以是绝对路径，也可以是相对路径。

◉ width：该属性用于定义浮动框架的宽度，其属性值为由整数和单位或百分比组成的长度值。

7.2 设置框架属性

选择网页文档中的框架后，用户可以通过【属性】检查器设置其边框、边框宽度、边框颜色和行、列的高等属性，从而满足网页设计者的设计需求。

7.2.1 设置框架基本属性

由于布局框架包括框架集和框架，所以在设置其属性时也不相同。而某些框架属性还会覆盖框架集中的属性，所以在设置过程中用户需要注意。

1. 设置框架集属性

在 Dreamweaver 中选中框架集后，【属性】面板中将会显示如图 7-11 所示的属性参数，在该面板中用户可以设置框架的大小，以及框架之间的边框效果。

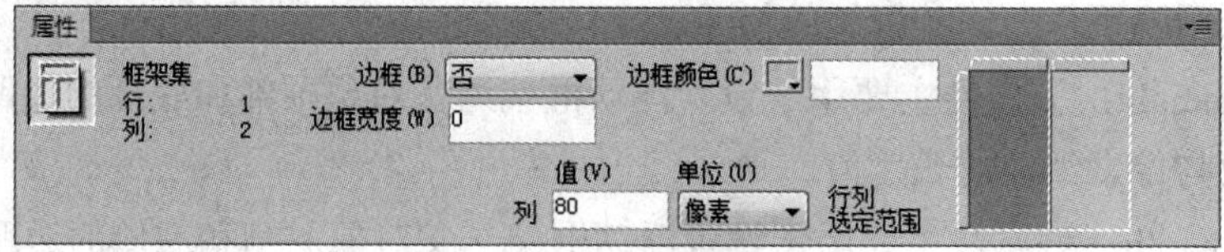

图 7-11 框架集【属性】面板

在框架集的【属性】面板中，主要参数选项的具体作用如下。

◉ 【边框】下拉列表：在该下拉列表中用户可以设置框架集边界的选项。

- 【边框颜色】文本框：在该文本框中可以设置框架集的边框颜色。
- 【边框宽度】文本框：在该文本框中可以设置框架集边框线的宽度参数。
- 【列】文本框：在该文本框中可以设置框架集的列宽度参数。

2. 设置框架属性

若要设置框架页面中的框架，用户可以选择【窗口】|【框架】命令，显示【框架】面板，在该面板中单击选中一个框架，然后在打开的【属性】面板中设置框架属性，如图 7-12 所示。

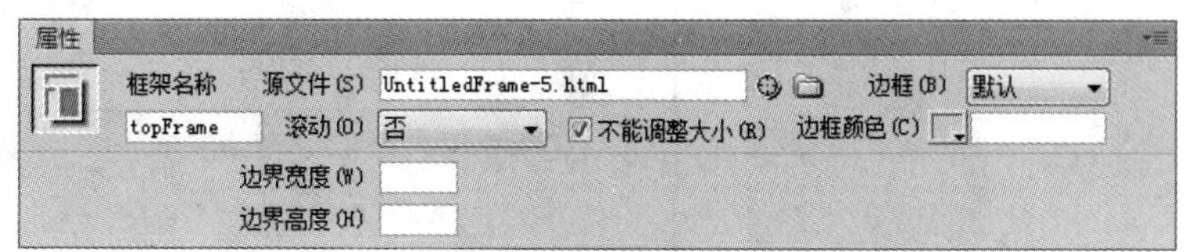

图 7-12　框架【属性】面板

在框架的【属性】面板中，主要参数选项的功能如下。

- 【框架名称】文本框：在文本框中输入框架的名称，在使用 Dreamweaver 行为或脚本撰写语言(例如 JavaScript 或 VBScript)时可以引用该对象。
- 【源文件】文本框：在文本框输入框架对应的源文件，单击【文件夹】按钮，可以在打开的对话框中选择文件。
- 【滚动】下拉列表：在下拉列表中选择框架中滚动条的显示方式，可以选择【默认】、【是】、【否】和【自动】等 4 个选项。大多数浏览器默认为【自动】，只有在浏览器窗口中没有足够空间来显示当前框架的完整内容时才显示滚动条。
- 【不能调整大小】复选框：选中该复选框后，可以设置禁止改变框架的尺寸。
- 【边框】下拉列表：在该下拉列表中选择设置框架的边界选项。设置边界后，将会覆盖框架集的【属性】面板中所做的设置，并且只有当该框架的所有邻接框架的边框都设置为【否】时，才能关闭该框架的边界。
- 【边框颜色】文本框：设置的颜色应用于和框架接触的所有边框。
- 【边界宽度】和【边界高度】文本框：用于设置框架内容与边界之间的距离。

提示

将光标放置在框架中，【属性】面板中显示的不是框架属性，而是普通网页的基本属性，也就是文本基本属性与页面基本属性。因此，框架网页的设置方法与普通网页相同。

7.2.2　设置框架链接

在框架集网页中，至少包含两个框架，它们之间进行关联同样需要使用超链接。在 Dreamweaver 中创建框架后，【框架】面板中将会显示每个框架网页的默认名称，如图 7-13 所示。

此时，网页元素添加超链接后，在【属性】面板的【目标】下拉列表中将会显示网页文档中包含的所有框架，如图 7-14 所示。

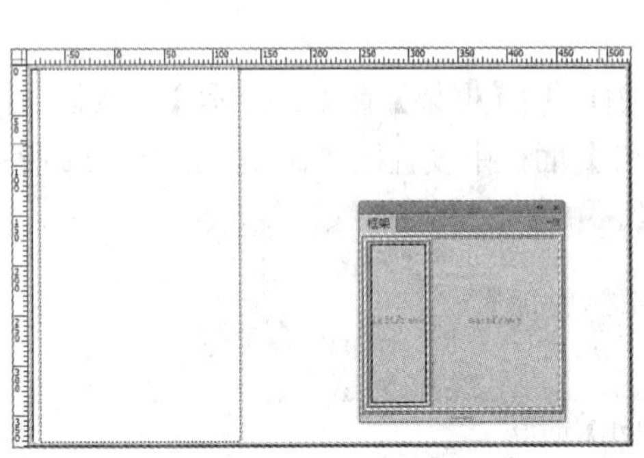

图 7-13　框架名称

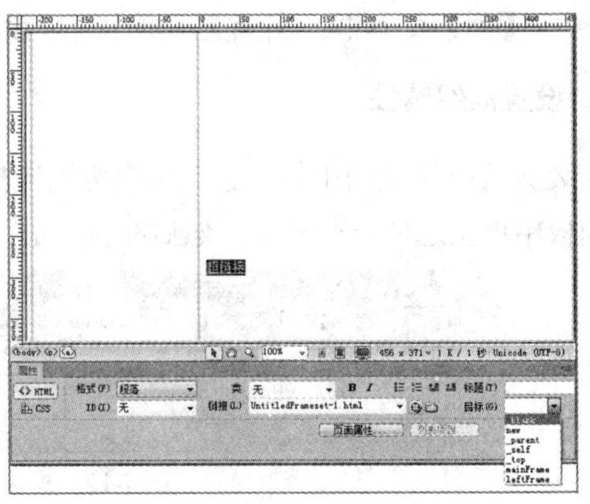

图 7-14　链接目标

例如，在顶部框架网页中设置文本的超链接为外部链接，然后在【属性】面板的【目标】下拉列表中选择 mainFrame 选项。保存网页后按下 F12 键预览页面，单击链接文本后，底部网页将更换为链接目标网页，如图 7-15 所示。

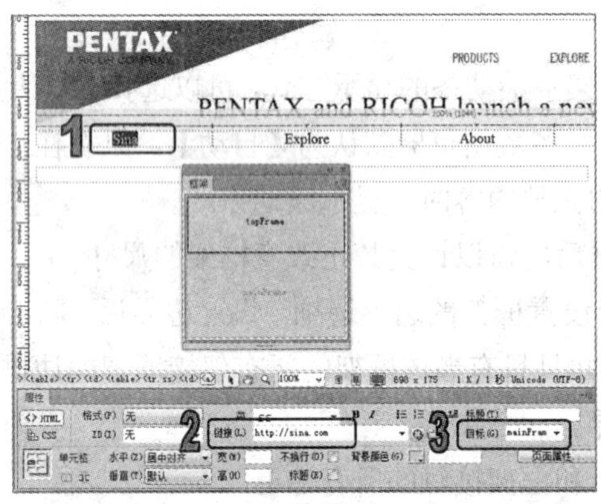

(1) 设置链接

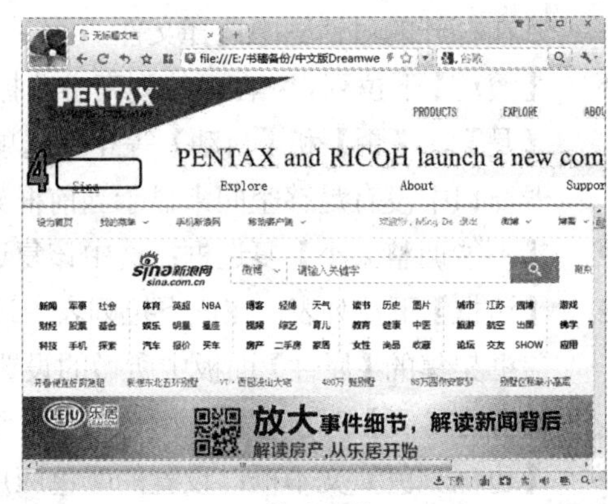

(2) 单击链接

图 7-15　设置框架链接

7.3　上机练习

本章的上机练习将通过实例操作，详细介绍创建框架网页的具体操作方法，帮助用户进一步掌握在 Dreamweaver CS6 软件中创建与编辑框架和框架集的技巧。

7.3.1　制作手机产品信息页面

在 Dreamweaver CS6 中，利用框架制作一个上下结构的手机信息网页。

(1) 在 Dreamweaver CS6 中新建一个空白网页后，选择【插入】|HTML|【框架】|【对齐上缘】命令，打开【框架标签辅助功能属性】对话框，如图 7-16 所示。

(2) 在【框架标签辅助功能属性】对话框中单击【确定】按钮，创建一个上下结构的框架网页。选择【窗口】|【框架】命令，显示【框架】面板，如图 7-17 所示。

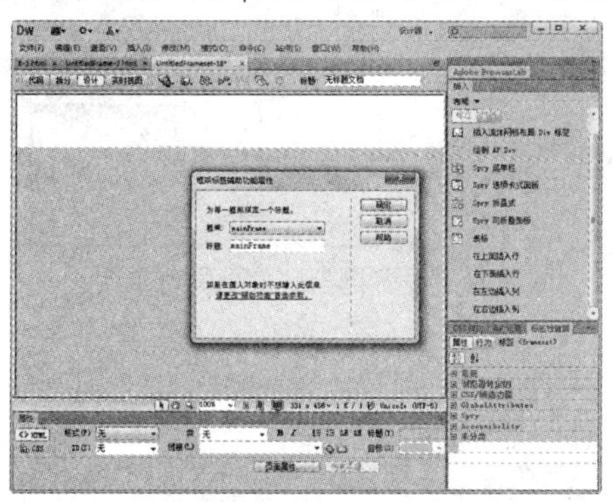

图 7-16　【框架标签辅助功能属性】对话框

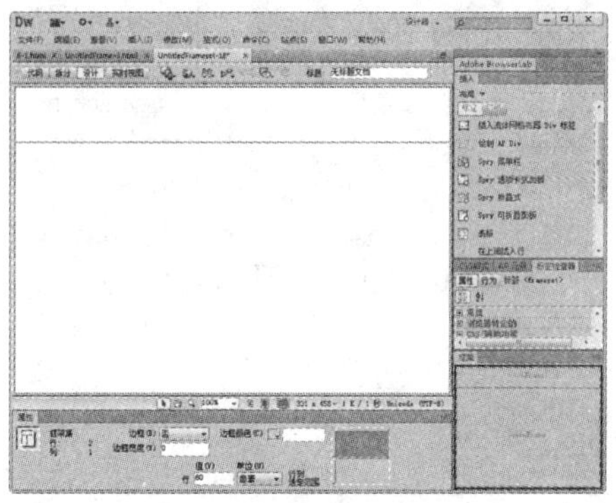

图 7-17　创建框架网页

(3) 将鼠标指针插入网页顶部的框架中，选择【插入】|【布局对象】|Ap Div 命令，在顶部框架中插入一个层，然后设置该层的大小和位置，并在层中插入一张如图 7-18 所示的网站导航栏图片。

(4) 将鼠标指针插入网页底部的框架中，选择【修改】|【页面属性】命令，打开【页面属性】对话框，然后在该对话框中选中【分类】列表框中的【外观(CSS)】选项，为底部框架页面设置背景图像，效果如图 7-19 所示。

图 7-18　制作框架顶部内容

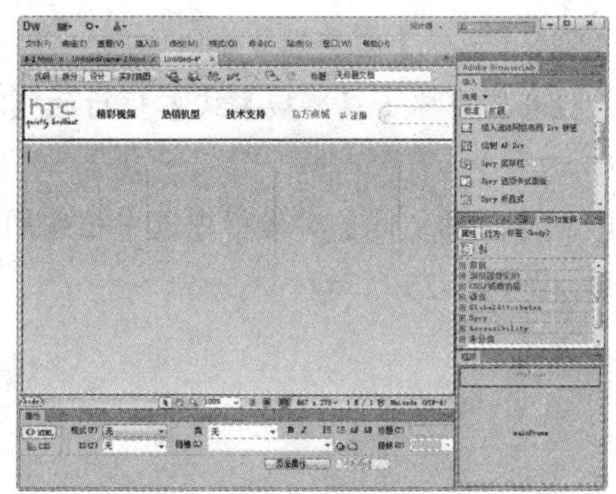

图 7-19　设置框架底部页面背景图

(5) 选择【插入】|【布局对象】|Ap Div 命令，在底部框架页面中插入一个层，并在该层中插入表格、文字和图像，制作如图 7-20 所示的框架页面效果.

(6) 选择【文件】|【保存全部】命令，将框架网页保存后，选择【文件】|【打开】命令，打开框架网页底部的网页文件 Untitled-1.html，如图 7-21 所示。

(7) 删除页面中的内容，重新插入新的图片，制作如图 7-22 所示的页面效果，并将新建的网页文档保存为 Untitled-2.html。

(8) 选择【文件】|【打开】命令，打开框架集文件，编辑框架网页。选中顶部框架页面中的图像，然后在【属性】检查器中使用▢按钮，创建两个图像热点区域，如图 7-23 所示。

图 7-20　制作框架顶部内容

图 7-21　设置框架底部页面背景图

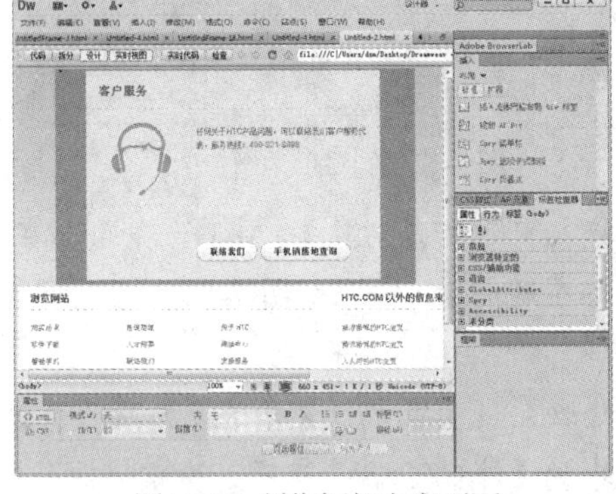
图 7-22　制作框架内容页面

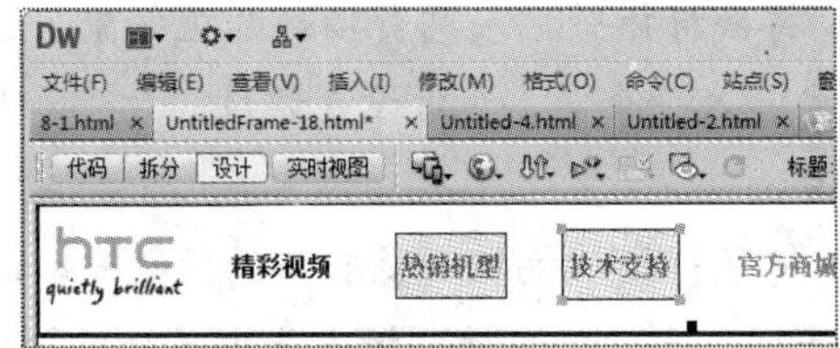

图 7-23　创建图形热点区域

(9) 单击【属性】检查器中的按钮，选中文字“热销机型”上的图像热点区域，然后在【属性】检查器中单击【链接】文本框后的【浏览文件】按钮(如图 7-24 所示)，打开【选择文件】对话框。

(10) 在【选择文件】对话框中选中框架网页底部内容页面文件 Untitled-1.html，单击【确定】按钮，如图 7-25 所示。

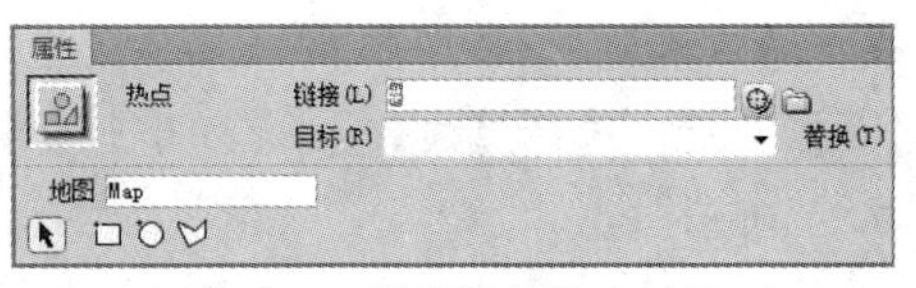

图 7-24　设置图像热点链接

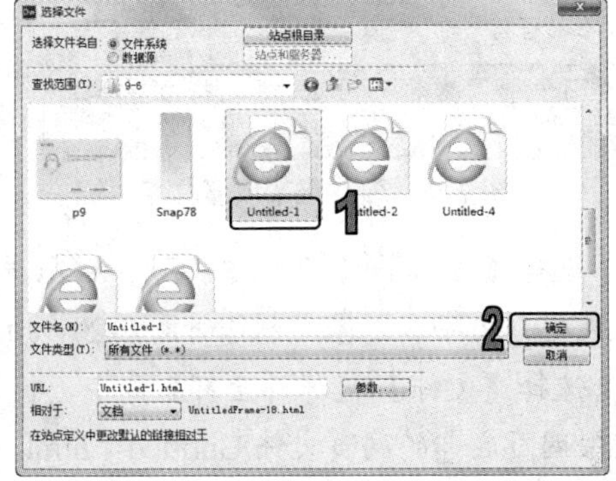

图 7-25　【选择文件】对话框

(11) 单击【属性】检查器中的【目标】下拉列表按钮，然后在弹出下拉列表中选中 mainFrame 选项，如图 7-26 所示。

(12) 接下来，选中文字“技术支持”上的图像热点区域，然后参考步骤(9)、(11)的操作，设置该图像热点区域链接文件 Untitled-2.html，并显示在框架网页的 mainFrame 框架中，如图 7-27 所示。

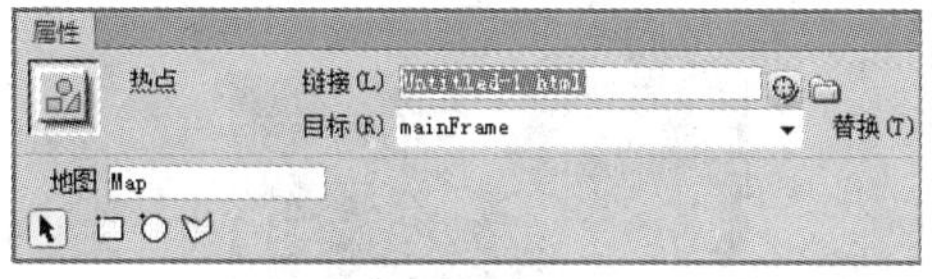

图 7-26　设置链接打开位置

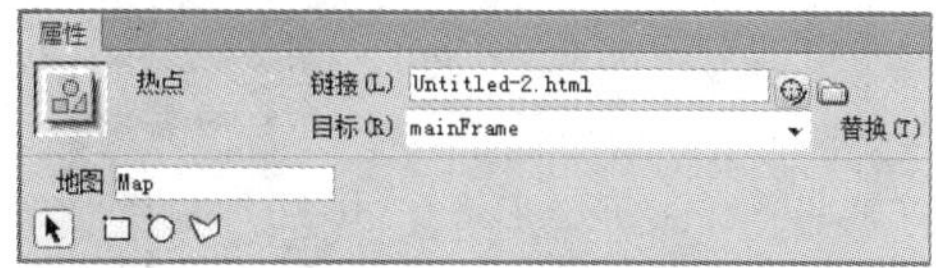

图 7-27　设置其他图像热点链接

(13) 完成以上操作后保存网页，然后单击【文档】工具栏中的【实时视图】按钮预览网页，效果如图 7-28 所示。

(14) 单击框架网页顶部框架中的文字“技术支持”，网页底部框架中将显示如图 7-29 所示的内容页面。

图 7-28　框架网页效果

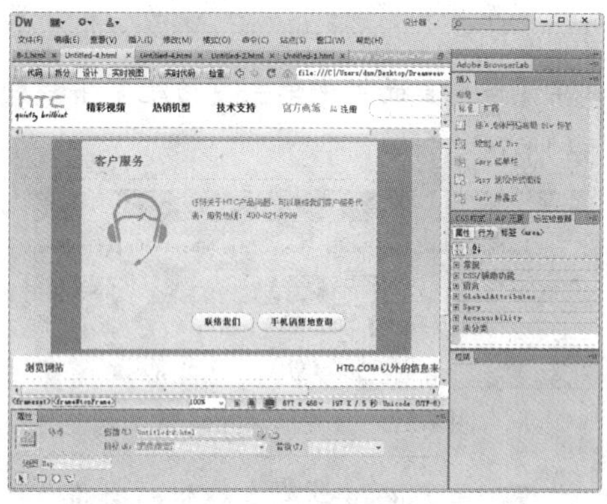

图 7-29　超链接效果

(15) 单击框架网页顶部框架中的文字“热销机型”，网页底部框架中将重新显示 Untitled-1.html 页面的内容。

7.3.2　制作框架结构网站首页

在 Dreamweaver CS6 中，利用框架制作一个左右结构的网站首页效果

(1) 在 Dreamweaver 中选择【文件】|【新建】命令，打开【新建文档】对话框，然后在该对话框中选中【空白页】选项。

(2) 在【页面类型】列表框中选中 HTML 选项，在【布局】列表框中选中【无】选项，然后单击【创建】按钮，创建一个空白网页文档。

(3) 将鼠标指针插入空白网页文档中，选择【插入】| HTML |【框架】|【左对齐】命令，打开【框架标签辅助功能属性】对话框，然后在该对话框中单击【确定】按钮，在网页中插入一个左对齐的框架。选择【窗口】|【框架】命令，可以打开【框架】面板显示框架的结构，如图 7-30 所示。

(4) 在【框架】面板中选中 leftFrame 框架，显示该框架的【属性】面板，如图 7-31 所示。

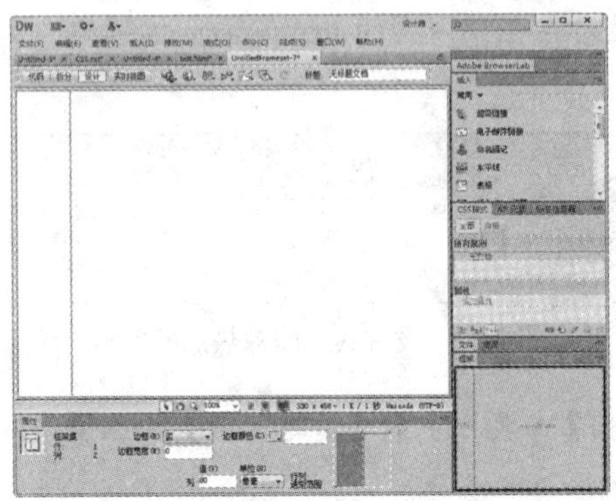
图 7-30　创建左右结构框架网页

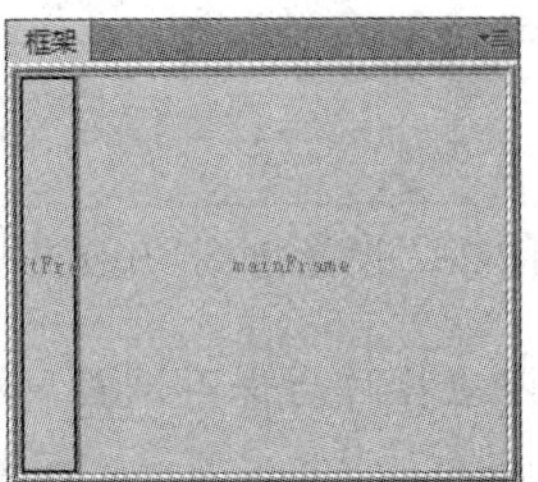

图 7-31　【框架】面板

(5) 在【属性】面板中单击【滚动】下拉列表按钮，在弹出的下拉列表中选中【是】选项，如图 7-32 所示。

(6) 在【属性】面板中单击【边框】下拉列表按钮，在弹出的下拉列表中选中【否】选项，如图 7-33 所示。

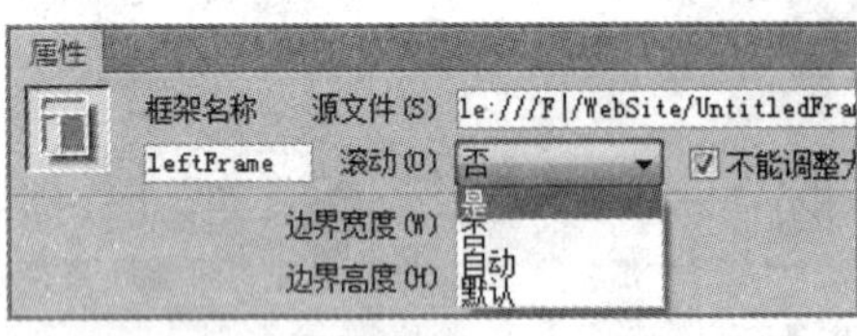

图 7-32　设置框架滚动条

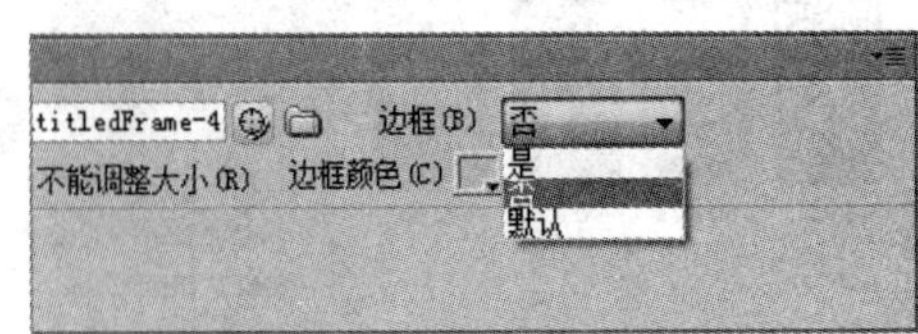

图 7-33　设置框架边框

(7) 在【框架】面板中单击框架的边缘，选中框架集(如图 7-34 所示)，打开框架集【属性】面板。

(8) 在【属性】面板中单击选中左侧框架，然后在【列】文本框中输入参数 150，如图 7-35 所示。

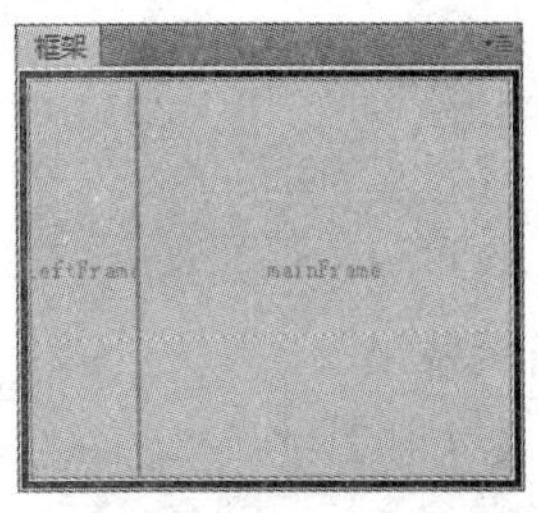

图 7-34　【框架】面板

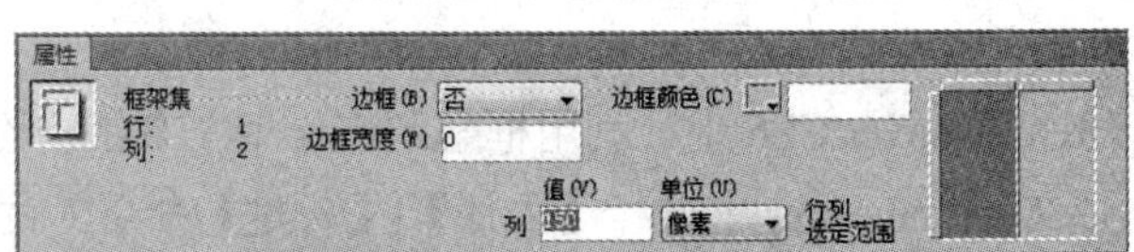

图 7-35　设置左侧框架属性

(9) 将鼠标指针插入页面左侧的框架中，然后选择【修改】|【页面属性】命令，打开【页面属性】对话框，如图 7-36 所示。

(10) 在【页面属性】对话框中选中【分类】列表框中的【外观(CSS)】选项，然后单击【背景图像】文本框后的【浏览】按钮，打开【选择图像源文件】对话框，如图 7-37 所示。

(11) 在【选择图像源文件】对话框中选中一个图像文件后，单击【确定】按钮，返回【页面属性】对话框，如图 7-38 所示。

(12) 单击【页面属性】对话框中的【重复】下拉列表按钮，在弹出的下拉列表中选中 no-repeat 选项后，单击【确定】按钮，设置页面中左侧框架的背景颜色，如图 7-39 所示。

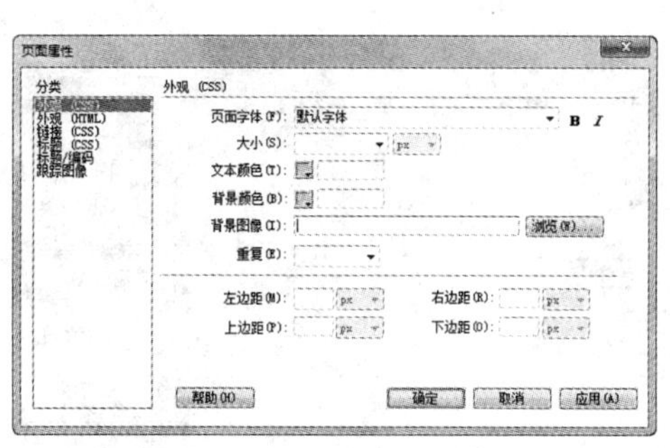

图 7-36　【页面属性】对话框

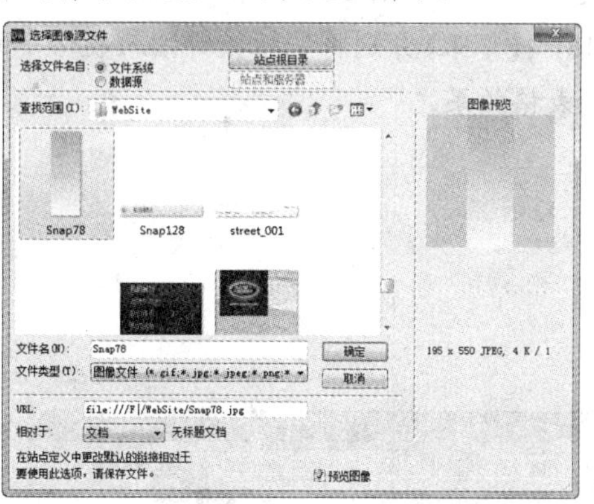

图 7-37　【选择图像源文件】对话框

图 7-38　设置背景图像

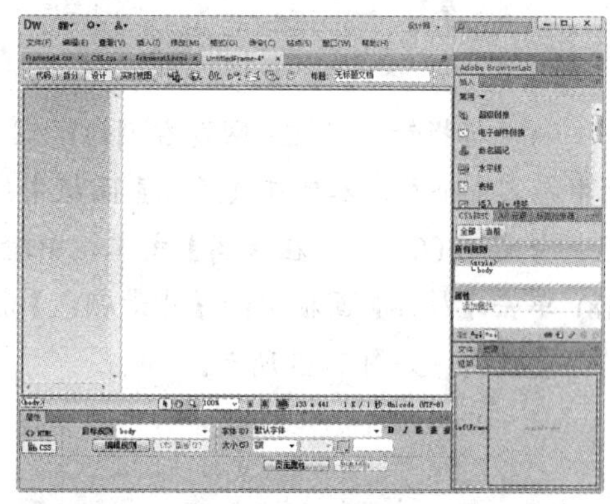

图 7-39　左侧框架背景

(13) 选择【插入】|【表格】命令，打开【表格】对话框，然后在该对话框的【行数】文本框中输入“15”，在【列】文本框中输入 1，在【表格宽度】文本框中输入“120”，在【边框粗细】、【单元格边距】和【单元格间距】文本框中输入“0”，如图 7-40 所示。

(14) 在【表格】对话框中单击【确定】按钮，在框架页面中插入一个 12 行 1 列的表格，如图 7-41 所示。

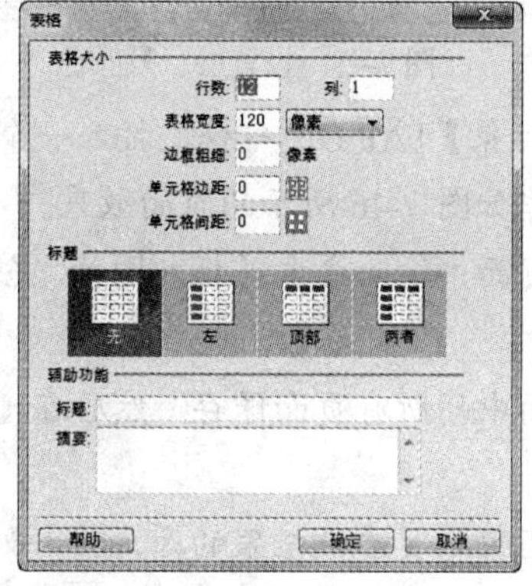

图 7-40　【表格】对话框

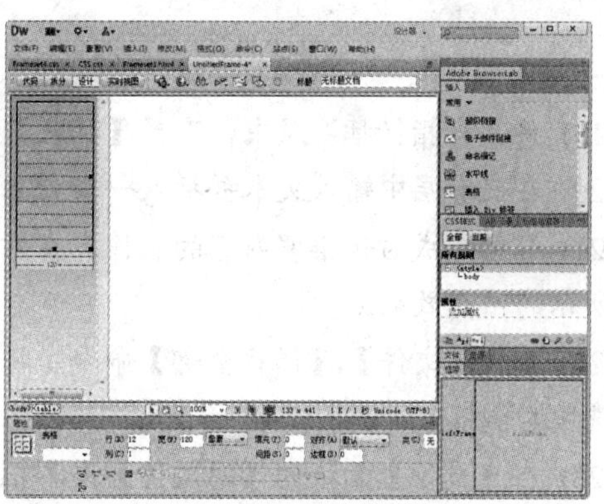

图 7-41　在框架中插入表格

(15) 选中表格的所有单元格，在【属性】面板的【高】文本框中输入“30”，设置单元格的高度，如图 7-42 所示。

(16) 接下来，分别将鼠标指针插入表格中的单元格中，插入图像并输入文本，创建如图 7-43 所示的表格效果。

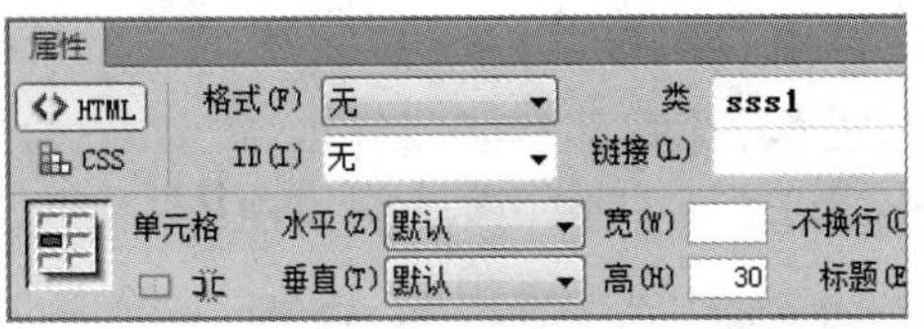

图 7-42　设置表格单元格高度

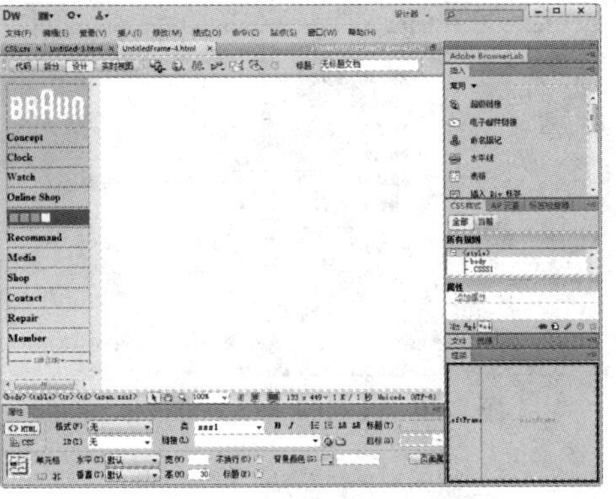

图 7-43　插入表格内容

(17) 将鼠标指针插入框架网页右侧的框架中，选择【插入】|【布局对象】| AP Div 命令，在页面中插入一个层，然后在【属性】面板中的【左】、【上】文本框中输入“0”，在【宽】文本框中输入“100px”，在【高】文本框中输入“45px”，如图 7-44 所示。

(18) 单击【属性】面板中的【背景颜色】按钮，在弹出的颜色选择器中选择一种颜色，设置层的背景颜色，如图 7-45 所示。

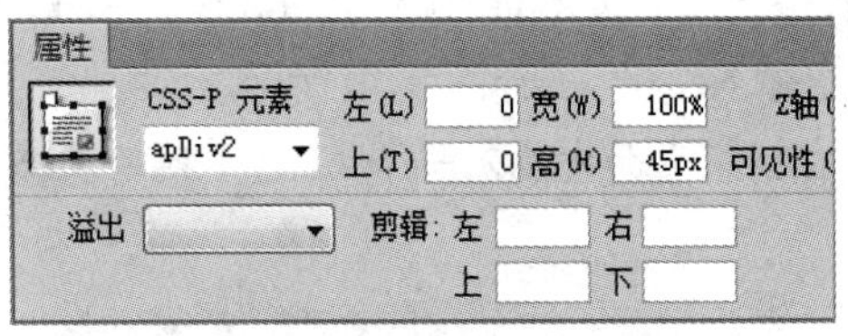

图 7-44　设置层属性

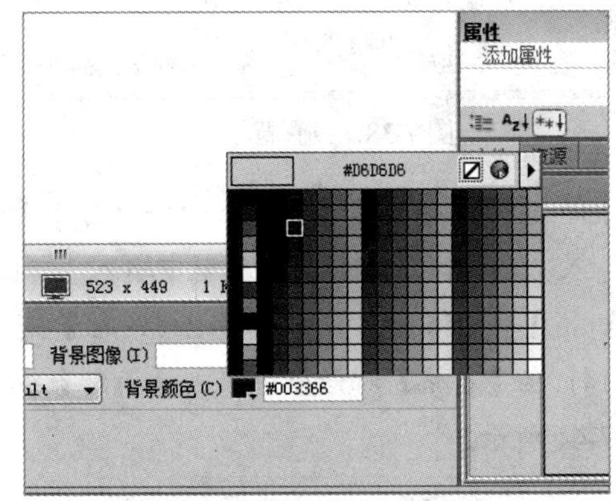

图 7-45　设置层背景颜色

(19) 将鼠标指针插入层中，选择【插入】|【布局对象】| AP Div 命令，插入一个嵌套层。

(20) 在嵌套层中输入文本并插入一个文本域，制作如图 7-46 所示的页面效果。

(21) 继续完成右侧框架内容的制作，在右侧框架页面中输入文本并插入图片，创建如图 7-47 所示的网页效果。

(22) 选择【文件】|【保存全部】命令，将框架页面中的所有页面保存，然后在【框架】面板中选中右侧框架，如图 7-48 所示。

(23) 在【属性】面板的【源文件】文本框中显示框架网页右侧框架的源文件，如图 7-49 所示。

图 7-46　插入文本域

图 7-47　在框架中插入图像

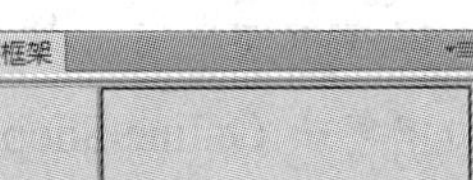

图 7-48　选中右侧框架

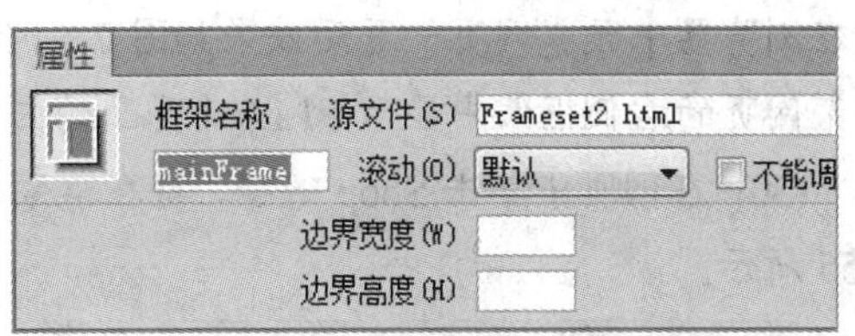

图 7-49　显示框架源文件

(24) 选择【文件】|【打开】命令，打开右侧框架内容页面打开，然后选择【文件】|【另存为】命令，将该网页保存为 F1.html，如图 7-50 所示。

(25) 重新编辑网页内容，制作如图 7-51 所示的网页效果，然后选择【文件】|【另存为】命令，将页面保存为 F2.html。

图 7-50　F1.html 网页

图 7-51　F2.html 网页

(26) 重新打开框架网页，然后选中页面左侧框架中的文字 Online Shop，然后在【属性】面板中单击【链接】文本框后的【浏览文件】按钮，打开【选择文件】对话框。

(27) 在【选择文件】对话框中选中 F1.html 文件，单击【确定】按钮，然后在【属性】面板中单击【目标】下拉列表按钮，在弹出的下拉列表中选中 mainFrame 选项，如图 7-52 所示。

(28) 选中框架网页左侧框架中的文字 Shop，然后参考步骤(26)、(27)的操作，设置文本链接 F2.html 网页文件，如图 7-53 所示。

图 7-52 【属性】面板

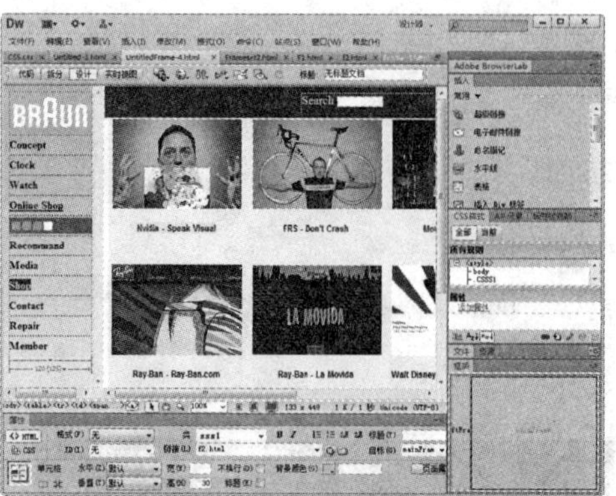
图 7-53 设置文本链接

(29) 完成以上操作后，选择【文件】|【保存全部】命令，保存框架网页，然后按下 F12 键在浏览器中预览网页，页面效果如图 7-54 所示，用户在页面中单击 Online Shop 链接，将在框架网页的右侧框架中显示 F1.html 页面的内容。

(30) 在网页中单击 Shop 链接，将在框架网页的右侧框架中显示 F2.html 页面的内容，如图 7-55 所示。

图 7-54 F1.html 网页效果

图 7-55 F2.html 网页效果

7.4 习题

1. 简述如何设置框架网页中的框架滚动条。
2. 简述如何保存网页中的框架集文件。

第8章 使用 CSS 样式修饰网页

学习目标

CSS 是 Cascading Style Sheets(层叠样式表)的缩写，它是一种用于表现 HTML 或 XML 等文件样式的计算机语言。用户在设计与制作网页的过程中，使用 CSS 样式，可以有效地对页面的布局、字体、颜色、背景和其他效果实现精确的控制。本章将主要介绍 CSS 样式的相关知识，帮助用户掌握利用 CSS 样式创建精致网页效果的具体方法。

本章重点

- ◉ 认识 CSS 样式
- ◉ 创建 CSS 样式
- ◉ 编辑 CSS 样式

8.1 认识 CSS 样式

CSS 样式，也可以称为【级联样式表】，它是一种网页制作的新技术，利用它可以对网页中的文本进行精确的格式化控制。

8.1.1 CSS 样式简介

在 CSS 样式之前，HTML 样式被广泛应用，HTML 样式用于控制单个文档中某范围内文本的格式。而 CSS 样式与之不同，它不仅可以控制单个文档中的多个范围内文本的格式，而且可以控制多个文档中文本的格式。

要管理一个系统的网站，使用 CSS 样式，可以快速格式化整个站点或多个文档中的字体、图像等网页元素的格式。并且，CSS 样式可以实现多种不能用 HTML 样式实现的功能。

CSS 是用来控制一个网页文档中的某文本区域外观的一组格式属性。使用 CSS 能够简化网页代码，加快下载速度，减少上传的代码数量，从而可以避免重复操作。CSS 样式表是对 HTML 语法的一次革新，它位于文档的<head>区，作用范围由 CLASS 或其他任何符合 CSS 规范的文本来设置。对于其他现有的文档，只要其中的 CSS 样式符合规范，Dreamweaver 就能识别它们。

在制作网页时采用 CSS 技术，可以有效地对页面的布局、字体、颜色、背景和其他效果实现更加精确的控制。CSS 样式表的主要功能有以下几点：

- 几乎所有的浏览器中都可以使用。
- 以前一些只有通过图片转换实现的功能，现在只要用 CSS 就可以轻松实现，从而可以更快地下载页面。
- 使页面的字体变得更漂亮、更容易编排，使页面真正赏心悦目。
- 可以轻松地控制页面的布局。
- 可以将许多网页的风格格式同时更新，不用再一页页地更新。

8.1.2 CSS 的规则与分类

CSS 样式规则由两部分组成：选择器和声明(大多数情况下为包含多个声明的代码块)。选择器是标识已设置格式元素的术语，例如 p、h1、类名称或 ID，而声明块则用于定义样式属性。例如下面 CSS 规则中，h1 是选择器，大括号({})之间的所有内容都是声明块。

```
h1 {
font-size: 12 pixels;
font-family: Times New Roman;
font-weight:bold;
}
```

每个声明都由属性(例如如上规则中的 font-family)和值(例如 Times New Roman)两部分组成。在如上的 CSS 规则中，已经创建了 h1 标签样式，即所有链接到此样式的 h1 标签文本的大小为 12 像素，字体为 Times New Roman，字体样式为粗体。

样式存放在与要设置格式的实际文本分离的位置，通常在外部样式表或 HTML 文档的文件头部分中。因此，可以将 h1 标签的某个规则一次应用于许多标签(如果在外部样式表中，则可以将此规则一次应用于多个不同页面上的许多标签)。这样，CSS 就可以提供非常便利的更新功能。若在一个位置更新 CSS 规则，使用已定义样式的所有元素的格式设置将自动更新为新样式。

1. CSS 样式类型

在 Dreamweaver 中，用户可以定义以下几种 CSS 样式类型。

- 类样式：可将样式属性应用于页面上的任何元素。
- HTML 标签样式：重新定义特定标签(如 h1)的格式。创建或更改 h1 标签的 CSS 样式时，所有用 h1 标签设置了格式的文本都会立即更新。

- 高级样式：重新定义特定元素组合的格式，或其他 CSS 允许的选择器表单的格式(例如，每当 h2 标题出现在表格单元格内时，就会应用选择器 td h2)。高级样式还可以重定义包含特定 id 属性的标签的格式(例如，由#myStyle 定义的样式可以应用于所有包含属性/值对 id="myStyle"的标签)。

2. CSS 规则应用范围

在 Dreamweaver 中，有外部样式表和内部样式表，区别在于应用的范围和存放位置。Dreamweaver 可以判断现有文档中定义的符合 CSS 样式准则的样式，并且在【设计】视图中直接呈现已应用的样式。但要注意的是有些 CSS 样式在 Microsoft Internet Explorer、Netscape、Opera、Apple Safari 或其他浏览器中呈现的外观不相同，而有些 CSS 样式目前不受任何浏览器支持。下面是这两种样式表的介绍。

- 外部 CSS 样式表：存储在一个单独的外部 CSS(.css)文件中的若干组 CSS 规则。此文件利用文档头部分的链接或@import 规则链接到网站中的一个或多个页面。
- 内部 CSS 样式表：若干组包括在 HTML 文档头部分的<style>标签中的 CSS 规则。

8.2　在 Dreamweaver 中使用 CSS 样式

在 Dreamweaver 中，用户可以创建一个 CSS 样式，然后将其应用到网页文档的单个或多个元素，完成文本的格式化。下面将主要介绍使用 CSS 样式的具体方法。

8.2.1　认识【CSS 样式】面板

用户在 Dreamweaver 中选择【窗口】|【CSS 样式】命令，可以打开【CSS 样式】面板，该面板中显示了当前所选页面元素的 CSS 规则和属性，其顶部有【全部】和【当前】两种模式按钮，单击相应的按钮，即可在两种模式之间切换，并且可以在这两种模式下进行修改 CSS 属性的操作，如图 8-1 所示。

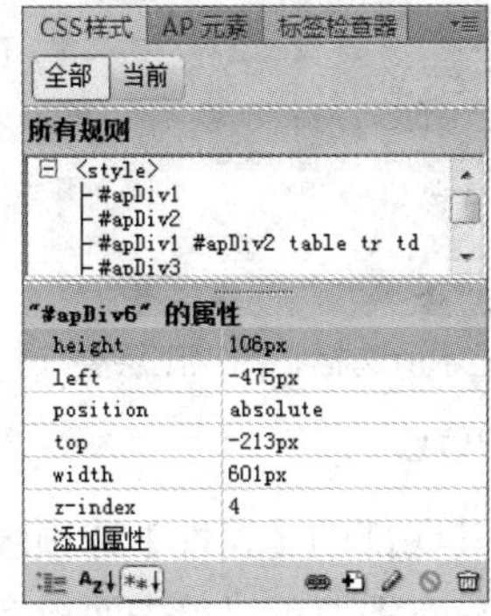

全部模式

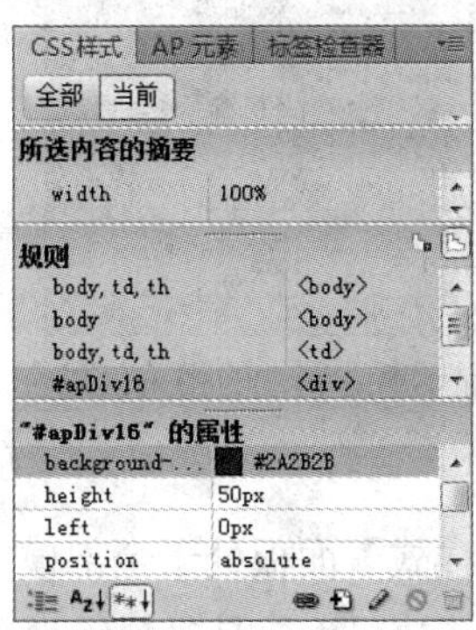

当前模式

图 8-1　【CSS 样式】面板

1. 全部模式

【全部】模式下的【CSS 样式】面板显示了【所有规则】窗格和【属性】窗格。【所有规则】窗格显示当前文档中定义的规则以及附加到当前文档的样式表中定义的所有规则的列表。使用【属性】窗格可以编辑【所有规则】窗格中任何所选规则的 CSS 属性。

【全部】模式下【CSS 样式】面板的基本操作如下。

- 在【所有规则】窗格中选择某个规则时，该规则中定义的所有属性都会显示在【属性】窗格中。可以在【属性】窗格中修改 CSS，而无论它是嵌入在当前文档中还是链接到附加的样式表。默认情况下，【属性】窗格仅显示那些先前已设置的属性，并按字母顺序排列。
- 单击【显示列表视图】按钮 Az↓：可以打开列表视图，该视图中显示所有可用属性的按字母顺序排列的列表，已设置的属性排在顶部。
- 单击【显示类别视图】按钮：可以打开类别视图，该视图中显示按类别分组的属性，例如字体、背景、区块、边框等，已设置的属性位于每个类别的顶部。

2. 当前模式

【当前】模式下的【CSS 样式】面板显示了【所选内容的摘要】窗格，在该窗格中显示文档中当前所选内容的 CSS 属性；【规则】窗格显示所选属性的位置(或所选标签的一组层叠的规则，具体取决于用户的选择)；在【属性】窗格中可以编辑应用于所选内容的规则的 CSS 属性。

在当前模式下的【所选内容的摘要】选项区域中，当鼠标指针在任何属性上方移动时，包括规则和文档内的属性位置就会以工具栏提示的方式显示。另外，在【规则】选项区域中，单击【所选内容的摘要】选项区域中的任意属性，如果【规则】选项区域处于“显示所选属性的相关信息”状态，就可以显示一个介绍属性位置的简短信息。当处于“显示所选标签的规则层叠”状态时，【规则】选项区域将所有影响当前选择内容的规则以级联的方式显示，如图 8-2 所示。

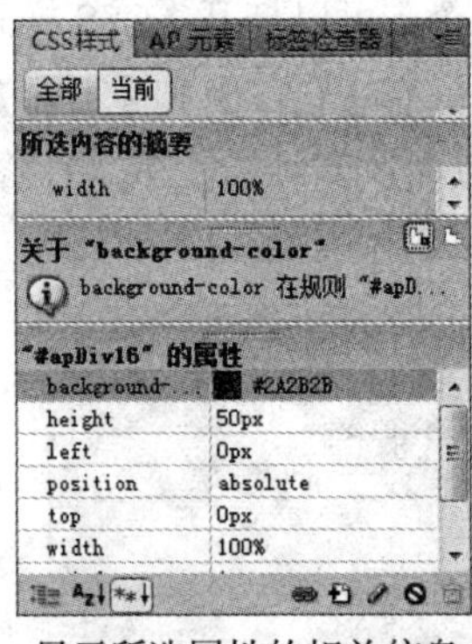

显示所选属性的相关信息

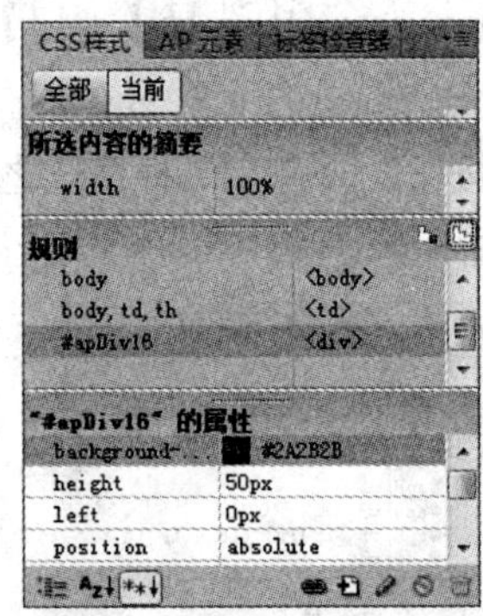

显示所选标签的规则层叠

图 8-2　在当前模式中显示规则信息

无论【CSS 样式】面板处于全部模式还是当前模式，其底部的【属性】选项区域总是显示的。此外，在默认情况下，是只显示设置属性视图，若用户有需要可以单击面板底部的按钮，在显示类别视图和显示列表视图之间进行切换。

8.2.2　新建 CSS 样式

在 Dreamweaver 中，用户可以在【新建文档】对话框中创建 CSS 样式规则，也可以在【CSS 样式】面板中创建，【CSS 样式】面板如图 8-3 所示。

图 8-3　【CSS 样式】面板中的各种按钮

1. 在【新建文档】对话框中创建 CSS 样式

用户可以参考以下步骤在【新建文档】对话框中创建 CSS 样式表。

【例 8-1】在 Dreamweaver CS6 中通过【新建文档】对话框创建 CSS 样式表。

(1) 选择【文件】|【新建】命令，在打开的【新建文档】对话框左侧的列表框中选择【示例中的页】选项卡。

(2) 在【示例文件夹】列表框中选择【CSS 样式表】选项，然后在【示例页】中选择预定义 CSS 样式表的选项，如图 8-4 所示。

(3) 完成以上操作后，单击【创建】按钮即可创建示例页中的样式表。

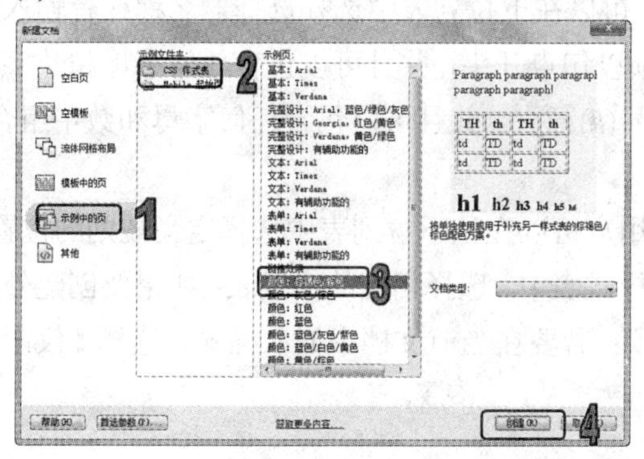
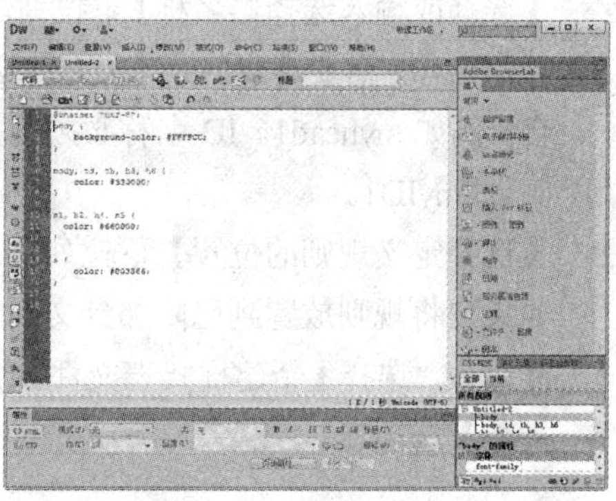

图 8-4　通过【新建文档】对话框创建 CSS 样式

2. 在【CSS 样式】面板中创建 CSS 样式

用户可以参考以下步骤在【CSS 样式】面板中创建 CSS 样式表。

【例 8-2】在 Dreamweaver CS6 的【CSS 样式】面板中创建 CSS 样式表。

(1) 选择【窗口】|【CSS 样式】命令，打开【CSS 样式】面板，单击【新建 CSS 规则】按钮，打开【新建 CSS 规则】对话框，如图 8-5 所示。

(2) 在【新建 CSS 规则】对话框中设定 CSS 样式的具体规则，完成后单击【确定】按钮，打开【CSS 规则定义】对话框。

(3) 在【CSS 规则定义】对话框中设置 CSS 规则的具体参数后，单击【确定】按钮即可创建 CSS 样式，如图 8-6 所示。

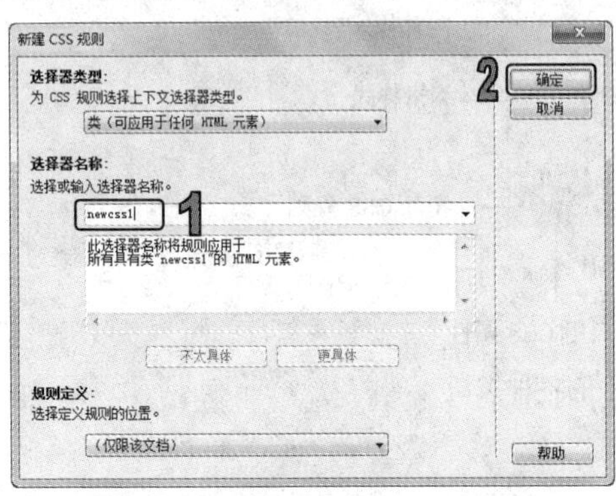

图 8-5 【新建 CSS 规则】对话框

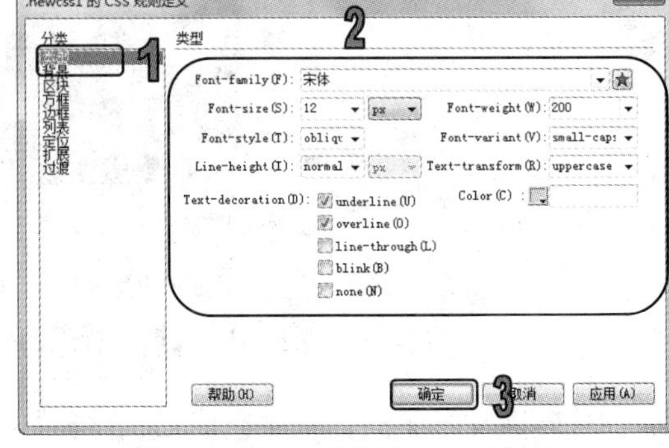

图 8-6 【CSS 规则定义】对话框

【新建 CSS 规则】对话框中各选项的功能如下。

- 【为 CSS 规则选择上下文选择器类型】下拉列表：可以在该下拉列表中选择要创建的选择器类型选项。选择【类】选项，可以创建一个作为 class 属性，应用于任何 HTML 元素的 CSS 样式；选择 ID 选项，可以定义包含特定 ID 属性标签的 CSS 样式；选择【标签】选项，可以重新定义特定 HTML 标签的默认格式；选择【复合内容】选项，可以定义可同时应用两个或多个标签、类或 ID 的复合样式。
- 【选择或输入选择器名称】下拉列表：可以在下拉列表中选择选择器名称或者输入选择器名称。需要注意的是，类名称必须以句点开头，并且可以包含任何字母和数字组合，例如.myhead1。ID 名称必须以井号(#)开头，并且可以包含任何字母和数字组合，例如#myID1。
- 【选择定义规则的位置】下拉列表：用户可以在该下拉列表中选择定义规则的位置。如果要将规则放置到已附加到文档的样式表中，选择相应的样式表；如果要创建外部样式表，选择【新建样式表文件】选项；若要在当前文档中嵌入样式，选择【仅限该文档】选项。

8.2.3 定义 CSS 样式

在如图 8-5 所示的【新建 CSS 规则】对话框中单击【确定】按钮后，将打开【CSS 规则定义】对话框，在该对话框中用户可以定义 CSS 样式的类型、背景、区块、方框、边框、列表、定位和扩展 8 种属性。下面将分别介绍这 8 种类型属性的定义方法。

1. 设定【类型】属性

选中【CSS 规则定义】对话框中【分类】列表框中的【类型】选项，将显示【类型】选项区域，如图 8-7 所示，在该选项区域中用户可以定义 CSS 样式的基本字体和类型设置。其中比较重要的选项功能如下。

- Font-family 下拉列表：为样式设置字体。
- Font-size 下拉列表：定义文本大小，可以通过选择数字和度量单位选择特定的大小，也可以选择相对大小。
- Font-style 下拉列表：设置字体样式。
- Line-height 下拉列表：设置文本所在行的高度。
- Font-decoration 下拉列表：向文本中添加下划线、上划线或删除线，或使文本闪烁。
- Font-weight 下拉列表：对字体应用特定或相对的粗体量。
- Font-variant 下拉列表：设置文本的小型大写字母文本。
- Font-transform 下拉列表：将所选内容中的每个单词的首字母大写，或将文本设置为全部大写或小写。
- Color 文本框：设置文本颜色。

2. 设定【背景】属性

在【CSS 规则定义】对话框中选中【背景】选项后，将显示如图 8-8 所示的【背景】选项区域，在该选项区域中用户不仅能够设定 CSS 样式对网页中的任何元素应用背景属性，还可以设置背景图像的位置。

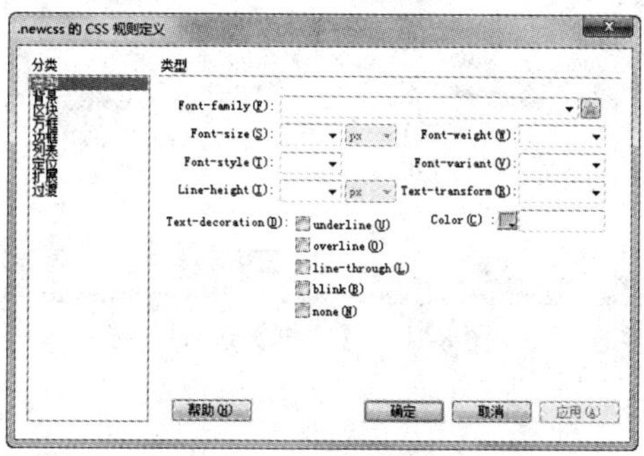

图 8-7 【类型】选项区域

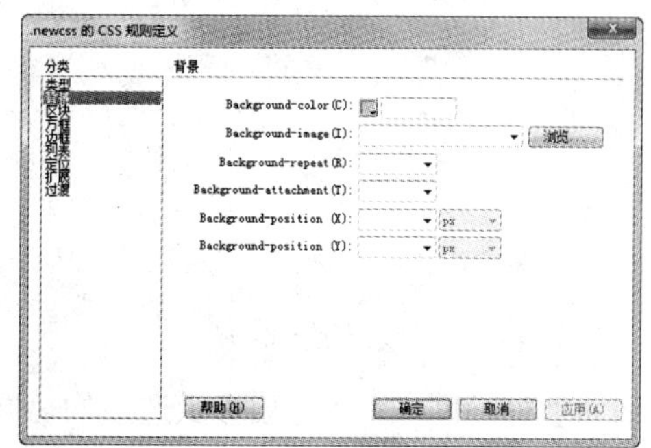

图 8-8 【背景】选项区域

【背景】选项区域中比较重要的选项功能如下。

- Background-color(背景颜色)下拉列表：设置元素的背景颜色。
- Background-image(背景图片)下拉列表：设置元素的背景图像。
- Background-Repeat 下拉列表：确定是否以及如何重复背景图像。
- Background-Atachment 下拉列表：确定背景图像是固定在其原始位置还是随内容一起滚动。
- Background-Position (X)和 Background Position (Y)下拉列表：指定背景图像相对于元素的初始位置。

3. 设定【区块】属性

在【CSS 规则定义】对话框中选中【区块】选项，将显示【区块】选项区域，如图 8-9 所示，在该选项区域中用户可以定义标签和属性的间距和对齐设置。【区块】选项区域中比较重要的选项功能如下。

- Word-spacing(单词间距)：设置字词的间距。如果要设置特定的值，在下拉菜单中选择【值】选项后输入数值。
- Letter-spacing(字母间距)下拉列表：增加或减小字母或字符的间距。
- Vertical-align 下拉列表：指定应用此属性的元素的垂直对齐方式。
- Text-align(文本对齐)下拉列表：设置文本在元素内的对齐方式。
- Text-indent(文本缩进)文本框：指定第一行文本缩进的程度。
- White-space(空格)下拉列表：确定如何处理元素中的空格。
- Display(显示)下拉列表：指定是否以及如何显示元素。选择 none 选项，它将禁用指定元素的 CSS 显示。

4. 设定【方框】属性

在【CSS 规则定义】对话框中选中【方框】选项，将显示【方框】选项区域，如图 8-10 所示，在该选项区域中用户可以设置用于控制元素在页面上放置方式的标签和属性。

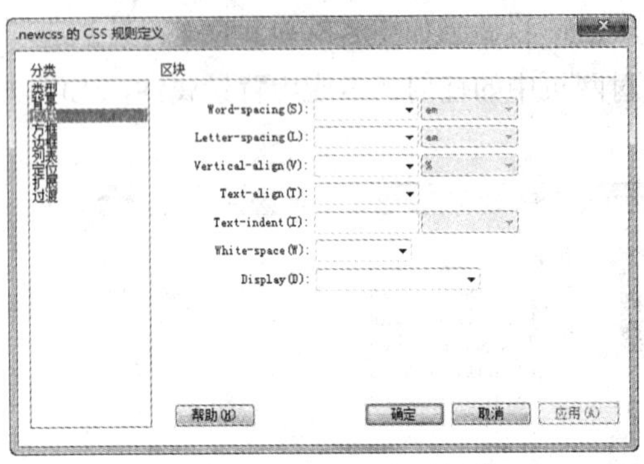

图 8-9　【区块】选项区域

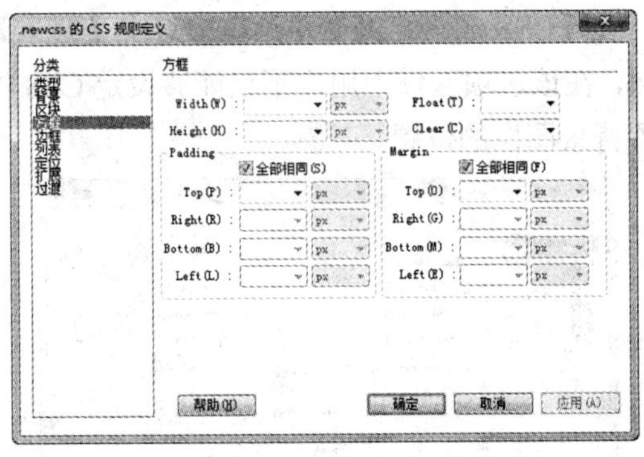

图 8-10　【方框】选项区域

【方框】选项区域中的主要参数选项的功能如下。

- Width(宽)和 Height(高)下拉列表：设置元素的宽度和高度。
- Float(浮动)下拉列表：设置其他元素(例如文本、AP Div、表格等)在围绕元素的哪个边浮动。
- Clear(清除)下拉列表：定义不允许 AP 元素的边。如果清除边上出现 AP 元素，则带清除设置的元素将移到该元素的下方。
- Padding(填充)下拉列表：指定元素内容与元素边框之间的间距，取消选中【全部相同】复选框，可以设置元素各个边的填充。
- Margin(边距)下拉列表：指定一个元素的边框与另一个元素之间的间距。取消选中【全部相同】复选框，可以设置元素各个边的边距。

5. 设定【边框】属性

在【CSS 规则定义】对话框中选中【边框】选项后，将显示【边框】选项区域，如图 8-11 所示，在该选项区域中用户可以设置网页元素周围的边框属性，例如宽度、颜色和样式等。【边框】选项区域中比较重要的选项功能如下。

- Style(类型)下拉列表：设置边框的样式外观，取消选中【全部相同】复选框，可以设置元素各个边的边框样式。
- Width(宽)下拉列表：设置元素边框的粗细，取消选中【全部相同】复选框，可以设置元素各个边的边框宽度。
- Color(颜色)：设置边框的颜色，取消选中【全部相同】复选框，可以设置元素各个边的边框颜色。

6. 设定【列表】属性

在【CSS 规则定义】对话框中选中【列表】选项后，将显示【列表】选项区域，如图 8-12 所示，在该选项区域中用户可以设置列表标签属性，例如项目符号大小和类型等。

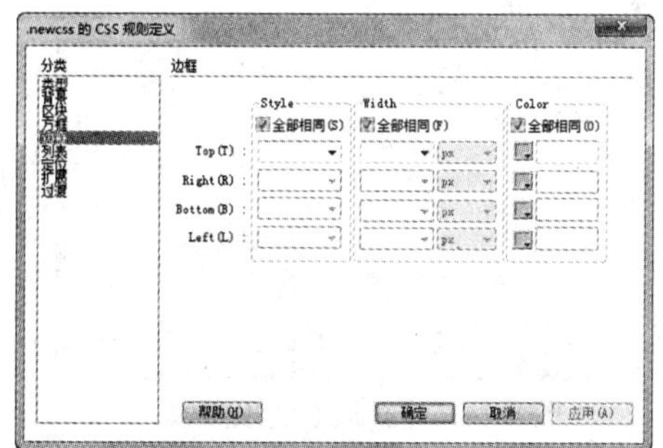

图 8-11　【边框】选项区域

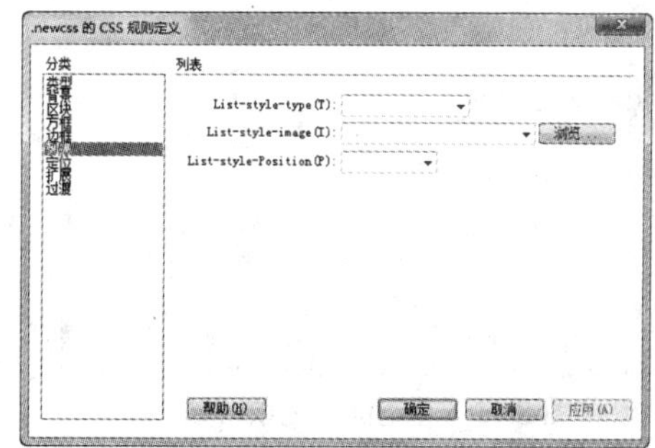

图 8-12　【列表】选项区域

【列表】选项区域中比较重要的选项功能如下。

- List-style-type(列表目录类型)下拉列表：设置项目符号或编号的外观。
- List-style-image(列表样式图像)下拉列表：可以自定义图像项目符号。
- List-style-position(列表样式段落)下拉列表：设置列表项文本是否换行并缩进(外部)或者文本是否换行到左边距(内部)。

7. 设定【定位】属性

在【CSS 规则定义】对话框中选中【定位】选项后，将显示【定位】选项区域，如图 8-13 所示，在该选项区域中用户可以设置与 CSS 样式相关的内容在页面上的定位方式。【定位】选项区域中比较重要的选项功能如下。

- Position(位置)下拉列表：确定浏览器应如何来定位选定的元素。
- Visibility(可见性)下拉列表：确定内容的初始显示条件，默认情况下内容将继承父级标签的值。
- Z-index(Z 轴)下拉列表：确定内容的堆叠顺序，Z 轴值较高的元素显示在 Z 轴值较低的元素的上方。值可以为正，也可以为负。

- Overflow(溢出)下拉列表：确定当容器的内容超出容器的显示范围时的处理方式。
- Placement(位置)下拉列表：指定内容块的位置和大小。
- Clip(剪辑)下拉列表：定义内容的可见部分，如果指定了剪辑区域，可以通过脚本语言访问它，并设置属性以创建像擦除这样的特殊效果。

8. 设定【扩展】属性

在【CSS 规则定义】对话框中选中【扩展】选项后，将显示【扩展】选项区域，如图 8-14 所示，在该选项区域中包括滤镜、分页和指针等选项。

- Page-break-before/after 下拉列表：打印期间在样式所控制的对象之前或者之后强行分页。在弹出菜单中选择要设置的选项。此选项不受任何 4.0 版本浏览器的支持，但可能受未来浏览器的支持。
- Cursor(光标)下拉列表：当指针位于样式所控制的对象上时改变指针图像。
- Filter(过滤器)下拉列表：对样式所控制的对象应用特殊效果。

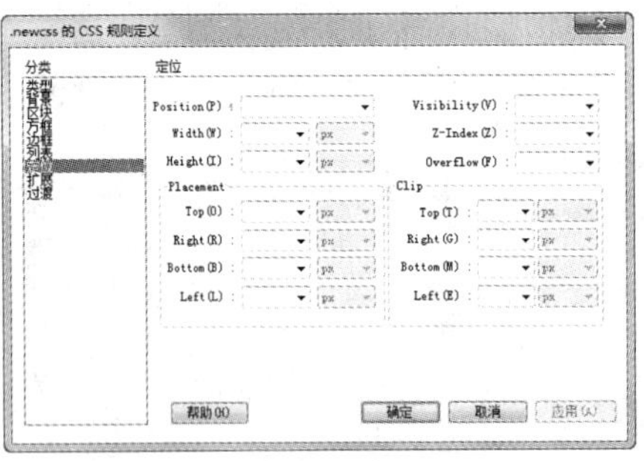

图 8-13 【定位】选项区域

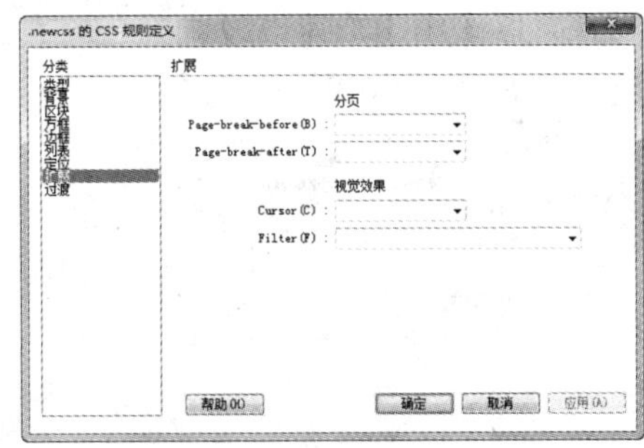

图 8-14 【扩展】选项区域

【例 8-3】在 Dreamweaver CS6 中新建 CSS 规则样式。

(1) 启动 Dreamweaver 并新建一个空白网页文档，选择【格式】|【CSS 样式】|【新建】命令(如图 8-15 所示)，打开【新建 CSS 规则】对话框。

(2) 在【选择或输入选择器名称】文本框中输入新建 CSS 规则样式的名称“CSS1”，然后在【选择定义规则的位置】下拉列表中选择【仅限该文档】选项，如图 8-16 所示。

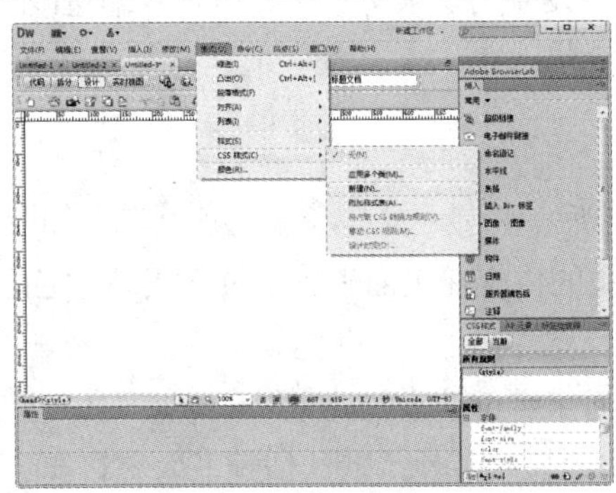

图 8-15 新建 CSS 样式

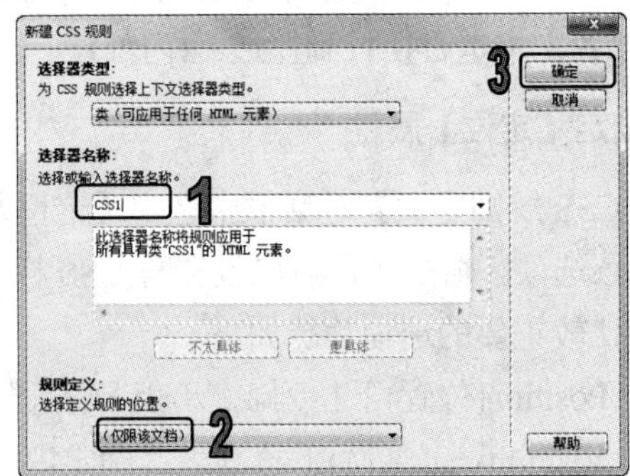

图 8-16 【新建 CSS 规则】对话框

(3) 单击【新建 CSS 规则】对话框中的【确定】按钮，打开【CSS 规则定义】对话框，然后在该对话框中的【分类】列表框中选中【类型】选项，显示【类型】选项区域。

(4) 在【类型】选项区域中设置 Font-size 选项为 24px，Font-style 选项为 italic，Color 为#36F，如图 8-17 所示，然后单击【确定】按钮，定义 CSS1 样式规则。

(5) 参考步骤(1)~(4)的操作，新建 CSS2 规则样式，在【CSS 规则定义】对话框的【分类】列表框中选中【边框】选项，显示【边框】选项区域。

(6) 在【边框】选项区域中选中 Style 和 Width 下面的复选框，设置 Top 选项为 outset，如图 8-18 所示，然后单击【确定】按钮，定义 CSS2 样式规则。

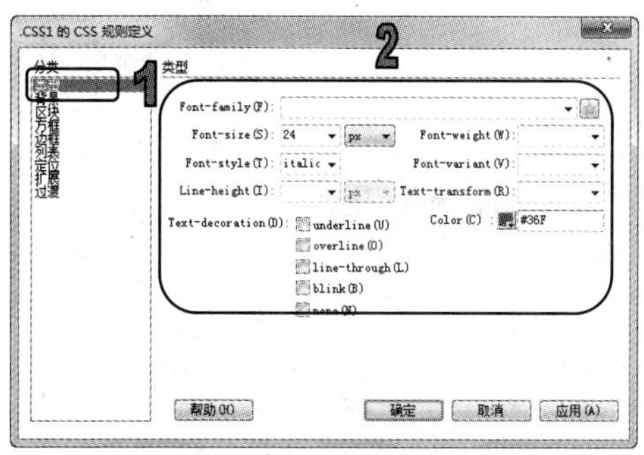

图 8-17　【定位】选项区域

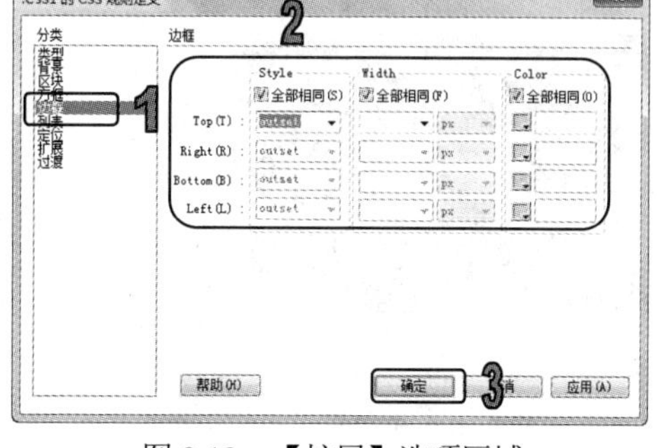

图 8-18　【扩展】选项区域

(7) 完成以上操作后，选择【文件】|【保存】命令将网页保存。此时，选择【窗口】|【CSS 样式】命令，在打开的【CSS 样式】面板中用户可以看到创建的 CSS 样式，双击面板下方【属性】选项区域中的【字体】、【框架】等选项，在展开的列表框中可以查看新建 CSS 样式的属性，如图 8-19 所示。

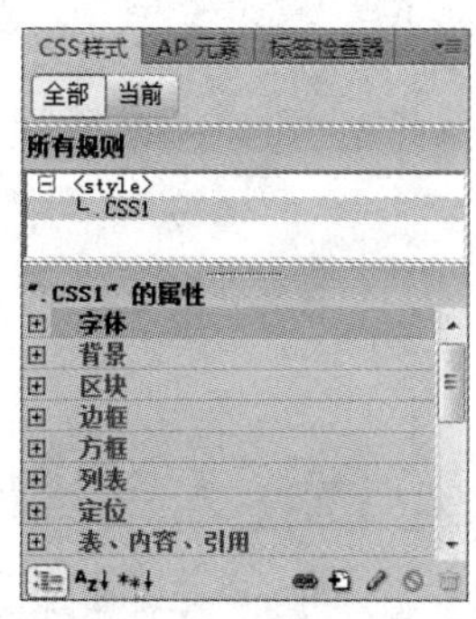

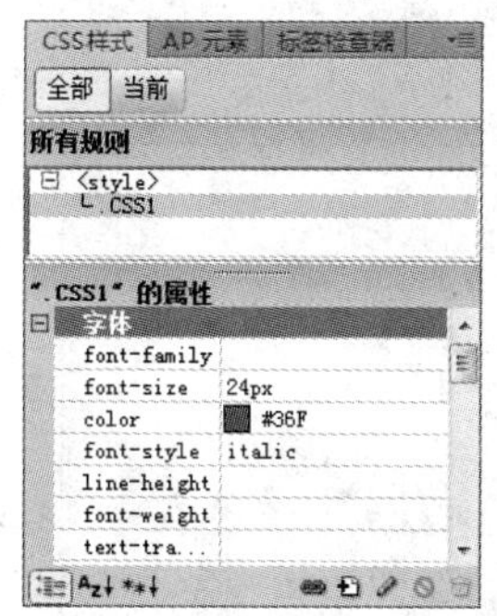

图 8-19　【CSS 样式】面板

8.2.4　套用 CSS 样式

新建 CSS 规则样式后，就可以利用该样式快速设置页面上的网页元素样式，使网站具有统一的风格。在 Dreamweaver CS6 中，用户可以在【属性】面板对文档中选中的网页元素套用 CSS 样式，也可以使用“多类选区”面板将多个 CSS 样式应用于单个网页元素。

1. 通过【属性】面板应用 CSS 样式

用户可以参考以下实例所介绍的方法，在【属性】面板中应用 CSS 样式。

【例 8-4】继续【例 8-3】的操作，将 CSS1 样式规则应用于网页中。

(1) 打开【例 8-3】创建的网页文档，然后选择【插入】|【图像】命令，在页面中插入一张如图 8-20 所示的图片。

(2) 在【属性】面板中单击 CSS 按钮，然后单击【目标规则】下拉列表按钮，在弹出的下拉列表中选择【CSS1】选项，即可应用该规则，如图 8-21 所示。

图 8-20　选中页面中的图片

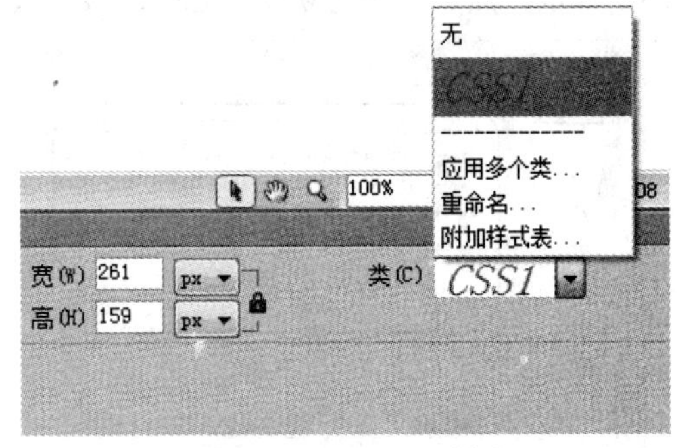

图 8-21　选择 CSS 样式

除了采用以上所介绍的方法可以在网页中应用 CSS 样式以外，还可以通过【标签检查器】面板应用 CSS 样式。用户在网页文档中选中要设定 CSS 样式的对象后，选择【窗口】|【标签检查器】命令，打开【标签检查器】面板，然后展开该面板中的 CSS/辅助功能，在 class 选项右侧的文本框中输入 CSS 样式的名称即可。

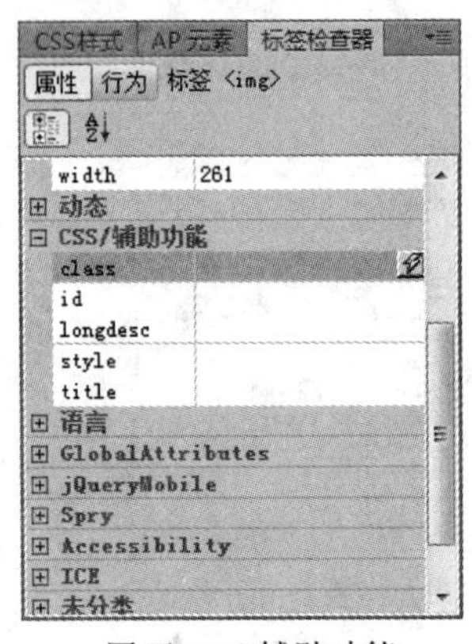

展开 CSS/辅助功能

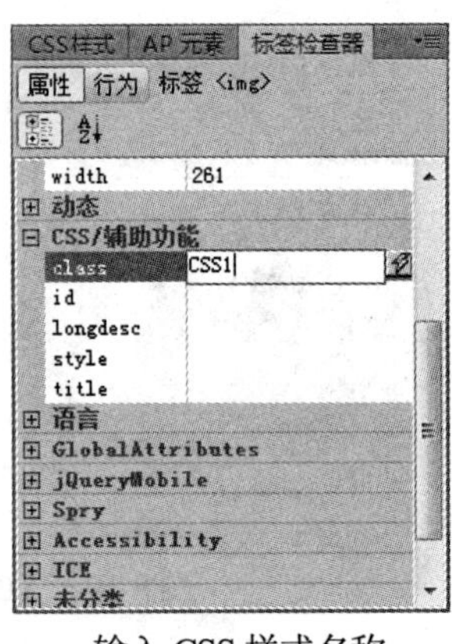

输入 CSS 样式名称

图 8-22　通过标签检查器应用 CSS 样式

2. 使用多 CSS 类选区

“多类选区”对话框是 Dreamweaver CS6 的新增功能，使用该对话框可以将多个 CSS 类应用于单个元素。

【例 8-5】使用“多类选区”对话框在单个网页元素上应用多个 CSS 类。

(1) 重复【例 8-3】的操作，创建 CSS2、CSS3 两个 CSS 样式，然后参考【例 8-4】的操作，在网页中插入一个图片。

(2) 选中页面中插入的图片后，选择【格式】|【CSS 样式】|【应用多个类】命令(如图 8-23 所示)，打开【多类选区】对话框。

(3) 在【多类选区】对话框中的【单击以指定多个类】列表框中选中多个 CSS 类后，单击【确定】按钮，即可将选中的 CSS 类应用在网页中的图片上，如图 8-24 所示。

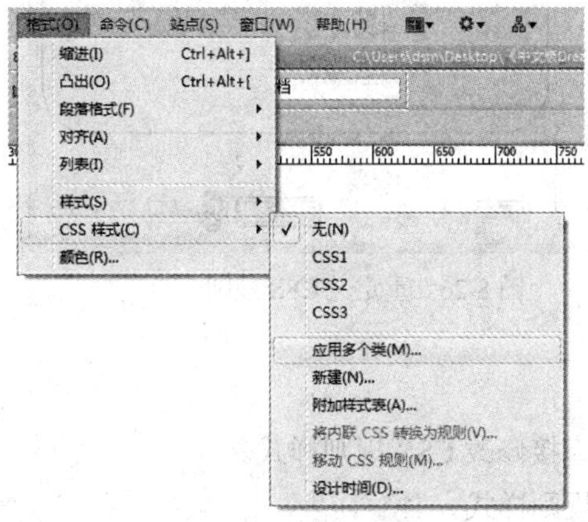

图 8-23　应用多个类

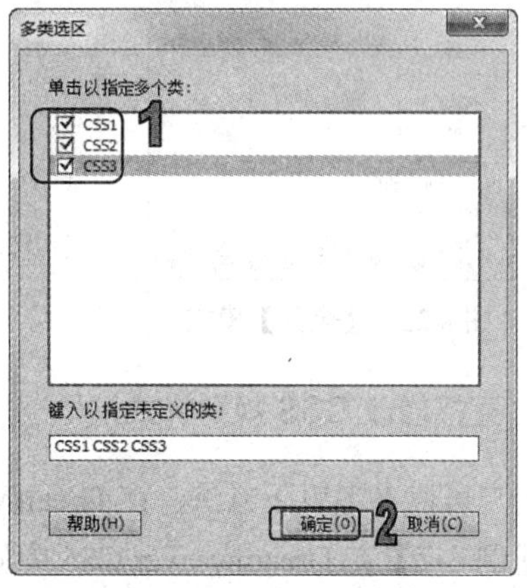

图 8-24　【多类选区】对话框

8.3　使用 Dreamweaver 编辑 CSS 样式

对于创建的 CSS 样式，可以进行编辑操作，主要包括修改 CSS 样式属性、设置 CSS 样式首选参数以及链接和导入 CSS 样式等。

8.3.1　修改 CSS 规则

CSS 样式表通常包含一个或多个规则。用户可以在【CSS 规则定义】对话框中修改已经创建的 CSS 样式表中的各个规则，也可以直接在【CSS 样式】面板中执行 CSS 样式的修改操作。下面将主要介绍修改 CSS 样式的常用方法。

1. 通过【CSS 规则】对话框修改 CSS 规则

在 Dreamweaver 中，用户可以参考以下方法重新定义 CSS 样式规则。

【例 8-6】在 Dreamweaver CS6 中重定义 CSS 样式规则。

(1) 打开网页后，选择【窗口】|【CSS 样式】命令，打开【CSS 样式】面板，然后单击该面板中的【全部】按钮，切换到【全部】模式，如图 8-25 所示。

(2) 双击【所有规则】选项区域中需要修改的样式表的名称，打开【CSS 规则定义】对话框，然后对 CSS 样式进行修改，如图 8-26 所示。

(3) 完成 CSS 样式的重定义修改后，在【CSS 规则定义】对话框中单击【确定】按钮即可。

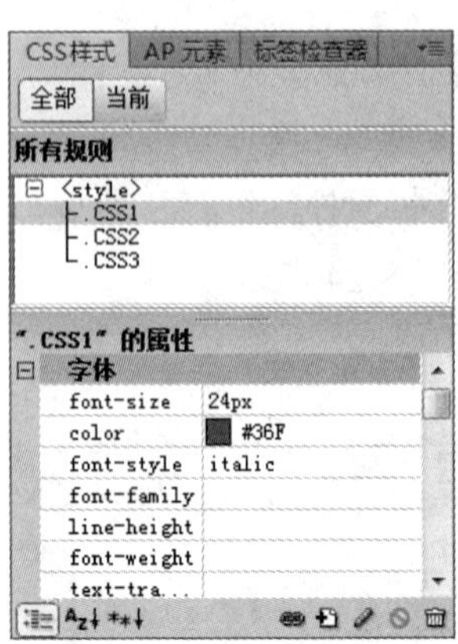

图 8-25 【全部】模式

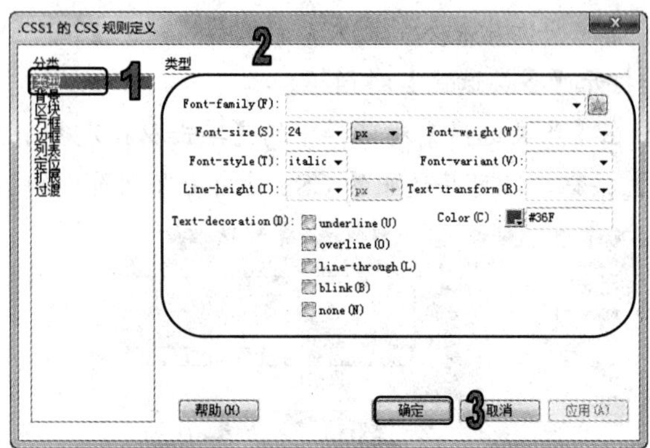

图 8-26 重定义 CSS 规则

2. 直接修改 CSS 规则样式

用户可以参考以下方法，在 Dreamweaver 中直接修改 CSS 规则样式。

【例 8-7】在 Dreamweaver CS6 中修改 CSS 规则样式。

(1) 选择【窗口】|【CSS 样式】命令，打开【CSS 样式】面板，在【全部】模式下的【CSS 样式的属性】列表框中显示了当前选中的样式属性，如图 8-27 所示。

(2) 单击【CSS 样式】面板下方的【添加属性】链接，可以添加 CSS 样式属性，如图 8-28 所示。

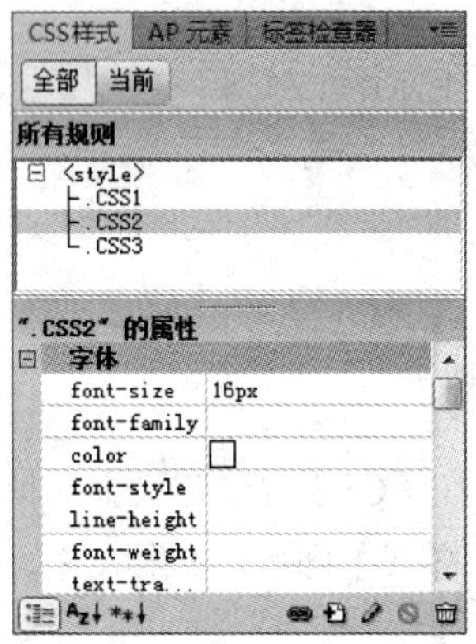

图 8-27 选中 CSS 样式

图 8-28 直接修改 CSS 规则

8.3.2 移动 CSS 样式

在 Dreamweaver 中，用户可以方便地将 CSS 规则移动到不同位置，例如将规则在文档间移动、从文档头移动到外部样式表、在外部 CSS 文件之间移动等。如果移动的 CSS 规则与目标样式表中的规则冲突，系统会打开一个【存在同名规则】对话框，将移动的规则放在目标样式表中紧靠冲突规则的旁边。

【例 8-7】在网页中移动 CSS 规则“CSS1”。

(1) 在 Dreamweaver 中新建一个空白网页文档，选择【窗口】|【CSS 样式】命令，打开【CSS 样式】面板，然后在该面板中右击创建的 CSS1 规则，在弹出的菜单中选择【移动 CSS 规则】命令，打开【移至外部样式表】对话框，如图 8-29 所示。

(2) 在【移至外部样式表】对话框中单击【浏览】按钮，然后在打开的【选择样式列表】对话框中选择保存 CSS 样式表的文件夹，并在【文件名】文本框中输入 CSS 样式表的名称“CSS1”，如图 8-30 所示。

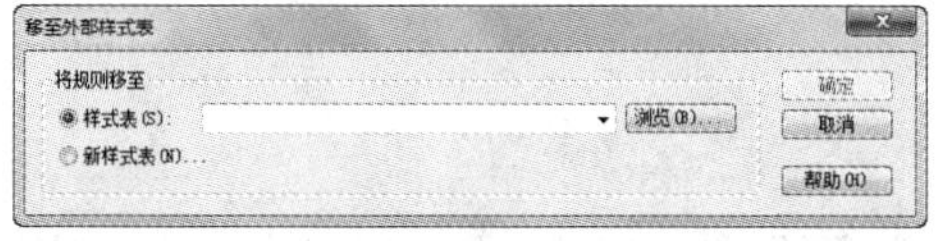

图 8-29　【移至外部样式表】对话框

图 8-30　【选择样式表文件】对话框

(3) 在【选择样式表文件】对话框中单击【确定】按钮，返回【移至外部样式表】对话框，然后在该对话框中单击【确定】按钮即可。

8.3.3　附加样式表

单击【CSS 样式】面板中的【附加样式表】按钮，打开【链接外部样式表】对话框，如图 8-31 所示，可以链接和导入样式表。

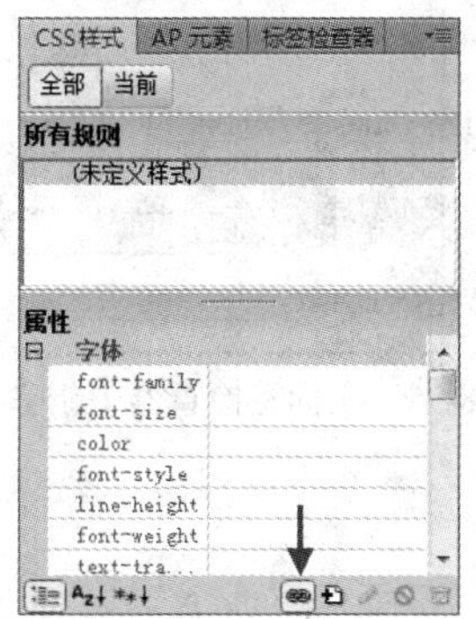

单击【附加样式表】按钮

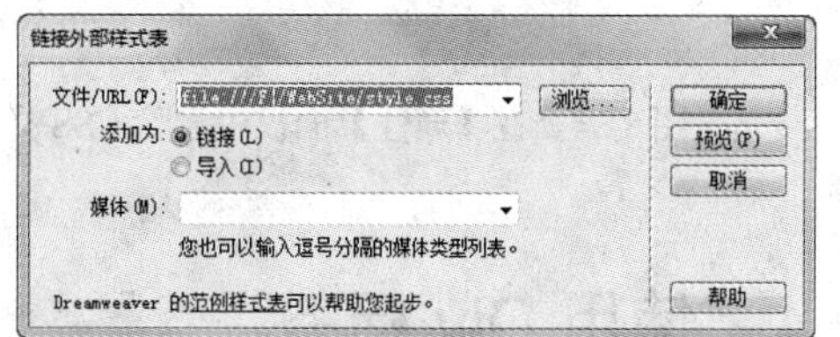

【链接外部样式表】对话框

图 8-31　链接与导入 CSS 样式

单击对话框中的【浏览】按钮，打开【选择样式表文件】对话框，如图 8-32 所示，选择需要链接的外部 CSS 样式文件，然后单击【确定】按钮，将 CSS 样式文件导入到【链接外部样

式表】对话框中。选中【添加为】选项区域中的【链接】单选按钮，单击【确定】按钮，在【CSS样式】面板的列表中将显示链接的 CSS 文件，如图 8-33 所示。

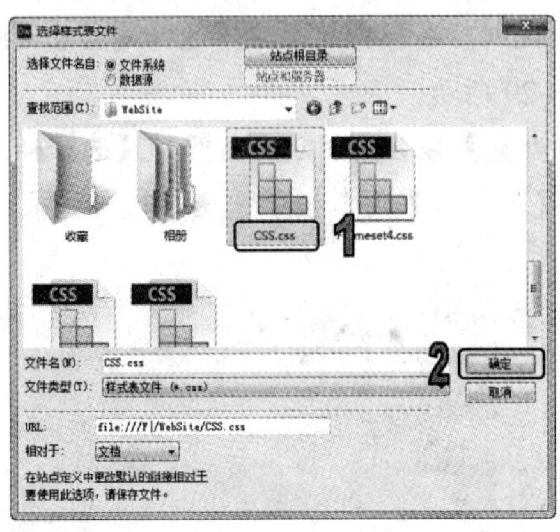

图 8-32 【选择样式表文件】对话框

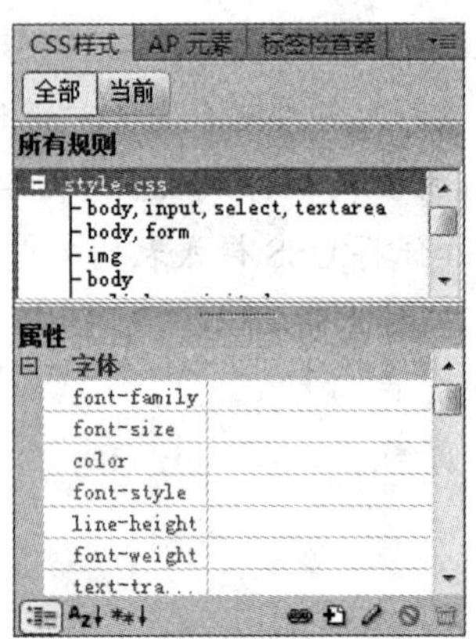

图 8-33 显示链接的 CSS 文件

8.3.4 删除已应用的 CSS 样式

在 Dreamweaver 中要删除已经应用在网页元素上的 CSS 样式，用户可以在选中相应的网页元素后，在【属性】面板中单击【类】下拉列表按钮，在弹出的下拉列表中选中【无】选项，如图 8-34 所示。或者在标签检查器中展开【CSS/辅助功能】选项，然后选中 class 属性中的 CSS 样式，按下 Delete 键将其删除，并按下 Enter 键确认，如图 8-35 所示。

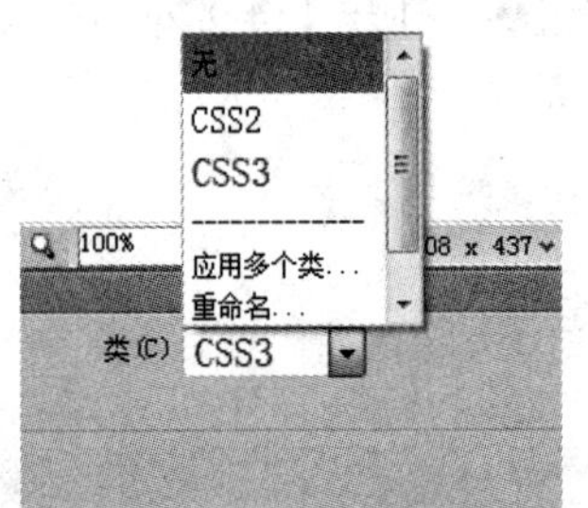

图 8-34 在【属性】面板中删除 CSS 样式

图 8-35 在标签检查器中删除 CSS 样式

8.4 使用 Div 标签

Div 标签是 HTML 中的一个元素，Div+CSS 技术是目前非常流行的一种网页布局方法，此类网页布局有别于传统的网页布局方式，可以实现 W3C 内容与显式方式相分离，从而使页面和样式的调整变得十分方便。

8.4.1　插入 Div 标签

在 Dreamweaver 文档窗口中，将鼠标光标放在在要显示 Div 标签的位置上，然后选择【插入】|【布局对象】|【Div 标签】命令，并在打开的【插入 Div 标签】对话框中单击【确定】按钮，即可在网页中插入一个 Div 标签，如图 8-36 所示。

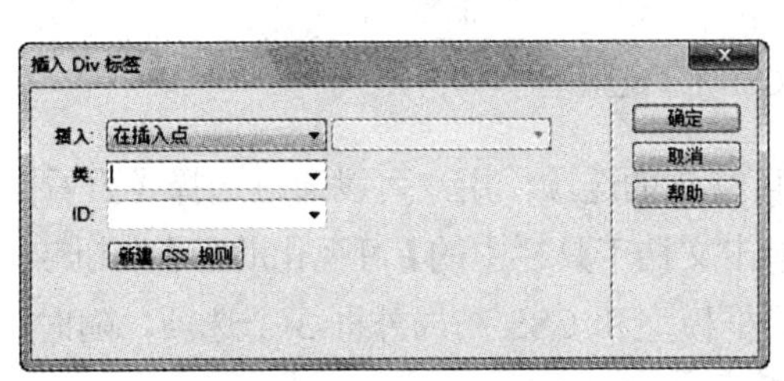

【插入 Div 标签】对话框

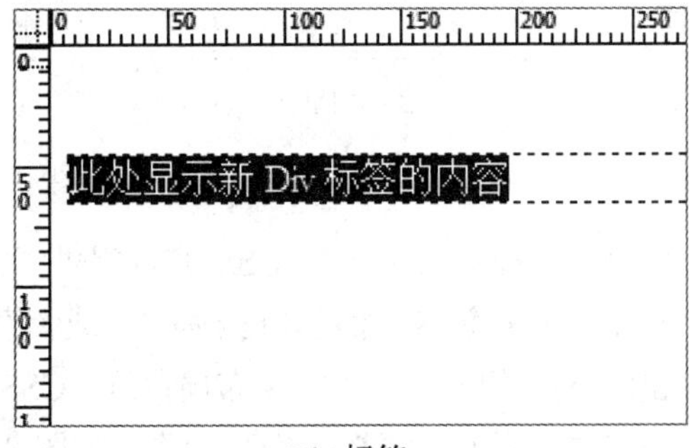

Div 标签

图 8-36　在网页中插入 Div 标签

在【插入 Div 标签】对话框中，用户可以通过设置以下几个选项，定义插入网页中的 Div 标签的效果。

- 【插入】下拉列表：该下拉列表用于选择 Div 标签的位置以及标签的名称(若不是新标签)。用户可以选择【在插入点】、【在开始标签之后】和【在结束标签之前】3 个选项。
- 【类】下拉列表：单击该下拉列表，可以显示当前应用于标签的类样式。
- 【ID】下拉列表：该下拉列表用于修改标识 Div 标签的名称。
- 【新建 CSS 规则】按钮：单击对话框下方的【新建 CSS 规则】按钮，可以打开【新建 CSS 规则】对话框创建新的 CSS 规则。

8.4.2　编辑 Div 标签

在网页中插入 Div 标签后，单击页面中的 Div 标签即可在其中输入文本。若用户需要修改 Div 标签上的占位符文本，可以选中文本后，在其上方输入新的内容。用户可以在 Div 标签中添加任何形式的内容，例如图片、表格等，其具体操作方法与在网页中一样。

Div 标签是一种结构化元素，它在运行时通过浏览器浏览将不会显示。网页设计者通常需要能够看到底层结构来对页面布局进行调整，在实际工作中还需要能够隐藏结构以便显示类似浏览器的视图效果。

当用户为 Div 标签设置了边框，或者为其定义了【CSS 布局外框】时，它们便具有可视边框。在 Dreamweaver 中选择【查看】|【可视化助理】|【CSS 布局外框】命令，可以隐藏或显示 CSS 边框，如图 8-37 所示。

显示边框

隐藏边框

图 8-37　显示与隐藏 CSS 布局边框

另外，Dreamweaver 为 CSS 布局提供了完全可视化的选项，用户可以通过选择【查看】|【可视化助理】|【CSS 布局外框】命令，或者直接单击文档工具栏中的【可视化助理】按钮，在弹出的下拉菜单中选中 CSS 布局背景、CSS 布局框模型和 CSS 布局外框 3 个选项，随时在文档窗口中显示或隐藏 CSS 布局元素，如图 8-38 所示。

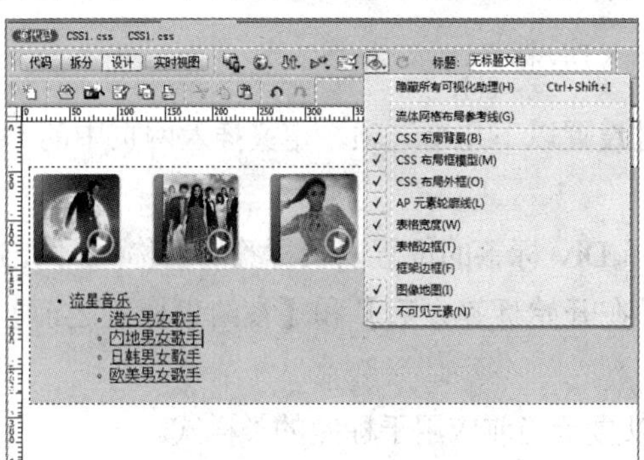

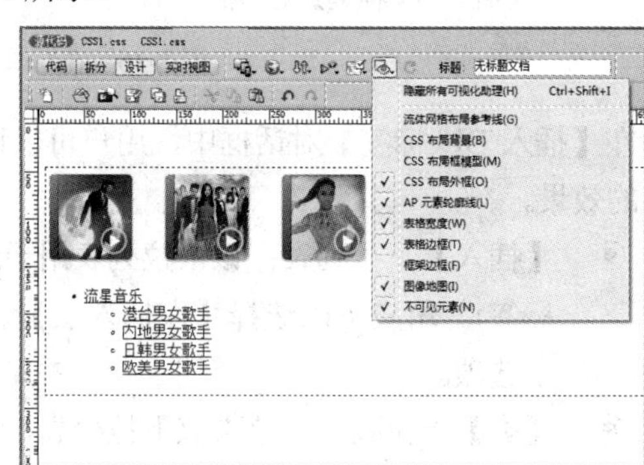

图 8-38　显示与隐藏 CSS 布局元素

8.5　上机练习

本章的上机练习将通过实例详细介绍在 Dreamweaver 中创建并应用 CSS 样式，从而实现修饰与美化网页效果的方法。

8.5.1　使用 Dreamweaver 范例样式表

使用 Dreamweaver 在网页中应用范例样式。

(1) 启动 Dreamweaver 后打开如图 8-39 所示的网页文档，然后选择【窗口】|【CSS 样式】命令，打开【CSS 样式】面板。

(2) 在【CSS 样式】面板中单击【附加样式表】按钮，打开【链接外部样式表】对话框，然后在该对话框中单击【范例样式表】链接，如图 8-40 所示，打开【范例样式表】对话框。

图 8-39 打开网页文档

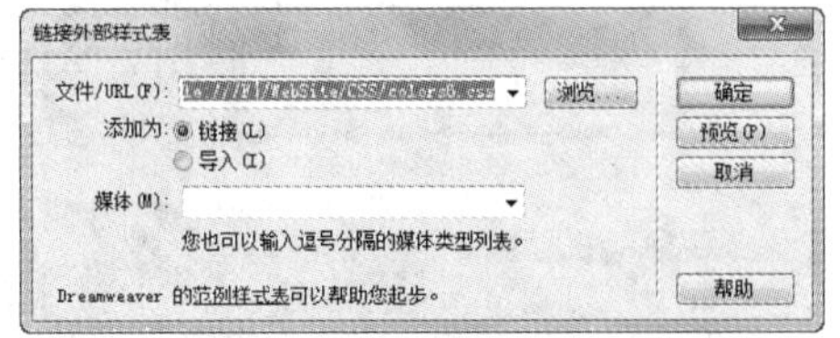

图 8-40 【链接外部样式表】对话框

(3) 在【范例样式表】对话框左侧的列表框中选中某一种 CSS 样式后，单击【预览】按钮，查看 CSS 样式在网页中的视觉效果，如图 8-41 所示。

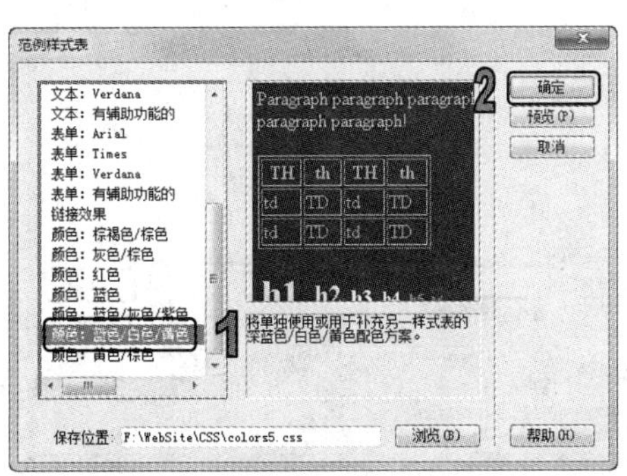

选中 CSS 样式

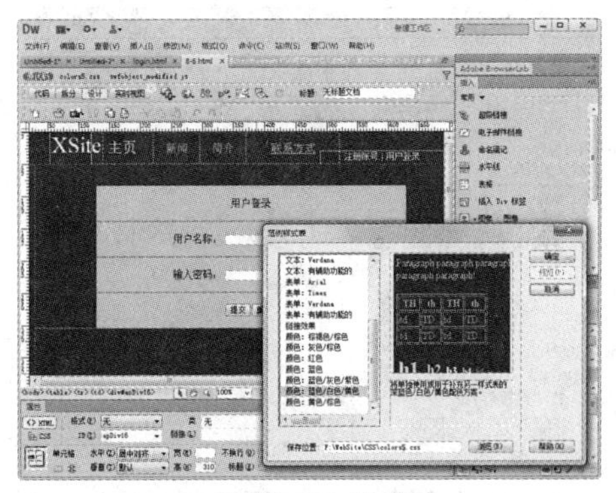

预览 CSS 样式

图 8-41 使用【范例样式表】预览 CSS 样式

(4) 最后，在【范例样式表】对话框中单击【确定】按钮，即可应用所选的 CSS 样式。

8.5.2 使用 Div+CSS 布局网页

在 Dreamweaver 中使用 Div+CSS 制作网页头部导航栏。

(1) 启动 Dreamweaver 后创建一个空白网页，然后将鼠标光标置于网页中并选择【插入】|【布局对象】|【Div 标签】命令，打开如图 8-42 所示的【插入 Div 标签】对话框。

(2) 在【插入 Div 标签】对话框中设置【插入】下拉列表中的选项为【在插入点】，设置 ID 文本框中的参数为 top，如图 8-43 所示。

(3) 单击【插入 Div 标签】对话框中的【新建 CSS 规则】按钮，打开【新建 CSS 规划】对话框，然后在该对话框中单击【选择定义规则的位置】下拉列表按钮，在弹出的下拉列表中选中【新建样式表文件】选项，如图 8-44 所示。

(4) 在【新建 CSS 规则】对话框中单击【确定】按钮，然后在打开的【将样式表文件另存为】对话框的【文件名】文本框中输入 style，并单击【确定】按钮，如图 8-45 所示，打开【CSS 规则定义】对话框。

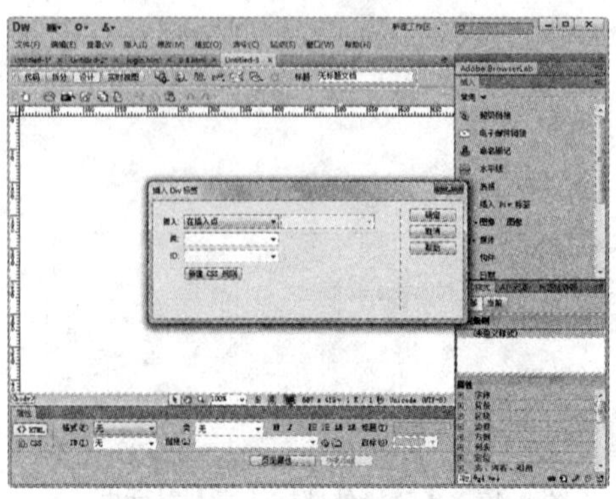

图 8-42　打开【Div 标签】对话框

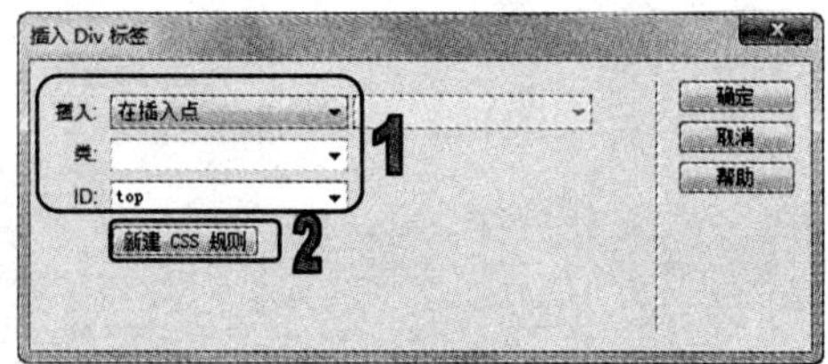

图 8-43　设置【Div 标签】对话框

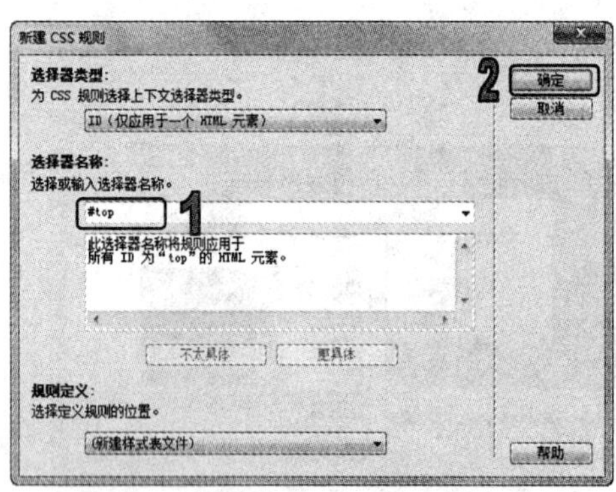

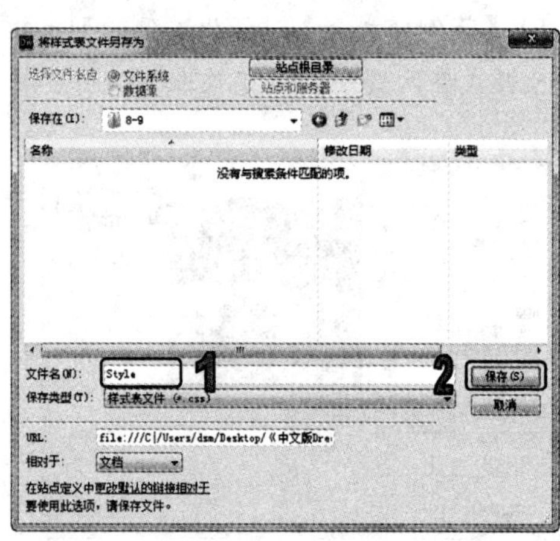

图 8-44　【新建 CSS 规则】对话框　　　图 8-45　【将样式表文件另存为】对话框

(5) 在【CSS 规则定义】对话框的【分类】列表框中选中【方框】选项，然后参考图 8-46 所示设置对话框右侧选项区域中的选项。

(6) 在【CSS 规则定义】对话框中单击【确定】按钮，返回【插入 Div 标签】对话框，并在该对话框中单击【确定】按钮，在网页中插入如图 8-47 所示的 Div 标签。

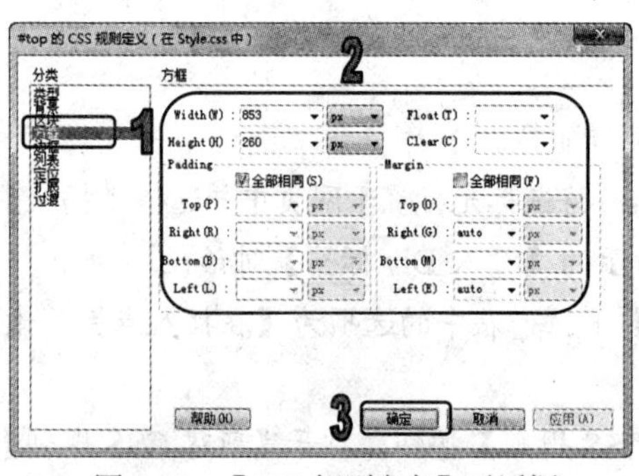

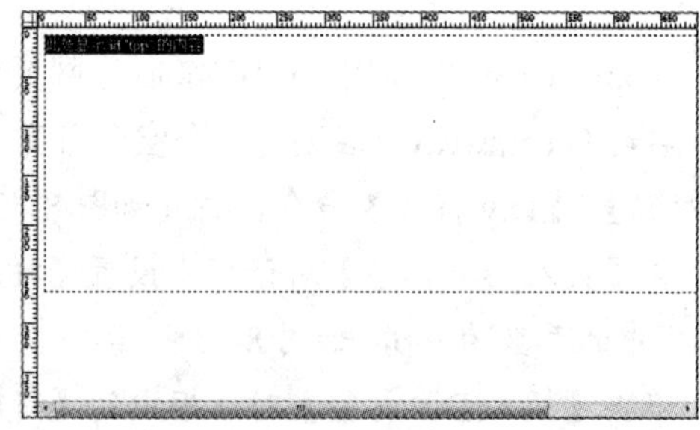

图 8-46　【CSS 规则定义】对话框　　　图 8-47　在网页中插入 Div 标签

(7) 将鼠标光标置于 Div 标签内，删除文字"此处显示 id top 的内容"，然后在【插入】面板的【布局】分类中单击【插入 Div 标签】按钮，如图 8-48 所示，打开【插入 Div 标签】对话框。

(8) 在【插入】下拉列表中选中【在插入点】选项，在 ID 文本框中输入“top_one”，然后单击【新建 CSS 规则】按钮，如图 8-49 所示。

图 8-48　【插入】面板

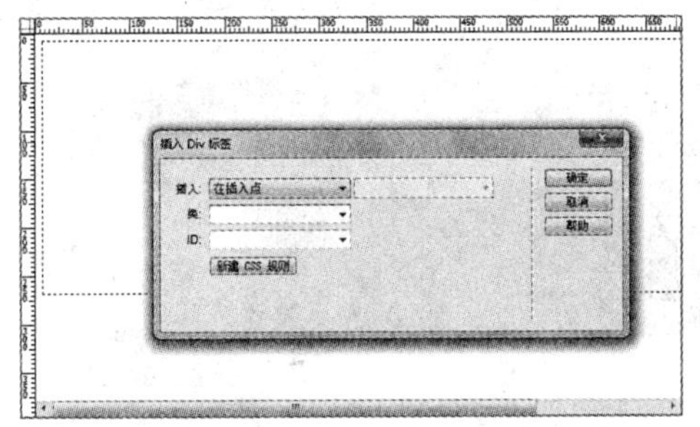

图 8-49　设置【插入 Div 标签】对话框

(9) 在打开的【新建 CSS 规则】对话框中单击【选择定义规则的位置】下拉列表按钮，在弹出的下拉列表中选中【style.css】选项，然后单击【确定】按钮，打开【CSS 规则定义】对话框。

(10) 在【CSS 规则定义】对话框中的【分类】列表中选中【方框】选项，然后参考图 8-50 所示，设置对话框右侧选项区域中的参数。

(11) 在【CSS 规则定义】对话框中的【分类】列表中选中【区块】选项，然后参考图 8-51 所示，设置对话框右侧选项区域中的参数。

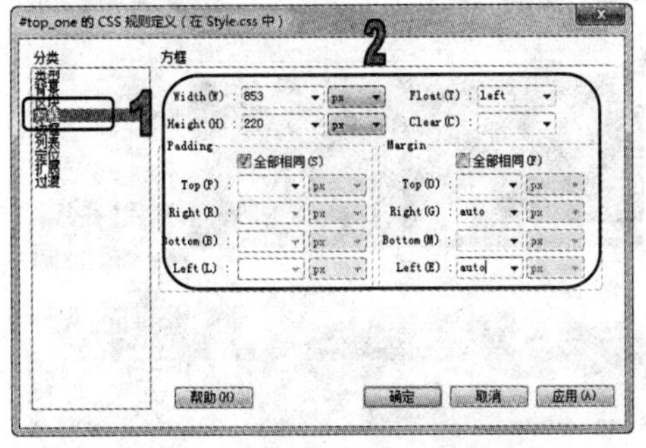

图 8-50　设置【方框】选项区域

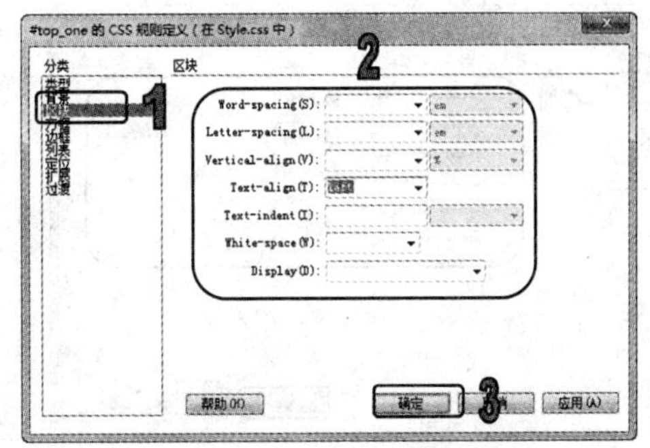

图 8-51　设置【区块】选项区域

(12) 在【CSS 规则定义】对话框中单击【确定】按钮，返回【插入 Div 标签】对话框，然后在该对话框中单击【确定】按钮，在网页中插入第 2 个 Div 标签“top_one”。

(13) 删除页面中的文字“此处显示 id top_one 的内容”，然后选择【插入】|【图片】命令，在 Div 标签中插入如图 8-52 所示的图片。

(14) 将鼠标指针插入步骤(13)中插入的后方，然后单击【插入】面板中【布局】分类下的【插入 Div 标签】按钮，打开【插入 Div 标签】对话框。

(15) 在【插入 Div 标签】对话框中的【插入】下拉列表中选中【在插入点】选项，然后在 ID 文本框中输入 menu。

(16) 单击【插入 Div 标签】对话框中的【新建 CSS 规则】按钮，然后在打开的【新建 CSS 规则】对话框中单击【选择定义规则的位置】下拉列表按钮，在弹出的下拉列表中选中【style.css】选项。

(17) 在【新建 CSS 规则】对话框中单击【确定】按钮，在打开的【CSS 规则定义】对话框中的【分类】列表中选中【方框】选项，然后参考图 8-53 所示设置对话框右侧的选项区域。

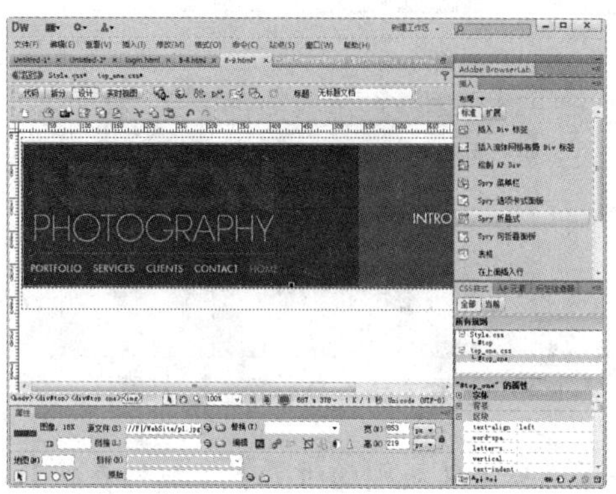

图 8-52 插入网页图片

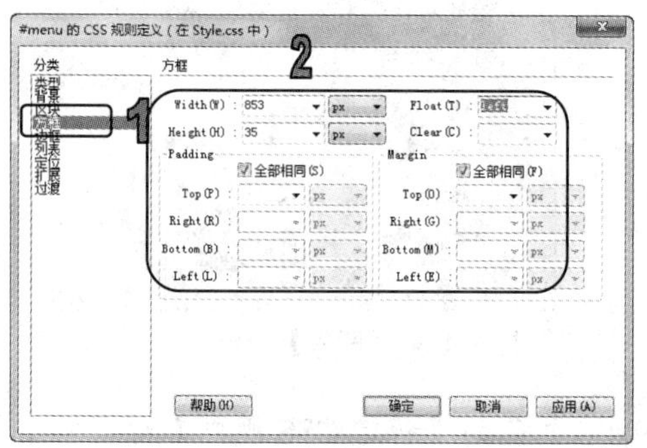

图 8-53 设置【区块】选项区域

(18) 在【新建 CSS 规则】对话框的【分类】列表中选中【背景】选项，然后参考图 8-54 所示设置对话框右侧的选项区域。

(19) 在【新建 CSS 规则】对话框中单击【确定】按钮返回【插入 Div 标签】对话框，然后在该对话框中单击【确定】按钮，在网页中插入第 3 个 Div 标签，如图 8-55 所示。

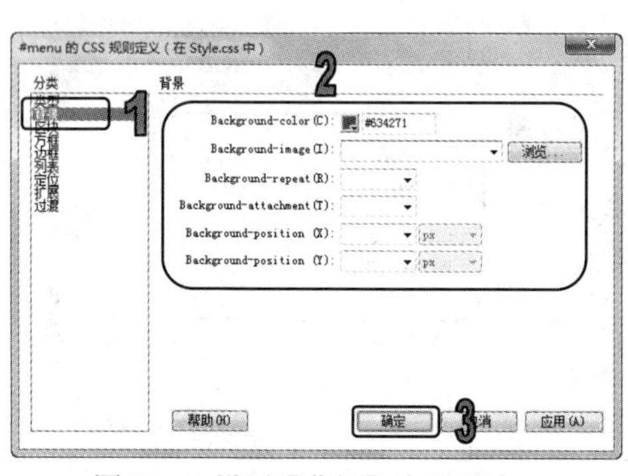

图 8-54 设置【背景】选项区域

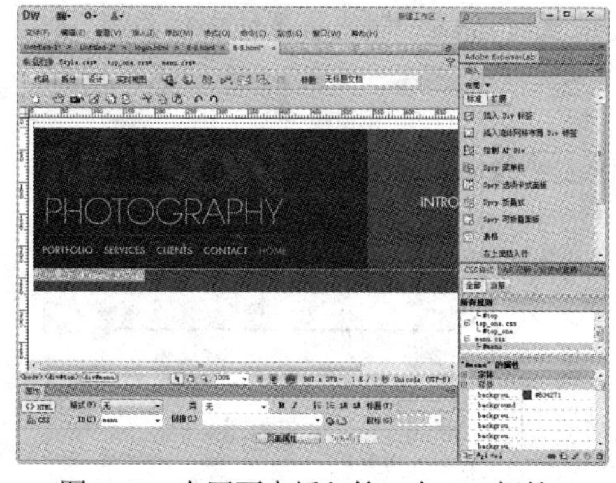

图 8-55 在网页中插入第 3 个 Div 标签

(20) 删除页面中自动生成的文字“此处显示 id menu 的内容”，然后单击【插入】面板中【布局】分类中的【插入 Div 标签】按钮，并在打开的【插入 Div 标签】对话框中的 ID 文本框中输入“menu_main”，如图 8-56 所示。

(21) 在【插入 Div 标签】对话框中单击【新建 CSS 规则】按钮，然后在打开的【新建 CSS 规则】对话框中单击【选择定义规则的位置】下拉列表按钮，在弹出的下拉列表中选中【style.css】选项，并单击【确定】按钮。

(22) 在打开的【CSS 规则定义】对话框中的【分类】列表框中选中【方框】选项，参考图 8-57 所示设置对话框右侧的选项区域。

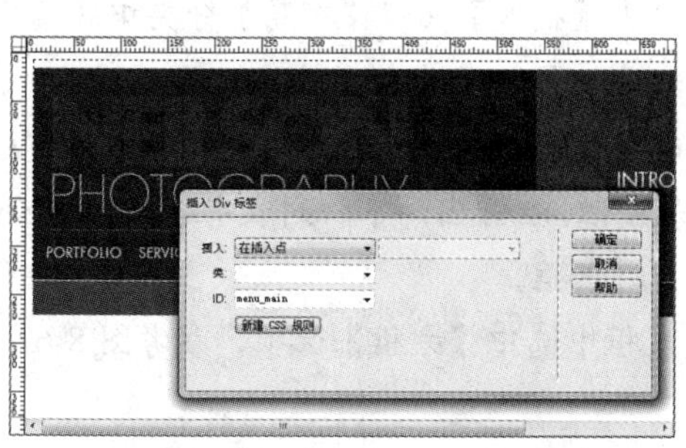

图 8-56　【插入 Div 标签】对话框

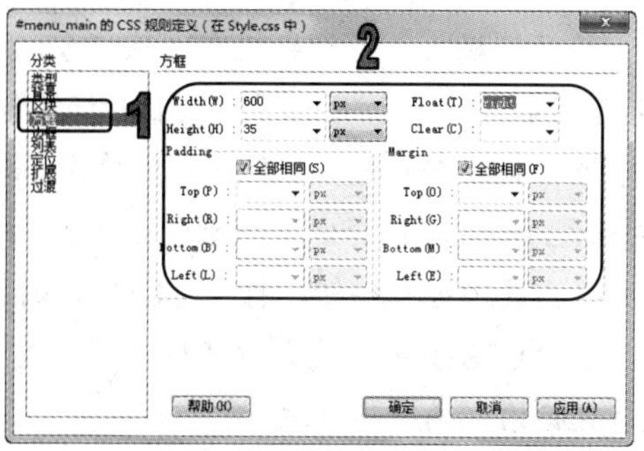

图 8-57　设置【区块】选项区域

(23) 在【CSS 规则定义】对话框的【分类】列表框中选中【背景】选项，参考图 8-58 所示设置对话框右侧的选项区域。

(24) 在【CSS 规则定义】对话框中单击【确定】按钮，返回【插入 Div 标签】对话框，然后在该对话框中单击【确定】按钮，在网页中插入如图 8-59 所示的 Div 标签(第 4 个 Div 标签)。

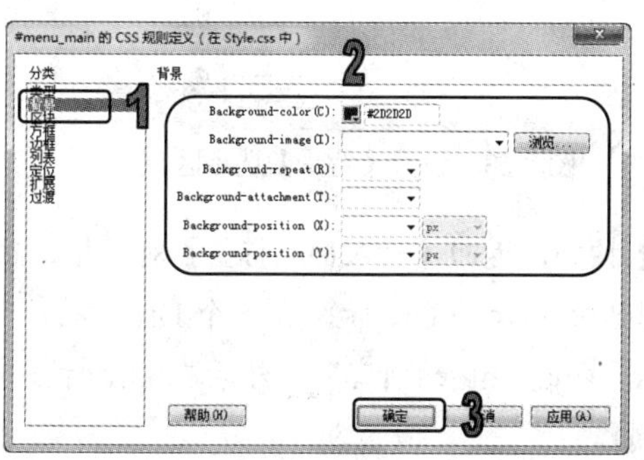

图 8-58　设置【背景】选项区域

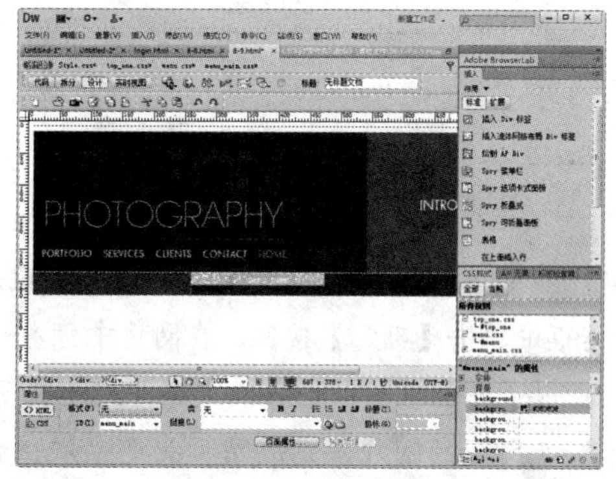

图 8-59　在网页中插入第 4 个 Div 标签

(25) 删除 Div 标签中自动生成的文字“此处显示 id menu_main 的内容”，然后输入如图 8-60 所示的导航文字(用户可任意输入)。

(26) 选中输入的导航文字，然后在【CSS 样式】面板的【属性】选项区域中展开【字体】选项，并在显示的选项区域中单击 Color 选项，设置文本的颜色，如图 8-61 所示。

图 8-60　输入导航文字

图 8-61　设置字体颜色

(27) 将鼠标插入点置于导航文字的前方，然后单击【插入】面板【布局】分类中的【插入 Div 标签】按钮，并在打开的【插入 Div 标签】对话框中的 ID 文本框中输入“menu_left”。

(28) 在【插入 Div 标签】对话框中单击【新建 CSS 规则】按钮，然后在打开的【新建 CSS 规则】对话框中单击【选择定义规则的位置】下拉列表按钮，在弹出的下拉列表中选中【style.css】选项，并单击【确定】按钮，打开【CSS 规则定义】对话框。

(29) 在【CSS 规则定义】对话框的【分类】列表框中选中【方框】选项，参考图 8-62 所示设置对话框右侧的选项区域。

(30) 在【CSS 规则定义】对话框的【分类】列表框中选中【背景】选项，参考图 8-63 所示设置对话框右侧的选项区域。

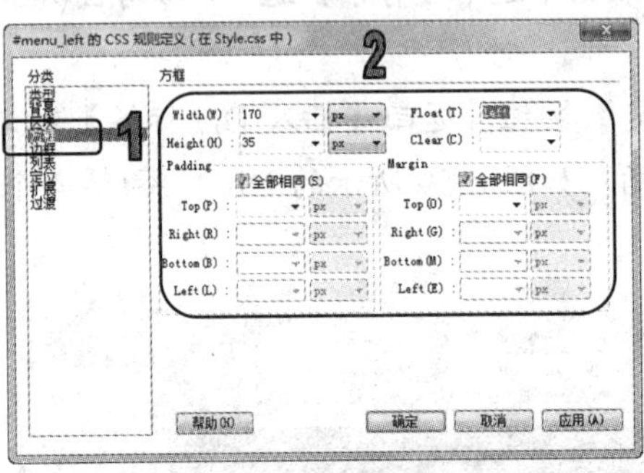

图 8-62　设置【方框】选项区域

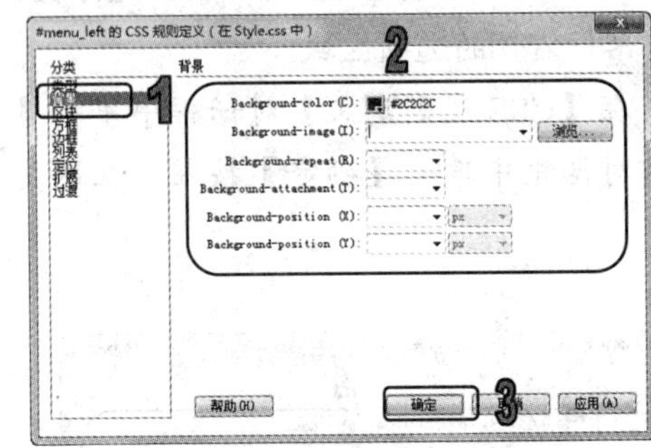

图 8-63　设置【背景】选项区域

(31) 在【CSS 规则定义】对话框中单击【确定】按钮，返回【插入 Div 标签】对话框，然后在该对话框中单击【确定】按钮，在网页中插入如图 8-64 所示的 Div 标签(第 5 个 Div 标签)。

(32) 删除页面中自动生成的文字“此处显示 id menu_left 的内容”，然后在 Div 标签中插入如图 8-65 所示的图片，完成网页头部导航栏的制作。

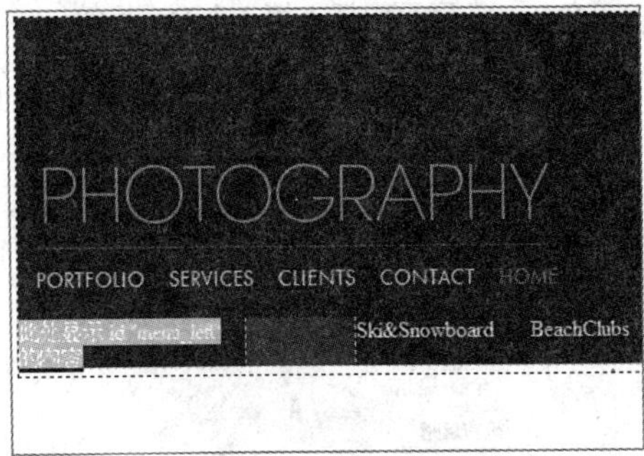

图 8-64　在网页中插入第 5 个 Div 标签

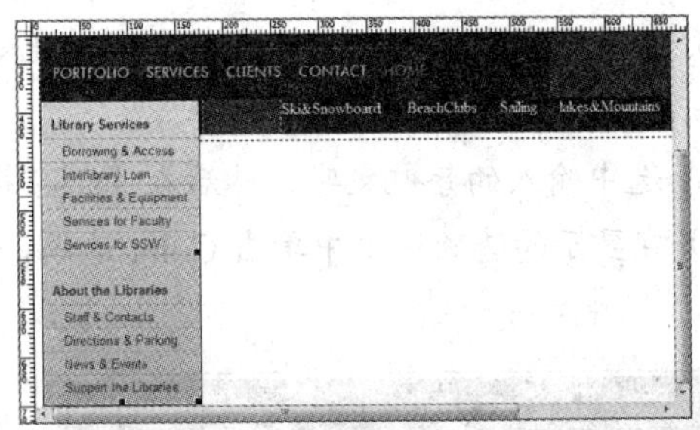

图 8-65　网页导航栏效果

8.6　习题

1. 简述 CSS 样式规则。
2. 在 Dreamweaver 中，用户可以定义哪几种 CSS 样式？
3. 练习创建 CSS 示例页网页文档，并导出为 CSS 样式表。

第9章 创建移动设备网页

学习目标

jQuery Mobile 是 jQuery 在手机上和平板设备上的版本。jQuery Mobile 不仅会给主流移动平台带来 jQuery 核心库，而且会发布一个完整统一的 jQuery 移动 UI 框架。支持全球主流的移动平台。本章将详细介绍在 Dreamweaver CS6 中使用 jQuery Mobile 制作移动设备网页的具体方法。

本章重点

- jQuery Mobile 的基础知识
- 建立 jQuery Mobile 页面
- 使用 jQuery Mobile 组件
- jQuery Mobile 文本与密码的输入

9.1 jQuery 和 jQuery Mibile 简介

在使用 Dreamweaver 创建 jQuery Mobile 移动设备网页之前，用户首先应了解 jQuery 与 jQuery Mobile 的基本特征以及其所支持的移动平台。

1. jQuery

jQuery 是继 prototype 之后又一个优秀的 Javascript 框架。它是轻量级的 js 库，兼容 CSS3，还兼容各种浏览器(IE 6.0+, FF 1.5+, Safari 2.0+, Opera 9.0+)。jQuery 使用户能更方便地处理 HTML documents 和 events，实现动画效果，并且方便地为网站提供 AJAX 交互。jQuery 还有一个比较大的优势是，它的文档说明很全，而且各种应用也说得很详细，同时还有许多成熟的插件可供选择。jQuery 能够使用户的 html 页面保持代码和 html 内容分离，也就是说，不用再在 html 里面插入一堆 js 来调用命令了，只需定义 id 即可。

使用 jQuery 的前提是首先要引用一个有 jQuery 的文件，jQuery 库位于一个 JavaScript 文件中，其中包含了所有的 jQuery 函数，代码如下。

```
<script type= "text/javascript " src= " http://code.jQuery.com/jQuery-latest.min.js"></script>
```

现在 jQuery 驱动着 Internet 上大量的网站，它可以在浏览器中提供动态的用户体验，使传统桌面应用程序越来越受到其影响。

2. jQuery Mobile

jQuery Mobile 的使命是向所有主流移动浏览器提供一种统一体验，使整个 Internet 上的内容更加丰富(无论使用何种设备)。jQuery Mobile 的目标是在一个统一的 UI 框架中交付 JavaScript 功能，跨最流行的智能手机和平板电脑设备工作。与 jQuery 一样，jQuery Mobile 是一个在 Internet 上直接托管、免费可以使用的开源代码基础。实际上，当 jQuery Mobile 致力于统一和优化这个代码基础时，jQuery 核心库受到了极大的关注。这种关注充分说明，移动浏览器技术在极短的时间内取得了非常大的发展。

jQuery Mobile 与 jQuery 核心库一样，用户在计算机上不需要安装任何程序，只需要将各种*.js 和*.css 文件直接包含在 web 页面中即可。这样 jQuery Mobile 的功能就好像被放到了用户的指尖，供用户随时使用。

jQuery Mobile 为开发移动应用程序提供了非常简单的用户接口，这种接口的配置是标签驱动的，这意味着用户可以在 HTML 中创建大量的程序接口而不需要写任何 JavaScript 代码。jQuery Mobile 提供了一些自定义的事件用于探测移动和触摸操作，例如 tap(敲击)、tap-and-hold(点击)等。另外，使用一些 jQuery Mobile 加强的功能时还需要参照设备浏览器的支持列表。

(1) jQuery Mobile 的基本特征

jQuery Mobile 有以下几个基本的特征。

- 一般简单性：此框架简单易用。页面开发主要使用标签，无需或仅需很少 JavaScript。
- 支持增强和优雅降级：虽然 jQuery Mobile 利用最新的 HTML5、CSS3 和 JavaScript，但并非所有移动设备都提供这样的支持。jQuery Mobile 可以同时支持高端和低端设备(比如为没有 JavaScript 支持的设备尽量提供最好的体验)。
- 易于访问：jQuery Mobile 在设计时考虑了访问能力，它拥有 Accessible RichInternet Applicatons(WAI-ARIA)支持，以帮助使用辅助技术的残障人士访问 Web 页面。
- 小规模：jQuery Mobile 框架的整体文件大小较小，JavaScript 库为 12KB、CSS 为 6KB，还包括一些图标。
- 主题设置：此框架还提供一个主题系统，允许用户提供自己的应用程序样式。

(2) jQuery Mobile 的浏览器支持

jQuery Mobile 在移动设备浏览器支持方面取得了长足的进步，但并非所有移动设备都支持 HTML5、CSS3 和 JavaScript。这个领域是 jQuery Mobile 的持续增强和优雅降级支持发挥作用的地方。jQuery Mobile 同时支持高端和低端设备，例如没有 JavaScript 支持的设备。“持续增强”包含以下几个核心原则：

- 所有浏览器都应该能访问全部基础内容。
- 所有浏览器都应该能访问全部基础功能。
- 增强的布局由外部链接的 CSS 提供。
- 增强的行为由外部链接的 JavaScript 提供。
- 终端用户浏览器偏好应受到尊重。
- 所有基本内容应(按照设计)在基础设备上进行渲染，而更高级的平台和浏览器将使用额外的、外部链接的 JavaScript 与 CSS 支持。

(3) jQuery Mobile 支持的移动平台

jQuery Mobile 目前支持以下移动平台。

- Apple iOS：iPhone、iPad(所有版本)、iPod Touch；
- Android：所有设备(包括所有版本)；
- Blackberry Torch：版本 6；
- Palm WebOS Pre、Pixi；
- Nokia N900(进程中)。

9.2　建立 jQuery Mibile 页面

Dreamweaver 与 jQuery Mobile 相集成，可以帮助用户快速设计适合大部分移动设备的网页程序，同时也可以使网页自身适应各类尺寸的设备。下面将介绍在 Dreamweaver 中使用 jQuery Mobile 起始页创建应用程序和使用 HTML5 创建 Web 页面的方法。

9.2.1　使用 jQuery Mobile 起始页

jQuery Mobile 起始页包含 HTML、CSS、JavaScript 和图像文件，可以帮助用户开始设计应用程序，在实际设计时可使用 CDN 和用户自有服务器上承载的 CSS 和 JavaScript 文件，也可以使用 Dreamweaver 自带的文件。

在默认设置中，Dreamweaver 使用 jQuery Mobile CDN。此外，用户也可以使用其他站点(例如 Microsoft 或 Google)CDN 的 URL。在【代码】视图中编辑<link>和<script src>标签中指定的 CSS 和 JavaScript 文件的服务器位置。

用户在安装 Dreamweaver 时，软件会将 jQuery Mobile 文件的副本复制到用户的计算机中。选择 jQuery Mobile(本地)起始页时所打开的 HTML 页会链接到本地 CSS、JavaScript 和图像文件。用户可以参考下面介绍的方法创建 jQuery Mobile 页面结构。

(1) 启动 Dreamweaver 后选择【文件】|【新建】命令，打开【新建文档】对话框，然后在该对话框中选中【示例中的页】选项，如图 9-1 所示。

(2) 在对话框的【示例文件夹】列表框中选中【Mobile 起始页】选项后，在【示例页】列表框中选中 jQuery Mobile(CDN)、jQuery Mobile(本地)或包含主题的 jQuery Mobile(本地)选项。

(3) 在【新建文档】对话框中单击【确定】按钮，即可创建 jQuery Mobile 页面结构的网页，其效果如图 9-2 所示。

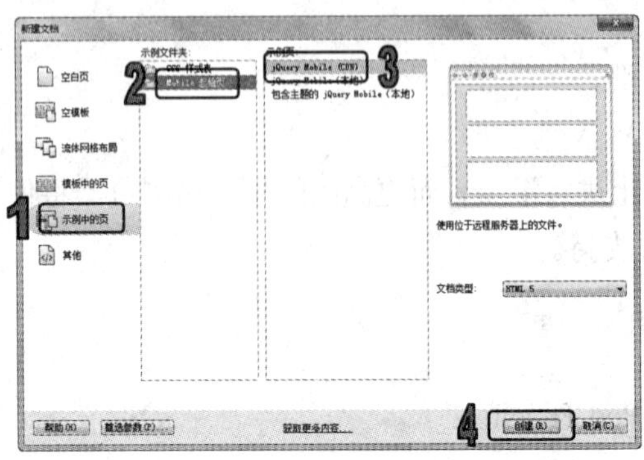

图 9-1 【新建文档】对话框

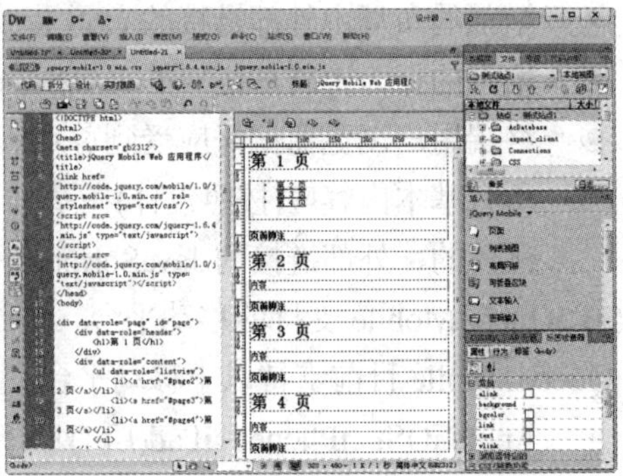

图 9-2 创建 jQuery Mobile 页面结构

提示

CDN(内容传送网络)是一种计算机网络，其所含的数据副本分别放置在网络中的多个不同点上。使用 CDN 的 URL 创建 Web 应用程序时，应用程序将使用 URL 中指定的 CSS 和 JavaScript 文件。

9.2.2 使用 HTML5 页

【jQuery Mobile 页面】组件充当所有其他 jQuery Mobile 组件的容器。在新的使用 HTML5 的页面中添加“jQuery Mobile 页面”组件，可以创建出 jQuery Mobile 的页面结构，具体如下。

(1) 启动 Dreamweaver 后，选择【文件】|【新建】命令，打开【新建文档】对话框，然后在该对话框中选中【空白页】选项，如图 9-3 所示。

(2) 在【新建文档】对话框中单击【文档类型】下拉列表按钮，在弹出的下拉列表中选中 HTML5 选项。

(3) 在【新建文档】对话框中单击【创建】按钮即可新建如图 9-4 所示的空白 HTML5 页面。

图 9-3 新建网页文档

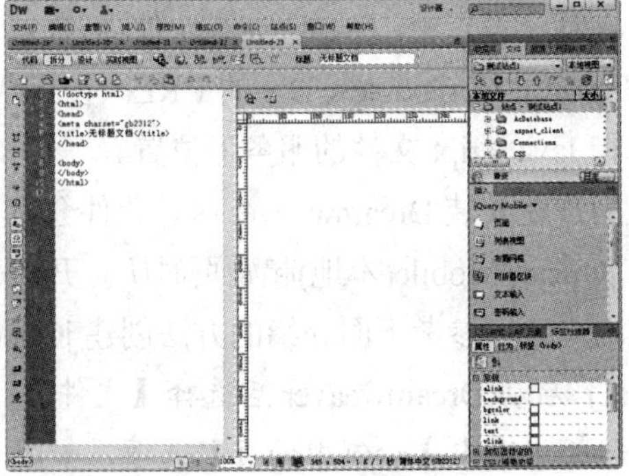

图 9-4 设置文档类型

(4) 在【插入】面板中选中 jQuery Mobile 分类，jQuery Mobile 组件将显示在分类列表中，如图 9-5 所示。

(5) 接下来，单击 jQuery Mobile 分类中的【页面】选项，打开【jQuery Mobile 文件】对话框，如图 9-6 所示。

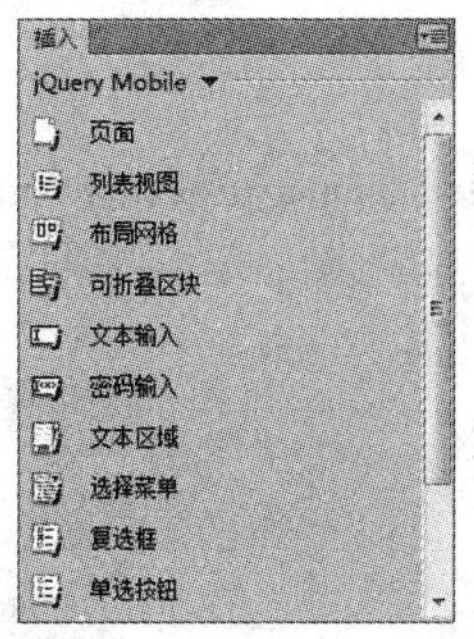

图 9-5　【插入】面板

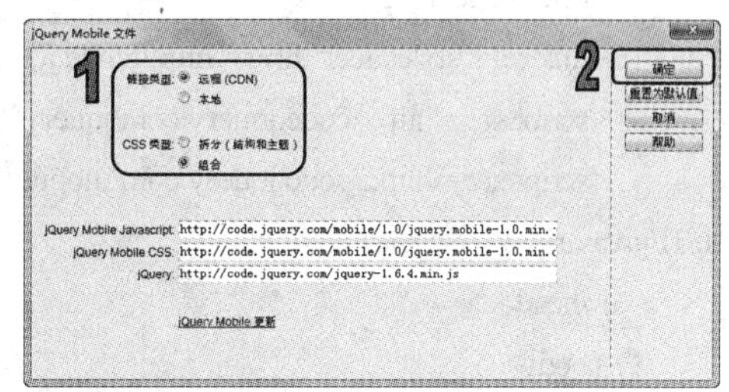

图 9-6　【jQuery Mobile 文件】对话框

(6) 在【jQuery Mobile 文件】对话框中选中【远程】和【组合】单选按钮后，单击【确定】按钮，打开【jQuery Mobile 页面】对话框。

(7) 在【jQuery Mobile 页面】对话框中输入【页面】组件的属性，如图 9-7 所示，然后单击【确定】按钮，即可创建如图 9-8 所示的 jQuery Mobile 页面结构。

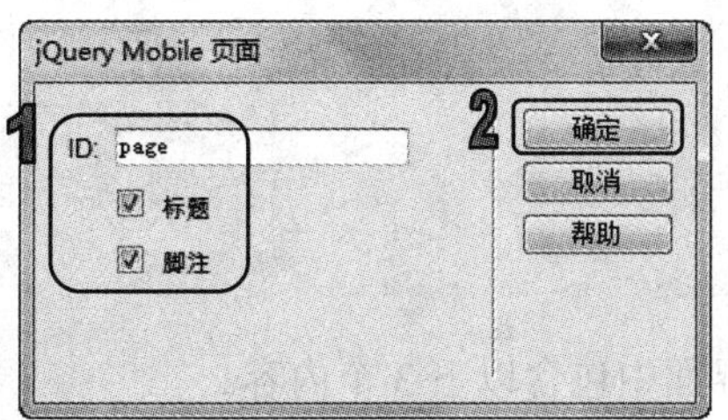

图 9-7　【jQuery Mobile 页面】对话框

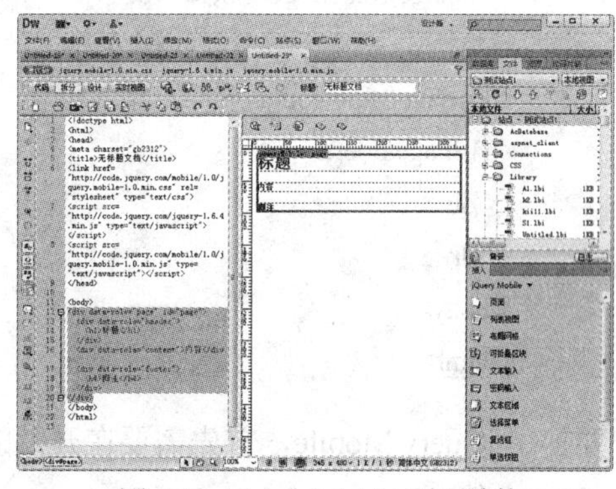

图 9-8　jQuery Mobile 页面结构

如图 9-6 所示的【jQuery Mobile 文件】对话框中比较重要的选项功能如下。

- 远程(CDN)：如果要链接到承载 jQuery Mobile 文件的远程 CDN 服务器，并且尚未配置包含 jQuery Mobile 文件的站点，则对 jQuery 站点使用默认选项。
- 本地：显示 Dreamweaver 中提供的文件。可以指定其他包含 jQuery Mobile 文件的文件夹。
- CSS 类型：选择【组合】选项，使用完全 CSS 文件，或选择【拆分】选项，使用被拆分成结构和主题组件的 CSS 文件。

9.2.3　jQuery Mobile 基本页面结构

jQuery Mobile Web 应用程序一般都要遵循下面所示的基本模板。

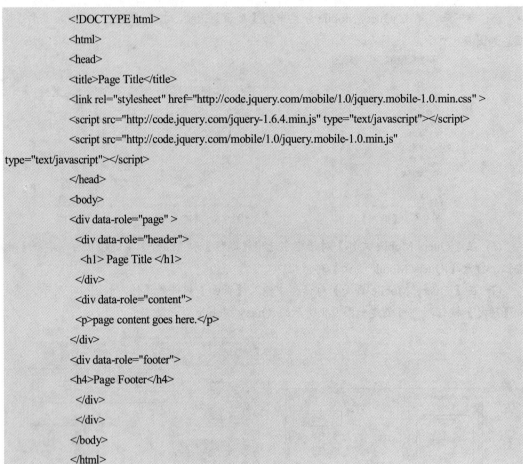

```
<!DOCTYPE html>
<html>
<head>
<title>Page Title</title>
<link rel="stylesheet" href="http://code.jquery.com/mobile/1.0/jquery.mobile-1.0.min.css" >
<script src="http://code.jquery.com/jquery-1.6.4.min.js" type="text/javascript"></script>
<script src="http://code.jquery.com/mobile/1.0/jquery.mobile-1.0.min.js"
type="text/javascript"></script>
</head>
<body>
<div data-role="page" >
  <div data-role="header">
    <h1> Page Title </h1>
  </div>
  <div data-role="content">
  <p>page content goes here.</p>
</div>
<div data-role="footer">
<h4>Page Footer</h4>
  </div>
  </div>
</body>
</html>
```

用户要使用 jQuery Mobile，首先需要在开发的界面中包含以下 3 个内容。

- CSS 文件：jQuery Mobile-1.0a1.min.css。
- jQuery library：jQuery-1.4.3.min.js。
- jQuery Mobile library：jQuery.mobile-1.0a1.min.js。

在以上的页面基本模板中，引入这 3 个元素采用的是 jQuery CDN 方式，网页开发者也可以下载这些文件及主题到自己的服务器上。

以上基本页面模板中的内容都是包含在 div 标签中，并在标签中加入了 data-role="page"属性。这样 jQuery Mobile 就会知道哪些内容需要处理。

另外，在"page"div 中还可以包含 header、content、footer 的 div 元素。这些元素都是可选的，但至少要包含一个"content" div，具体解释如下。

- <div data-role="header" ></div>：在页面的顶部建立导航工具栏，用于放置标题和按钮(典型的至少要放置一个“返回”按钮，用于返回前一页)。通过添加额外的属性 data-position="fixed"，可以保证头部始终保持在屏幕的顶部。
- <div data-role="content" ></div>：包含一些主要内容，例如文本、图像、按钮、列表、表单等。

- <div data-role="footer" ></div>：在页面的底部建立工具栏，添加一些功能按钮。为了通过添加额外的属性 data-position="fixed"，可以保证它始终保持在屏幕的底部。

提示

data-属性是 HTML5 新推出的一个特性，它可以使网页开发者添加任意属性到 HTML 标签中，只要添加的属性名有"data"前缀。

9.3　使用 jQuery Mibile 组件

jQuery Mobile 提供了多种组件，包括列表、布局、表单等多种元素，在 Dreamweaver 中使用【插入】面板的 jQuery Mobile 分类可以可视化地插入这些组件。

9.3.1　列表视图

在 Dreamweaver 中单击【插入】面板 jQuery Mobile 分类下的【列表视图】按钮，可以在页面中插入 jQuery Mobile 列表，如图 9-9 所示。

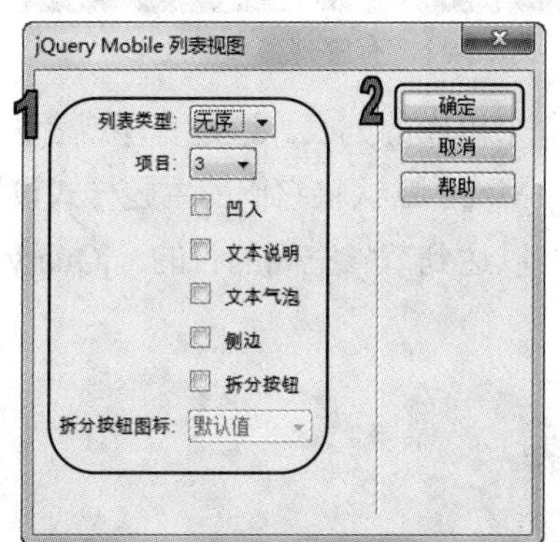

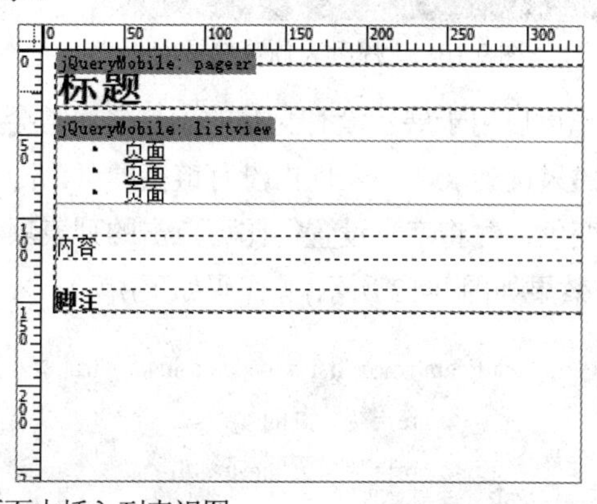

图 9-9　在页面中插入列表视图

列表的代码为一个含 data-role="listview"属性的无序列表 ul。jQuery Mobile 会将所有必要的样式(例如列表项右侧出现一个向右箭头，并使列表与平面同宽等)应用在列表上，使其成为易于触摸的控件。当用户点击列表项时，jQuery Mobile 会触发该列表项里的第一个链接，通过 ajax 请求链接的 URL 地址，在 DOM 中创建一个新的页面并产生页面转场效果。默认的 jQuery Mobile 无序列表(效果如图 9-10 所示)源代码如下。

```
<ul data-role="listview">
<li><a href="#">页面</a></li>
<li><a href="#">页面</a></li>
<li><a href="#">页面</a></li>
</ul>
```

通过有序列表 ol 可以创建数字排序的列表，用于表现顺序序列，例如在设置搜索结果或电影排行榜时非常有用。当增强效果应用在列表时，jQuery Mobile 优先使用 CSS 的方式为列表添加编号，当浏览器不支持该方式时，框架会采用 JavaScript 将编号写入列表中。jQuery Mobile 有序列表(效果如图 9-11 所示)源代码如下。

```
<ol data-role="listview">
<li><a href="#">页面</a></li>
<li><a href="#">页面</a></li>
<li><a href="#">页面</a></li>
</ol>
```

图 9-10　无序列表预览效果

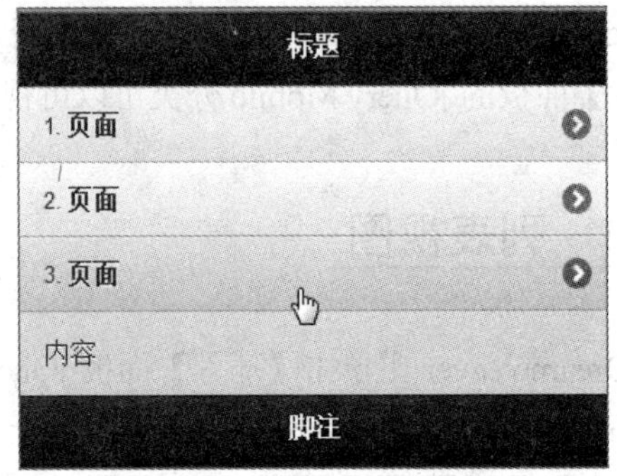

图 9-11　有序列表预览效果

列表也可以用于展示没有交互的条目。通常会是一个内嵌的列表。通过有序或者无序列表都可以创建只读列表，列表项内没有链接即可，jQuery Mobil 默认将它们的主题样式设置为"c"白色无渐变色，并将字号设置得比可点击的列表项小，以达到节省空间的目的。jQuery Mobile 内嵌列表(效果如图 9-12 所示)源代码如下所示。

```
<ul data-role="listview" data-inset="true">
<li><a href="#">页面</a></li>
<li><a href="#">页面</a></li>
<li><a href="#">页面</a></li>
</ul>
```

当每个列表项有多个操作时，拆分按钮可以用于提供两个独立的可点击的部分：列表项本身和列表项侧边的 icon。要创建这种拆分按钮，在<li>标签中插入第二链接即可，框架会创建一个竖直的分割线，并把链接样式化为一个只有 icon 的按钮(注意设置 title 属性以保证可访问性)。jQuery Mobile 拆分按钮(效果如图 9-13 所示)列表源代码如下。

```
<ul data-role="listview">
<li><a href="#">页面</a><a href="#">默认值</a></li>
<li><a href="#">页面</a><a href="#">默认值</a></li>
<li><a href="#">页面</a><a href="#">默认值</a></li>
</ul>
```

图 9-12　内嵌列表预览效果　　　　图 9-13　拆分按钮列表预览效果

jQuery Mobile 支持通过 HTML 语义化的标签来显示列表项中所需常见的文本格式(例如标题/描述、二级信息、计数等)。jQuery Mobile 文本说明(效果如图 9-14 所示)源代码如下。

```
<ul data-role="listview">
<li><a href="#">
<h3>页面</h3>
<p>lorem ipsum</p>
</a></li>
……
</ul>
```

jQuery Mobile 文本气泡列表(效果如图 9-15 所示)源代码如下。

```
<ul data-role="listview">
<li><a href="#">页面<span class="ui-li-count">1</span></a></li>
<li><a href="#">页面<span class="ui-li-count">1</span></a></li>
<li><a href="#">页面<span class="ui-li-count">1</span></a></li>
</ul>
```

图 9-14　文本说明预览效果

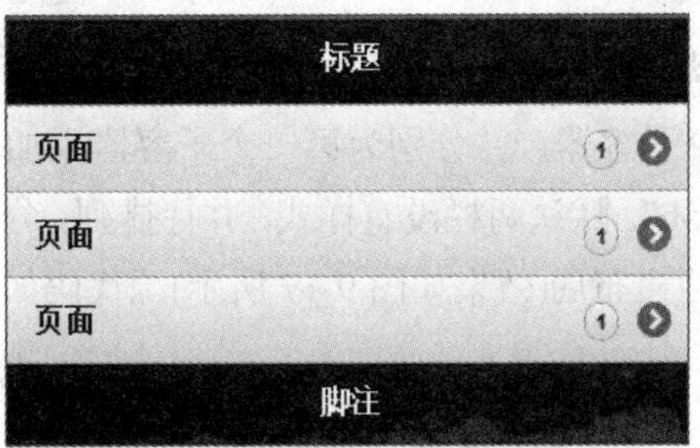

图 9-15　文本气泡列表预览效果

将数字用一个元素包裹，并添加 ui-li-count 的 class，放置于列表项内，可以为列表项右侧增加一个计数气泡。

补充信息(例如日期)可以通过包裹在 class="ui-li-aside"的容器中来添加到列表项的右侧。jQuery Mobile 补充信息列表源代码如下。

```
<ul data-role="listview">
<li><a href="#">页面
<p class="ui-li-aside">侧边</p>
</a></li>
……
  </ul>
```

9.3.2 布局网格

因为移动设备的屏幕通常都比较小，所以不推荐用户在布局中使用多栏布局方法。当用户需要在网页中将一些小的元素并排放置时，可以使用布局网格。jQuery Mobile 框架提供了一种简单的方法构建基于 CSS 的分栏布局——ui-grid。jQuery Mobile 提供两种预设的配置布局：两列布局(class 含有 ui-grid-a)和三列布局(class 含有 ui-grid-b)，这两种配置的布局几乎可以满足任何情况(网格是 100%宽的，不可见，也没有 padding 和 margin，因此它们不会影响内部元素样式)。

在 Dreamweaver 中单击【插入】面板 jQuery Mobile 分类下的【网格布局】选项，可以打开【jQuery Mobile 布局网格】对话框，在该对话框中设置网格参数后单击【确定】按钮，可以在网页中插入布局网格，如图 9-16 所示。

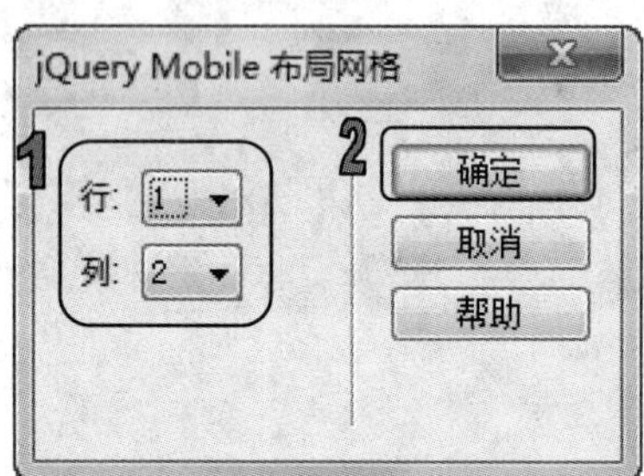

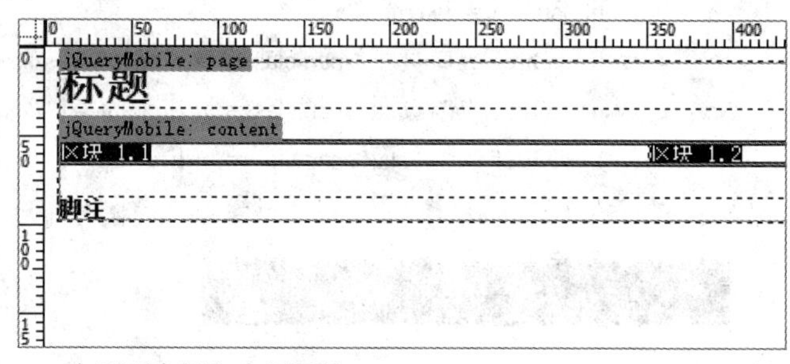

图 9-16　在页面中插入布局网格

要构建两栏的布局，用户需要先构建一个父容器，添加一个名称为 ui-grid-a 的 calss，内部设置两个子容器，并分别为第一个子容器添加 class: "ui-block-a "，为第二个子容器添加 class: "ui-block-b"。默认两栏没有样式，并行排列。分类的 class 可以应用到任何类型的容器上。jQuery Mobile 两栏布局(效果如图 9-17 所示)源代码如下。

```
<div data-role="content">
<div class="ui-grid-a">
<div class="ui-block-a">区块 1,1</div>
<div class="ui-block-b">区块 1,2</div>
</div>
</div>
```

另一种布局的方式是三栏布局，为父容器添加 class="ui-grid-b "，然后分别为 3 个子容器添加 class= "ui-block-a "、class= "ui-block-b"、class= "ui-block-c"。依此类推，如果是 4 栏布局，则为父容器添加 class= "ui-grid-ac"(2 栏为 a，3 栏为 b，4 栏为 c…)，子容器分别添加 class= ui-block-a "、class= "ui-block-b "、class= "ui-block-c"…。jQuery Mobile 三栏布局(效果如图 9-18 所示)源代码如下。

```
<div class="ui-grid-b">
<div class="ui-block-a">区块 1,1</div>
<div class="ui-block-b">区块 1,2</div>
<div class="ui-block-c">区块 1,3</div>
</div>
```

图 9-17　两栏布局效果

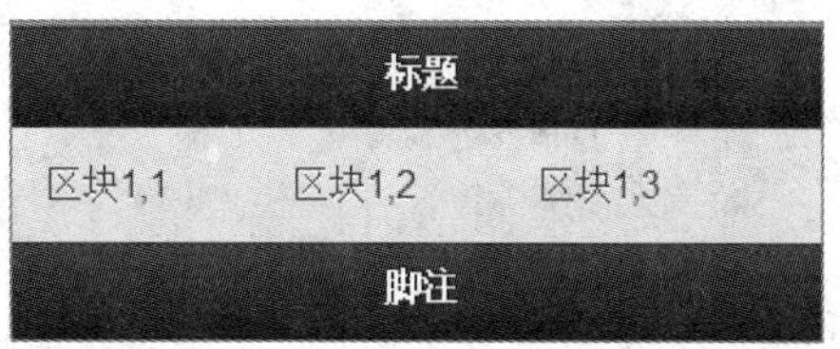

图 9-18　三栏布局效果

9.3.3　可折叠区块

要在网页中创建一个可折叠区块，先创建一个容器，然后为容器添加 data-role="collapsible" 属性。jQuery Mobile 会将容器内的(h1~h6)子节点表现为可点击的按钮，并在左侧添加一个“+”按钮，表示其可以展开。在头部后面可以添加任何需要折叠的 html 标签。框架会自动将这些标签包裹在一个容器中用于折叠或显示。

在 Dreamweaver 中单击【插入】面板中 jQuery Mobile 分类下的【可折叠区块】按钮，可以插入 jQuery Mobile 可折叠区块，如图 9-19 所示。

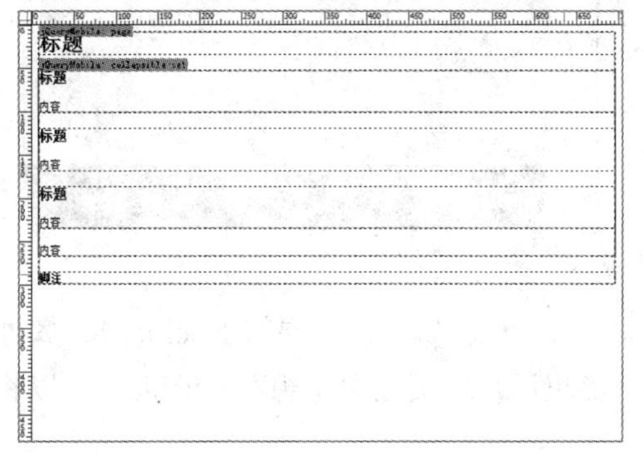

图 9-19　可折叠区块效果

要构建两栏布局(50%/50%)，需要先构建一个父容器，添加一个 class 名称为 ui-grid-a，内部设置两个子容器，其中一个子容器添加 class:ui-block-a，另一个子容器添加 class:ui-block-b。

在默认设置中，可折叠容器是展开的，用户可以通过点击容器的头部收缩。为折叠的容器添加 data-collapsed="true"的属性，可以设置默认收缩。jQuery Mobile 可折叠区块源代码如下。

```
<div data-role="collapsible-set">
<div data-role="collapsible">
<h3>标题</h3>
p>内容</p>
</div>
<div data-role="collapsible" data-collapsed="true">
<h3>标题</h3>
<p>内容</p>
</div>
<div data-role="collapsible" data-collapsed="true">
<h3>标题</h3>
<p>内容</p>
</div>
……
</div>
```

9.3.4 输入文本

文本输入框和文本输入域使用标准的 HTML 标记，jQuery Mobile 会让它们在移动设备中变得更加易于触摸使用。用户在 Dreamweaver 中单击【插入】面板中 jQuery Mobile 分类下的【文本输入】按钮，即可插入 jQuery Mobile 文本输入，如图 9-20 所示。

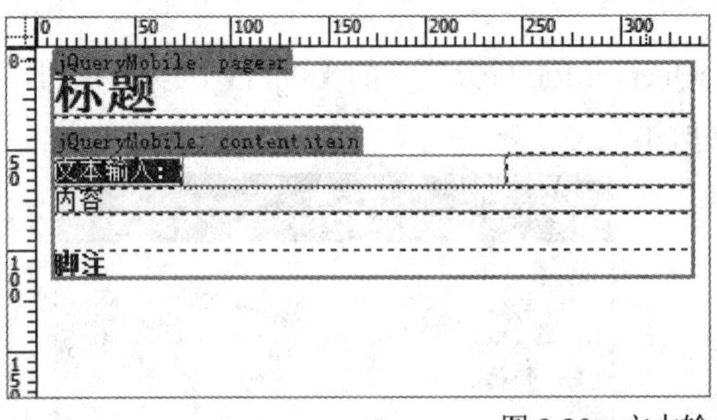

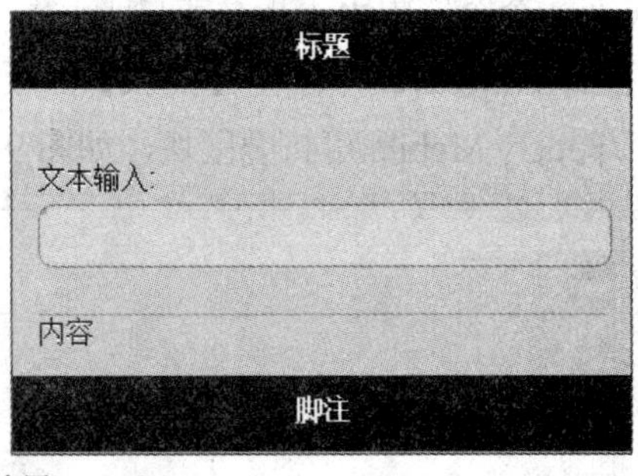

图 9-20　文本输入效果

要使用标准字母数字的输入框，为 input 增加 type="text"属性。需要将 label 的 for 属性设置为 input 的 id 值，使它们能够在语义上相关联。如果用户在页面中不想看到 lable，可以将其隐藏。jQuery Mobile 文本输入源代码如下。

```
<div data-role="fieldcontain">
<label for="textinput">文本输入:</label>
```

```
<input type="text" name="textinput" id="textinput" value=""   />
</div>
```

9.3.5　密码输入

在 jQuery Mobile 中，用户可以使用现存的和新的 HTML5 输入类型，例如 password。有一些类型会在不同的浏览器中被渲染成不同的样式，例如 Chrome 浏览器会将 range 输入框渲染成滑动条，所以应通过将类型转换为 text 来标准化它们的外观(目前只作用于 range 和 search 元素)。用户可以使用 page 插件的选项来配置那些被降级为 text 的输入框。使用这些特殊类型输入框的好处是，在智能手机上不同的输入框对应不同的触摸键盘。

用户在 Dreamweave 中单击【插入】面板中 jQuery Mobile 分类下的【密码输入】按钮，可以插入 jQuery Mobile 密码输入，如图 9-21 所示。

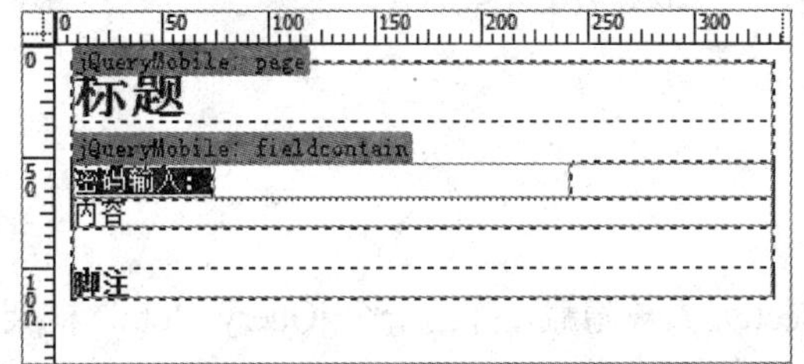

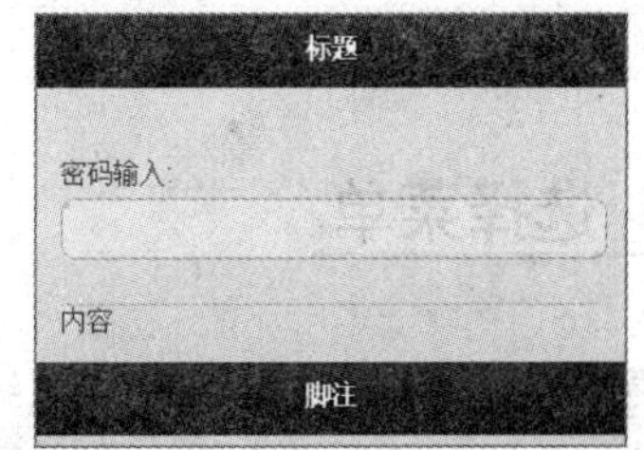

图 9-21　密码输入效果

为 input 设置 type="password"属性，可以设置为密码框，注意要将 label 的 for 属性设置为 input 的 id 值，使它们能够在语义上相关联，并且要用 div 容器将其包括，设定 data-role="fieldcontain"属性。jQuery Mobile 密码输入源代码如下。

```
<div data-role="fieldcontain">
<label for="passwordinput">密码输入:</label>
<input type="password" name="passwordinput" id="passwordinput" value=""   />
</div>
```

9.3.6　文本区域

对于多行输入可以使用 textarea 元素。jQuery Mobile 框架会自动加大文本域的高度，防止出现滚动。用户在 Dreamweaver 中单击【插入】面板中 jQuery Mobile 分类下的【文本区域】按钮，可以插入 jQuery Mobile 文本区域，如图 9-22 所示。

在插入 jQuery Mobile 文本区域时，应注意将 label 的 for 属性设置为 input 的 id 值，使它们能够在语义上相关联，并且要用 div 容器包括它们，设定 data-role="fieldcontain"属性。jQuery Mobile 文本区域源代码如下。

```
<div data-role="fieldcontain">
<label for="textarea">文本区域:</label>
<textarea cols="40" rows="8" name="textarea" id="textarea"></textarea>
</div>
```

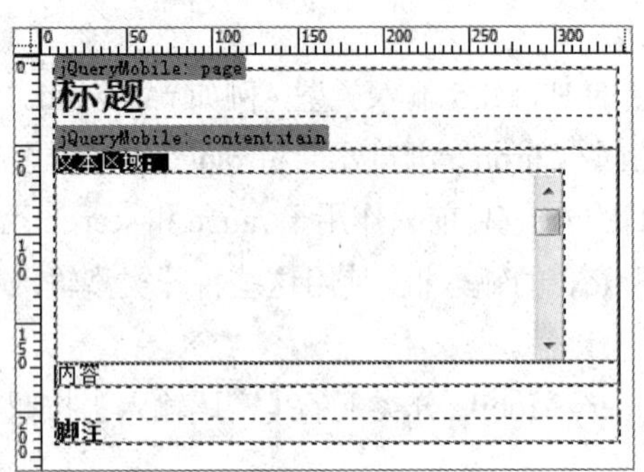

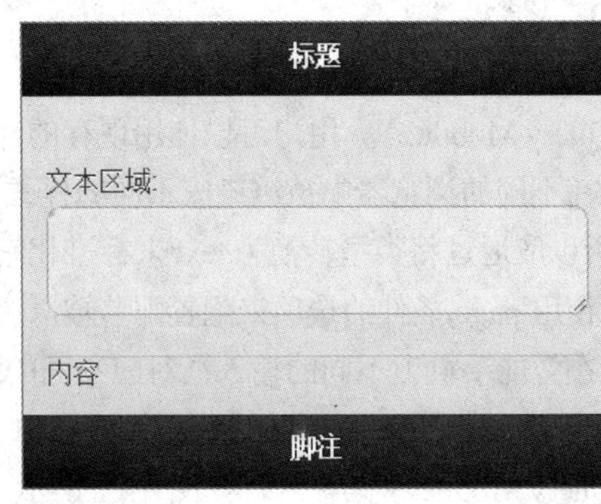

图 9-22　文本区域效果

9.3.7　选择菜单

选择菜单放弃了 select 元素的样式(select 元素被隐藏，并由一个 jQuery Mobile 框架自定义样式的按钮和菜单所替代)，菜单 ARIA(Accessible Rich Applications)不使用桌面电脑的键盘也能够访问。当选择菜单被点击时，手机自带的菜单选择器将被打开，菜单内某个值被选中后，自定义的选择按钮的值将被更新为用户选择的选项。

用户在 Dreamweaver 中单击【插入】面板中 jQuery Mobile 分类下的【选择菜单】按钮，可以插入 jQuery Mobile 选择菜单，如图 9-23 所示。

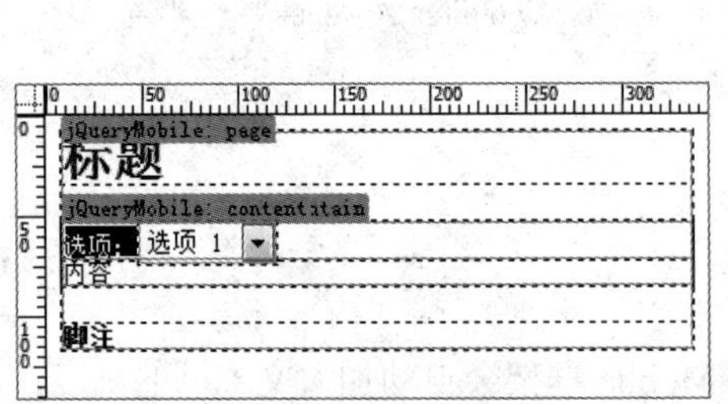

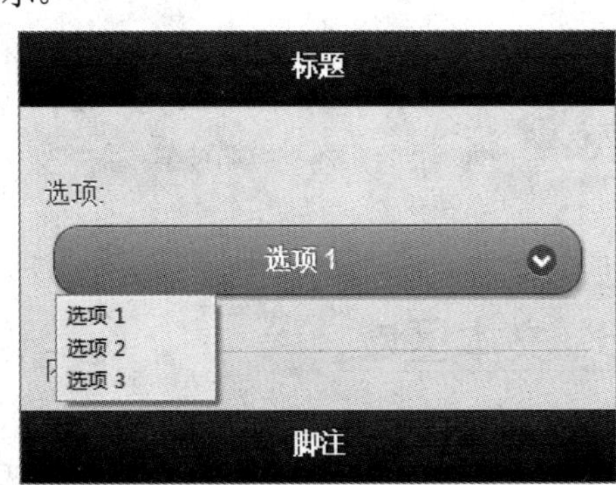

图 9-23　选择菜单效果

要添加 jQuery Mobile 选择菜单组件，应使用标准的 select 元素和位于其内的一组 option 元素。注意要将 label 的 for 属性设为 select 的 id 值，使它们能够在语义上相关联。把它们包裹在 data-role="fieldcontain"的 div 中进行分组。框架会自动找到所有的 select 元素并自动增强为自定义的选择菜单。jQuery Mobile 选择菜单源代码如下。

```
<div data-role="fieldcontain">
<label for="selectmenu" class="select">选项:</label>
<select name="selectmenu" id="selectmenu">
<option value="option1">选项 1</option>
<option value="option2">选项 2</option>
<option value="option3">选项 3</option>
</select>
</div>
```

9.3.8 复选框

复选框用于提供一组选项(可以选中不止一个选项)。传统桌面程序的单选按钮没有对触摸输入的方式进行优化，所以在 jQuery Mobile 中，lable 也被样式化为复选框按钮，使按钮更长，更容易被点击，并添加了自定义的一组图标来增强视觉反馈效果。

用户在 Dreamweaver 中单击【插入】面板中 jQuery Mobile 分类下的【复选框】按钮，打开【jQuery Mobile】对话框，然后在该对话框中单击【确定】按钮，可以插入 jQuery Mobile 复选框，如图 9-24 所示。

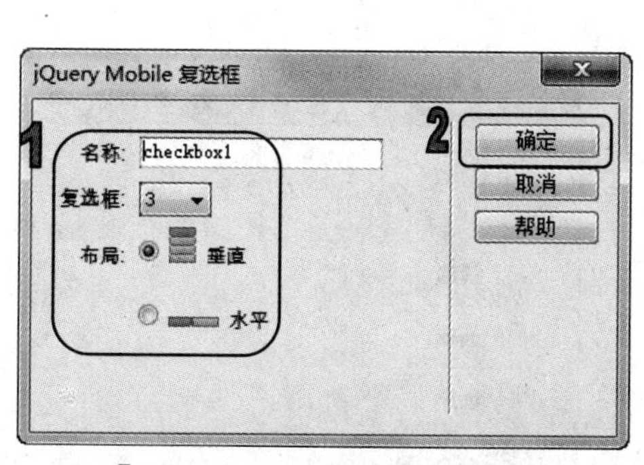

【jQuery Mobile 复选框】对话框

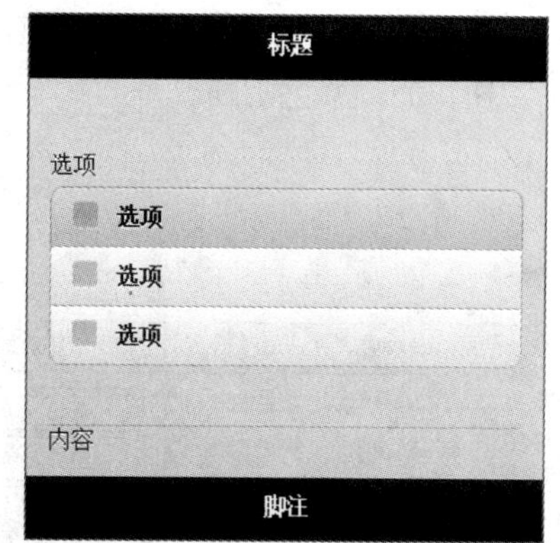

复选框效果

图 9-24　在网页中插入 jQuery Mobile 复选框

要创建一组复选框，为 input 添加 type="checkbox"属性和相应的 label 即可。注意要将 label 的 for 属性设置为 input 值，使它们能够在语义上相关联。因为复选框按钮使用 label 元素放置 checkbox 后，用于显示其文本，推荐把复选框按钮组用 fieldset 容器包裹，并为 fieldset 容器内增加一个 legend 元素，用于表示该问题的标题。最后，还需要将 fieldset 包裹在有 data-role="controlgroup"属性的 div 中，以便于为该组元素和文本框、选择框等其他表单元素同时设置样式。jQuery Mobile 复选框源代码如下。

```
<div data-role="fieldcontain">
<fieldset data-role="controlgroup">
```

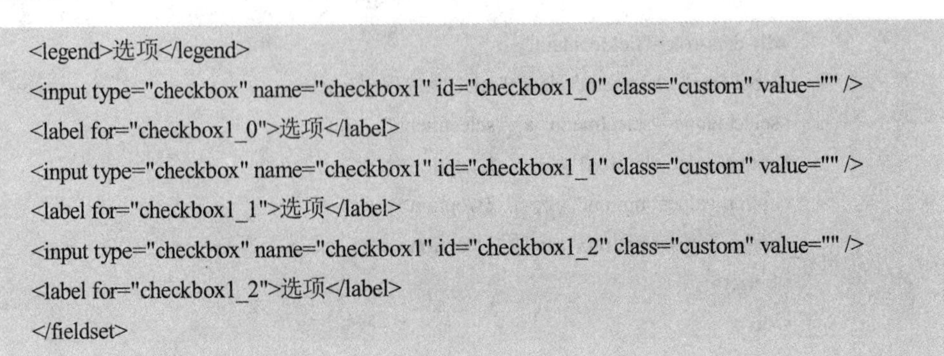

```
<legend>选项</legend>
<input type="checkbox" name="checkbox1" id="checkbox1_0" class="custom" value="" />
<label for="checkbox1_0">选项</label>
<input type="checkbox" name="checkbox1" id="checkbox1_1" class="custom" value="" />
<label for="checkbox1_1">选项</label>
<input type="checkbox" name="checkbox1" id="checkbox1_2" class="custom" value="" />
<label for="checkbox1_2">选项</label>
</fieldset>
</div>
```

9.3.9 单选按钮

单选按钮和复选框都是使用标准的 HTML 代码，并且都更容易被点击。其中，可见的控件是覆盖在 input 上的 label 元素，因此如果图片没有正确加载，仍然可以正常使用控件。在大多数浏览器中，点击 lable 会自动触发在 input 上的点击，但是用户不得不在部分不支持该特性的移动浏览器中手动触发该点击(在桌面程序中，键盘和屏幕阅读器也可以使用这些控件)。

用户在 Dreamweaver 中单击【插入】面板中 jQuery Mobile 分类下的【单选按钮】按钮，打开【jQuery Mobile 单选按钮】对话框，然后在该对话框中单击【确定】按钮，可以插入 jQuery Mobile 单选按钮，如图 9-25 所示。

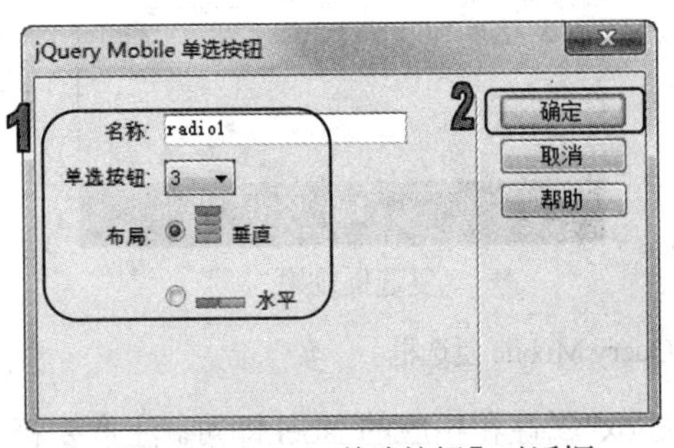

【jQuery Mobile 单选按钮】对话框

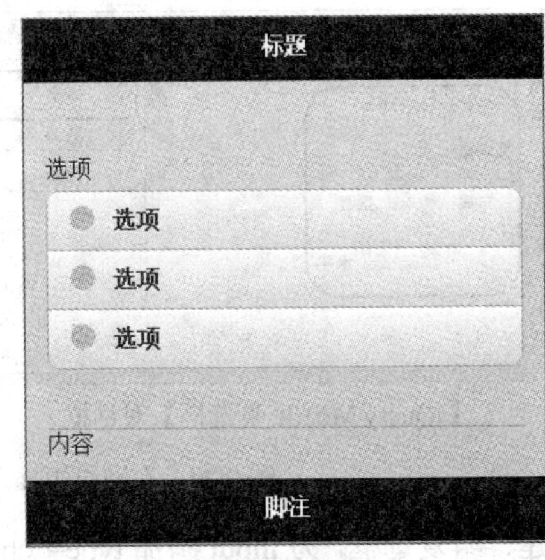

单选按钮效果

图 9-25　在网页中插入 jQuery Mobile 单选按钮

单选按钮与 jQuery Mobile 复选框的代码类似，只需将 checkbox 替换为 radio，jQuery Mobile 单选按钮源代码如下。

```
<div data-role="fieldcontain">
<fieldset data-role="controlgroup">
<legend>选项</legend>
```

```
<input type="radio" name="radio1" id="radio1_0" value="" />
<label for="radio1_0">选项</label>
<input type="radio" name="radio1" id="radio1_1" value="" />
<label for="radio1_1">选项</label>
<input type="radio" name="radio1" id="radio1_2" value="" />
<label for="radio1_2">选项</label>
</fieldset>
</div>
```

9.3.10　按钮

按钮是由标准 HTML 代码的 a 标签和 input 元素编写而成，jQuery Mobile 可以使其更加易于在触摸屏上使用。用户在 Dreamweaver 中单击【插入】面板中 jQuery Mobile 分类下的【按钮】按钮，打开【jQuery Mobile 按钮】对话框，然后在该对话框中单击【确定】按钮，即可插入 jQuery Mobile 按钮，如图 9-26 所示。

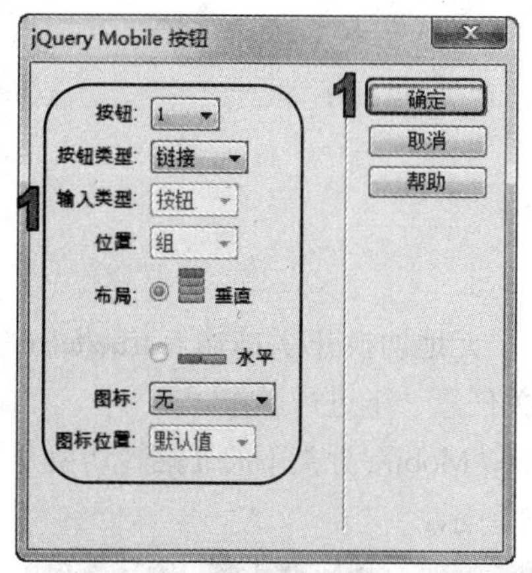

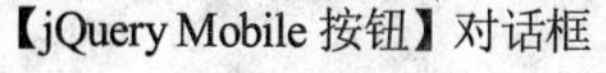
【jQuery Mobile 按钮】对话框

按钮效果

图 9-26　在网页中插入 jQuery Mobile 按钮

在 page 元素的主要 block 内，可以通过为任意链接添加 data-role="button"的属性使其样式化的按钮。jQuery Mobile 会为链接添加一些必要的 class 以使其表现为按钮。jQuery Mobile 普通按钮的代码如下。

```
<a href="#" data-role="button">按钮</a>
```

9.3.11　滑块

用户在 Dreamweaver 中单击【插入】面板中 jQuery Mobile 分类下的【滑块】按钮，可以插入 jQuery Mobile 滑块，如图 9-27 所示。

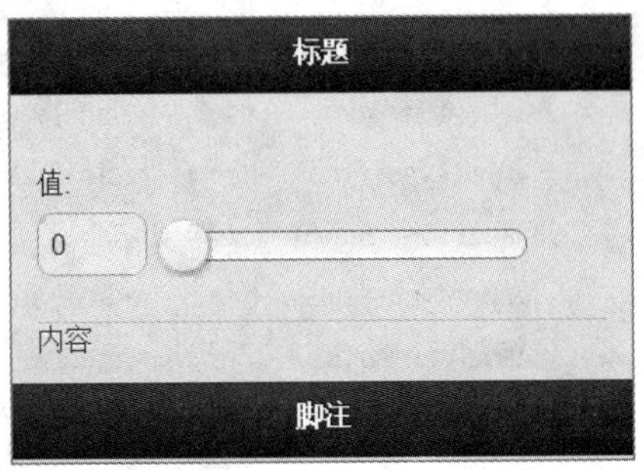

图 9-27　在网页中插入 jQuery Mobile 滑块

为 input 设置一个新的 HTML5 属性为 type="range"，可以为页面添加滑动条组件，并可以指定其 value 值(当前值)，min 和 max 属性的值，jQuery Mobile 会解析这些属性来配置滑动条。当用户拖动滑动条时。Input 会随之更新数值，使用户能够轻易地在表单中提交数值。注意要将 label 的 for 属性设置为 input 的 id 值，使它们能够在语义上相关联，并且要用 div 容器包裹它们，给它们设定 data-role="fieldcontain"属性。jQuery Mobile 滑块源代码如下。


```
<div data-role="fieldcontain">
<label for="slider">值:</label>
<input type="range" name="slider" id="slider" value="0" min="0" max="100" />
</div>
```

9.3.12　设置翻转切换开关

开关在移动设备上是一个常用的 ui 元素，它可以二元地切换开/关或输入 true/false 类型的数据。用户可以像滑动框一样拖动开关，或者点击开关任意一半进行操作。

用户在 Dreamweaver 中单击【插入】面板中 jQuery Mobile 分类下的【翻转切换开关】按钮，可以插入 jQuery Mobile 翻转切换开关，如图 9-28 所示。

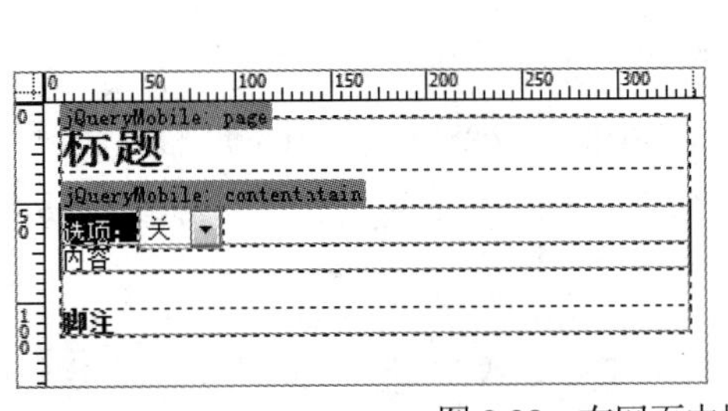

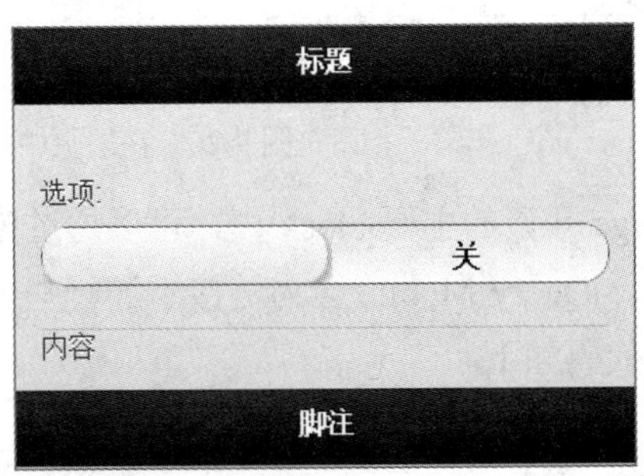

图 9-28　在网页中插入翻转切换开关

创建一个只有两个 option 的选择菜单即可构建一个开关，其中，第一个 option 会被样式化为“开”，第二个 option 会被样式化为“关”(用户需要注意代码的编写顺序)。在创建开关时，应将 label 的 for 属性设置为 input 的 id 值，使它们能够在语义上相关联，并且要用 div 容器包裹它们，设定 data-role="fieldcontain"的属性。jQuery Mobile 翻转切换开关源代码如下。

```
<div data-role="fieldcontain">
<label for="flipswitch">选项:</label>
<select name="flipswitch" id="flipswitch" data-role="slider">
<option value="off">关</option>
<option value="on">开</option>
</select>
</div>
```

9.4 使用 jQuery Mibile 主题

jQuery Mobile 中每一个布局和组件都被设计为一个全新页面的 CSS 框架，可以使用户能够为站点和应用程序使用完全统一的视觉设计主题。jQuery Mobile 的主题样式系统与 jQuery UI 的 ThemeRoller 系统非常类似，但是有以下几点重要改进。

- 使用 CSS3 来显示圆角、文字、盒阴影和颜色渐变，而不是图片，使主题文件轻量级，减轻了服务器的负担。
- 主体框架包含了几套颜色色板。每一套都包含了可以自由混搭和匹配的头部栏，主体内容部分和按钮状态。用于构建视觉纹理，创建丰富的网页设计效果。
- 开放的主题框架允许用户创建最多 6 套主题样式，为设计增加近乎无限的多样性。
- 一套简化的图标集，包含了移动设备上发布部分需要使用的图标，并且精简到一张图片中，从而减小了图片的大小。

主题系统的关键在于把针对颜色与材质的规则，和针对布局结构的规则(例如 padding 和尺寸)的定义相分离。这使得主题的颜色和材质在样式表中只需要定义一次，就可以在站点中混合、匹配以及结合，使其得到广泛的使用。

每一套主题样式包括几项全局设置，包括字体阴影、按钮和模型的圆角值。另外，主题也包括几套颜色模板，每一个都定义了工具栏、内容区块、按钮和列表项的颜色以及字体的阴影。

jQuery Mobile 默认内建了 5 套主题样式，用(a、b、c、d、e)引用。为了使颜色主题能够保持一直地映射到组件中，其遵从的约定如下：

- a 主题是视觉上最高级别的主题(黑色)；
- b 主题为次级主题(蓝色)；
- c 主题为基准主题，在很多情况下默认使用；
- d 主题为备用的次级内容主题；
- e 主题为强调用主题。

默认设置中，jQuery Mobile 为所有的头部栏和尾部栏分配的是 a 主题，因为它们在应用中是视觉优先级最高的。如果要为 bar 设置一个不同的主题，用户只需要为头部栏和尾部栏增加 data-theme 属性，然后设定一个主题样式字母即可。如果没有指定，jQuery Mobile 会默认为 content 分配主题 c，使其在视觉上与头部栏区分开。

使用 Dreamweaver CS6 的【jQuery Mobile 色板】面板，可以在 jQuery Mobile CSS 文件中预览所有色板(主题)，然后使用此面板来应用色板，或从 jQuery Mobile Web 页的各种元素中删除它们。使用该功能可将色板逐个应用于标题、列表、按钮和其他元素中，如图 9-29 所示。

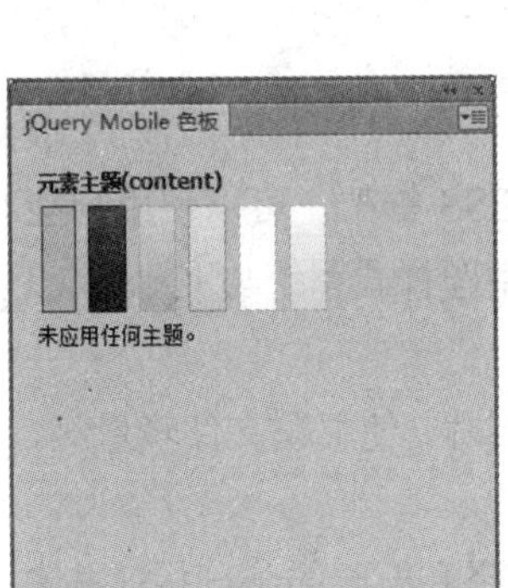

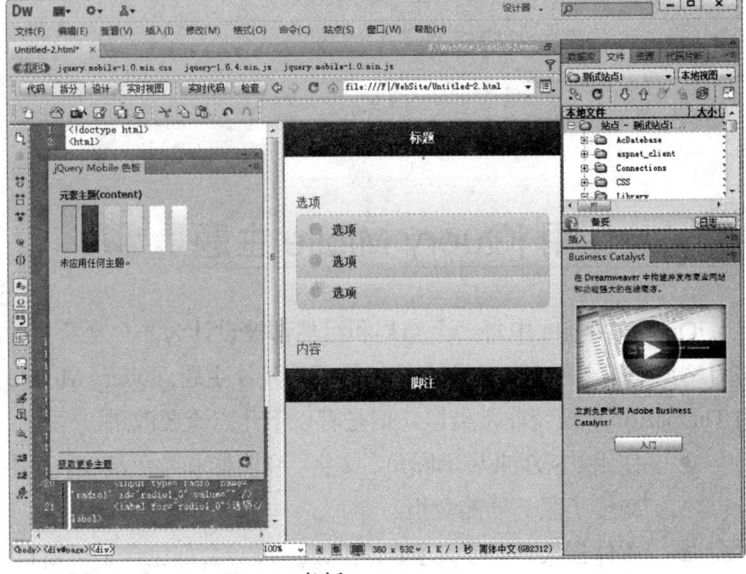

图 9-29　jQuery Mobile 色板

9.5　上机练习

本章的上机练习将通过 jQuery Mobile 实例制作一个移动设备网页，帮助用户进一步掌握所学的知识。

(1) 在 Dreamweaver 中新建 HTML5 类型的空白页面后，选择【窗口】|【插入】命令，打开【插入】面板，然后单击该面板中的 jQuery Mobile 按钮，切换至 jQuery Mobile 分类。

(2) 单击【插入】面板 jQuery Mobile 分类中的【页面】按钮，打开【jQuery Mobile 文件】对话框，然后在该对话框中将“jQuery Mobile JavaScript”和“jQuery Mobile CSS”版本号由 1.0 修改为 1.1，jQuery 的版本号由 1.6.4 改为 1.7.1，如图 9-30 所示。

(3) 在【jQuery Mobile 文件】对话框中单击【确定】按钮，打开【jQuery Mobile 页面】对话框，然后在该对话框中单击【确定】按钮，如图 9-31 所示。

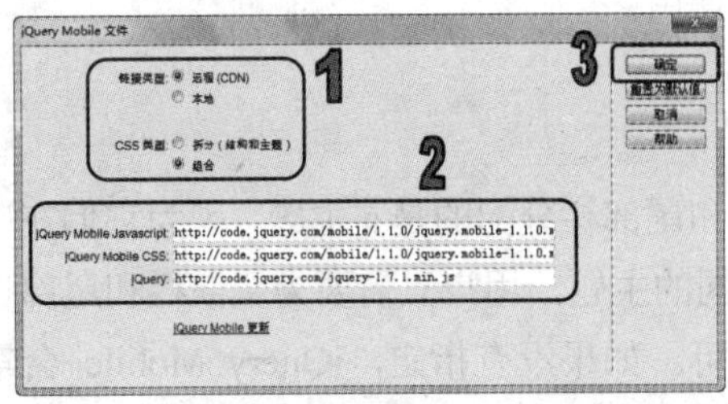

图 9-30　【jQuery Mobile 文件】对话框

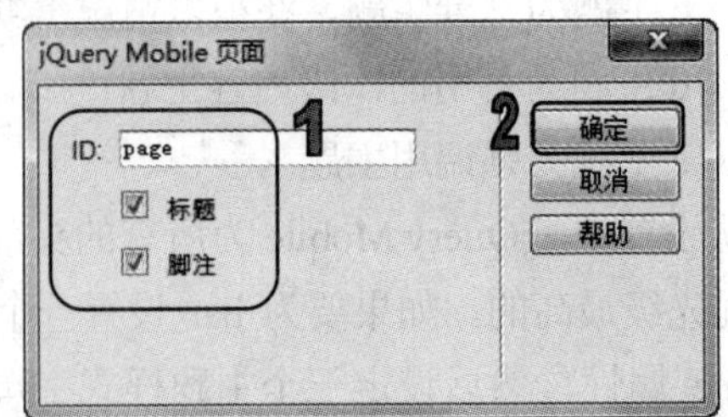

图 9-31　【jQuery Mobile 页面】对话框

(4) 切换至“代码”视图，对源代码<div data-role="page"id="page">进行如下修改：

```
<div style='background: url(file:///F|/WebSite/s2.jpg);' id="pagel" data-role="page" data-theme="e">
```

(5) 切换至“拆分”视图，然后修改以下代码。

源代码：

```
<div data-role="header">
<h1>标题</h1>
</div>
```

修改为：

```
<div data-role="header" data-theme>
    <h1>我的手机网站</h1>
    </div>
```

(6) 完成以上修改后，切换至“拆分”视图。接下来，修改 content 内容部分的代码。

源代码：

```
<div data-role="content">内容</div>
```

修改为：

```
<div style="padding: 15ox;" data-role="content">
<h3>手机产品</h3>
</div>
```

(7) 返回“拆分”视图，将插入点放置在“手机产品”文字后，单击 jQuery Mobile 分类下的【按钮】按钮，打开【jQuery Mobile 按钮】对话框，如图 9-32 所示。

(8) 在【jQuery Mobile 按钮】对话框中单击【确定】按钮，按钮链接就被加入到了页面中。页面中添加如下代码。

```
<a href="#" data-role="button">按钮</a>
```

(9) 将按钮的源代码修改为以下代码，为按钮设置 jQuery Mobile 中的 e 样式。

```
<a href="#pagel" data-role="button" data-theme="e" data-transition="fade">点击这里查看</a>
```

(10) 将鼠标光标插入点放置在按钮后，添加以下代码。此时，网页在“拆分”视图下的效果如图 9-33 所示。

```
<img src="file:///F|/WebSite/s1.jpg" width="200" height="240" />
```

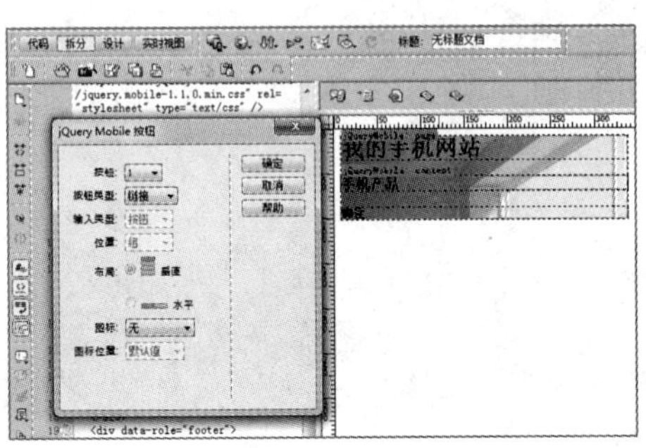

图 9-32　插入 jQuery Mobile 按钮

图 9-33　设置图像

(11) 下面修改 footer 内容部分的代码，如图 9-34 所示。

源代码：

```
<div data-role="footer">
<h4>脚注</h4>
</div>
```

修改为：

```
<div data-role="footer" data-theme="a" data-position="fixed">
<h4>Copyright 2016 Shouji.cn</h4>
</div>
```

(12) 将网页保存后，选择【文件】|【多屏预览】命令，在不同的分辨率下进行预览，即可看到页面的效果，如图 9-35 所示。

图 9-34　修改 footer 部分代码

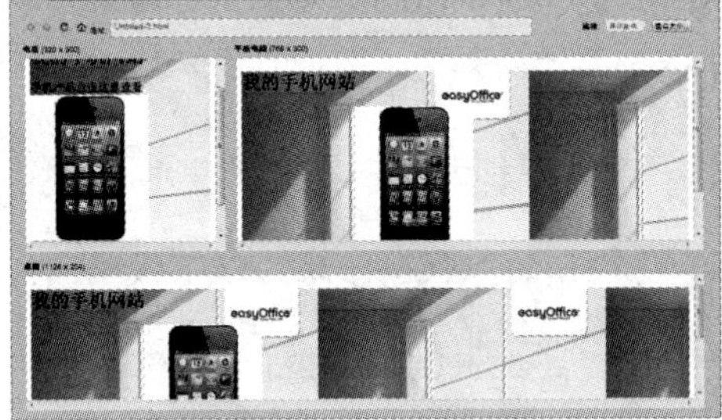

图 9-35　多屏预览网页

9.6　习题

1. 如何使用 Dreamweaver 创建 jQuery Mobile 页面？
2. 如何在页面中插入 jQuery Mobile 组件？

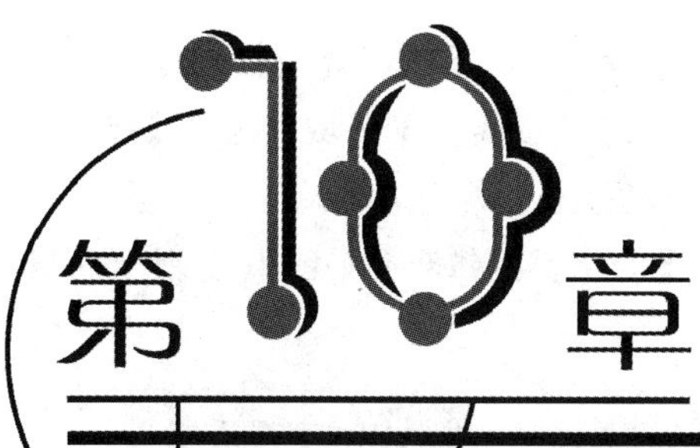

第10章 使用模板和库创建网页

学习目标

模板是统一站点网页风格的工具，用户在设计批量网页布局的过程中，为了站点的统一性，许多页面的布局都是相同的，可以将具有相同布局结构的页面制作成模板，将相同的元素制作成库项目，可以随时调用模板和库项目，减少重复操作，提高制作速度。

本章重点

- 创建网页模板
- 编辑网页模板
- 在 Dreamweaver 中使用库项目

10.1 创建与设置网页模板

在 Dreamweaver CS6 中有多种创建模板的方法，可以创建空白模板，也可以创建基于现存文档的模板，除此之外，还可以将现有的 HTML 文档另存为模板，然后根据需要加以修改。

10.1.1 新建网页模板

模板其实就是一个 HTML 文档，只是在 HTML 文档中增加了模板标记。创建模板，也就是将一个网页文档另存为模板。在 Dreamweaver 中创建模板的具体方法有以下两种。

1. 直接创建模板

在 Dreamweaver CS6 中，用户可以直接创建模板并在其中创建网页，具体方法如下。

【例 10-2】在 Dreamweaver CS6 中直接创建模板。

(1) 启动 Dreamweaver CS6 后，选择【文件】|【新建】命令，打开【新建文档】对话框。

(2) 在【新建文档】对话框中选中【空白页】选项卡，在【页面类型】区域中选中【HTML 模板】选项，然后在【布局】区域中选中一种模板布局，如图 10-1 所示。

(3) 完成以上操作后，在【新建文档】对话框中单击【创建】按钮即可如图 10-2 所示的模板网页。

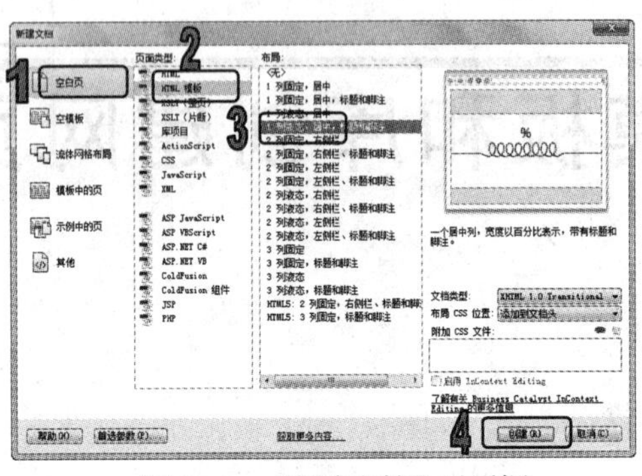

图 10-1 【新建文档】对话框

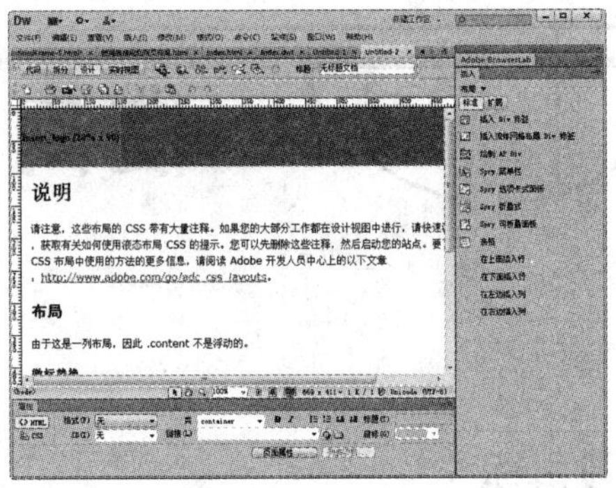

图 10-2 创建模板

2. 从现有文档创建模板

在 Dreamweaver CS6 中打开一个制作好的网页文档后，用户可以从现有的文档中创建模板，具体操作方法如下。

【例 10-2】在 Dreamweaver CS6 中创建模板。

(1) 打开一个网页文档后，选择【文件】|【另存为模板】命令，打开【另存模板】对话框，如图 10-3 所示。

(2) 在【另存模板】对话框的【站点】下拉列表中选择保存的模板站点，在【另存为】文本框中输入模板名称，然后单击【保存】按钮，即可保存模板。保存的模板可以在站点中的 Templates 文件夹中找到。

(3) 选择【文件】|【新建】命令，然后在打开的【新建文档】对话框中选择【模板中的页】选项即可调用创建的模板创建网页，如图 10-4 所示。

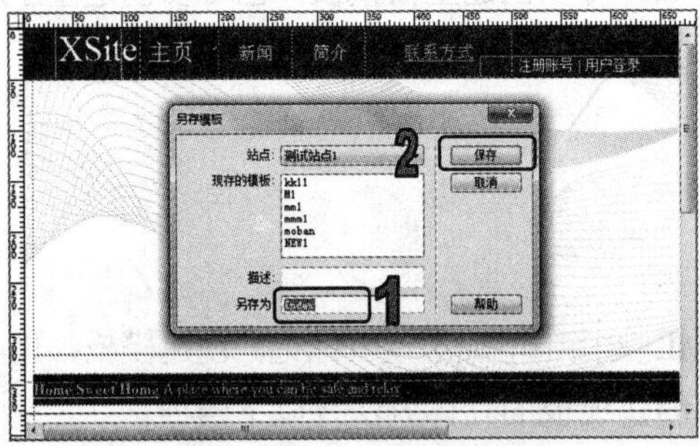

图 10-3 【另存模板】对话框

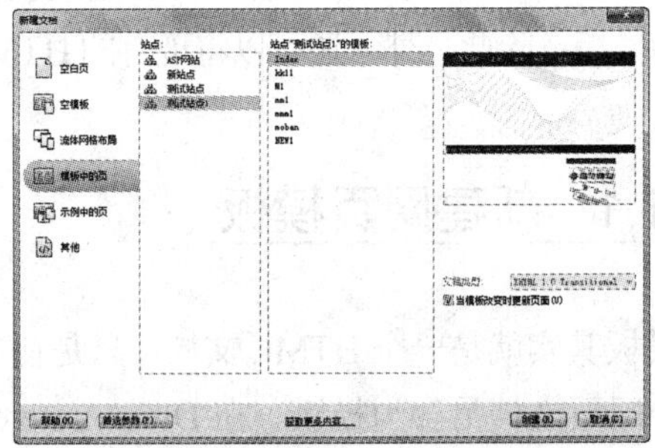

图 10-4 【新建文档】对话框

提示

在 Dreamweaver CS6 中，模板的扩展名为.dwt，它存放在本地站点的 Templates 文件夹中。模板文件夹在创建模板才会由系统自动生成。

2. 管理模板

成功创建模板后，网页模板将在【资源】面板中显示。用户可以在【资源】面板中对模板进行管理，例如删除、修改、重命名模板等，具体如下。

【例 10-3】在 Dreamweaver CS6 中对模板执行删除、修改和重命名操作。

(1) 创建网页模板后，选择【窗口】|【资源】命令，打开【资源】面板。

(2) 单击【资源】面板上的【模板】按钮，在模板列表框中显示现有的模板，如图 10-5 所示。

(3) 在【资源】面板中选中一个模板后，单击【编辑】按钮，可以对模板的内容进行编辑，如图 10-6 所示。

模板按钮

图 10-5　【资源】面板

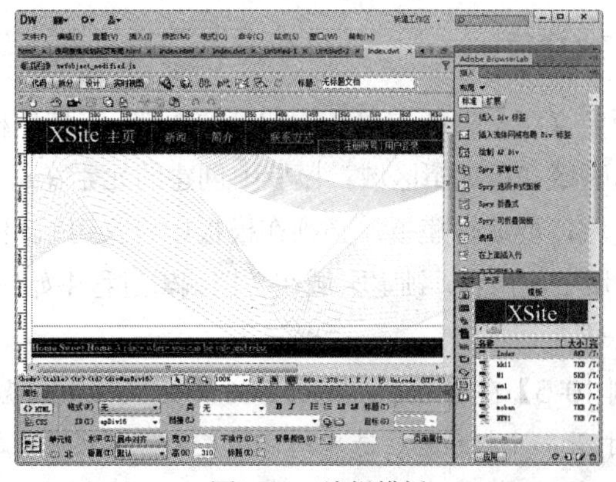

图 10-6　编辑模板

(4) 在【资源】面板中单击【删除】按钮，可以删除当前选中的网页模板，单击【刷新站点列表】按钮，可以刷新当前站点中的模板列表。

(5) 在【资源】面板中单击【新建模板】按钮，可以创建一个新的模板。在模板列表中单击模板的名称则可以重命名模板。

3. 嵌套模板

嵌套模板对于控制共享许多设计元素的站点页面中的内容很有用，但在各页之间有些差异。基本模板中的可编辑区域被传递到嵌套模板，并在根据嵌套模板创建的页面中保持可编辑，除非在这些区域中插入了新的模板区域。对基本模板所做的更改在基于基本模板的模板中自动更新，并在所有基于主模板和嵌套模板的文档中自动更新。

【例 10-4】在 Dreamweaver CS6 中创建嵌套模板。

(1) 选择【文件】|【新建】命令，打开【新建文档】对话框。

(2) 在【新建模板】对话框左侧的列表框中选择【模板中的页】选项，并在【站点】列表框中选择包含要使用的模板的站点，在【模板】列表框中选择要使用的模板来创建新文档，如图 10-7 所示。

(3) 在【新建文档】对话框中单击【创建】按钮后，选择【文件】|【另存为模板】命令，在打开的【另存模板】对话框中单击【保存】按钮即可创建嵌套模板，如图 10-8 所示。

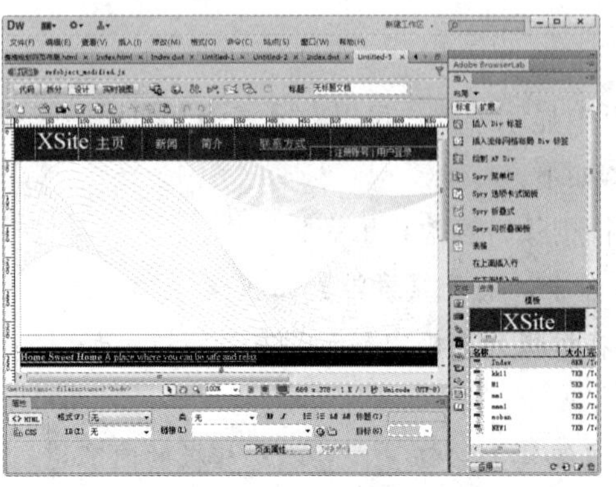

图 10-7　使用模板创建网页

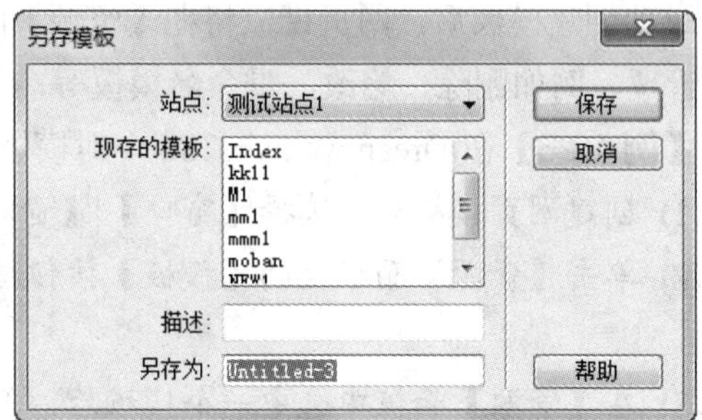

图 10-8　再次将网页保存为模板

4. 定义模板

模板定义了文档的布局结构和大致框架，在使用模板时，用户一定要了解模板的两个区域，即非编辑区域和可编辑区域。模板中创建的元素在基于模板的页面中通常是锁定区域，或称为非编辑区域，要编辑模板，必须在模板中定义可编辑区域。在使用模板创建文档时只能够改变可编辑区域中的内容，锁定区域在文档编辑过程中始终保持不变。除此之外，模板还有重复区域和可选区域。

【例 10-5】在 Dreamweaver CS6 中定义模板可编辑区域。

(1) 打开一个模板后，选中所需设置为可编辑区域的文本内容，选择【插入】|【模板对象】|【可编辑区域】命令，打开【新建可编辑区域】对话框，如图 10-9 所示。

(2) 在【名称】文本框中输入可编辑区域的名称，然后单击【确定】按钮，即可在模板文档中创建一个可编辑区域，如图 10-10 所示。

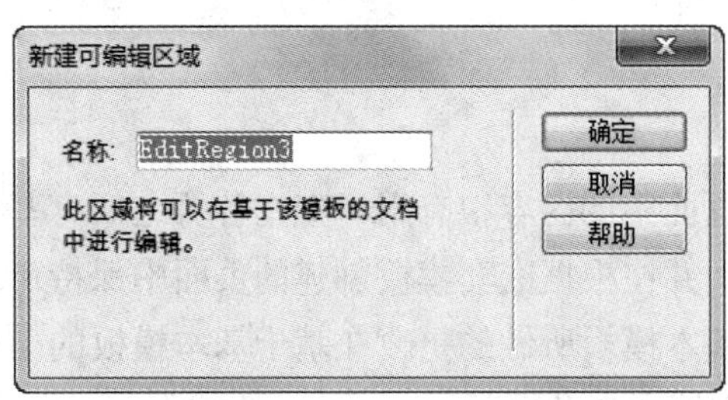

图 10-9　【新建可编辑器区域】对话框

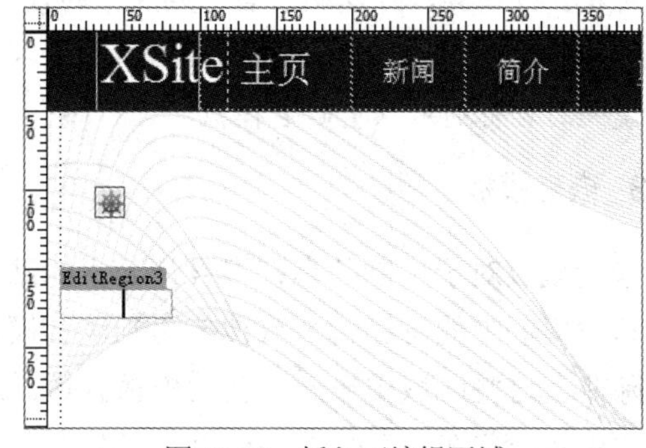

图 10-10　插入可编辑区域

Dreamweaver 中 4 种模板区域类型的作用如下。

- 可编辑区域：基于模板的文档中未锁定的区域，也就是可以编辑的部分。可以将模板的任何区域指定为可编辑的。要使模板生效，其中至少应该包含一个可编辑区域；否则基于该模板的页面是不可编辑的。
- 重复区域：文档布局的一部分，设置该部分可以在基于模板的文档中添加或删除重复区域的副本。例如，可以设置重复一个表格行。
- 可选区域：模板中放置内容(如文本或图像)的部分，该部分在文档中可以出现也可以

不出现。在基于模板的页面上，可以控制是否显示内容。

- 可编辑标签属性：用于对模板中的标签属性解除锁定，可以在基于模板的页面中编辑相应的属性。

10.1.2　使用模板创建网页

在 Dreamweaver CS6 中，用户可以以模板为基础创建新的文档，或将一个模板应用于已有的文档。使用这样的方法创建网页文档，可以保持整个网站页面布局风格的统一，并且大大提高网页的制作效率。

1. 利用模板新建网页

在 Dreamweaver CS6 中，要使用模板新建网页，用户可以选择【文件】|【新建】命令，打开【新建文档】对话框，然后在该对话框在左侧的列表框中选择【模板中的页】选项，并在【站点】列表框中选择模板所在的站点，在【站点的模板】列表框中选择所需创建文档的模板。完成以上操作后，在【新建文档】对话框中单击【创建】按钮即可。

2. 在网页中应用模板

在 Dreamweaver 中，用户可以在现有文档上应用已创建好的模板。在文档窗口中打开需要应用模板的文档，然后选择【窗口】|【资源】命令，打开【资源】面板，并在模板列表中选中需要应用的模板，然后单击面板下方的【应用】按钮，此时会出现以下两种情况。

- 如果现有文档是从某个模板中派生出来的，则 Dreamweaver 会对两个模板的可编辑区域进行比较，然后在应用新模板之后，将原先文档中的内容放入到匹配的可编辑区域中。
- 如果现有文档是一个尚未应用过模板的文档，将没有可编辑区域同模板进行比较，于是会出现不匹配情况，此时将打开【不一致的区域名称】话框，这时用户可以选择删除或保留不匹配的内容，决定是否将文档应用于新模板。可以选择未解析的内容，然后在【将内容移到新区域】下拉列表框中选择要应用到的区域内容。

提示

选择【修改】|【模板】|【应用模板到页】命令，打开【选择模板】对话框，然后选择创建模板所在的站点以及要应用的模板名称，并单击【选定】按钮，此时也将会出现上述两种情况。

【例 10-6】在框架网页中应用模板。

(1) 使用 Dreamweaver CS6 创建一个框架网页后，将鼠标指针插入网页中的主框架中，如图 10-11 所示。

(2) 选择【窗口】|【资源】命令，打开【资源】面板。

(3) 接下来，在【资源】面板中单击【模板】按钮，显示当前可用的模板列表。

(4) 在模板列表中选中一个模板后，单击【应用】按钮即可将模板应用于框架网页中，效果如图 10-12 所示。

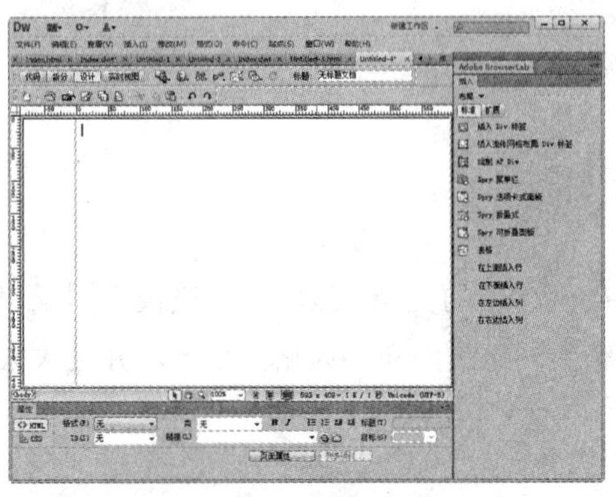
图 10-11 创建框架网页

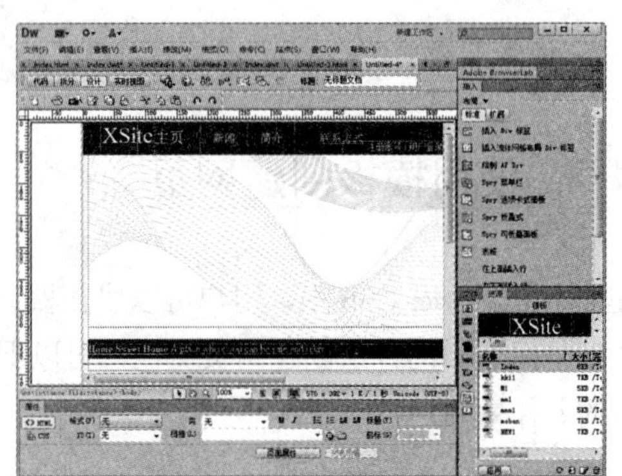
图 10-12 在网页中应用模板

3. 分离模板网页

用模板设计网页时，模板有很多的锁定区域(即不可编辑区域)。为了能够修改基于模板的页面中的锁定区域和可编辑区域内容，必须将页面从模板中分离出来。当页面被分离后，它将成为一个普通的文档，不再具有可编辑区域或锁定区域，也不再与任何模板相关联。因此，当文档模板被更新时，文档页面也不会随之更新。

【例 10-7】在 Dreamweaver CS6 中，将页面从模板中分离。

(1) 使用模板创建一个如图 10-13 的网页，然后选中【修改】|【模板】|【从模板中分离】命令，如图 10-13 所示。

(2) 完成以上操作后，模板中的锁定区域将被全部删除，用户可以对网页中由模板创建的内容进行编辑，如图 10-14 所示。

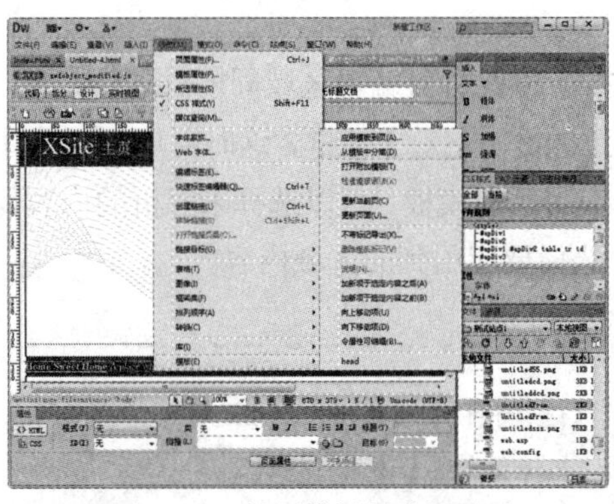
图 10-13 使用模板创建的网页

图 10-14 从模板分离后的网页

4. 更新模板页面

在调整网页文档模板时，Dreamweaver 软件会提示用户是否更新基于该模板的文档，同时用户也可以使用更新命令来更新当前页面或整个站点。

◉ 更新基于模板的文档：要更新基于模板的页面，打开一个基于模板的网页文档，选择

【修改】|【模板】|【更新当前页】命令，即可更新当前文档，同时反映模板的最新面貌。

- 更新站点模板：选择【修改】|【模板】|【更新页面】命令，可以更新整个站点或所有使用特定模板的文档。选择命令后，打开【更新页面】对话框。在对话框的【查看】下拉列表框中选择需要更新的范围，在【更新】选项区域中选择【模板】复选框，如图 10-15 所示，单击【开始】按钮后将在【状态】文本框中显示站点更新的结果示

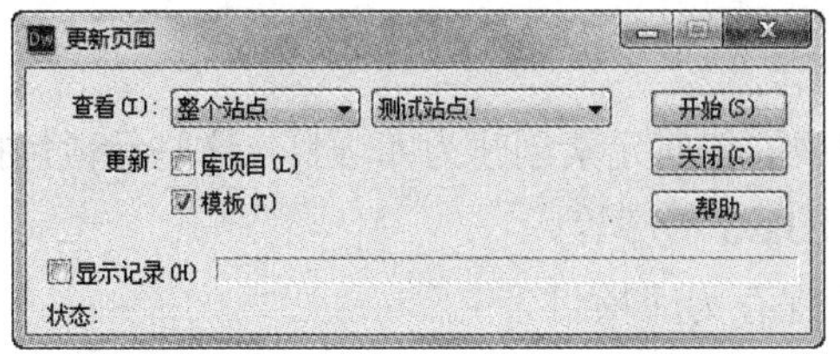

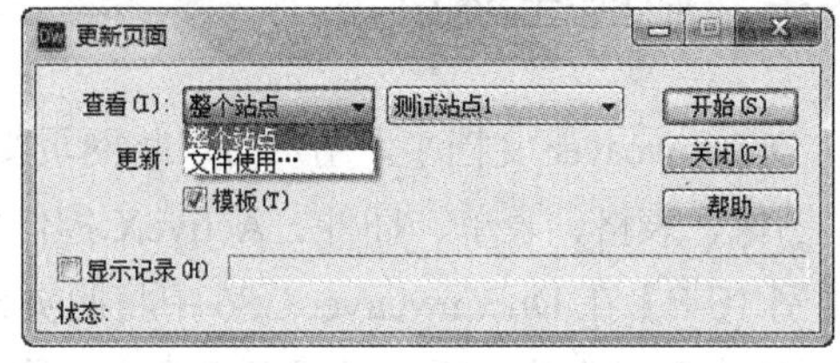

图 10-15　【更新页面】对话框

10.2　创建与应用库项目

库用来存放文档中的页面元素，如图像、文本、Flash 动画等。这些页面元素通常被广泛使用于整个站点，并且能被重复使用或经常更新，因此它们被称为库项目。

10.2.1　认识库项目

库是一种特殊的文件，它包含可添加到网页文档中的一组单个资源或资源副本。库中的这些资源称为库项目。库项目可以是图像、表格或 SWF 文件等元素。当编辑某个库项目时，可以自动更新应用该库项目的所有网页文档。

在 Dreamweaver 中，库项目存储在每个站点的本地根文件夹下的 Library 文件夹中，如图 10-16 所示。用户可以从网页文档中选中任意元素来创建库项目。对于链接项，库只存储对该项的引用。原始文件必须保留在指定的位置，这样才能使库项目正确工作。

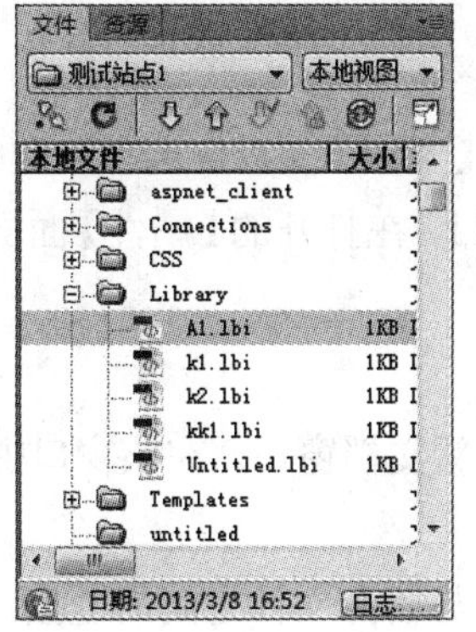

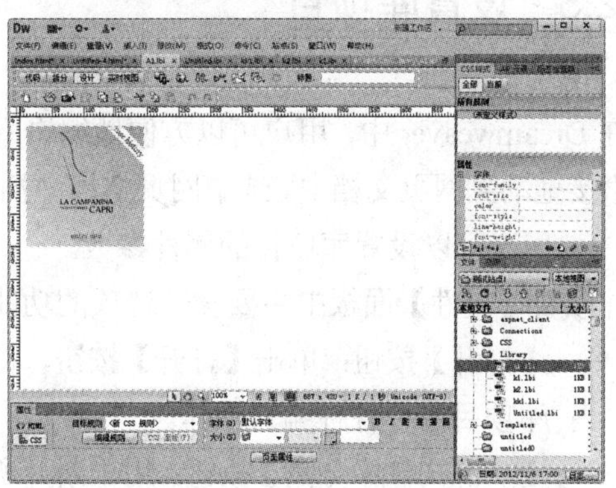

图 10-16　Dreamweaver 库项目

使用库项目时，在网页文档中会插入该项目的链接，而不是项目原始文件。如果创建的库项目附加行为的元素时，系统会将该元素及事件处理程序复制到库项目文件。但不会将关联的 JavaScript 代码复制到库项目中，不过将库项目插入文档时，会自动将相应的 JavaScript 函数插入该文档的 head 部分。

10.2.2 创建库项目

在 Dreamweaver 文档中，用户可以将网页文档中的任何元素创建为库项目，这些元素包括文本、图像、表格、表单、插件、ActiveX 控件以及 Java 程序等。

【例 10-8】在 Dreamweaver CS6 中将网页元素保存为库项目。

(1) 选中要保存为库项目的网页元素后，选择【修改】|【库】|【增加对象到库】命令，即可将对象添加到库中。

(2) 选择【窗口】|【资源】命令，打开【资源】面板，单击【库】按钮，即可在该面板中显示添加到库中的对象，如图 10-17 所示。

(1) 选中网页元素

(2) 保存为库项目

图 10-17　创建库项目

10.2.3 设置库项目

在 Dreamweaver 中，用户可以方便地编辑库项目。在【资源】面板中选择创建的库项目后，可以直接拖动到网页文档中。选中网页文档中插入的库项目，在打开的【属性】面板(如图 10-18 所示)中，用户可以设置库项目的属性参数。

库项目【属性】面板中主要参数选项的功能如下。

- 【打开】按钮：单击【打开】按钮，将打开一个新文档窗口，在该窗口中用户可以对库项目进行各种编辑操作。
- 【从源文件中分离】按钮：用于断开所选库项目与其源文件之间的链接，使库项目成为文档中的普通对象。当分离一个库项目后，该对象不再随源文件的修改而自动更新。

◉ 【重新创建】按钮：用于选定当前的内容并改写原始库项目，使用该功能可以在丢失或意外删除原始库项目时重新创建库项目。

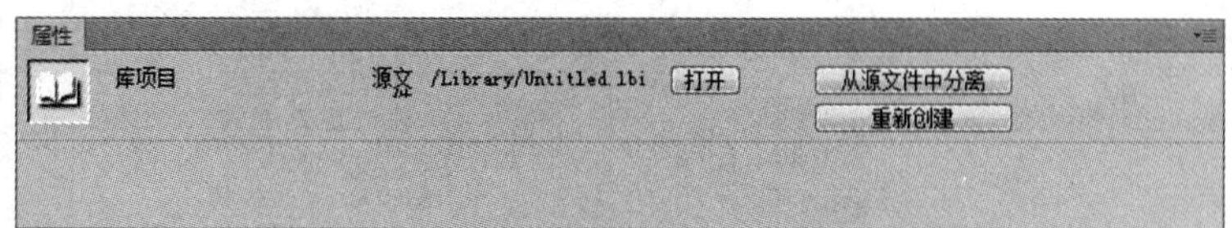

图 10-18　库项目【属性】面板

10.2.4　应用库项目

在网页中应用库项目时，并不是在页面中插入库项目，而是插入一个指向库项目的链接，即 Dreamweaver 向文档中插入的是该项目的 HTML 源代码副本，并添加一个包含对原始外部项目的说明性链接。用户可以先将光标置于文档窗口中需要应用库项目的位置，然后选择【资源】面板左侧的【库】选项，并从中拖动一个库项目到文档窗口(或者选中一个库项目，单击【资源】面板中的【应用】按钮)，即可将将库项目应用于文档，如图 10-19 所示。

如果要插入库项目内容到网页中，而又不是要在文档中创建该库项目的实体，可以在按住 Ctrl 键的同时拖动库项目至网页中。采用这种方法应用的库项目，用户可以在 Dreamweaver 中对创建的项目进行编辑，如图 10-20 所示，但当更新使用库项目的页面时，文档将不会随之更新。

图 10-19　在网页中应用库项目

图 10-20　创建可编辑的项目

10.2.5　修改库项目

在 Dreamweaver 中通过对库项目的修改，用户可以引用外部库项目一次性更新整个站点上的内容。例如，如果需要更改某些文本或图像，则只需要更新库项目即可自动更新所有使用该库项目的页面。

1. 更新关于所有文件的库项目

当用户修改一个库项目时，可以选择更新使用该项目的所有文件。如果选择不更新，文件

将仍然与库项目保持关联；也可以在以后选择【修改】|【库】|【更新页面】命令，打开【更新页面】对话框，对库项目进行更新设置，如图 10-21 所示。

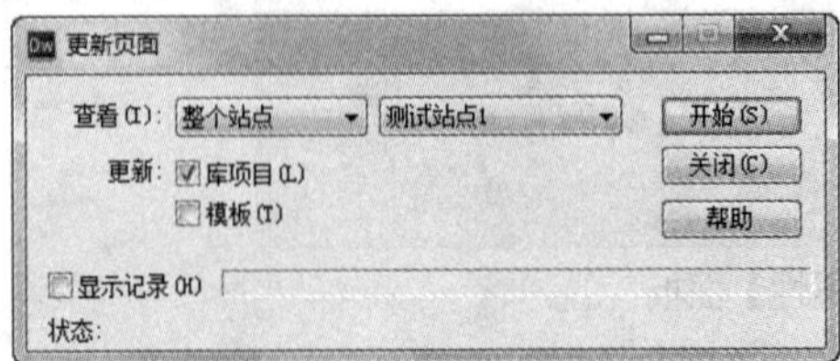

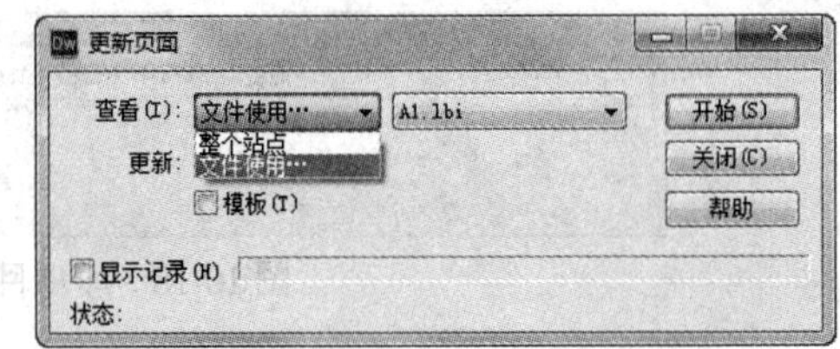

图 10-21　更新库项目

修改库项目可以在【资源】面板的【库】类别中选中一个库项目后，单击面板底部的【编辑】按钮，此时 Dreamweaver 将打开一个新的窗口用于编辑库项目，如图 10-22 所示。

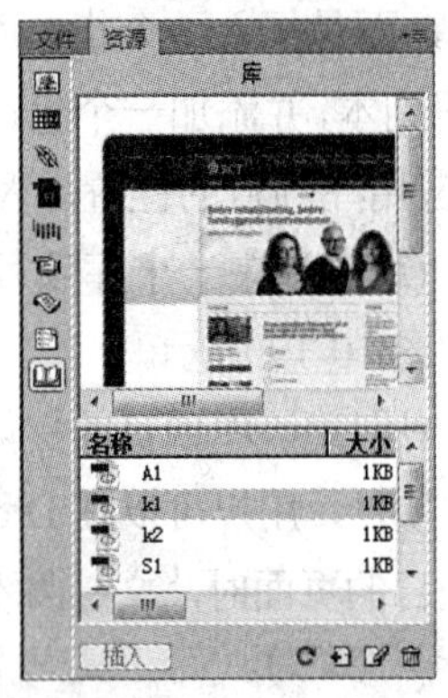

(1) 选中库项目

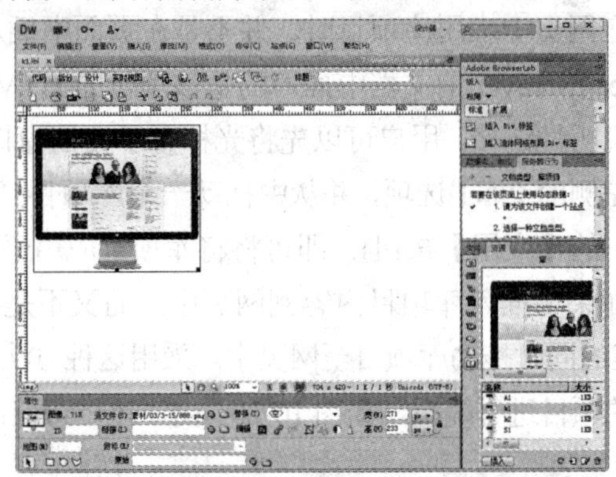

(2) 打开库项目编辑窗口

图 10-22　修改库项目

2. 应用特定库项目的修改

当用户需要更新应用特定库项目的网站站点(或所有网页)时，可以在 Dreamweaver 中选择【修改】|【库】|【更新页面】命令，打开【更新页面】对话框，然后在该对话框的【查看】下拉列表框中选中【整个站点】选项，并在该选项相邻的下拉列表中选中需要更新的站点名称。

如果用户在【更新页面】对话框的【查看】下拉列表框中选中【文件使用】选项，然后在该选项相邻的下拉列表框中选择库项目的名称，则会更新当前站点中所有应用了指定库项目的文档，如图 10-21 所示。

3. 重命名库项目

当用户需要在【资源】面板中对一个库项目重命名时，可以先选择【资源】面板左侧的【库】选项，然后单击需要重命名的库项目，并在短暂的停顿后再次单击库项目，可使库项目的名称变为可编辑状态，此时输入名称，按下 Enter 键确定即可。

4. 从库项目中删除文件

若用户需要从库中删除一个库项目，可以参考下面介绍的方法。

(1) 选择【窗口】|【资源】命令显示【资源】面板后，单击该面板上的【库】按钮。

(2) 在打开的库项目列表中选中需要删除的库项目，然后单击面板底部的【删除】按钮，如图 10-23 所示。

(3) 在 Dreamweaver 打开的提示对话框中单击【是】按钮，即可将选中的库项目删除，如图 10-24 所示。

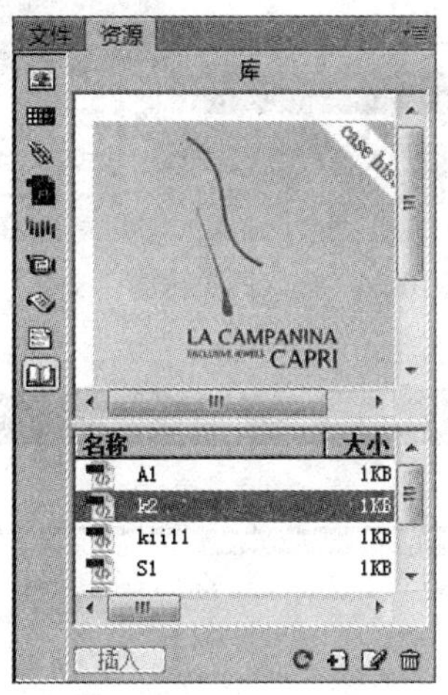

图 10-23　选中库项目

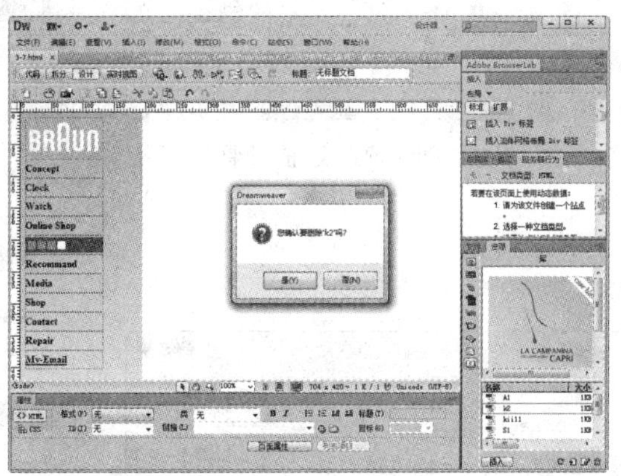

图 10-24　删除库项目

10.3　上机练习

本章上机练习将主要介绍添加库项目、创建网页模板、创建基于模板的网页和应用库项目。用户可以通过练习巩固本章所学的知识。

10.3.1　制作网站内容页面模板

制作一个网页内容模板。

(1) 启动 Dreamweaver 后，选择【文件】|【新建】命令，打开【新建文档】对话框，然后在该对话框中选中【1 列固定，居中，标题和脚注】选项后，单击【创建】按钮，创建一个预定义布局的网页，如图 10-25 所示。

(2) 在创建的预定义布局网页中插入图片和文字等网页元素，制作如图 10-26 所示的网页效果。

(3) 将鼠标指针插入网页中表格内，选择【插入】|【模板对象】|【可编辑区域】命令，打开【新建可编辑区域】对话框，如图 10-27 所示。

(4) 在【新建可编辑区域】对话框中单击【确定】按钮，在页面中插入一个可编辑区域，如图 10-28 所示。

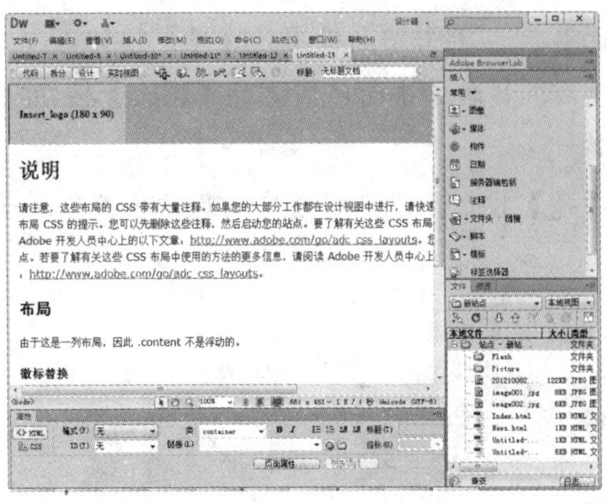

图 10-25　创建预定义布局网页

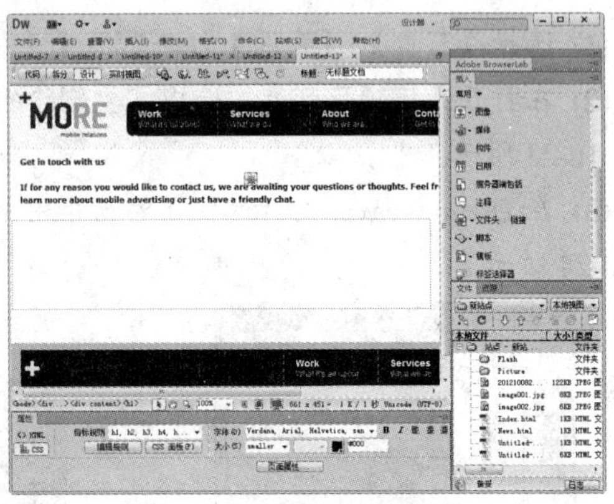

图 10-26　插入网页内容

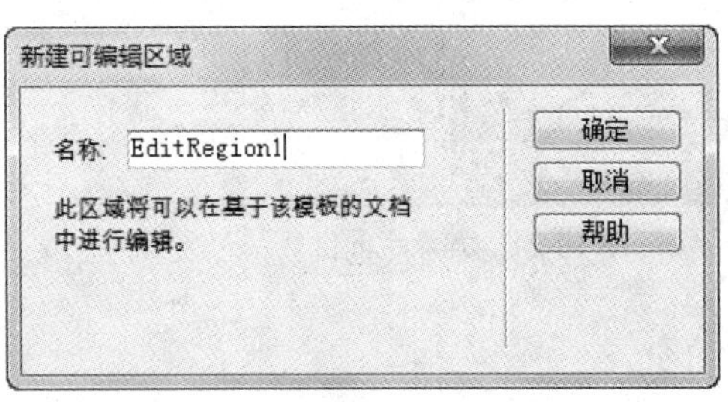

图 10-27　【新建可编辑区域】对话框

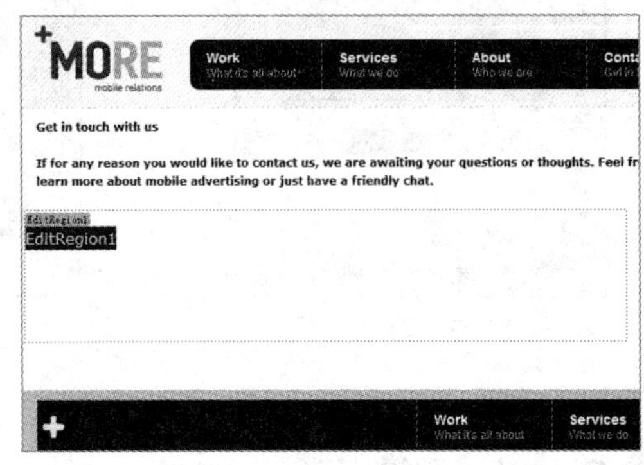

图 10-28　在页面中插入可编辑区域

(5) 选择【文件】|【另存为模板】命令，打开【另存模板】对话框，在该对话框中的【另存为】文本框中输入新建模板的名称，单击【确定】按钮，如图 10-29 所示。

(6) 在打开的提示对话框中单击【是】按钮，创建一个新的网页模板，如图 10-30 所示。

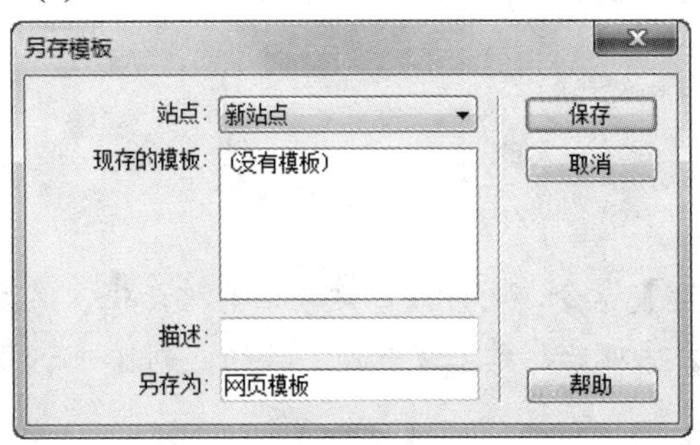

图 10-29　【另存模板】对话框

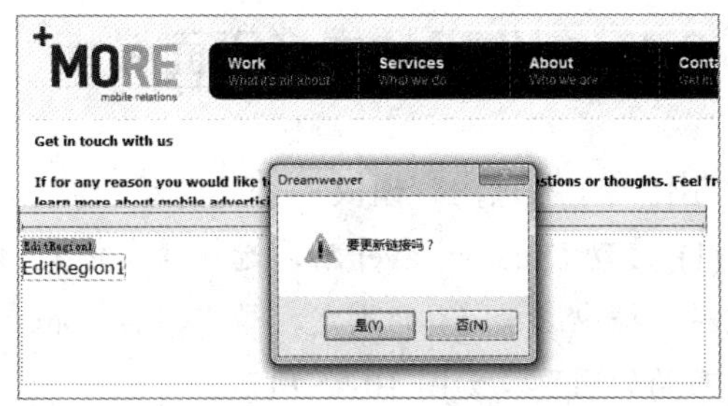

图 10-30　创建网页模板

(7) 选择【文件】|【新建】命令，打开【新建文档】对话框，然后在该对话框中选中【模板中的页】选项，在【站点】列表框中选中创建网页模板的站点，在【站点模板】列表框中选中本例创建的模板，如图 10-31 所示。

(8) 在【新建文档】对话框中单击【创建】命令，利用模板创建一个新网页，接下来在网页的可编辑区域中输入内容，完成网页的制作，如图 10-32 所示。

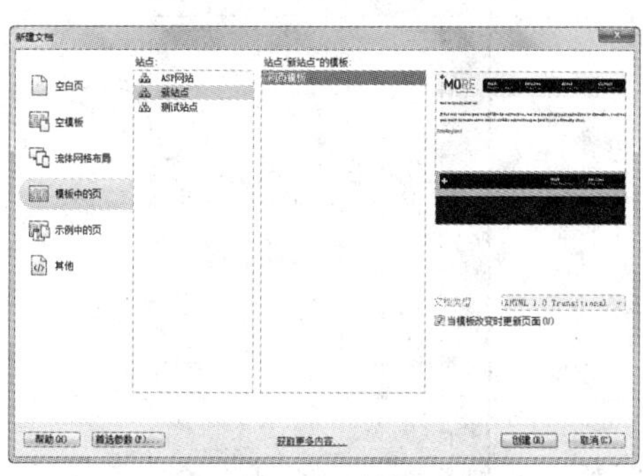

图 10-31　创建模板网页

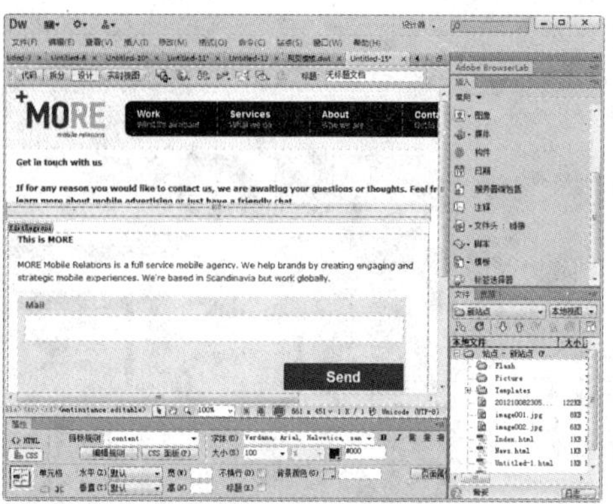

图 10-32　网页效果

10.3.2　在网页中应用库项目

使用 Dreamweaver CS6 新建一个网页文档，添加库项目，然后将库项目应用于创建的基于模板的网页文档。

(1) 启动 Dreamweaver CS6 后，选择【文件】|【新建】命令，创建一个空白 HTML 网页，然后选择【插入】|【表格】命令，在该网页中插入一个 3 行 1 列的表格，并对该表格的每行执行合并与拆分单元格操作，使表格的最终效果如图 10-33 所示。

(2) 在表格单元格中分别插入图像与文字，制作一个简单的网站首页效果，如图 10-34 所示。

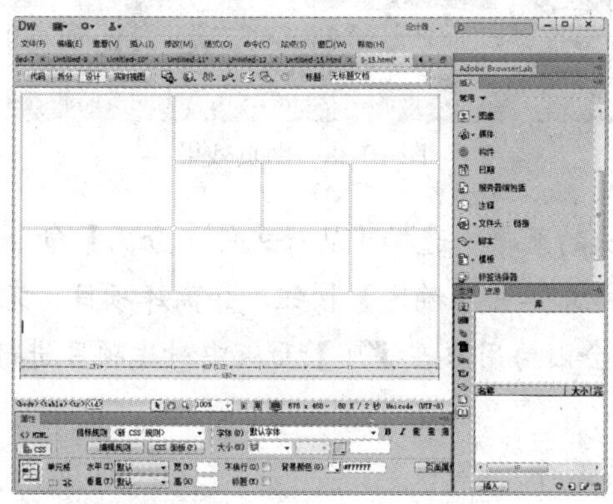

图 10-33　在网页中插入表格

图 10-34　插入表格文字与图片

(3) 选中页面中插入的一张图片，然后选择【修改】|【库】|【增加对象到库】命令，打开【库】面板，如图 10-35 所示。

(4) 在【库】面板里输入 N1，命名新添加的库项目。接下来，重复步骤(3)的操作，将表格中其他单元格内的图像和文本添加为库项目，并逐一命名，如图 10-36 所示。

(5) 选择【文件】|【新建】命令，打开【新建文档】对话框，然后在该对话框中选中【2 列固定，左侧栏】选项后，单击【创建】按钮，创建一个新网页。

(6) 选择【窗口】|【资源】命令，打开【资源】面板，然后单击该面板中的【库】按钮，显示【库】面板。接下来，删除页面中的文字内容，拖动 N1 库项目至页面中，如图 10-37 所示。

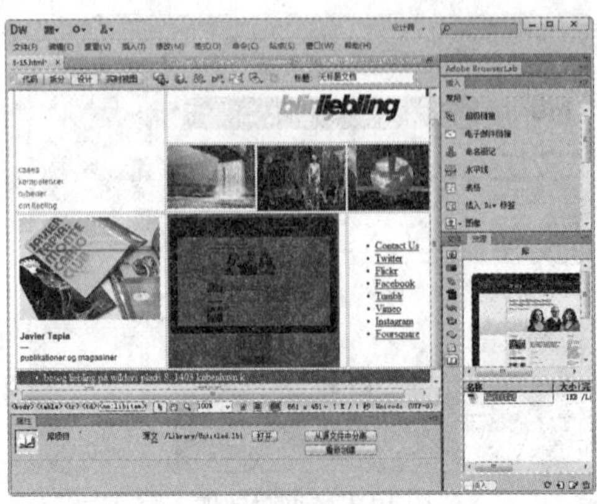

图 10-35　打开【库】面板

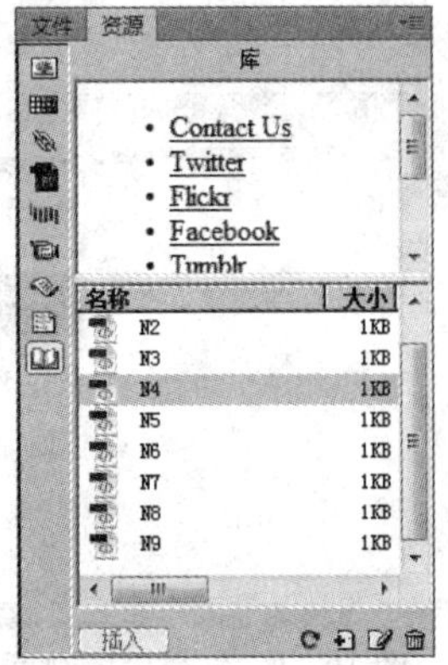

图 10-36　命名库项目

(7) 重复步骤(6)的操作，将【库】面板中的其他库项目也拖动至页面中，制作如图 10-38 所示的网页页面效果。

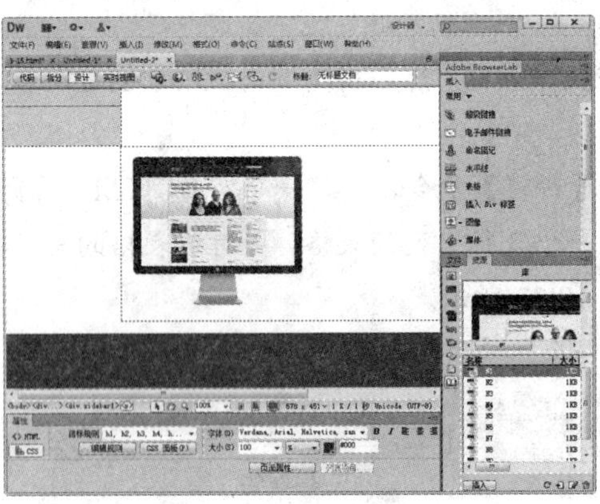

图 10-37　应用库项目

图 10-38　网页效果

(8) 右击页面中任意一个插入的库项目，在弹出的菜单中选择【从源文件中分离】命令。

(9) 接下来，在 Dreamweaver 打开的提示对话框中单击【确定】按钮，分离库项目。完成操作后，插入页面中的库项目将恢复图片状态，不会因为用户在【库】面板中对库项目进行编辑而自动更新。

(10) 最后，选择【文件】|【保存】命令将网页保存。

10.4　习题

1. 模板有哪 4 种类型的模板区域?
2. 创建一个网页并保存为模板，创建可编辑区域，将该模板应用到一个新建网页。

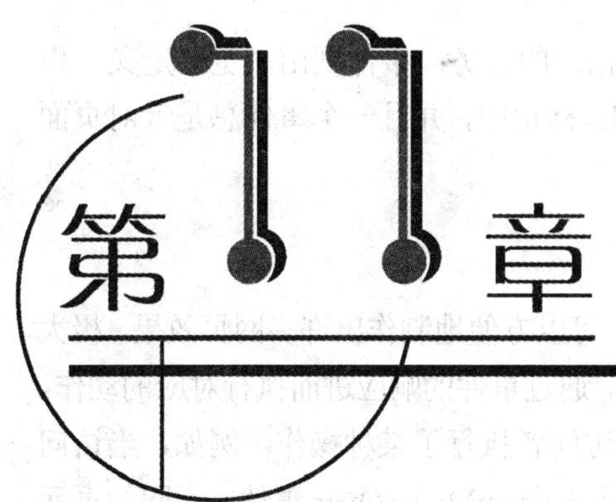

第11章 使用行为与表单

学习目标

在网页中使用行为和表单可以创建出交互式网页的各类页面效果。行为是使用 JavaScript 程序预定义的页面特效工具，是 JavaScript 在 Dreamweaver 中内建的程序库。利用行为，用户可以制作出各式各样的网页特殊效果，例如播放声音、弹出菜单等。表单是制作交互式网页的基本元素，通过在网页中插入各类表单元素，设计者可以制作出例如注册、登录、问答等网页文档。本章将主要介绍利用 Dreamweaver 在网页中使用行为和插入表单的方法。

本章重点

- Dreamweaver 的内置行为
- 在网页中应用行为
- 在网页中应用表单
- 使用行为检查表单的内容

11.1 使用行为

行为是 Dreamweaver 中非常有特色的功能，可以不编写 JavaScript 代码，即可实现多种动态页面效果，例如交换图像、弹出提示信息，设置导航栏图像等。下面将主要介绍在网页中使用行为的相关知识。

11.1.1 行为的基础知识

行为是指在网页中进行的一系列动作，通过这些动作，可以实现用户同网页的交互，也可以通过动作使某个任务被执行。在 Dreamweaver 中，行为由事件和动作两个基本元素组成。通

常动作是一段 JavaScript 代码，利用这些代码可以完成相应的任务；事件则由浏览器定义，事件可以被附加到各种页面元素上，也可以被附加到 HTML 标记中，并且一个事件总是针对页面元素或标记而言的。

1. 行为的概念

行为是 Dreamweaver 中一个重要的部分，通过行为，可以方便地制作出许多网页效果，极大地提高了工作效率。行为由两个部分组成，即事件和动作，通过事件的响应进而执行对应的动作。

在网页中，事件是浏览器生成的消息，表明该页的访问者执行了某种操作。例如，当访问者将鼠标指针移动到某个链接上时，浏览器为该链接生成一个 onMouseOver 事件。不同的页元素定义了不同的事件。在大多数浏览器中，onMouseOver 和 onClick 是与链接关联的事件，而 onLoad 是与图像和文档的 body 部分关联的事件。

2. 事件的分类

Dreamweaver 中的行为事件可以分为鼠标事件、键盘事件、表单事件和页面事件。每个事件都含有不同的触发方式，具体如下。

- onClick：单击选定元素(如超链接、图片、按钮等)将触发该事件。
- onDblClick：双击选定元素将触发该事件。
- onMouseDown：当按下鼠标按钮(不必释放鼠标按钮)时触发该事件。
- onMouseMove：当鼠标指针停留在对象边界内时触发该事件。
- onMouseOut：当鼠标指针离开对象边界时触发该事件。
- onMouseOver：当鼠标首次移动指向特定对象时触发该事件。该事件通常用于链接。
- onMouseUp：当按下的鼠标按钮被释放时触发该事件。

11.1.2 使用 Dreamweaver 内置行为

在【行为】面板中可以将 Dreamweaver CS6 内置的行为附加到页面元素，并且可以修改以前所附加行为的参数。选择【窗口】|【行为】命令，打开【标签检查器】面板后，Dreamweaver 将默认打开【行为】面板，如图 11-1 所示。

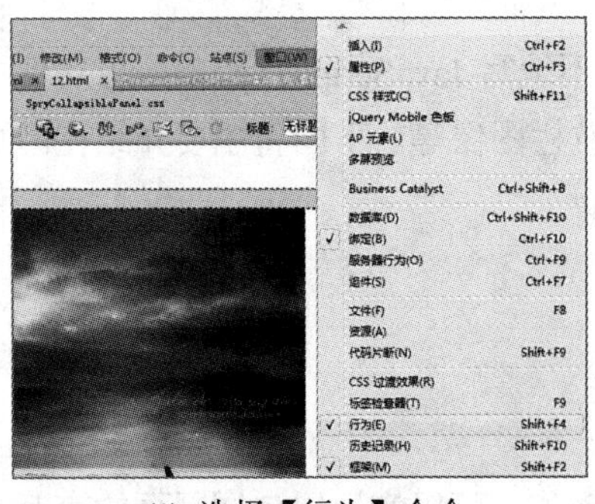

(1) 选择【行为】命令

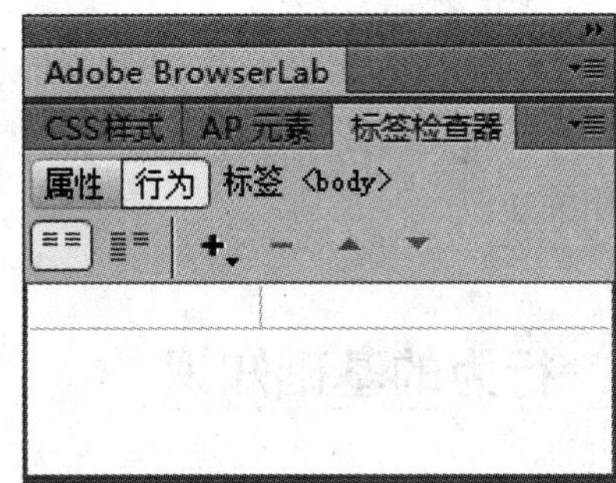

(2) 【行为】面板

图 11-1　显示【行为】面板

在【行为】面板的行为列表中显示了已经附加到当前所选页面元素的行为，并按事件以字母顺序列出。如果针对同一个事件列有多个动作，则会按在列表中出现的顺序执行这些动作。如果行为列表中没有显示任何行为，则表示没有行为附加到当前所选的页面元素。

- 【显示设置事件】按钮：单击【显示设置时间】按钮后，将显示当前元素已经附加到当前文档的事件。
- 【显示所有事件】按钮：单击该按钮，显示当前元素所有可用的事件。在显示事件菜单项里作不同的选择，可用的事件也不同。一般来说，浏览器的版本越高，可支持的事件越多。
- 添加行为：单击按钮，在弹出的下拉菜单中显示了所有可以附加到当前选定元素的动作，如图 11-2 所示。当从该列表中选择一个动作时，将打开相应的对话框，用户可以在此对话框中指定该动作的参数。
- 删除事件：从行为列表中选中所需删除的事件和动作，单击按钮，即可删除。
- 【增加事件值】按钮和【降低事件值】按钮：在行为列表中上下移动特定事件的选定动作。只能更改特定事件的动作顺序，例如，可以更改 onLoad 事件中发生的几个动作的顺序，但是所有 onLoad 动作在行为列表中都会放置在一起。对于不能在列表中上下移动的动作，箭头按钮将处于禁用状态。
- 事件：选中事件后，会显示一个下拉箭头按钮，单击该按钮，弹出一个下拉菜单，在该菜单中包含了可以触发该动作的所有事件，如图 11-3 所示。该菜单仅在选中某个事件时可见。根据所选对象的不同，显示的事件也有所不同。

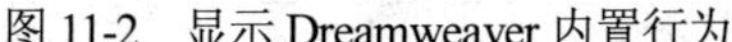

图 11-2　显示 Dreamweaver 内置行为

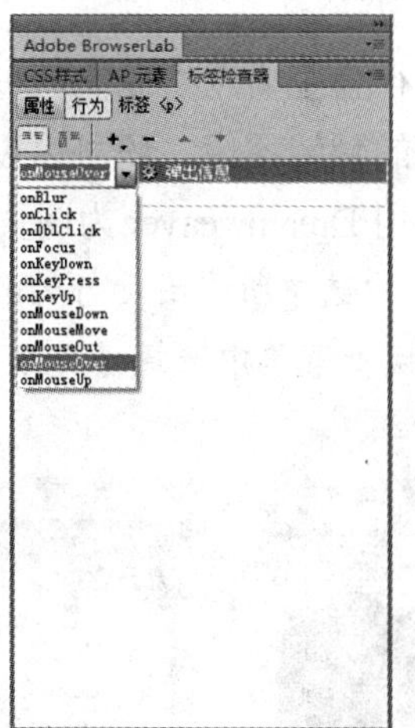

图 11-3　显示事件

Dreamweaver 系列软件内置了多种行为动作，基本可以满足网页设计的需要。此外，还可以连接到 Macromedia Exchange Web 站点以及第三方开发人员站点上找到更多的动作，或者编写行为动作。下面将分别介绍 Dreamweaver 中常用内置行为的使用方法。

1. 【预先载入图像】行为

使用【预先载入图像】行为，可以使浏览器下载那些尚未在网页中显示但是可能显示的图

像，并将之存储到本地缓存中，这样可以脱机浏览网页。

【例 11-1】使用 Dreamweaver 为网页中的对象设置【预先载入图像】行为。

(1) 单击【行为】选项卡面板中的【添加行为】按钮，在弹出的菜单中选择【预先载入图像】命令(如图 11-2 所示)，打开【预先载入图像】对话框，如图 11-4 所示。

(2) 在【预先载入图像】对话框中单击【添加项】按钮，在【预先载入图像】列表中添加一个空白项，然后在【图像源文件】文本框中输入要预载的图像路径和名称，或单击【浏览】按钮，在打开的【选择图像源文件】对话框中选择一个要预载的图像文件，如图 11-5 所示。

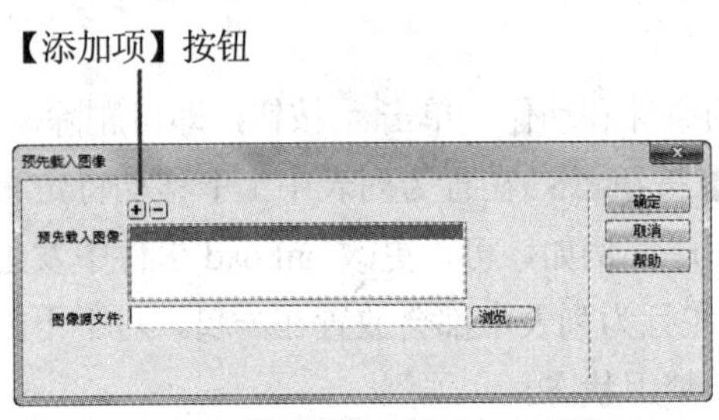

图 11-4 【预先载入图像】对话框

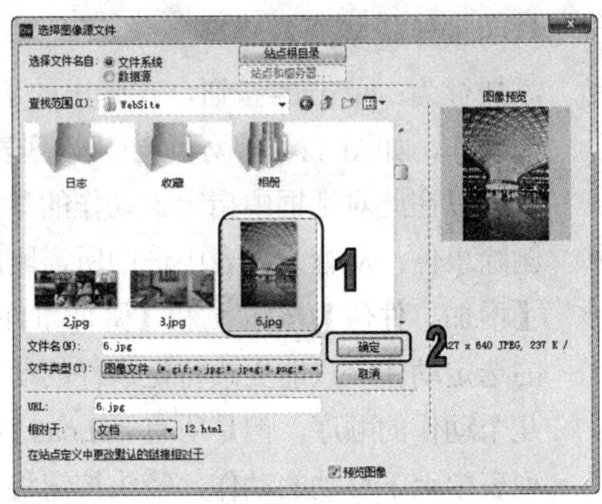

图 11-5 【选择图像源文件】对话框

(3) 完成以上操作后，在【预先载入图像】对话框中单击【确定】按钮即可。

2. 【交换图像】行为

【交换图像】行为主要用于动态改变图像对应<img>标记的 scr 属性值，利用该动作，不仅可以创建普通的翻转图像，还可以创建图像按钮的翻转效果。

【例 11-2】使用 Dreamweaver 为网页中的对象设置【交换图像】行为。

(1) 在网页文档中选中所需附加行为的图像后，单击【行为】选项卡面板上的【添加行为】按钮，在弹出的快捷菜单中选择【交换图像】命令，打开【交换图像】对话框，如图 11-6 所示。

(1) 选中网页图像

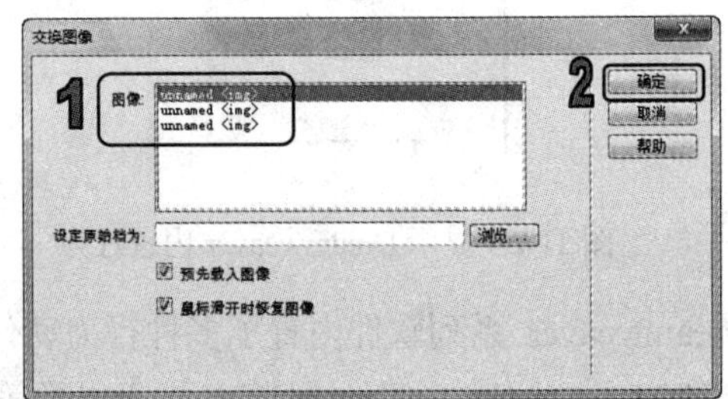

(2) 【交换图像】对话框

图 11-6 显示【交换图像】对话框

(2) 在【交换图像】对话框的【图像】列表框中，可以选择要设置替换图像的原始图像。在【设定原始档为】文本框中，可以输入替换后的图像文件的路径和名称，也可以单击【浏览】

按钮，选择图像文件。

(3) 完成以上操作后，在【交换图像】对话框中单击【确定】按钮即可。【交换图像】行为在网页中的效果如图 11-7 所示。

鼠标离开图像

鼠标放置在图像上

图 11-7 “交换图像”行为的效果

3. 【恢复交换图像】行为

与【交换图像】行为相对应，使用【恢复交换图像】动作，可以将所有被替换显示的图像恢复为原始图像。一般来说，在设置替换图像动作时，会自动添加替换图像恢复动作，这样当光标离开对象时自动恢复原始图像。用户单击【行为】面板上的【添加】按钮+，在弹出的菜单中选择【恢复交换图像】命令(或双击【行为】面板中添加的【恢复交换图像】行为)，即可打开【恢复交换图像】对话框，如图 11-8 所示。

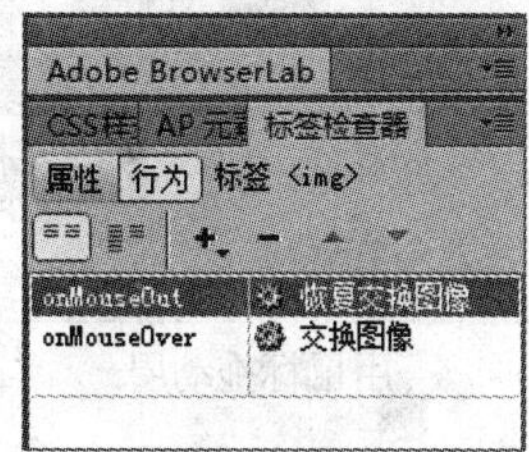

【恢复交换图像】行为

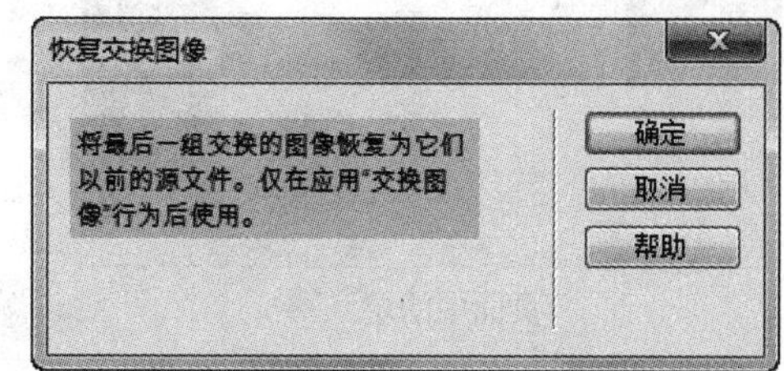

【恢复交换图像】对话框

图 11-8 设置【恢复交换图像】行为

提示

在【恢复交换图像】对话框中没有任何参数选项设置，直接单击【确定】按钮，即可为网页中选定的对象附加替换图像恢复行为。

4. 【拖动层】行为

使用【拖动层】行为，可以实现在页面上对层及其中的内容进行移动，以实现某些特殊的页面效果。

【例 11-3】使用 Dreamweaver 为网页中的对象设置【拖动层】行为。

(1) 选中网页文档中的层，然后单击<body>标签，单击【行为】选项卡面板上的【添加行为】按钮，在弹出的菜单中选择【拖动 AP 元素】命令，打开【拖动 AP 元素】对话框，如图 11-9 所示。

(1) 选中<body>标签

(2)【拖动 AP 元素】对话框

图 11-9 打开【拖动 AP 元素】对话框

(2) 在【拖动 AP 元素】对话框中设定参数后单击【确定】按钮，即可设置【拖动层】行为，其效果如图 11-10 所示。

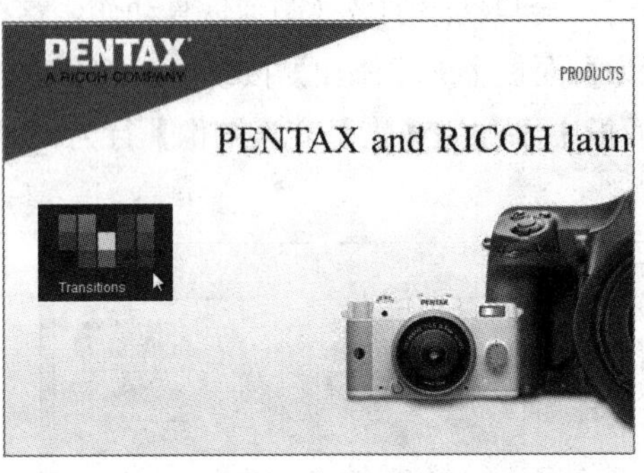

页面中的层

用鼠标拖动层

图 11-10 行为效果

在【拖动 AP 元素】对话框的【基本】选项卡中，用户可以设置拖动层的层、移动方式等内容，其主要参数选项的具体作用如下。

- 【AP 元素】下拉列表框：选择需要控制的层名称。
- 【移动】下拉列表框：选择层被拖动时的移动方式，包括以下两个选项。选择【限制】选项，则层的移动位置是受限制的，此时可以在右方显示的文本框中分别输入可移动区域的上、下、左、右位置值，这些值是相对层的起始位置而言的，单位是像素；选择【不限制】选项，则可以实现层在任意位置上的移动。
- 【放下目标】选项区域：设置层被移动到的位置。可在【左】和【上】文本框中输入层移动后的起始位置；单击【取得目前位置】按钮，可获取当前层所在的位置。

- 【靠齐距离】文本框：输入层与目标位置靠齐的最小像素值。当层移动的位置同目标位置之间的像素值小于文本框中的设置时，层会自动靠齐到目标位置上。

在【拖动 AP 元素】对话框中选中【高级】选项卡后，用户可以设置拖动层的拖动控制点等内容。【高级】选项卡中主要选项参数的具体作用如下。

- 【拖动控制点】下拉列表框：设置在拖动层时拖动的部位，可以选择【整个层】和【层内区域】两个选项。
- 【拖动时】选项区域：设置层被拖动时的相关设置。选中该复选框，则可以设置层被拖动时在层重叠堆栈中的位置，可选择【留在最上方】和【恢复 z 轴】两个选项。在【呼叫 JavaScript】文本框中，可设置当层被拖动时调用的 JavaScript 代码。
- 【放下时】选项区域：设置层被拖动到指定位置并释放后的相关设置。在【呼叫 JavaScript】文本框中，设置当层被释放时调用的 JavaScript 代码。

5. 【显示和隐藏元素】行为

给网页中的元素附加【显示-隐藏元素】行为，可以显示、隐藏或恢复一个或多个网页元素的默认可见性。此行为用于在进行交互时显示信息。例如，将光标移到一个植物图像上时，可以显示一个页面元素，此元素给出有关该植物的生长季节和地区、需要多少阳光、可以长到多大等详细信息。

【例 11-4】使用 Dreamweaver 为网页中的对象设置【显示和隐藏元素】行为。

(1) 在网页中选中一个页面元素后，单击【行为】选项卡面板上的【添加行为】按钮+，在弹出的菜单中选择【显示-隐藏元素】命令，打开【显示-隐藏元素】对话框，如图 11-11 所示。

(1) 选中网页元素

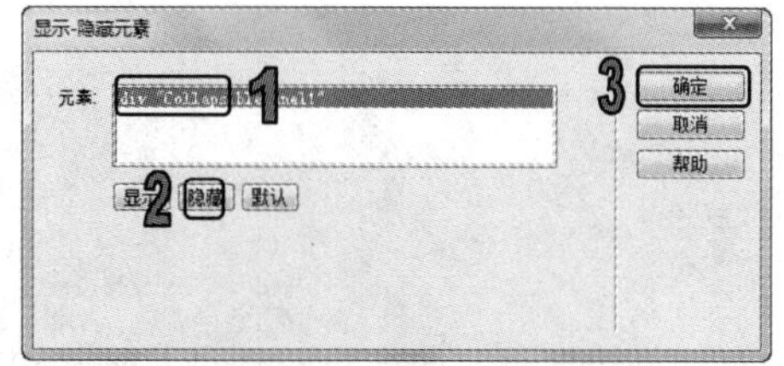

(2) 【显示-隐藏元素】对话框

图 11-11　打开【显示-隐藏元素】对话框

(2) 在【显示-隐藏元素】对话框中的【元素】列表框中选择图像名称，单击【隐藏】按钮，然后单击【确定】按钮添加【显示和隐藏元素】行为。

(3) 在【行为】面板中单击【显示和隐藏元素】行为前的下拉列表按钮，在弹出的下拉列表中设置事件为 onClick，如图 11-12 所示。

(4) 保存网页文档后，按 F12 键，在浏览器中预览网页文档，当单击鼠标时，才隐藏网页中的层元素，如图 11-13 所示。

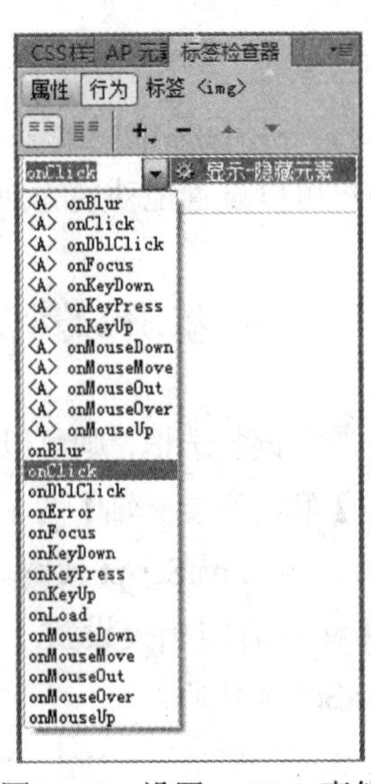

图 11-12 设置 onClick 事件

图 11-13 单击图片将其隐藏

6. 【检查插件】行为

使用【检查插件】行为，用户可以设置检查在访问网页时，浏览器中是否安装有指定插件，通过这种检查，可以分别为安装插件和未安装插件的用户显示不同的页面。

用户单击【行为】选项卡面板上的+按钮，在弹出的菜单中选择【检查插件】命令，可以打开【检查插件】对话框，如图 11-14 所示，该对话框中主要参数选项的功能如下。

- 【插件】选项区域：用于选择要检查的插件类型。在【选择】下拉列表框中可以选择插件类型；在【输入】文本框中可直接输入要检查的插件类型。
- 【如果有，转到 URL】文本框：用于设置当检查到用户浏览器中安装了该插件时跳转到的 URL 地址。也可以单击【浏览】按钮打开【选择文件】对话框(如图 11-15 所示)，选择目标文档。

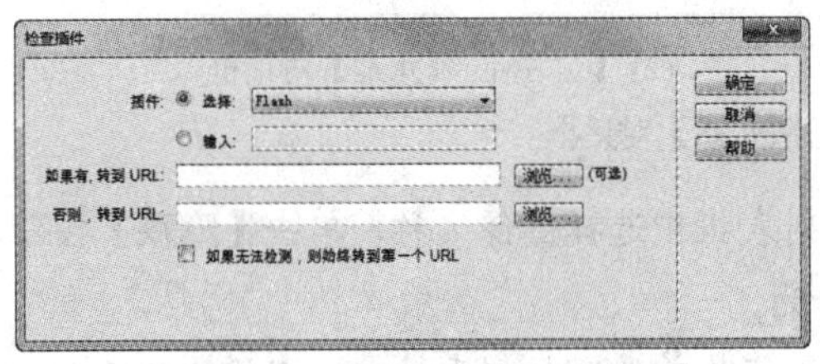

图 11-14 【检查插件】对话框

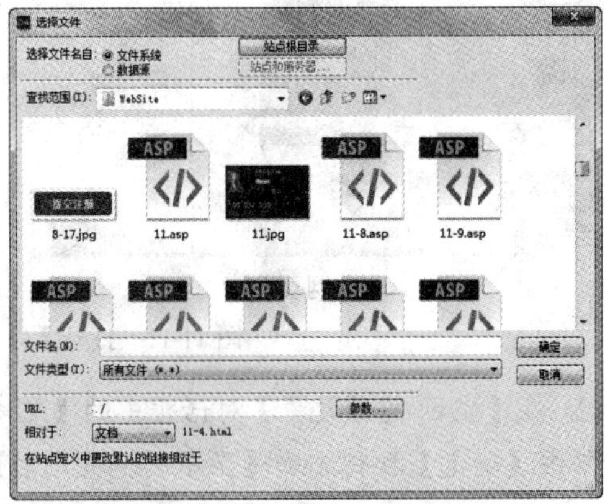

图 11-15 【选择文件】对话框

- 【否则，转到 URL】文本框：用于设置当检查到用户浏览器中尚未安装该插件时跳转到的 URL 地址。

7. 【调用 JavaScript】行为

在网页中使用【调用 JavaScript】行为可以设置当触发事件时调用相应的 JavaScript 代码，以实现相应的动作。

【例 11-5】使用 Dreamweaver 为网页中的对象设置【调用 JavaScript】行为。

(1) 打开网页文档后，在页面中插入如图 11-16 所示的图片，然后选中插入的图片，并单击【行为】面板中的【添加行为】按钮+，在弹出的下拉列表中选择【调用 JavaScript】选项，打开【调用 JavaScript】对话框。

(2) 在【调用 JavaScript】对话框中输入代码 window.close()后(如图 11-17 所示)，单击【确定】按钮，即可为网页中的图片对象添加 JavaScript 行为。

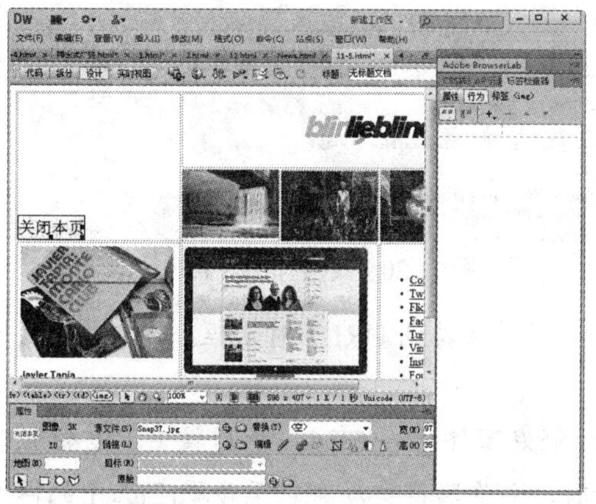

图 11-16　在网页中插入图片

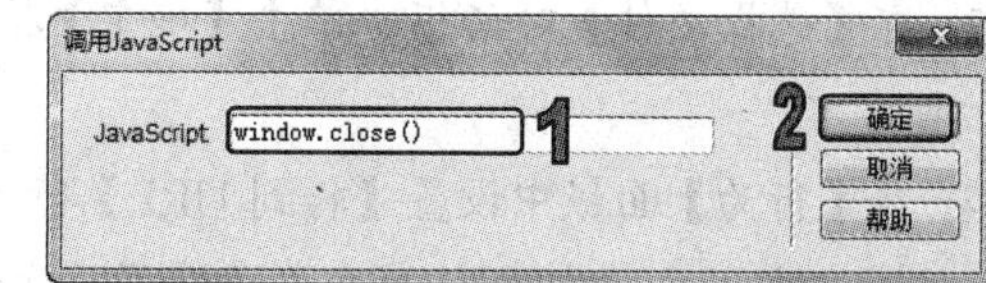

图 11-17　【调用 JavaScript】对话框

(3) 完成以上操作后，保存网页并按下 F12 键预览网页，效果如图 11-18 所示。

图 11-18　网页效果

8. 【转到 URL】行为

使用【转到 URL】行为，用户可以设置在当前浏览器窗口或指定的框架窗口中载入指定的页面，该动作在同时改变两个或多个框架内容时特别有用。

【例 11-6】使用 Dreamweaver 为网页中的对象设置【转到 URL】行为。

(1) 选中网页中的页面元素，并单击【行为】面板中的【添加行为】按钮，在弹出的下拉列表中选择【转到 URL】命令，打开【转到 URL】对话框，如图 11-19 所示。

(2) 在【转到 URL】对话框中单击【浏览】按钮，然后在打开的【选择文件】对话框中选择需要转到的网页，如图 11-20 所示。

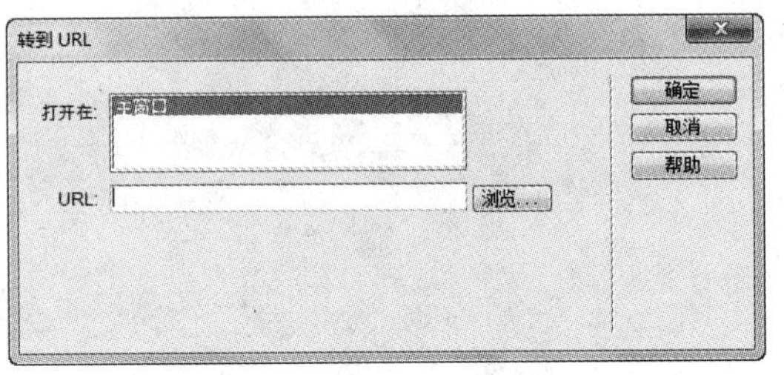

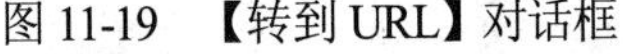
图 11-19 【转到 URL】对话框

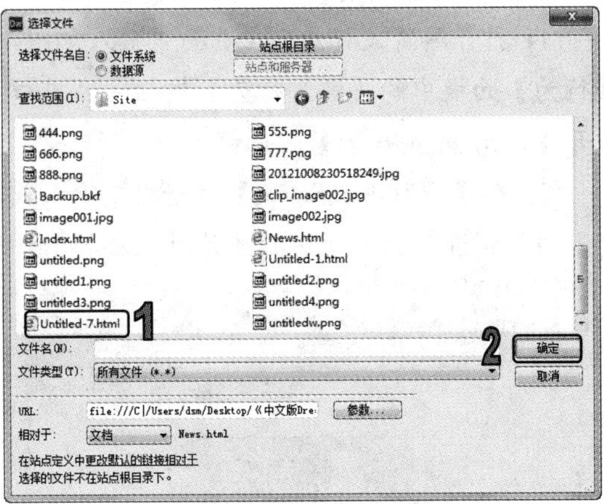

图 11-20 【选择文件】对话框

(3) 在【选择文件】对话框中单击【确定】按钮，返回【转到 URL】对话框。再次单击【确定】按钮即可。

(4) 在【行为】面板中设置【转到 URL】行为的触发事件为 onClick，然后按下 F12 键预览网页。这时，当用户单击步骤(1)选中网页页面元素时，浏览器将自动跳转至步骤(2)选中的网页文件。

提示

用户也可以通过在【转到 URL】对话框的【URL】文本框中输入网页链接地址，设定网页转到的目标页面。

9. 【打开浏览器窗口】行为

使用【打开浏览器窗口】行为，可以在一个新的浏览器窗口中载入位于指定 URL 位置上的文档。同时，还可以指定新打开浏览器窗口的属性，例如大小、是否显示菜单条等。

【例 11-7】在网页中使用【打开浏览器窗口】行为。

(1) 打开一个网页后，选中网页中的页面元素，选择【窗口】|【行为】命令，打开【行为】面板，然后单击【行为】面板中的【添加行为】按钮，在弹出的下拉列表中选中【打开浏览器窗口】选项，打开【打开浏览器窗口】对话框，如图 11-21 所示。

(2) 单击【打开浏览器窗口】对话框中的【浏览】按钮，然后在打开的【选择文件】对话框中选择跳转的目标网页，单击【确定】按钮。

(3) 完成以上操作后保存网页，按下 F12 键预览网页时，用户单击页面中步骤(1)选中的网页元素，浏览器将自动打开新窗口显示步骤(2)选择的网页内容。

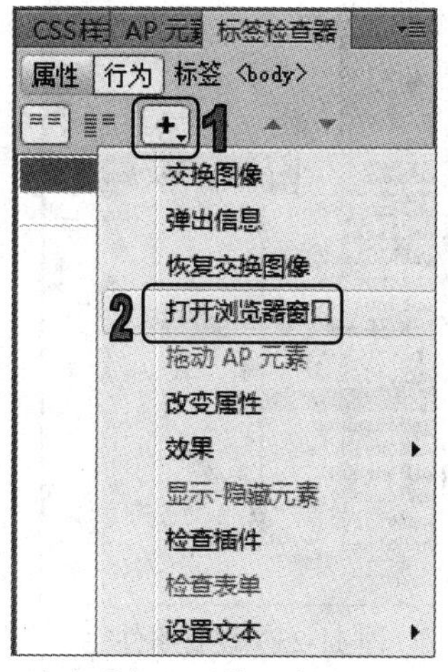

(1) 选中【打开浏览器窗口】选项

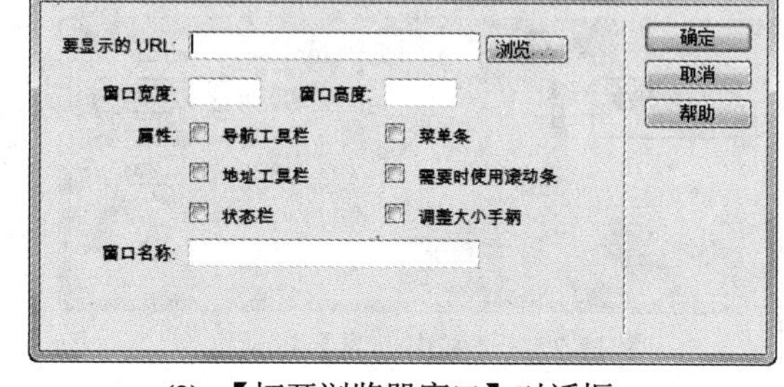

(2) 【打开浏览器窗口】对话框

图 11-21　使用【打开浏览器窗口】行为

【打开浏览器窗口】对话框中主要参数选项的功能如下。

- 【要显示的 URL】文本框：用于输入在新浏览器窗口中载入的 URL 地址，也可以单击【浏览】按钮，选择链接目标文档。
- 【窗口宽度】和【窗口高度】文本框：用于输入新浏览器窗口的宽度和高度，单位是像素。
- 【属性】选项区域：用于设置新浏览器窗口中是否显示相应的元素，选中复选框则显示该元素，清除复选框则不显示该元素。这些元素包括导航工具栏、地址工具栏、状态栏、菜单条、需要时使用滚动条、调整大小手柄。
- 【窗口名称】文本框：用于为新打开的浏览器窗口定义名称。

10. 【弹出信息】行为

【弹出信息】行为也是常用的行为之一。在浏览网站时，经常会打开一个对话框，在对话框中显示信息内容，通过【弹出信息】行为，就可以实现这一效果，具体方法如下。

【例 11-8】使用 Dreamweaver 为网页中的对象设置【弹出信息】行为。

(1) 打开一个网页后，选中网页中的页面元素，选择【窗口】|【行为】命令，打开【行为】面板，然后单击【行为】面板中的【添加行为】按钮，在弹出的下拉列表中选中【弹出信息】选项，打开【弹出信息】对话框，如图 11-22 所示。

(2) 在【弹出信息】对话框中的【消息】文本框中输入相应的信息，单击【确定】按钮即可为页面元素设置【弹出信息】行为。

(3) 在【行为】面板中单击【弹出信息】行为前的下拉列表按钮，在弹出的下拉列表中，用户可以设置触发【弹出信息】行为的事件，如图 11-23 所示。

(4) 完成以上操作后，选择【文件】|【保存】命令将网页保存，然后按下 F12 键即可在打开的浏览器窗口中预览网页效果。

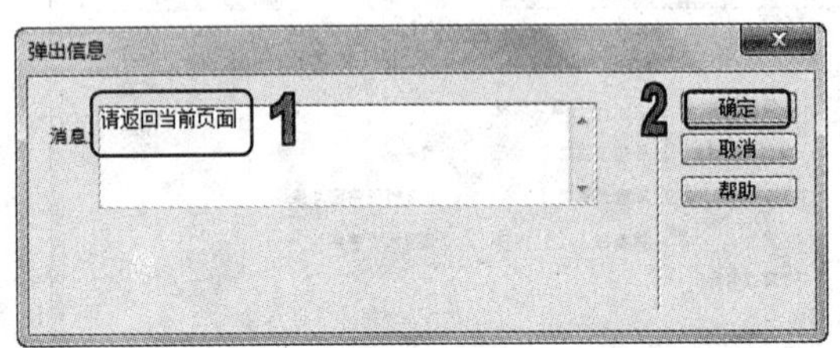

图 11-22　【弹出信息】对话框

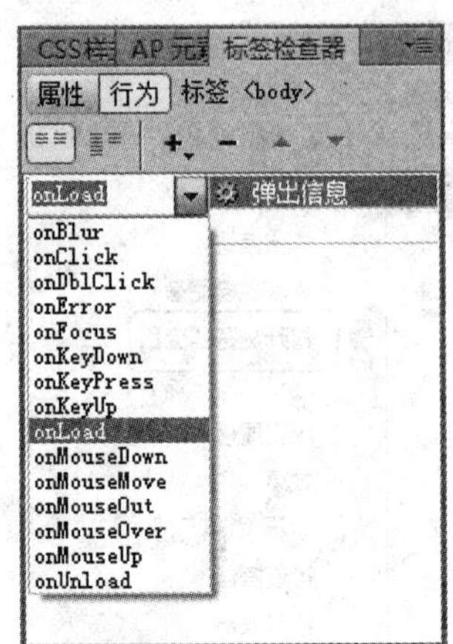

图 11-23　设置事件

11.2　使用表单

表单允许服务器端的程序处理用户端输入的信息，通常包括调查的表单、提交订购的表单和搜索查询的表单等。表单要求描述表单的 HTML 源代码和在表单域中输入信息的服务器端应用程序或客户端脚本。本节将主要介绍在 Dreamweaver 中使用表单的方法。

11.2.1　表单的基础知识

表单在网页中是提供给访问者填写信息的区域，从而可以收集客户端信息，使网页更加具有交互的功能。

1. 表单的概念

表单一般被设置在一个 HTML 文档中，访问者填写相关信息后提交表单，表单内容会自动从客户端的浏览器传送到服务器上，经过服务器上的 ASP 或 CGI 等程序处理后，再将访问者所需的信息传送到客户端的浏览器上。几乎所有网站都应用了表单，例如搜索栏、论坛和订单等。

表单是由窗体和控件组成的，一个表单一般包含用户填写信息的输入框和提交按钮等，这些输入框和按钮叫做控件。

表单用<form></form>标记来创建，在<form></form>标记之间的部分都属于表单的内容。<form>标记具有 action、method 和 target 属性。

- action：处理程序的程序名，例如<form action= " URL " >，如果属性是空值，则当前文档的 URL 将被使用，当提交表单时，服务器将执行程序。
- method：定义处理程序从表单中获得信息的方式，可以选择 GET 或 POST 中的一个。GET 方式是处理程序从当前 HTML 文档中获取数据，这种方式传送的数据量是有限

制的，一般在 1KB 之内。POST 方式是当前 HTML 文档把数据传送给处理程序，传送的数据量要比使用 GET 方式大得多。

- target：指定目标窗口或帧。可以选择当前窗口_self、父级窗口_parent、顶层窗口_top 和空白窗口_blank。

2. 表单的对象

在 Dreamweaver CS6 中，表单输入类型称为表单对象。用户要在网页文档中插入表单对象，除了可以选择【插入】|【表单】命令以外，还可以选择【窗口】|【插入】命令，显示【插入】面板，然后单击【插入】面板中的▼按钮，在弹出的菜单中选择【表单】命令，打开【表单】窗口，如图 9-24 所示。接下来，在【表单】窗口中单击相应的表单对象按钮，即可插入表单。

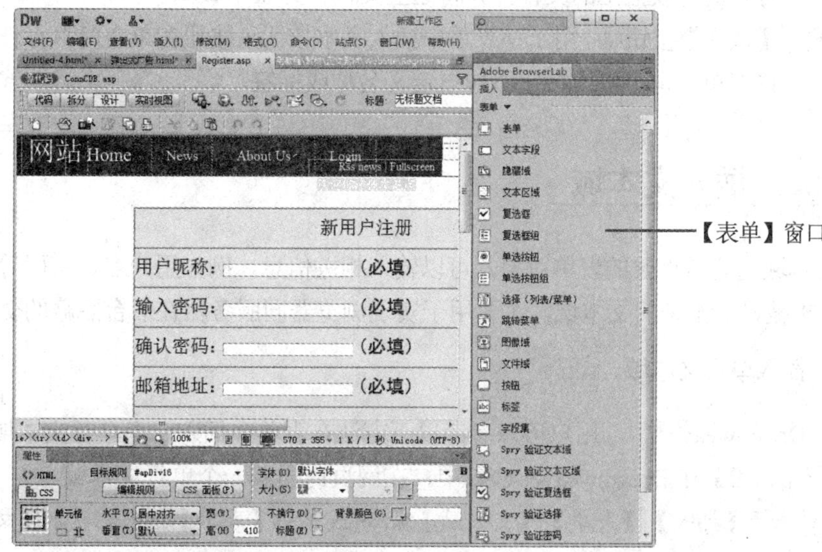

图 11-24　【表单】插入栏

在【表单】窗口中比较重要的表单对象按钮的功能如下。

- 【表单】按钮：用于在文档中插入一个表单。访问者要提交给服务器的数据信息必须放在表单里，只有这样，数据才能被正确处理。
- 【文本字段】按钮：用于在表单中插入文本域。文本域可接受任何类型的字母数字项，输入的文本可以显示为单行、多行或者显示为星号(用于密码保护)。
- 【隐藏域】按钮：用于在文档中插入一个可以存储用户数据的域。使用隐藏域可以实现浏览器同服务器在后台隐藏的交换信息，例如，输入的用户名、E-mail 地址或其他参数，当下次访问站点时能够使用输入的这些信息。
- 【文本区域】按钮：用于在表单中插入一个多行文本域。
- 【复选框】按钮：用于在表单中插入复选框。在实际应用中多个复选框可以共用一个名称，也可以共用一个 Name 属性值，实现多项选择的功能。
- 【单选按钮】按钮：用于在表单中插入单选按钮。单选按钮代表互相排斥的选择，选择一组中的某个按钮，同时取消选择该组中的其他按钮。

- 【单选按钮组】按钮：用于插入共享同一名称的单选按钮的集合。
- 【列表/菜单】按钮：用于在表单中插入列表或菜单。【列表】选项在滚动列表中显示选项值，并允许用户在列表中选择多个选项。【菜单】选项在弹出式菜单中显示选项值，而且只允许用户选择一个选项。
- 【跳转菜单】按钮：用于在文档中插入一个导航条或者弹出式菜单。跳转菜单可以使用户为链接文档插入一个菜单。
- 【图像域】按钮：用于在表单中插入一幅图像。可以使用图像域替换【提交】按钮，以生成图形化按钮。
- 【文件域】按钮：用于在文档中插入空白文本域和【浏览】按钮。用户使用文件域可以浏览硬盘上的文件，并将这些文件作为表单数据上传。
- 【按钮】按钮：用于在表单中插入文本按钮。按钮在单击时执行任务，如提交或重置表单，也可以为按钮添加自定义名称或标签。

11.2.2 插入文本域

文本域是非常重要的表单对象，可以输入相关信息，例如用户名、密码等。隐藏域在浏览器中是不被显示出来的文本域，主要用于实现浏览器同服务器在后台隐藏的交换信息。

1. 插入单行文本域

在 Dreamweaver 中，用户可以参考以下方法在表单中插入一个单行文本域。

【例 11-9】在 Dreamweaver CS6 中，在网页内插入一个单行文本域。

(1) 选择【插入】|【表单】|【文本域】命令(或单击【表单】插入栏上的【文本域】按钮)，打开【输入标签辅助功能属性】对话框，如图 11-25 所示。

(2) 在【输入标签辅助功能属性】对话框中单击【确定】按钮后，即可在表单中插入一个单行文本域，如图 11-26 所示。

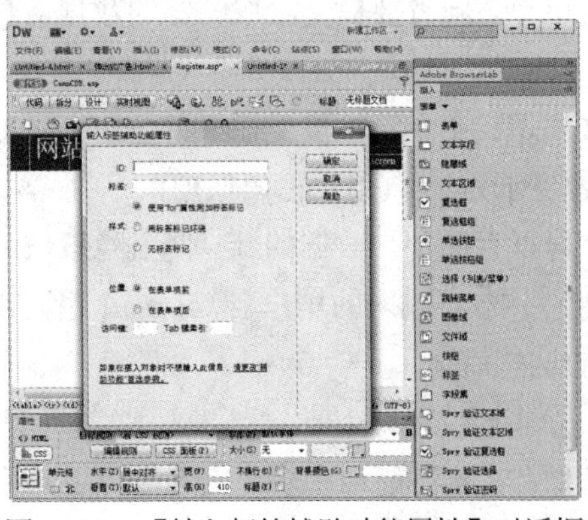

图 11-25 【输入标签辅助功能属性】对话框

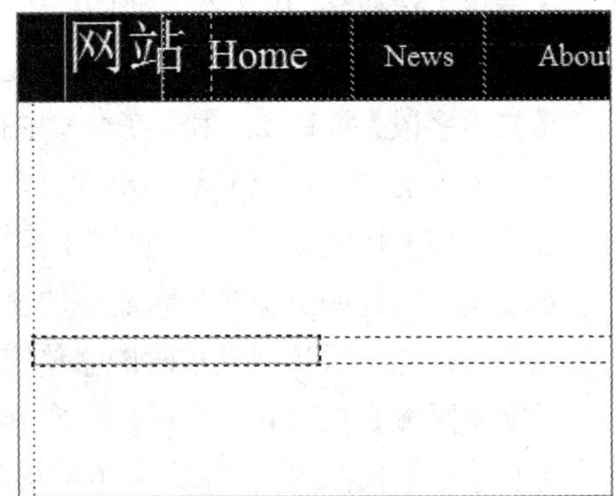

图 11-26 插入单行文本域

选中网页中插入的文本域后，在打开的【属性】面板(如图 11-27 所示)中，用户可以设置文本域的各项属性。

图 11-27　文本域【属性】面板

文本域【属性】面板中主要参数选项的功能如下。

- 【文本域】文本框：可以输入文本域的名称。
- 【字符宽度】文本框：可以输入文本域中允许显示的字符数目。
- 【最多字符数】文本框：用于输入文本域中允许输入的最大字符数目，这个值将定义文本域的大小限制，并用于验证表单。如果在【类型】中选择了【多行】，则该文本框将变成【行数】文本框，用于输入【多行区域】的具体行数。
- 【初始值】文本框：用于输入文本域中默认状态下显示的文本。
- 【类】下拉列表框：指定用于该表单的 CSS 样式。

2. 插入多行文本域

在插入单行文本域后，在【属性】面板中选中【多行】单选按钮，即可将单行文本域设置为多行文本域，具体方法如下。

【例 11-10】在网页中插入多行文本域。

(1) 完成【例 11-9】的操作，在网页中插入单行文本域后，在如图 11-27 所示【属性】面板中选中【多行】单选按钮，将单行文本域设置为多行文本域，然后在【字符宽度】文本框中设置多行文本域字符宽度大小数值。

(2) 在【行数】文本框中可以输入多行文本框行数，在【初始值】文本框中可以设置文本框初始文本内容，如图 11-28 所示。

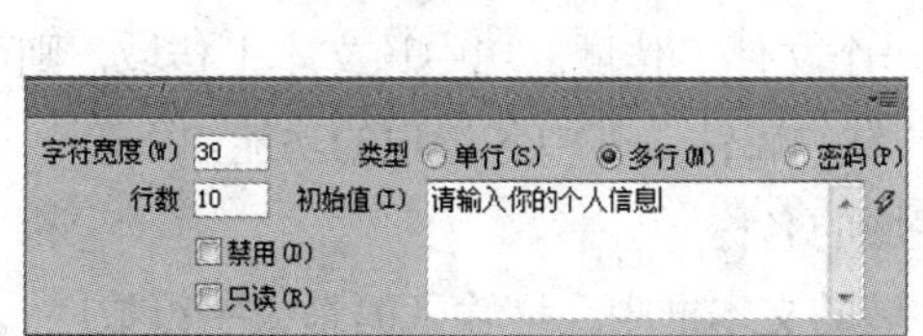

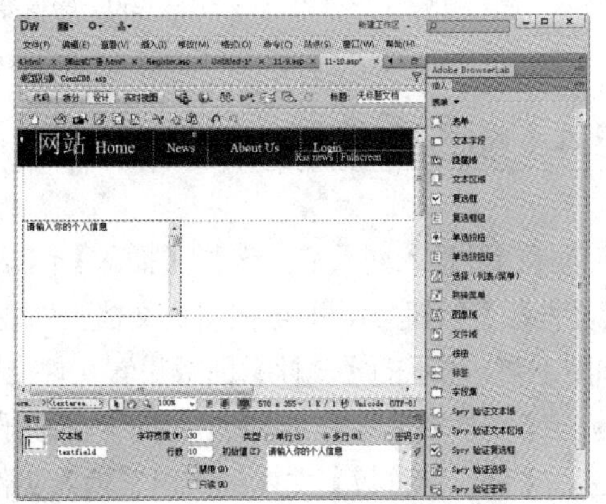

图 11-28　插入多行文本域

3. 插入密码文本域

用户在网页中插入单行文本域后，在文本域的【属性】板中选中【密码】单选按钮，即将页面中的单行文本域设置为密码文本域。在网页中插入密码文本域后，用户在浏览器中预览网

页文档时，输入的文本将以“*”号显示，如图 11-29 所示。

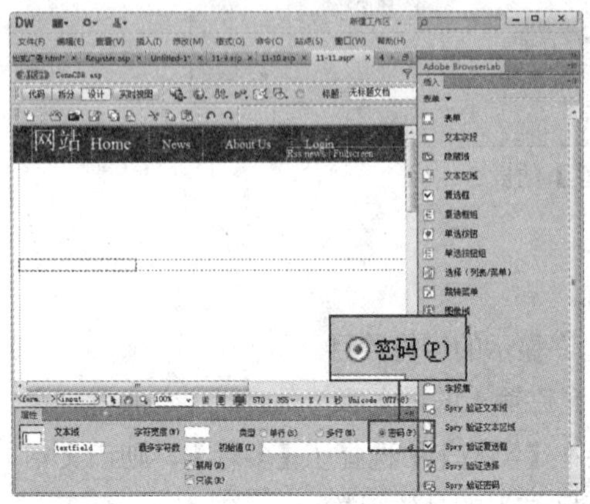

设置【密码】文本域

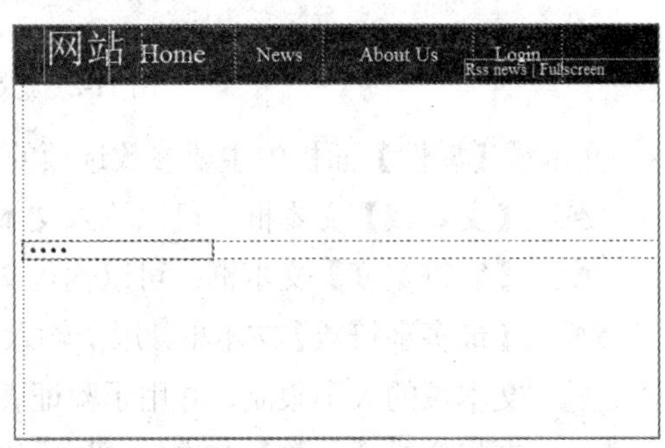

【密码】文本域效果

图 11-29 插入密码文本域

11.2.3 插入隐藏域

在 Dreamweaver 中，用户将鼠标指针插入网页中后，单击【表单】窗口中的【隐藏域】按钮，即可在页面中创建一个隐藏域。选中隐藏域，打开【属性】面板。在隐藏域的【属性】面板中，可输入隐藏域的名称。在【值】文本框中可输入隐藏域的初始值，如图 11-30 所示。

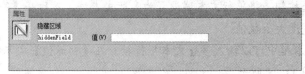

图 11-30 隐藏域【属性】面板

11.2.4 插入文件域

将鼠标指针插入网页后，选择【插入】|【表单】|【文件域】命令(或单击【表单】插入栏中的【文件域】按钮)，即可在网页文档中创建一个文件上传域。选中该文本上传域，则可以打开如图 11-31 所示的【属性】面板设置文件上传域的属性，其中各选项的功能如下。

- 【文件域名称】文本框：用于输入文件域的名称。
- 【最多字符数】文本框：用于输入文件域的文本框中允许输入的最大字符数。
- 【类】下拉列表框：用于指定用于该表单的 CSS 样式。

图 11-31 文件域【属性】面板

11.2.5　插入按钮对象

按钮表单对象包括按钮、单选按钮、单选按钮组、复选框和复选框组等，此类表单对象的功能主要是控制对表单的操作。

1. 按钮对象简介

在预览网页文档时，当输入完表单数据后，可以单击表单按钮，提交服务器处理；如果对输入的数据不满意，需要重新设置时，可以单击表单按钮，重新输入；还可以通过表单按钮来完成其他任务。复选框和单选按钮是预定义选择对象的表单对象。可以在一组复选框中选择多个选项；单选按钮也可以组成一个组使用，提供互相排斥的选项值，在单选按钮组内只能选择一个选项。

2. 插入表单按钮

表单按钮是标准的浏览器默认按钮样式，它包含需要显示的文本，它包括【提交】和【重置】按钮。用户在 Dreamweaver 中选择【插入】|【表单】|【按钮】命令后，在打开的【输入标签辅助功能属性】对话框中单击【确定】按钮，在文档中创建一个表单按钮，如图 11-32 所示。

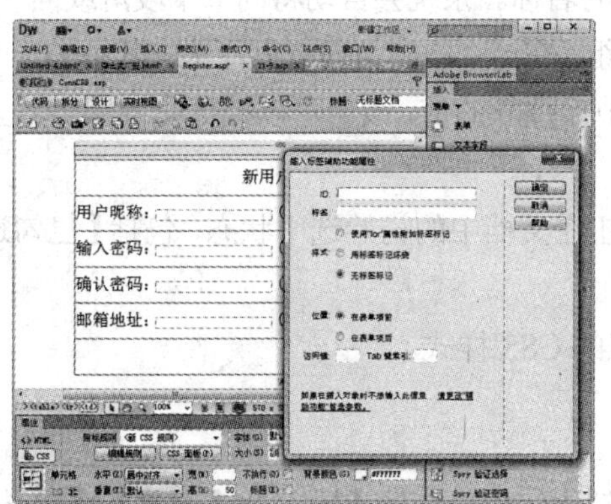

【输入标签辅助功能属性】对话框

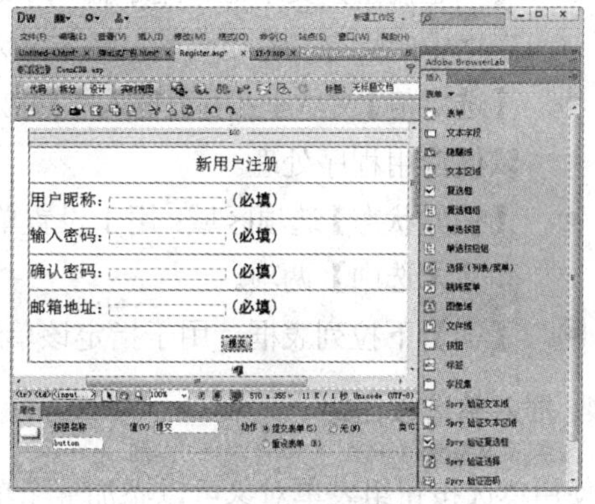

表单按钮效果

图 11-32　插入表单按钮

选中表单按钮对象后，用户可以在打开【属性】面板中设置表单按钮的属性，如图 11-33 所示，其中主要选项的功能如下。

- 【按钮名称】文本框：用于输入按钮的名称。
- 【值】文本框：用于输入需要显示在按钮上的文本。
- 【动作】选项区域：用于选择按钮的行为，即按钮的类型，包含 3 个选项。其中【提交表单】单选按钮用于将当前按钮设置为一个提交类型的按钮，单击该按钮，可以将表单内容提交给服务器进行处理；【重设表单】单选按钮用于将当前按钮设置为一个复位类型的按钮，单击该按钮，可以将表单中的所有内容都恢复为默认的初始值；【无】单选按钮用于不对当前按钮设置行为，可以将按钮同一个脚本或应用程序相关联，单击按钮时，自动执行相应的脚本或程序。

◉ 【类】下拉列表框：用于指定该按钮的 CSS 样式。

图 11-33　按钮【属性】面板

3. 插入单选按钮

单选按钮提供相互排斥的选项值，在单选按钮组内只能选择一个选项。在 Dreamweaver 中，用户选择【插入】|【表单】|【单选按钮】命令，即可在文档中创建一个单选按钮。选中单选按钮后，可以在打开的【属性】面板中设置其属性参数，如图 11-34 所示。

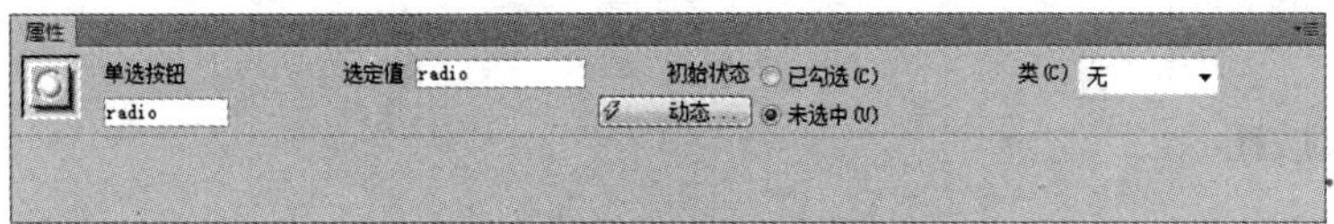

图 11-34　单选按钮【属性】面板

单选按钮的【属性】面板中主要参数选项的功能说明如下。

◉ 【单选按钮】文本框：用于输入单选按钮的名称。系统会自动将同一个段落或同一个表格中的所有名称相同的按钮定义为一个组，在这个组中访问者只能选中其中的一个。

◉ 【选定值】文本框：用于输入单选按钮选中后控件的值，该值可以被提交到服务器上，以便应用程序处理。

◉ 【初始状态】选项区域：用于设置单选按钮在文档中的初始选中状态，包括【已勾选】和【未选中】两项。

◉ 【类】下拉列表框：用于指定该单选按钮的 CSS 样式。

4. 插入单选按钮组

使用单选按钮组表单对象可以添加一个单选按钮组，用户选择【插入】|【表单】|【单选按钮组】命令，打开【单选按钮组】对话框，如图 11-35 所示，然后在该对话框中设置单选按钮组的参数后，单击【确定】按钮即可在网页中插入单选按钮组，如图 11-36 所示。

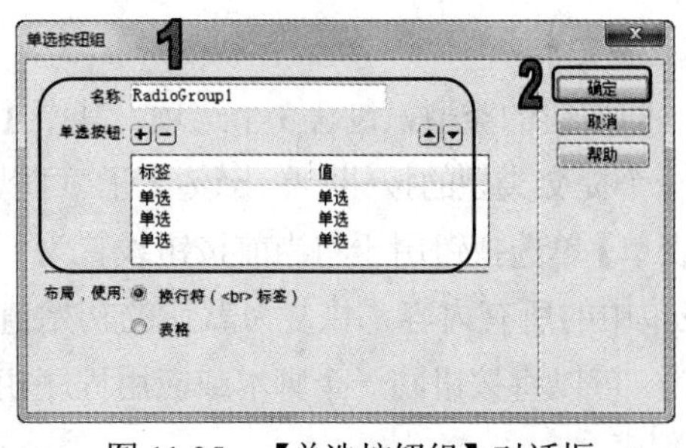

图 11-35　【单选按钮组】对话框

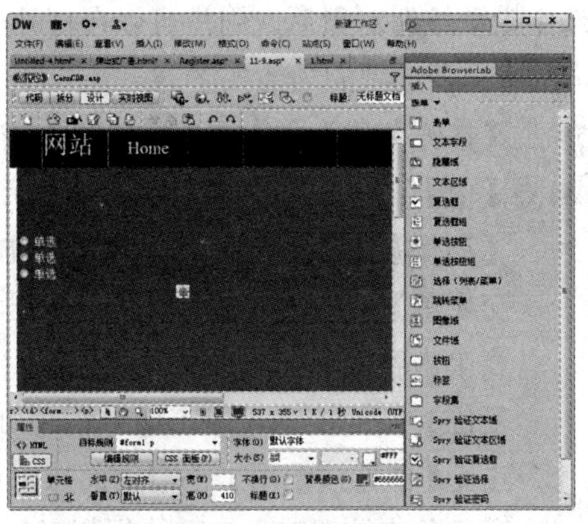

图 11-36　插入单选按钮组

【单选按钮组】对话框中主要参数选项的功能说明如下。

- 【名称】文本框：用于指定单选按钮组的名称。
- 【单选按钮】列表框：该列表框中显示的是该单选按钮组中所有的按钮，左边列为按钮的【标签】，右边列为按钮的值，相当于单选按钮【属性】面板中的【选定值】。
- 【布局，使用】选项区域：用于指定单选按钮间的组织方式，有【换行符】和【表格】两种选择。

5. 插入复选框

复选框表单对象可以限制访问者填写的内容，使收集的信息更加规范，更有利于信息的统计。用户在 Dreamweaver 中选择【插入】|【表单】|【复选框】命令，即可在网页文档中创建复选框。选中页面中的复选框，可以在如图 11-37 所示的【属性】面板中设置其属性参数。

图 11-37　复选框【属性】面板

复选框【属性】面板中主要参数选项的具体作用如下。

- 【复选框名称】文本框：该文本框用于输入复选框的名称。
- 【选定值】文本框：用于输入复选框选中后控件的值，该值可以被提交到服务器上，以便应用程序处理。
- 【初始状态】选项区域：用于设置复选框在文档中的初始选中状态，包括【已勾选】和【未选中】两项。

6. 插入复选框组

复选框组和按钮、单选按钮组相似，可以一次插入多个选项。用户在 Dreamweaver 中选择【插入】|【表单】|【复选框组】命令，打开【复选框组】对话框，如图 11-38 所示，然后在该对话框中设置复选框组参数后，单击【确定】按钮即可在页面中插入一个复选框组，如图 11-39 所示。

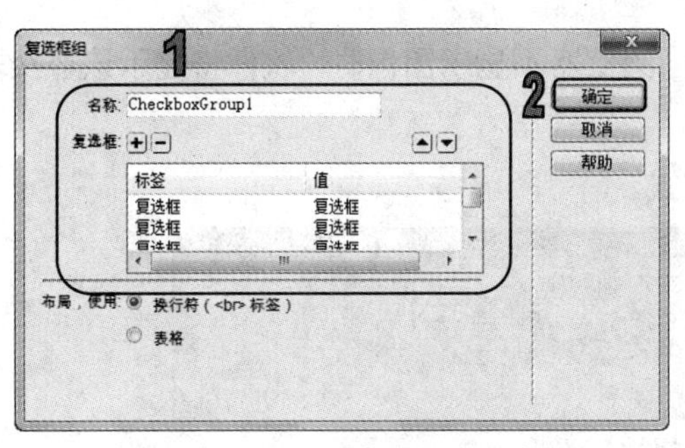

图 11-38　【复选框组】对话框

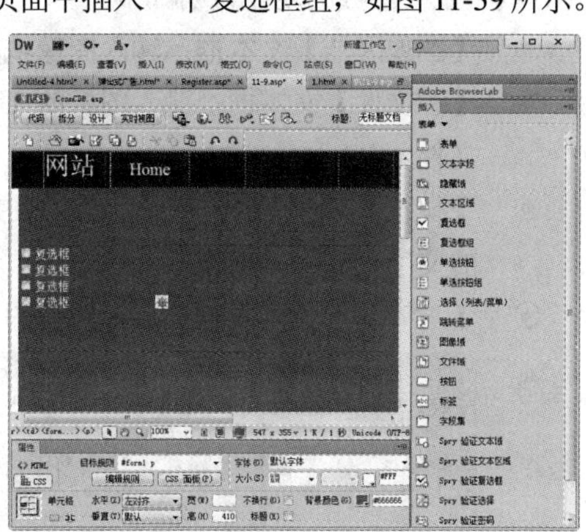

图 11-39　插入复选框组

【复选框组】对话框中主要参数选项的功能说明如下。

- 【名称】文本框：用于输入复选框组的名称。
- 【复选框】列表框：显示的是该复选框组中所有的按钮，左边列为复选框的【标签】，右边列是复选框的值，相当于复选框【属性】面板中的【选定值】。
- 【布局，使用】选项区域：用于指定复选框间的组织方式，有【换行符】和【表格】两种选择。

7. 插入图形按钮

在设计网页时，用户可以使用图像域生成图形化的按钮来美观网页。在 Dreamweaver 中选择【插入】|【表单】|【图像域】命令，打开【选择图像源文件】对话框，选择一幅图像并单击【确定】按钮，然后在【辅助标签属性功能】对话框中再次单击【确定】按钮，即可在网页文档中插入一个图形按钮，如图 11-40 所示。

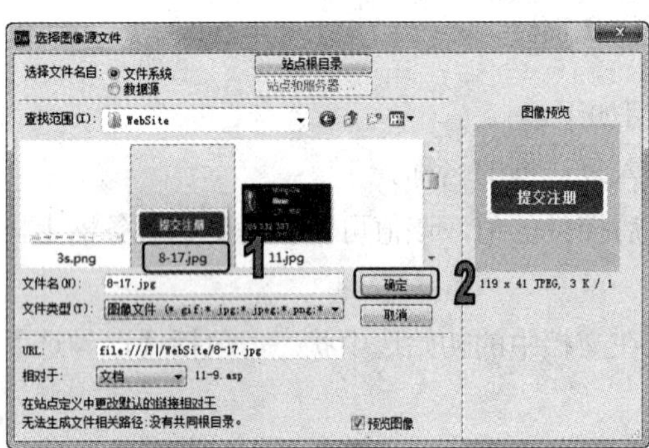

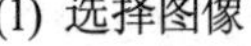
(1) 选择图像

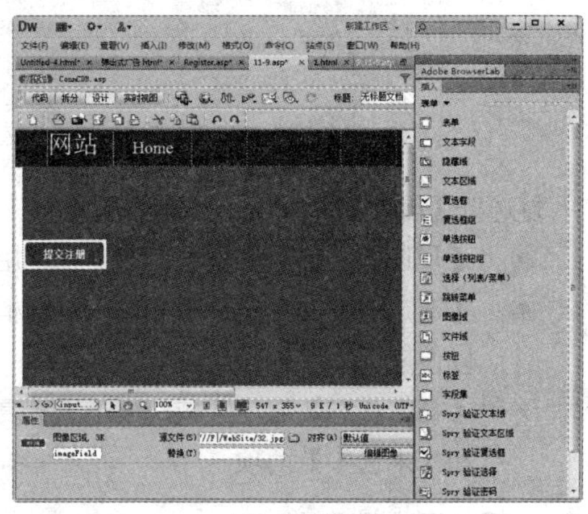

(2) 插入图形按钮

图 11-40　图形按钮

选中页面中的图形按钮，在打开的【属性】面板中用户可以设置其参数和属性，如图 11-41 所示，其中主要参数的功能说明如下。

- 【图像区域】文本框：输入图像域的名称。
- 【源文件】文本框：输入图像的 URL 地址(或单击其后的文件夹按钮)，可选择图像文件。
- 【替换】文本框：输入图像的替换文字，当浏览器不显示图像时，软件将显示该替换的文字。
- 【对齐】下拉列表框：选择图像的对齐方式。

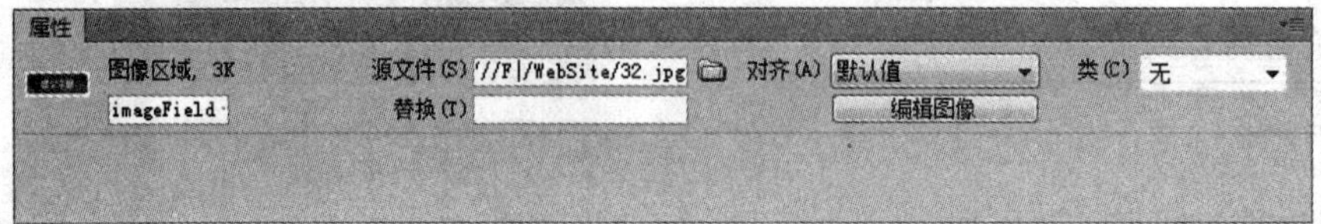

图 11-41　图像区域【属性】面板

11.2.6　插入列表和菜单

列表和菜单也是预定义选择对象的表单对象，使用它们可以在有限的空间内提供多个选项。列表也称为【滚动列表】，提供一个滚动条，允许访问者浏览多个选项，并进行多重选择。菜单也称为【下拉列表框】，仅显示一个选项，该项也是活动选项，访问者只能从菜单中选择一项。

在 Dreamweaver 中，选择【插入】|【表单】|【选择(列表/菜单)】命令，即可在网页文档中插入列表/菜单表单。此时，在默认情况下是没有菜单项或列表项的，用户可以在【属性】面板中添加菜单/列表项(选中一个列表/菜单，打开即可打开列表/菜单的【属性】面板)，如图 11-42 所示。

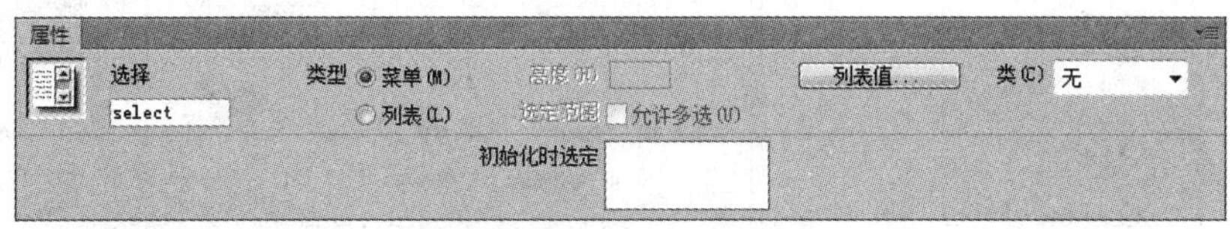

图 11-42　列表/菜单【属性】面板

列表/菜单【属性】面板中主要参数选项的功能说明如下。

- 【选择】文本框：输入列表/菜单的名称。
- 【类型】选项区域：选择列表/菜单的显示方式，包括【菜单】和【列表】两项。
- 【高度】文本框：输入列表框的高度，单位为字符。
- 【选定范围】复选框：设置列表中是否允许一次选中多个选项。该项只有当选中了【列表】单选按钮后才可用。
- 【初始化时选定】列表框：设置列表或菜单初始值。
- 【列表值】按钮：单击后打开【列表值】对话框，其中左边列为列表和菜单的项目标签，也就是显示在列表中的名称；右边是该项的值，也就是该项要传送到服务器的值。

11.3　检查表单

在包含表单的页面中填写相关信息时，当信息填写出错，会自动显示出错信息，这是通过检查表单来实现的。在 Dreamweaver CS6 中，可以使用【检查表单】行为和插入 Spry 验证对象检查表单。

11.3.1　使用检查表单行为

在 Dreamweaver 中使用【检查表单】动作，可以为文本域设置有效性规则，检查文本域中的内容是否有效，以确保输入数据正确。一般来说，可以将该动作附加到表单对象上，并将触发事件设置为 onSubmit。当单击提交按钮提交数据时会自动检查表单域中所有的文本域内容是否有效。

用户在网页中插入表单和表单元素后，单击【行为】选项卡面板上的【添加行为】按钮+，然后在弹出的下拉列表中选择【检查表单】选项，即可打开【检查表单】对话框，如图 11-43 所示，设置检查页面中的表单参数。

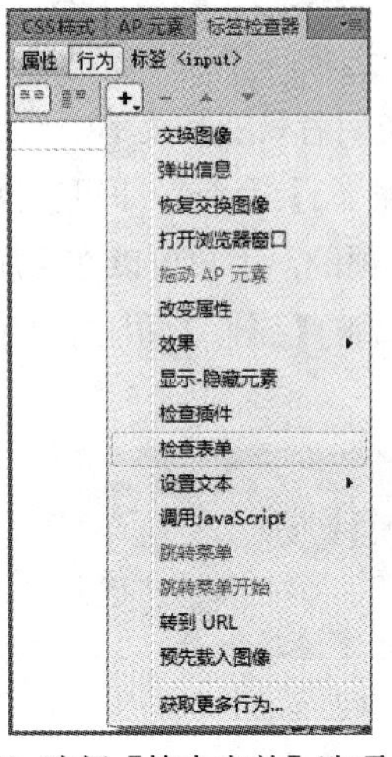

(1) 选择【检查表单】选项

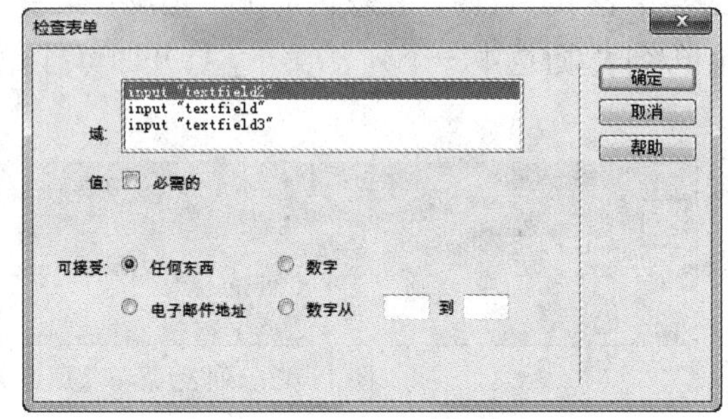

(2) 打开【检查表单】对话框

图 11-43　检查表单

【检查表单】对话框中主要参数选项的具体作用如下。

- 【域】列表框：用于选择要检查数据有效性的表单对象。
- 【值】复选框：用于设置该文本域中是否使用必填文本域。
- 【可接受】选项区域：用于设置文本域中可填数据的类型，可以选择 4 种类型。选择【任何东西】选项表明文本域中可以输入任意类型的数据；选择【数字】选项表明文本域中只能输入数字数据；选择【电子邮件】选项表明文本域中只能输入电子邮件地址；选择【数字从】选项可以设置可输入数字值的范围，这时可在右边的文本框中从左至右分别输入最小数值和最大数值。

11.3.1　使用 Spry 验证对象

Dreamweaver CS6 中，Spry 验证对象是针对各类表单的，插入 Spry 验证对象可以验证表单的有效性。

1. Spry 验证文本域

Spry 验证文本域用于验证文本域表单对象的有效性。用户可以参考以下方法，使用 Spry 验证文本域功能。

【例 11-11】在网页中使用 Spry 验证文本域。

(1) 选中网页文档中的某个文本域，选择【插入】| Spry |【Spry 验证文本域】命令，即可添加 Spry 验证文本域，如图 11-44 所示。

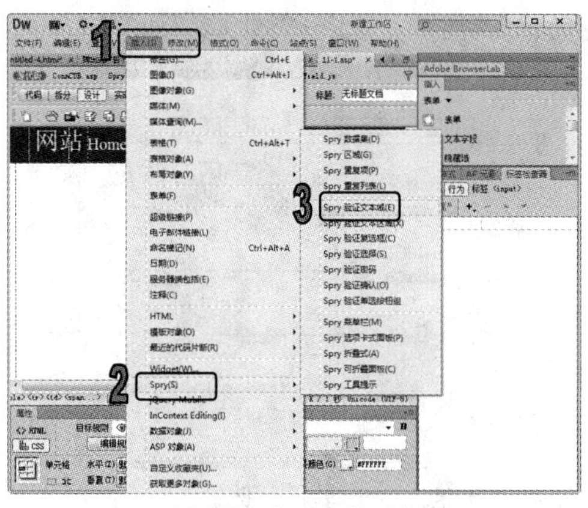

(1) 选择验证 Spry 文本域

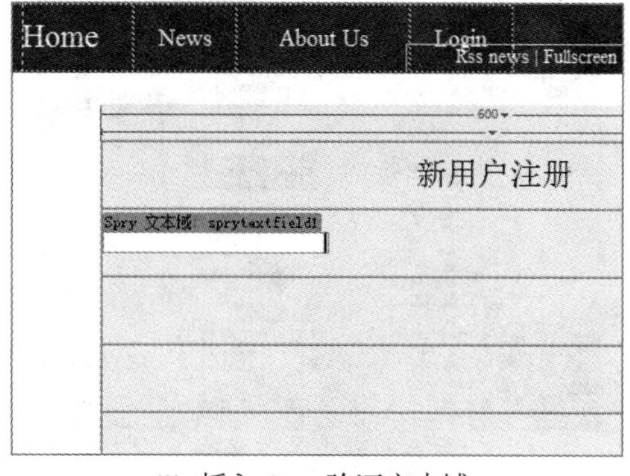

(2) 插入 Spry 验证文本域

图 11-44　Spry 验证文本域

(2) 选中插入的 Spry 验证文本域，在打开的【属性】面板中设置 Spry 验证文本域的参数，如图 11-45 所示。

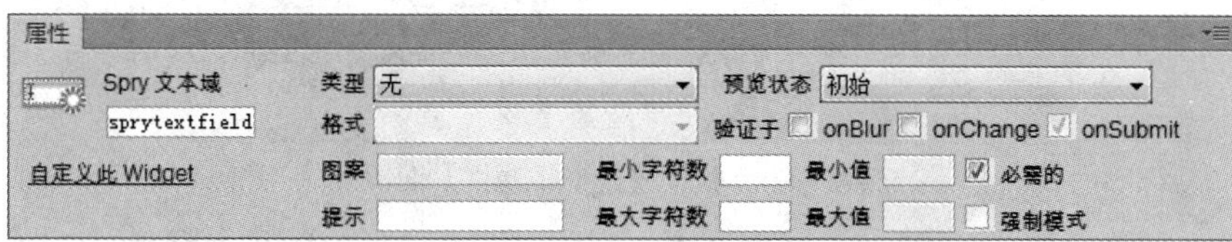

图 11-45　Spry 验证文本域【属性】面板

Spry 验证文本域的【属性】面板中主要参数选项的功能说明如下。

- 【Spry 文本域】文本框：用于在文本框中输入验证文本域名称。
- 【类型】下拉列表：用于设置文本域的验证类型。
- 【预览状态】下拉列表：用于设置 Spry 文本域的预览状态。
- 【验证于】复选框：可以选中相应的复选框，设置验证发生的事件。
- 【最小字符数状态】文本框：用于设置文本域所输入最少字符数数值。
- 【最大字符数状态】文本框：用于设置文本域所输入最多字符数数值。
- 【最小值状态】文本框：用于设置当输入的字符数多于文本域所允许的最大字符数时的状态。
- 【最大值状态】文本框：用于设置当输入的值大于文本域所允许的最大值时的状态。
- 【强制模式】复选框：用于设置禁止在验证文本域中输入无效字符。

2. Spry 验证复选框

Spry 验证复选框是 HTML 表单中的一个或一组复选框，用于验证复选框的有效性。用户可以参考以下方法，使用 Spry 验证复选框功能。

【例 11-12】在网页中使用 Spry 验证复选框。

(1) 选中网页文档中的某个复选框后，选择【插入】| Spry |【Spry 验证复选框】命令，即可添加 Spry 验证复选框，如图 11-46 所示。

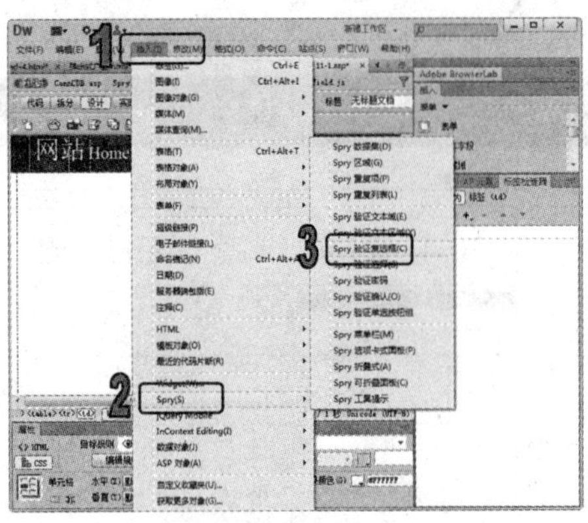

(1) 选择验证 Spry 复选框

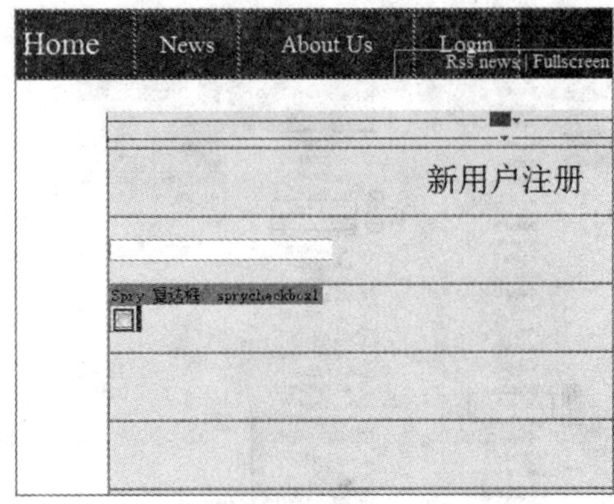

(2) 插入 Spry 验证复选框

图 11-46　Spry 验证复选框

(2) 选中插入的 Spry 验证复选框，在打开的【属性】面板中设置 Spry 验证复选框的参数，如图 11-47 所示。

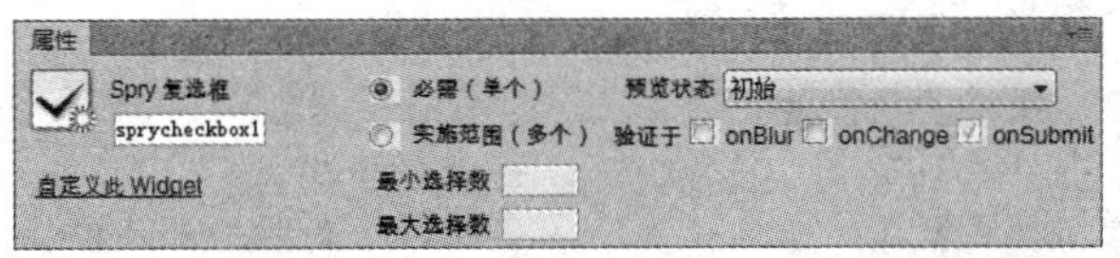

图 11-47　Spry 验证复选框【属性】面板

在如图 11-47 所示的 Spry 验证复选框【属性】面板中选中【实施范围】单选按钮，然后在【最小选择数】和【最大选择数】文本框中可以设置复选框最大和最小选中数。

3. Spry 验证密码

Spry 验证密码用于密码类型文本域。用户可以参考以下方法，在 Dreamweaver 中使用 Spry 验证密码功能。

【例 11-13】在网页中使用 Spry 验证密码。

(1) 选中网页文档中的密码文本域，然后选择【插入】| Spry |【Spry 验证复选框】命令，即可添加 Spry 验证复选框，如图 11-48 所示。

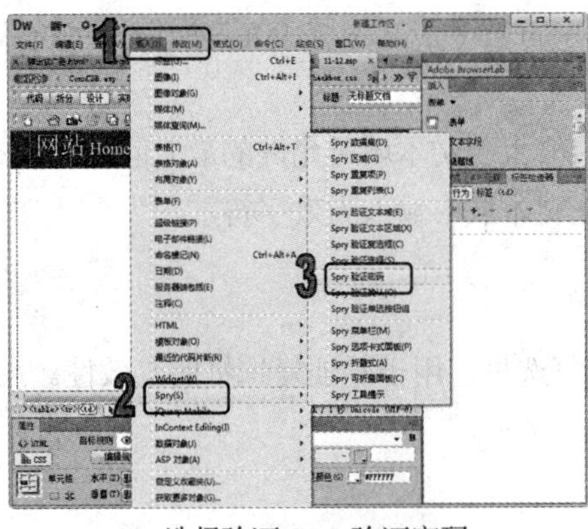

(1) 选择验证 Spry 验证密码

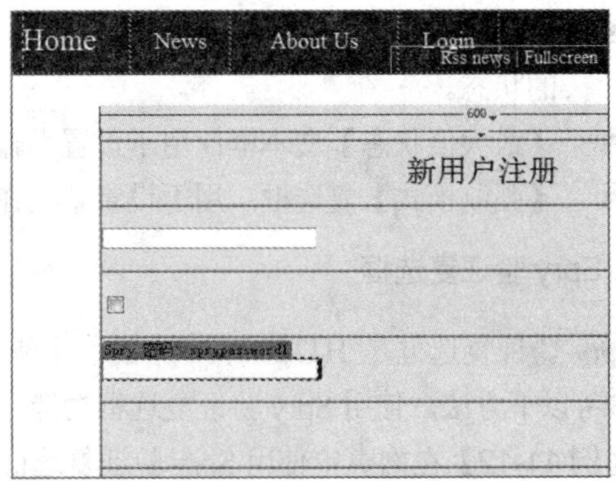

(2) 插入 Spry 验证密码

图 11-48　Spry 验证密码

(2) 选中插入的 Spry 验证复选框，在打开的【属性】面板中设置 Spry 验证密码的属性参数，如图 11-49 所示。

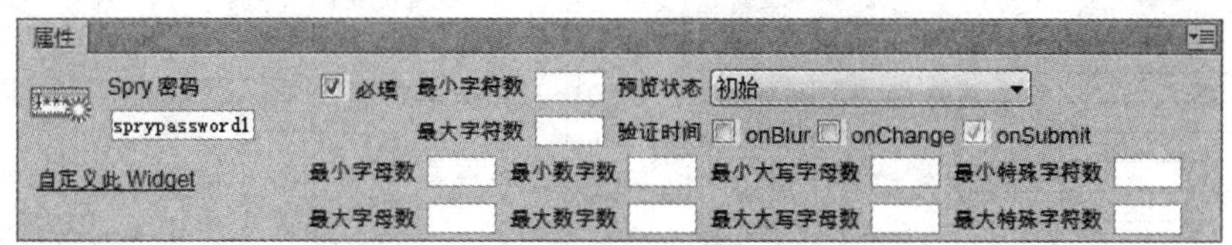

图 11-49　Spry 验证密码【属性】面板

Spry 验证密码的【属性】面板中，主要参数选项的功能说明如下。

- 【最小字符数】文本框：设置密码文本域输入的最小字符数。
- 【最大字符数】文本框：设置密码文本域输入的最大字符数。
- 【最小字母数】文本框：设置密码文本域输入的最小起始字母。
- 【最大字母数】文本框：设置密码文本域输入的最大结束字母。

11.4　上机练习

本章的上机练习将通过实例操作，详细介绍在网页中使用行为和表单的具体操作方法，帮助用户进一步掌握在 Dreamweaver 软件中设计与制作网页的相关知识。

(1) 启动 Dreamweaver，新建一个空白 HTML 文档，然后在页面中制作网页头部导航栏后，选择【插入】|【表单】|【表单】命令，在页面中插入一个表单，如图 11-50 所示。

(2) 将鼠标指针插入网页中的表单内后，选择【插入】|【表格】命令，在页面中插入一个 8 行 1 列的表格，如图 11-51 所示。

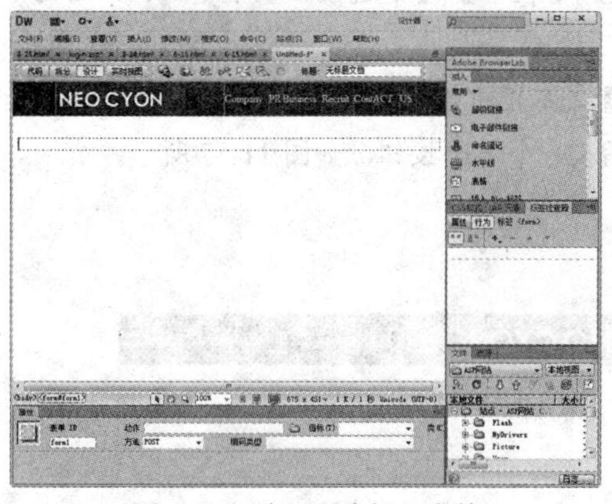

图 11-50　在网页中插入表单

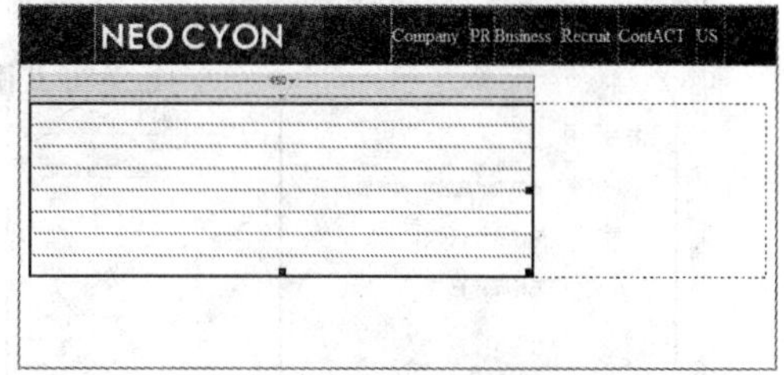

图 11-51　在表单中插入表格

(3) 选中页面中插入的表格，在【属性】检查器中单击【对齐】下拉列表按钮，在弹出的下拉列表中选中【居中对齐】选项，然后选中表格中所有的单元格，在【属性】检查器的【高】文本框中输入参数 40，设置表格的高度，完成后的效果如图 11-52 所示。

(4) 在表格的各个行中输入文字，如图 11-53 所示，然后将鼠标指针插入文字“姓名”后，选择【插入】|【表单】|【文本域】命令，打开【输入标签辅助功能属性】对话框。

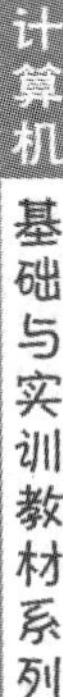

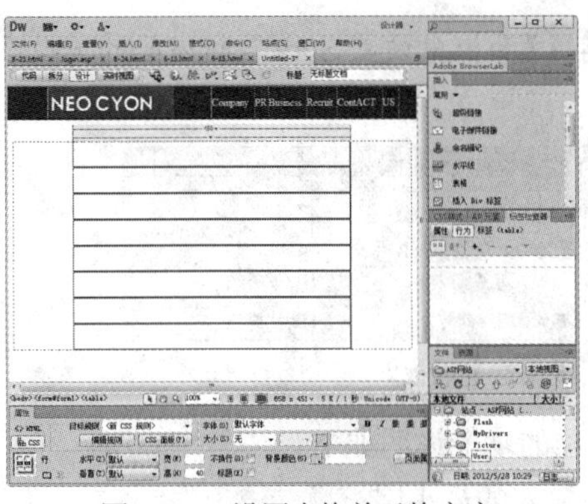

图 11-52　设置表格单元格高度

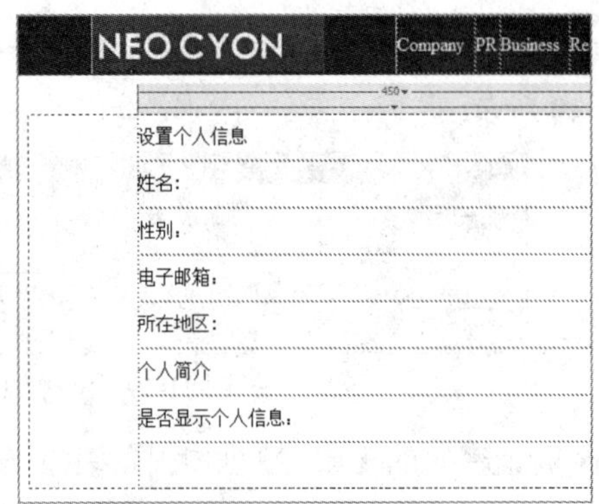

图 11-53　在表格中输入文本

(5) 在打开的【输入标签辅助功能属性】对话框中单击【确定】按钮，插入一个文本域，如图 11-54 所示。

(6) 选中页面中插入的文本域，然后在【属性】面板中的【字符宽度】和【最多的字符】文本框中输入参数 20，如图 11-55 所示。

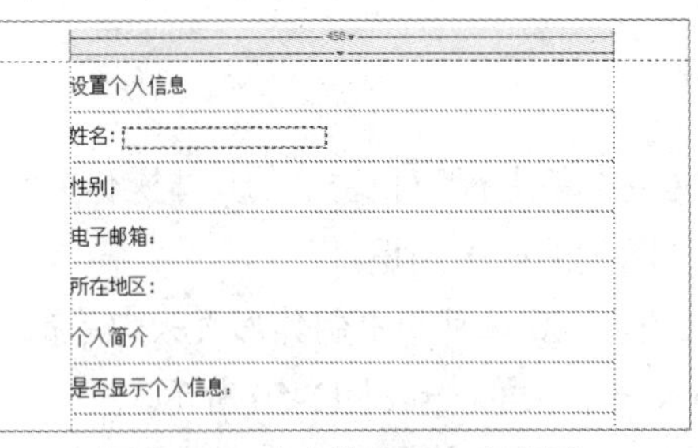

图 11-54　在表格中插入文本域

图 11-55　设置文本域属性

(7) 将鼠标指针插入文字“性别”后，选择【插入】|【表单】|【单选按钮】命令，打开【输入标签辅助功能属性】对话框，如图 11-56 所示。

(8) 在【输入标签辅助功能属性】对话框的【标签】文本框中输入文字“男”，然后选中【在表单项前】单选按钮，单击【确定】按钮，在页面中插入一个单选按钮，如图 11-57 所示。

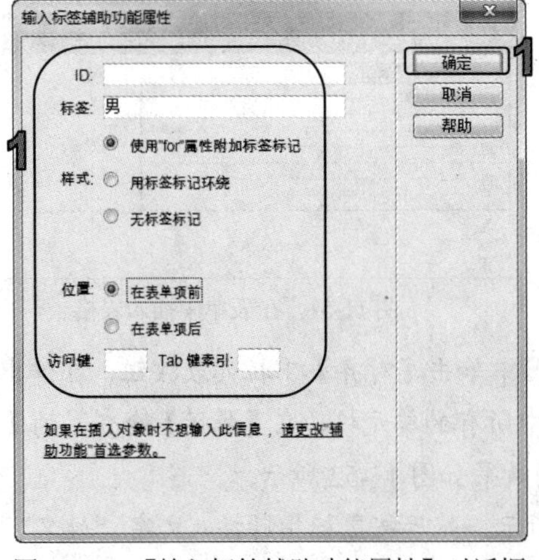

图 11-56　【输入标签辅助功能属性】对话框

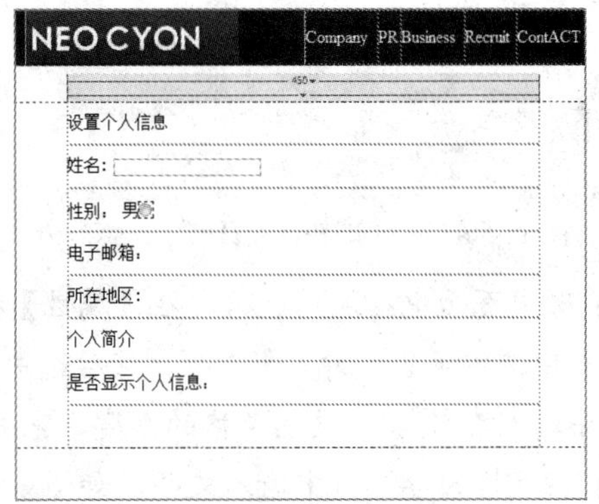

图 11-57　在表格中插入单选按钮

(9) 将鼠标指针插入单选按钮后方，重复步骤(7)、(8)的操作，选择【插入】|【表单】|【单选按钮】命令，再插入一个单选按钮，如图 11-58 所示。

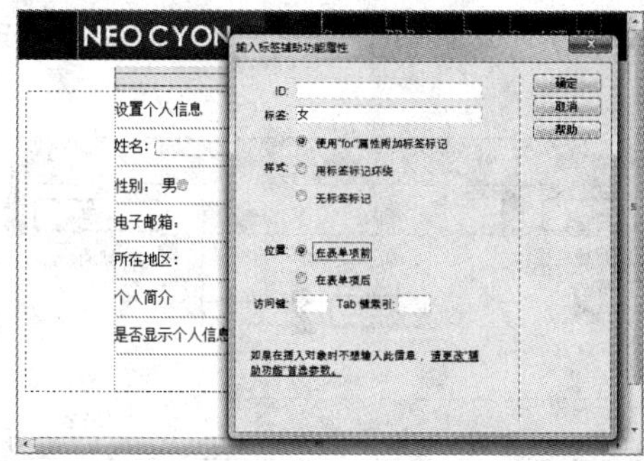

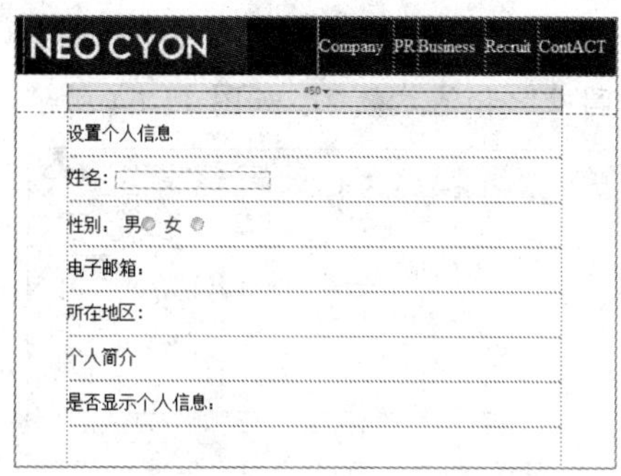

图 11-58　在表格中插入第二个单选按钮

(10) 将鼠标指针放置在文字“电子邮箱”后，选择【插入】|【表单】|【文本域】命令，打开【输入标签辅助功能属性】对话框，如图 11-59 所示。

(11) 在【输入标签辅助功能属性】对话框中单击【确定】按钮，在页面中插入一个文本域。接下来，选中插入的文本域，在【属性】面板的【字符宽度】文本框和【最多字符数】文本框中分别输入参数 30，设置文本域的属性，如图 11-60 所示。

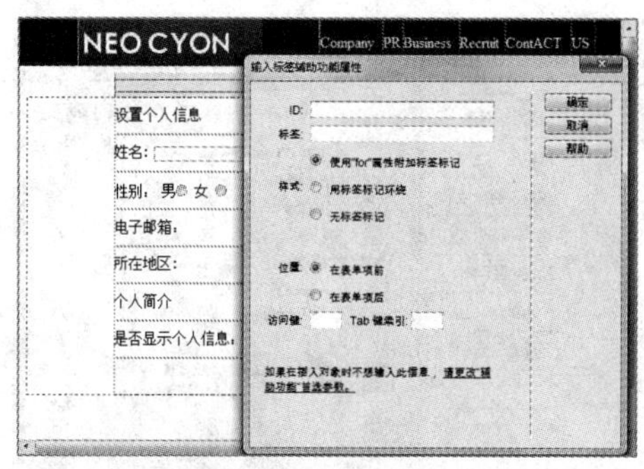

图 11-59　插入文本域

图 11-60　设置文本域

(12) 将鼠标指针放置在文字“所在地区”后，选择【插入】|【表单】|【选择(列表/菜单)】命令，打开【输入标签辅助功能属性】对话框，如图 11-61 所示。

(13) 在【输入标签辅助功能属性】对话框中单击【确定】按钮，然后选中页面中插入的列表/菜单，在【属性】面板中单击【列表值】按钮，打开【列表值】对话框，如图 11-62 所示。

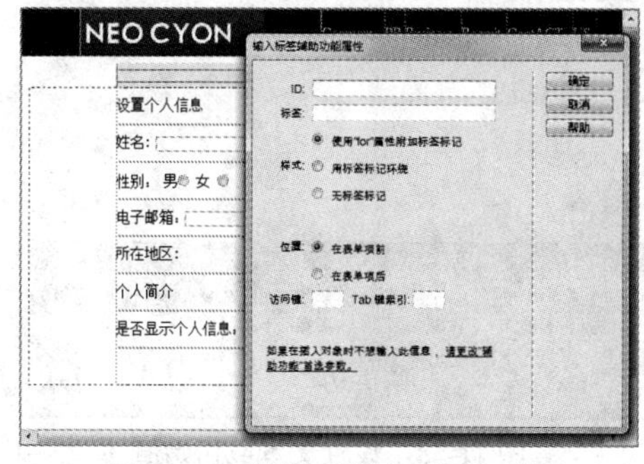

图 11-61　设置“所在地区”列表

图 11-62　设置“列表/菜单”的属性

(14) 在【列表值】对话框的【项目标签】列的第 1 行文本框中输入文字“国内”，在该文本框后的【值】列中输入参数 1，如图 11-63 所示。

(15) 单击【列表值】对话框中的 + 按钮，在【项目标签】列中添加一行，并在该行中输入文字“国外”和值参数 2，如图 11-64 所示。

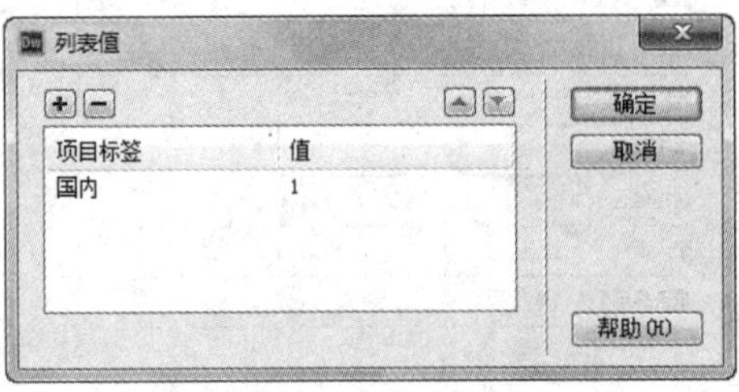

图 11-63　设置列表值“国内”

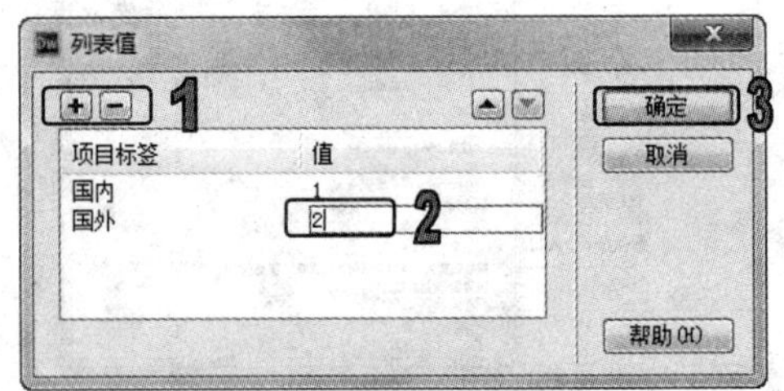

图 11-64　设置列表值“国外”

(16) 在【列表值】对话框中单击【确定】按钮，然后在页面中插入一个列表菜单，效果如图 11-65 所示。

(17) 将鼠标指针放置在文字“个人简介”后，选择【插入】|【表单】|【文本区域】命令，打开【输入标签辅助功能属性】对话框，如图 11-66 所示。

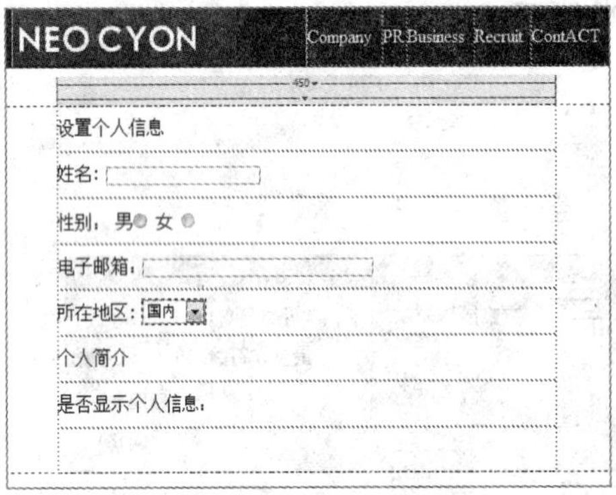

图 11-65　插入列表菜单

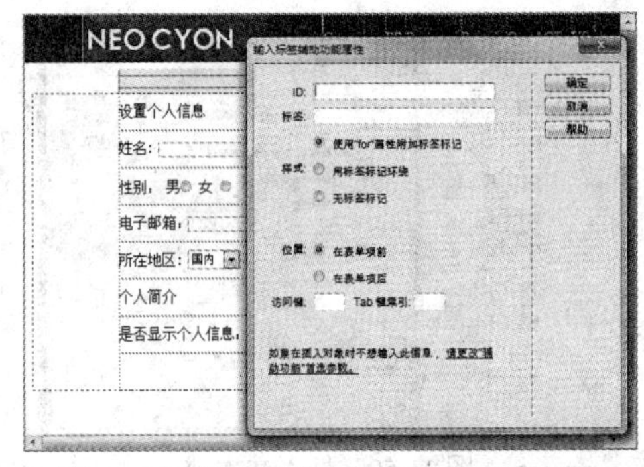

图 11-66　设置“个人简介”多行文本框

(18) 在【输入标签辅助功能属性】对话框中单击【确定】按钮，插入一个多行文本域，如图 11-67 所示。

(19) 选中页面中插入的多行文本域，在【属性】面板的【字符宽度】文本框中输入参数 55，在【初始值】文本框中输入文字“他很懒，什么都没留下”，如图 11-68 所示。

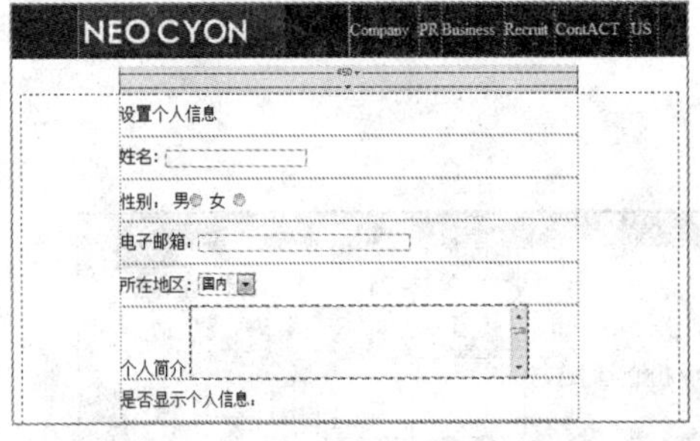

图 11-67　插入多行文本域

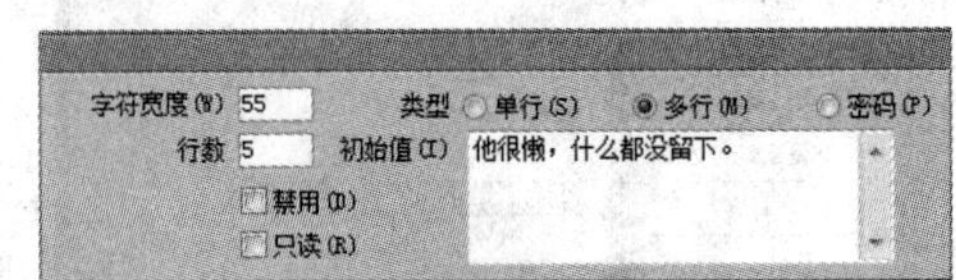

图 11-68　设置文本域初始值

(20) 将鼠标指针放置在文字“是否显示个人信息”后，选择【插入】|【表单】|【单选按钮组】命令，打开【单选按钮组】对话框，如图 11-69 所示。

(21) 在【单选按钮组】对话框的【标签】列中分别输入文字“是”和“否”，在【值】列中分别输入 yes 和 no，然后单击【确定】按钮，在页面中插入一个单选按钮组，如图 11-70 所示。

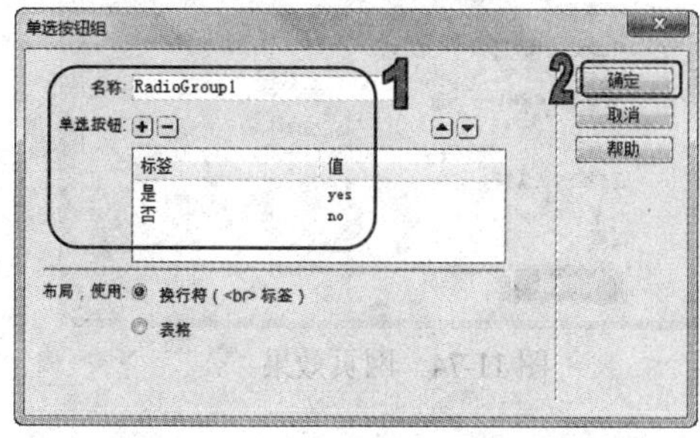

图 11-69　【单选按钮组】对话框

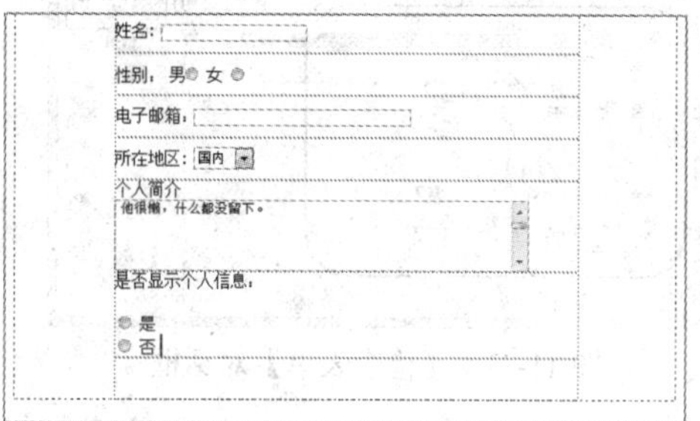

图 11-70　插入单选按钮组

(22) 将鼠标指针置于表格最后一行单元格中，选择【插入】|【表单】|【图像域】命令，打开【选择图像源文件】对话框，如图 11-71 所示。

(23) 在【选择图像源文件】对话框中选中一个图像文件后，单击【确定】按钮，然后在打开的【输入标签辅助功能属性】对话框中单击【确定】按钮，在页面中插入一个图像域，如图 11-72 所示。

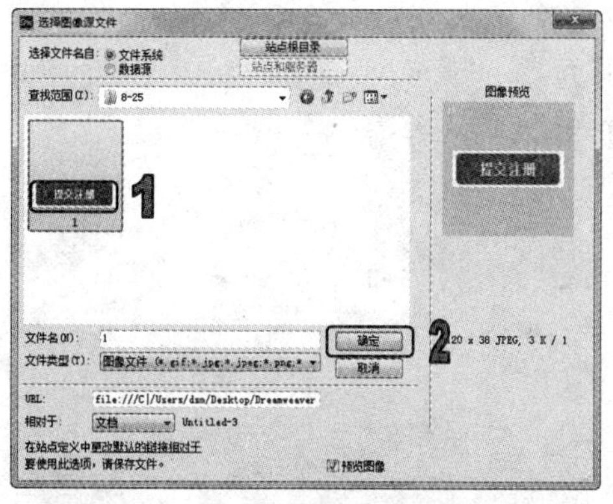

图 11-71　【选择图像源文件】对话框

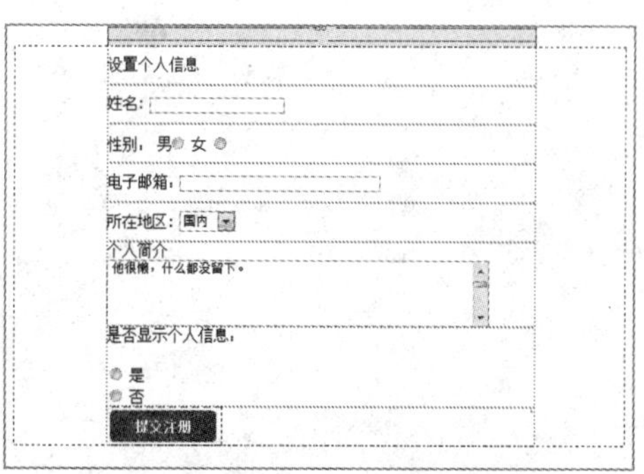

图 11-72　在网页中插入图像域

(24) 选中网页中的表单，选择【窗口】|【行为】命令，打开【行为】面板，然后在该面板中单击【添加行为】按钮+，在弹出的菜单中选中【检查表单】命令，打开【检查表单】对话框。

(25) 在【检查表单】对话框的【域】列中选中 input “textfield” 选项后，选中【必需的】复选框，然后在【域】列中选中 input “textfield2” 选项，并选中【必需的】复选框和【电子邮件地址】对话框，如图 11-73 所示。

(26) 在【检查表单】对话框中单击【确定】按钮，为网页中的表单设置【检查表单】行为。接下来，选择【文件】|【保存】命令保存网页，然后按下 F12 键预览网页，效果如图 11-74 所示。

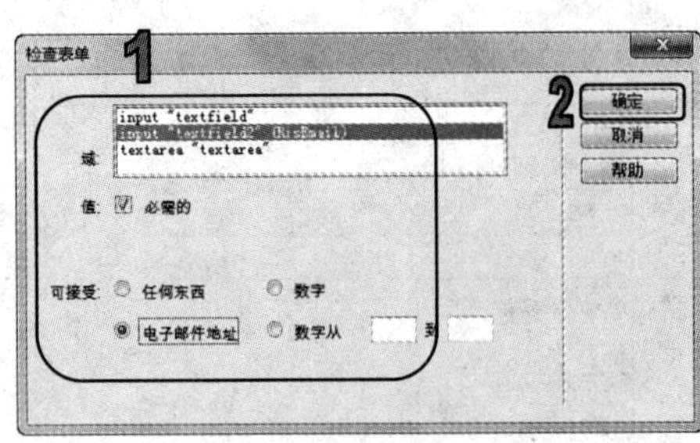

图 11-73　【检查表单】对话框

图 11-74　网页效果

11.5　习题

1. 简述如何在网页中插入表单。
2. Dreamweaver 中的行为事件有哪几种?
3. 练习在文档中插入各个表单对象，制作一个问卷调查表。

第12章 网站的设计与管理

学习目标

对于网站这个概念，用户可以将其理解为一组具有共同属性的链接文档和资源，即网站是由一个个网页通过超链接组成。Dreamweaver 软件一方面是一个用于站点创建的软件，另一方面也是一个管理站点的工具，它不仅能够创建单独的文档，还可以创建完整的网站。用户要制作精美的网站，不仅要熟练使用 Dreamweaver 软件，还要掌握网站建设中一些规范以及网站开发的流程。

本章重点

- 设计网站的基础知识
- 使用站点【资源】面板
- 管理 Dreamweaver 网站信息

12.1 设计网站

在制作网站之前用户需要做好准备工作。用户在制作一个站点时，除了要收集并制作网站中需要的图像素材，还需要对网站的相关信息进行详细的了解，文字资料也是十分重要的。在掌握所有网站资料后，可以对整个网站的布局进行规划(参见本书第 1 章相关内容)，并考虑与设计网站相关的一些外部因素。

12.1.1 站点与访问者

网站设计的计划与其他任何设计步骤一样是必不可少的。虽然一个详细的计划会占据相当多的时间，但是它能使网站具有统一的外观和视觉，使网站使用起来更加方便、快捷。在刚开始进行站点的创建时，为了确保站点成功，设计者应按照预定的规划步骤进行。即便创建的是一个很简单的小网站，仔细设计站点也是非常有用的，这样可以确保站点的每个浏览者都能够成功使用网站。

在设计和规划网站之前用户需要考虑站点的受众群体。必须考虑潜在的用户是哪些人，对站点与其受众的清醒认识将极大地影响网站的设计风格。在确认网站的浏览群体后，还需要确认他们将使用何种设备(平板电脑、智能手机或桌面电脑)、链接速度和浏览软件等，不同的设备如图 12-1 所示。

图 12-1　使用不同的设备浏览网站

12.1.2　设置网站兼容性

浏览器兼容性问题又被称为网页兼容性或网站兼容性问题，该问题指的是在各种浏览器上的显示效果可能不一致而产生浏览器和网页间的兼容问题。用户在创建网站时做好浏览器兼容，才能使网站内容在不同的浏览器上都能够正常显示。

浏览器兼容性问题的产生，是因为不同的浏览器使用内核及所支持的 HTML 语言标准不同，以及客户端、移动端的环境不同(如显示分辨率)造成的显示效果不同。最常见的浏览器兼容性问题是网页元素位置混乱、错位，如图 12-2 所示。

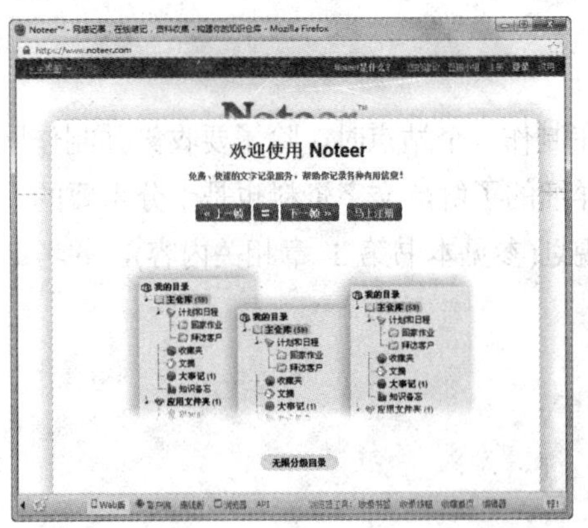

图 12-2　浏览器兼容性问题

目前，暂时没有统一解决浏览器兼容性问题的工具，最常用的解决方法是不断地在各种浏览器之间调试网页显示效果，通过 CSS 样式控制以及脚本判断赋予不同浏览器的解析标准。

要使网页在大部分浏览器中都能够正常显示，用户除了可以使用框架以外，还可以在开发网页的过程中使用 JS、CSS 框架，如 jQuery、Mootools、960Grid System 等，这些框架无论是底层，还是应用层一般都已经做好了浏览器兼容，前端工程师在开发的时候可以放心使用。除此之外，CSS 还提供很多 Hack 接口可供使用，Hack 既可以实现跨浏览器兼容，也可以实现同一浏览器不同版本的兼容。不过，CSS Hack 不是 W3C 的标准，虽然能迅速区分浏览器版本，并能获得大概一致的效果，但是同时也可能引起更多新的错误，因此，用户在使用时应注意取舍，不要轻易使用 CSS Hack。

另外，如果用户在网页的布局、动画、多媒体内容以及交互方面使用的较多并且比较复杂，在进行跨浏览器时它的兼容性就比较小。例如 JavaScript 特效并不是在所有的浏览器中都可以运行，一般情况下没有使用特殊字符的纯文本网页可以在任何浏览器中正确地显示，但是和图形、布局以及交互的页面相比，这样的页面又会在页面效果上欠缺很多。由于这些因素，用户在设计网页时应在制作最佳效果的同时，注重保持浏览器兼容性与设计之间的平衡。

12.1.3　站点结构与文件夹的命名原则

在一开始就认真地组织站点可以减少失误并节省大量时间。如果用户没有考虑文档在文件夹层次结构中的位置就开始使用 Dreamweaver 创建文档，就很可能最终导致创建一个充满文件的巨大文件夹，使相关的文件分步在许多名称类似的网站目录中。

在设置站点时，用户可以在本地磁盘上创建一个包含站点所有文件的文件夹，将其作为本地站点(参见本书第 1 章相关内容)，然后在该文件夹中创建和编辑文档。在准备发布站点并允许浏览者查看网站时，再将这些文件复制到 Web 服务器上即可。这种方法比在实时公共网站上创建和编辑文件好的原因是：它允许在公开网站之前在本地站点进行站点测试，如果有需要更改的地方可以在公开之前先更改，然后再上传本地站点并更新整个公共站点。

在组织站点的过程中，文件夹命名应规范，一般采用英文，长度一般不超过 20 个字符，命名采用小写字母。文件名称统一用小写英文字母、数字和下划线的组合，避免使用如“&”、“+”、“、”等特殊符号，特殊符号会导致网站无法正常工作。另外，不重复使用本地文件夹或其他上层文件夹的名称。网站文件夹命名的注意事项有以下两个：

- 命名网站文件夹时应使设计者能够方便地理解每一个文件的含义。
- 当在文件夹中使用【按名称排列】命令时，同一大类的文件夹能够排列在一起。

一般用户在创建本地站点时，常用字母组合来创建文件夹，例如 Image 或 Img 用于存放页面中使用的图片文件，css 用于存放 css 样式表文件，media 用于存放多媒体文件，如图 12-3 所示。

图 12-3　本地站点目录

12.1.4 设定站点的风格

站点风格指的是网站整体形象给浏览者的综合感受，包括站点的 UI(标志、色彩、字体、标语等)、版面布局、浏览方式、交互性、文字、内容价值等各类因素。

当用户在浏览一个网站时，一般会有这样的情况：不管打开网站的任何部分，它们的每个页面风格都会保持一致，如图 12-4 所示，有时甚至连页面布局都差不多。实际上这就是网站的一致性特点，风格与布局的一致，可以使用户在浏览网站时能够顺利地浏览站点页面，而不会因为所有页面具有不同的外观或每页导航位置不同而感到麻烦。

图 12-4　网站页面的风格

12.1.5 设计网站导航方案

除了网站站点和页面的设计以外，用户在制作网站时还需要设计站点导航。在设计站点时应考虑要给访问者留下何种印象，访问者如何能更容易地从网站的一个区域移动到另一个区域。导航栏的形式多种多样，可以是简单的文字链接，也可以是设计精美的图片或丰富多彩的按钮，还可以是下拉菜单导航，如图 12-5 所示。

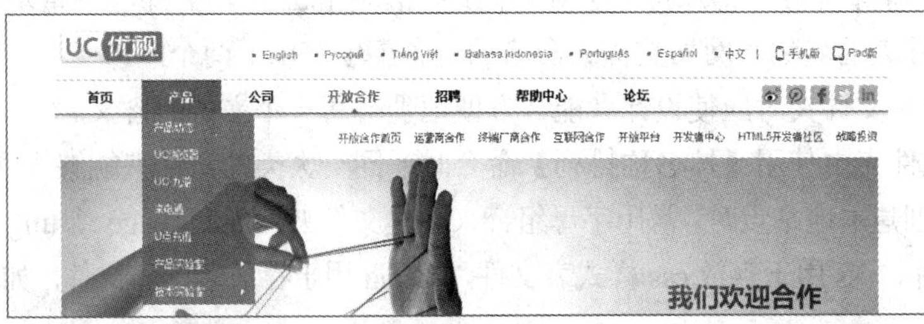

图 12-5　网站导航

导航设计中需要考虑以下几点：

- 导航信息可以使访问者很容易地了解他们在站点中的位置以及如何返回顶级页面。
- 导航在整个站点范围内应一致，如果将导航条放在主页面的首页上，用户就需要使所有链接的页面都保持和首页的一致。

- 在导航上设置搜索和索引使访问者可以很容易地找到任何正在查找的信息。
- 是否为访问者提供站点有问题时与管理员联系的方法，以及公司或站点相关的其他人员联系方法。

12.1.6　规划与收集网站资源

网站最不可缺的是众多的资源，资源可以是图像、文本或媒体等。在开始正式制作网页之前，要确保收集了所有资源并做好了准备，如果资源太少可能会出现工作到一半时，由于找不到一幅合适的图片或创建一个按钮而中断网站制作。

如果用户使用的图像是来自某个剪贴画的图像和图形，或者其他人正在创建它们，要确保将它们收集并放在站点的一个文件夹中。网站资源也可以自己创建，但是若在资源中使用鼠标指针经过图像技术，还要准备需要的图像，然后组织相关资源，使用户在使用 Dreamweaver 创建站点时可以方便地调用，网站图像资源如图 12-6 所示。

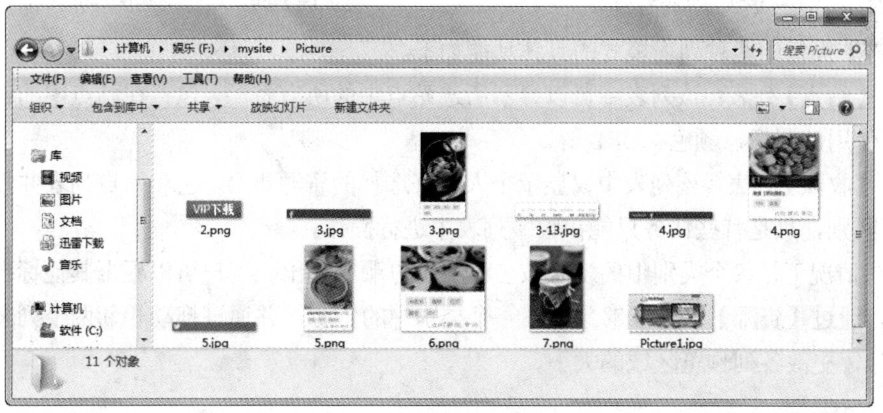

图 12-6　网站图像资源

Dreamweaver 可以使用户通过使用模板和库(参见本书第 10 章相关内容)，更方便地在各种文档中重复使用页面布局和页面元素。并且，使用模板和库创建新页面将比模板和库应用于现有文档更加容易。特别是在创建一个站点时，如果许多页面都要使用同样的布局，用户就可以先为该布局设计和规划一个模板，然后就可以基于模板创建新的页面。在修改文档时也同样方便，用户只需要修改模板的共用部分即可。

12.2　使用网站【资源】面板

在 Dreamweaver 中用户可以通过两种方法使用【资源】面板，一种是将【资源】面板作为简单的站点资源列表，另一种是将某些个人喜爱的资源集合在一起，作为收藏资源列表。【资源】面板自动将站点中的资源添加到站点资源列表中，默认初始时收藏资源列表是空的，用户可以根据需要设置收藏资源列表。

12.2.1 查看网站资源

资源在【资源】面板中分为不同的类别。用户可以通过单击类别按钮选择查看其中的某个类别，如图 12-7 所示。除了模板和库对象只有一种列表以外，其他类别都有两种视图列表模式，如图 12-8 所示。

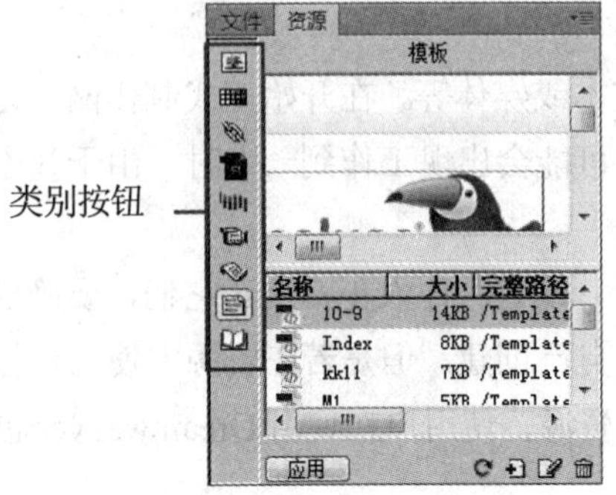

图 12-7 资源类别

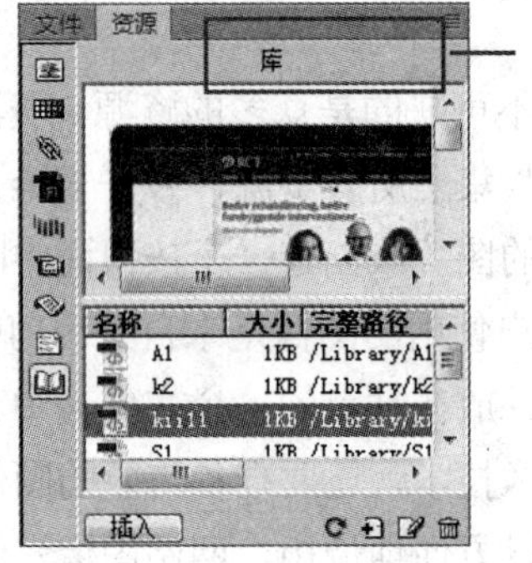

图 12-8 两种列表模式

【资源】面板中两种列表模式的具体功能如下。

- 【站点】列表：该列表中可以显示所选站点中的所有资源，包括在站点中的任何文档使用的图像、颜色、URL 等。
- 【收藏】列表：该列表中仅显示个人喜好选择的资源集合，它和站点列表并没有太大区别，只是有些任务只能在收藏列表中进行操作。

在默认情况下，各个类别中的资源按名称的字母顺序列出。用户可以根据其他标准对资源进行排列。通过【资源】面板能够预览某一个类别中的资源，并通过拖动相邻两个列名字中间的分隔符号，更改各列预览区域的大小。

12.2.2 选择资源类别

在【资源】面板中，通过使用图标的标示可以使用户快捷地找到需要的资源，而通过在【资源】面板中的分类可以使所有资源显示在不同类别的站点资源列表中(无论这些文件是否被使用)。用户若要查看某一个类别的资源，可以单击资源类别中的类别，具体如下。

- “图像”类别：用于存放 GIF、JPEG 和 PNG 等格式的图像文件，如图 12-9 所示。
- “颜色”类别：用于存放文件或样式表中使用的颜色集合，包括文本颜色、背景颜色和链接颜色等，如图 12-10 所示。
- URLs 类别：用于存放当前站点文件中使用的外部 URL 链接。该类别通常包括本地文件(file://)，如图 12-11 所示。
- SWF 类别：用于存放在网页中需要用到的由 Flash 生成的动画格式文件。此类软件中仅显示 Flash 动画压缩文件(.swf 格式)，而不显示 Flash 源文件(.fla 格式)，如图 12-12 所示。

图 12-9　“图像”类别

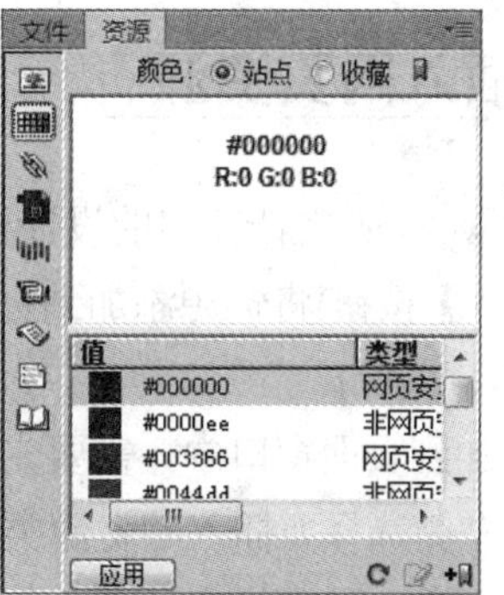

图 12-10　“颜色”类别

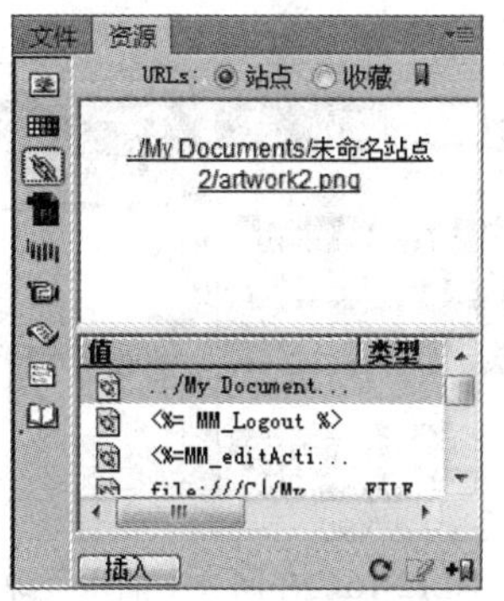

图 12-11　URLs 类别

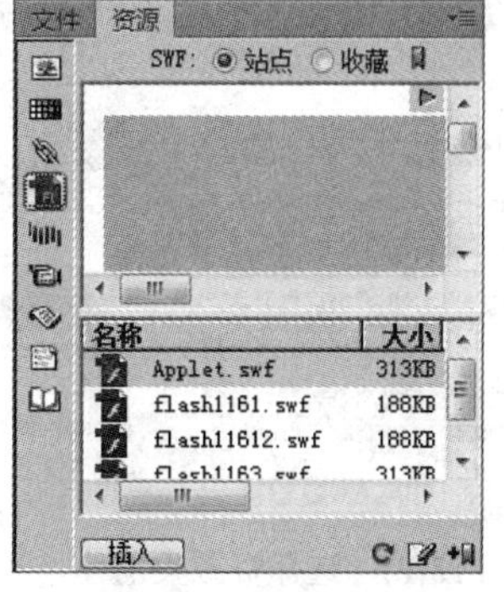

图 12-12　SWF 类别

- “影片”类别：用于存放 QuickTime 或 MPEG 的动态影像格式文件。
- “脚本”类别：当使用 JavaScript 生成脚本文件时，可以存放在这个类别中。在 HTML 文件中直接编写的脚本并不包含在资源列表中，资源类别显示的是独立的脚本文件，如图 12-13 所示。
- “模板”类别：给用户提供了一种方便的方法，可以通过模板页面生成许多相似页面布局的页面，极大地提高了页面编辑和修改的效率，如图 12-14 所示。

图 12-13　“脚本”类别

图 12-14　“模板”类别

- Shockwave 类别：用于存放任何版本的 Shockwave 格式动画文件。
- “库”类别：在多个页面中可以重复使用的元素，可以极大地提高页面元素编辑和修改的效率。库对象的更新，将使用库对象的页面自动同步更新，如图 12-8 所示。

12.2.3 插入网页资源

在 Dreamweaver 文档窗口的设计视图中，用户可以直接通过拖动的方式(或单击【资源】面板中的【插入】按钮)将资源添加到页面中。使用同样的方法，也可以为网页元素添加颜色或 URL(例如文本、图像)。

将资源添加到页面窗口中，需要先在页面中将光标放置在需要添加资源的位置，并在【资源】面板中的左侧选择要插入的资源类别，如图 12-15 所示，然后选择“站点”或“收藏”类别列表，找到要插入网页的资源，并单击【插入】按钮，如图 12-16 所示。

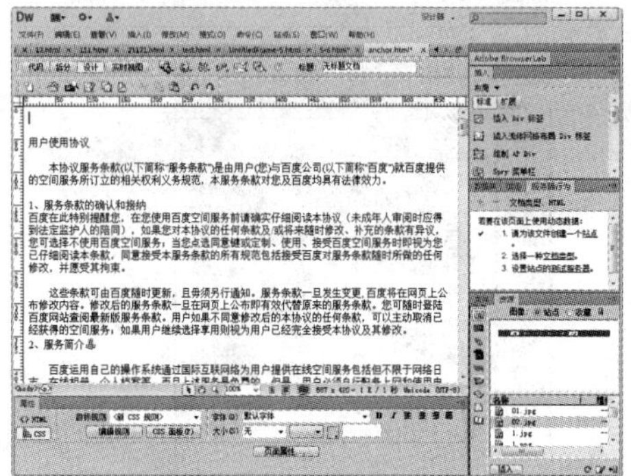
图 12-15　选择资源类别

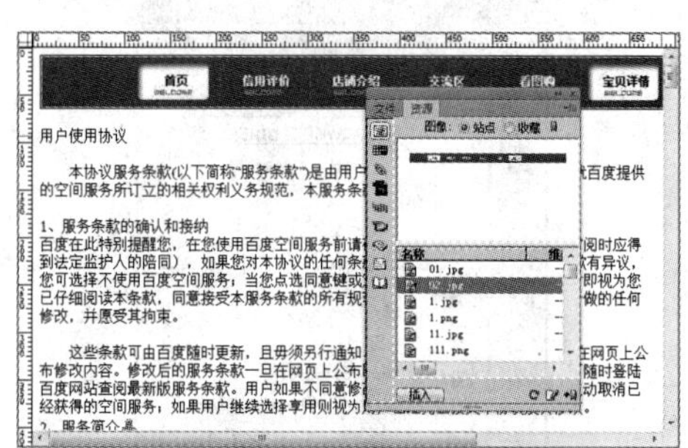
图 12-16　在网页中插入资源

12.2.4 选择与编辑资源

在【资源】面板的收藏资源中，大多数的资源在使用时是不能满足网页制作需求的，在该面板中，Dreamweaver CS6 不仅可以使用户同时选中多个资源，还提供了编辑资源的快捷方法，具体如下。

- 选择资源：在【资源】面板中选择多个资源只需在按住 Shift 键的同时，单击一个资源，然后再单击另一个资源，即可选取这两个资源间的所有文件。
- 编辑资源：在【资源】面板中选择资源，然后单击面板底部的【编辑】按钮，根据资源的类型对资源进行编辑。

12.2.5 在站点间使用资源

为了不损坏其他的站点，若要在站点间移动和使用资源，就需要清楚地了解当前资源所在的站点，资源使用才会更方便和安全。【资源】面板通常会按照一定的属性排列所有当前站点的资源。要在一个站点中使用另一个站点的资源，就需要把资源从另外的站点复制到当前站点，其具体操作方法如下。

(1) 首先，在【资源】面板的左侧选中要查找的资源类别，然后在【资源】面板中右击资源文件的名称(或图标)，在弹出的菜单中选择【在站点定位】命令，如图 12-17 所示。这里需要

注意的是，【在站点定位】命令对于颜色和 URL 不可用，因为颜色和 URL 没有对应的独立文件，而且不与站点中的文件相对应。

(2) 接下来，右击需要复制的资源，在弹出的菜单中选中【复制到站点】命令，并从子菜单中选择站点的名称，如图 12-18 所示。

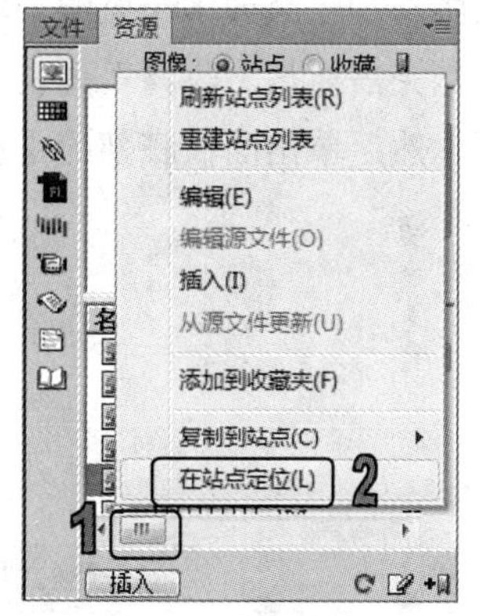

图 12-17　在站点定位

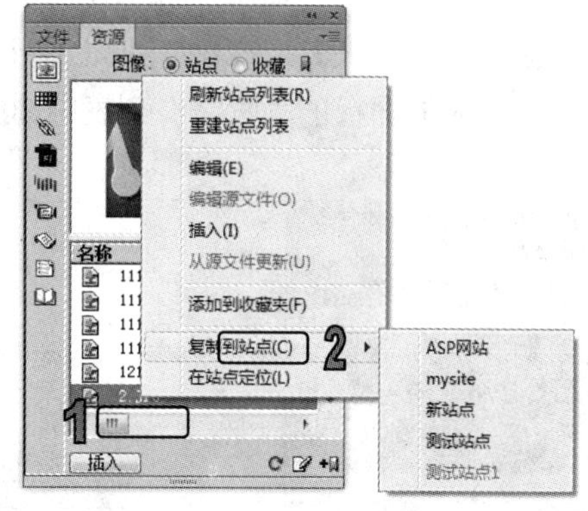

图 12-18　复制到站点

(3) 完成以上操作后，资源将被复制到当前站点中，并为其所用。此时，Dreamweaver 将根据需要在当前站点的层次结构中创建新文件夹。资源还会被添加到当前站点的“收藏”列表中。

12.2.6　刷新【资源】面板

在制作一个比较复杂的网页时，用户需要的文件资源很多，文件量很大，在修改的时候就需要在【资源】面板中对修改后的文件进行刷新，以便创建新的资源列表。但是，有些更改并不会立即在【资源】面板中体现，例如当用户在站点中添加或删除资源文件时，【资源】面板的列表并不会立刻发生改变，或当用户在站点中删除某些资源(或保存了某个新文件)，而文件中包含站点原来没有的新资源(如颜色)。这时就需要对【资源】面板进行手动更新，具体方法如下。

(1) 在【资源】面板中选中位于面板顶部的【站点】单选按钮，以便确定是在当前站点资源列表中进行操作。

(2) 单击【资源】面板底部的【刷新站点列表】按钮 C，面板将读取缓存文件的资料更新列表显示。

此外，用户还可以通过手动方式重建站点缓存并刷新“站点”列表，在【资源】面板中右击资源列表，然后在弹出的菜单中选中【刷新站点列表】命令即可。

12.2.7　管理【资源】面板

【资源】面板的“站点”列表是显示站点内所有的可识别资源，该列表对于一些大型的网站来说就会变得十分繁杂。如果这样，用户可以将常用的资源添加到“收藏”列表中，并给它

们重命名，或者将相关的资源归为一类放在一个新建的收藏夹中，这样可以提醒用户这些资源的用途，也方便在【资源】面板中查找需要的资源。

1. 在“收藏”列表中增删资源

在“收藏”列表中增加资源，用户可以在【站点】列表中选中一个或多个资源，然后单击该面板底部的【添加到收藏夹】按钮，如图 12-19 所示。如果需要从“收藏”列表中删除某个资源，可以在【资源】面板的“收藏”列表中选中该资源，然后单击面板底部的【从收藏中删除】按钮即可。

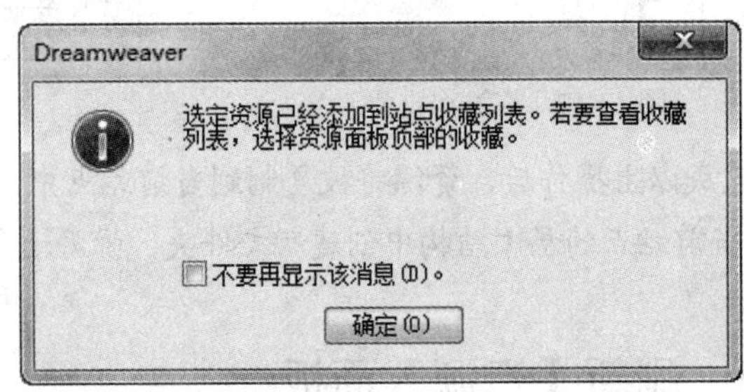

图 12-19　将资源添加至“收藏”列表

用户在“收藏”列表中增加的资源，是不能添加到“站点”列表中的，因为“站点”列表只包含站点已经存在的内容。模板和库项目没有“收藏”列表，所以没有“站点”列表和“收藏”列表的区别。

2. 为资源重命名

在【资源】面板中，用户可以给“收藏”列表中常用的资源重命名。例如，如果有一个属性值为“#282828”的颜色，则可以使用带有描述性的文字来代替，例如“背景色”、“重要文字色”等。这样，当需要使用的时候就可以很快找到并使用，具体方法如下。

(1) 在【资源】面板中，选择包含该资源的类别，然后选中【收藏】单选按钮以显示“收藏”列表。

(2) 接下来，在【资源】面板中右击列表中资源的名称或图标，然后在弹出的菜单中选中【编辑别名】命令。在为资源输入一个名称后，按 Enter 键确定。此时，收藏资源将按别名显示在列表中。

3. 将资源归类至收藏夹中

为了更方便地管理网站资源，在【资源】面板的列表中，用户可以将资源归类到文件夹形式的“收藏”列表中，例如将大量数据表格页面的图片资源归类组合为“统计图片夹”。将资源归类到收藏夹的具体操作方法如下。

(1) 创建收藏夹，然后选中位于【资源】面板顶部的【收藏】单选按钮显示“收藏”列表。

(2) 单击【资源】面板底部的【新建收藏夹】按钮，并为该文件夹输入一个名称，按 Enter 键确定，如图 12-20 所示。

(3) 完成以上操作后，将资源拖动至创建的文件夹中即可，如图 12-21 所示。

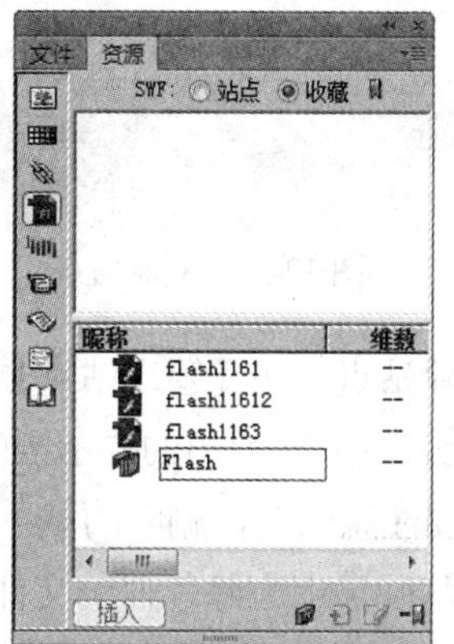

图 12-20　新建收藏夹

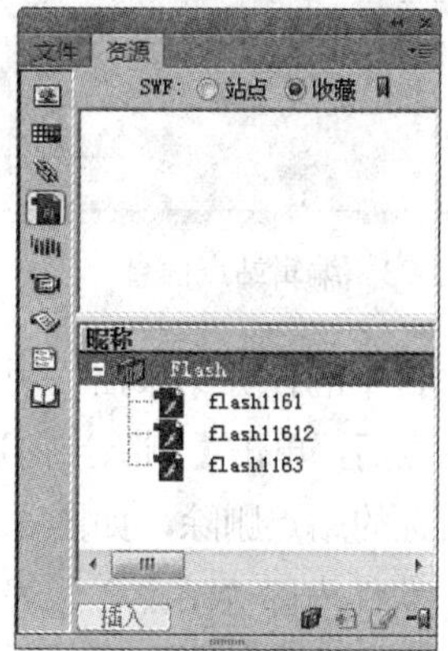

图 12-21　拖动资源

12.3　管理站点信息

用户可以在 Dreamweaver 中选择【站点】|【管理站点】命令，打开如图 12-22 所示的【管理站点】对话框，对站点进行管理。

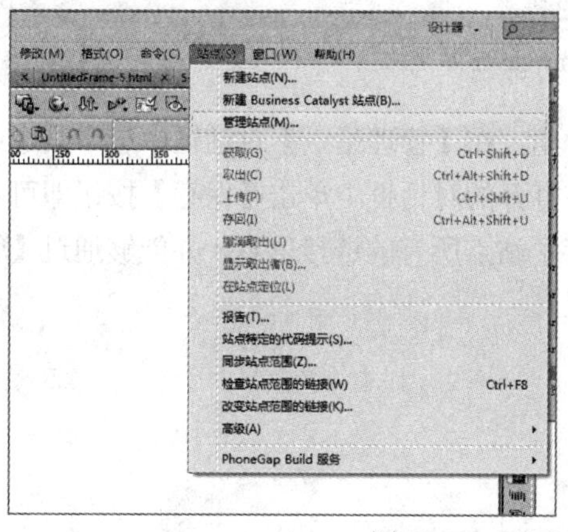

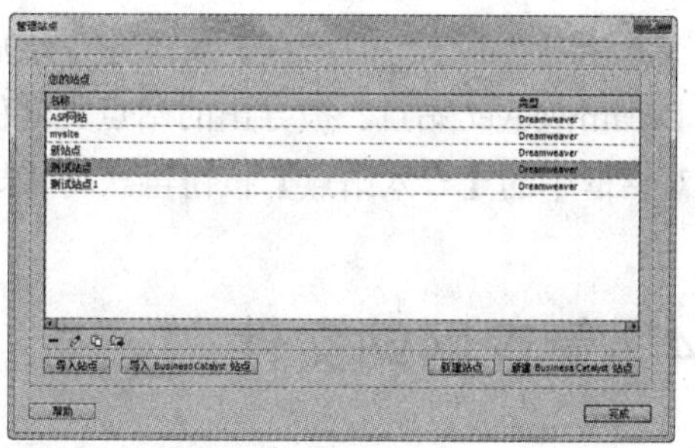

图 12-22　打开【管理站点】对话框

在【管理站点】对话框中选中需要修改的站点名称后，单击对话框左下角的【编辑当前选定的站点】按钮，将打开相关站点的定义对话框。在该对话框中用户可以对站点的信息进行编辑，如图 12-23 所示。

在制作网站的过程中，如果仅需要更改某个站点中的部分页面内容，且不影响原站点内容，用户可以先将该站点复制，然后在站点的副本上进行修改。在【管理站点】对话框中选中一个站点名称后单击【复制当前选定的站点】按钮，可以复制所选站点的副本，如图 12-24 所示。

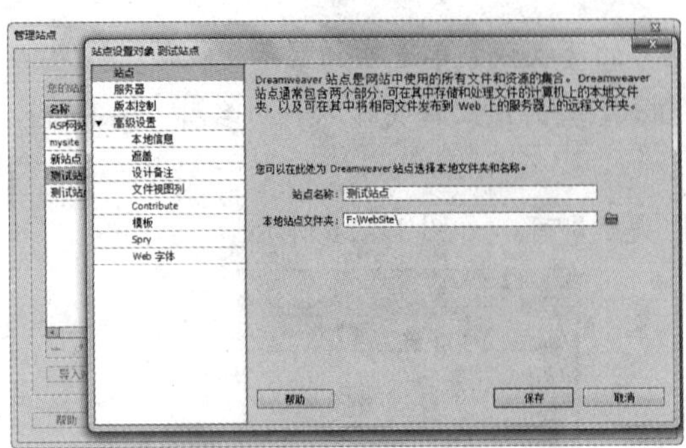
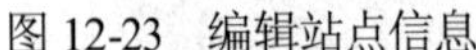
图 12-23　编辑站点信息

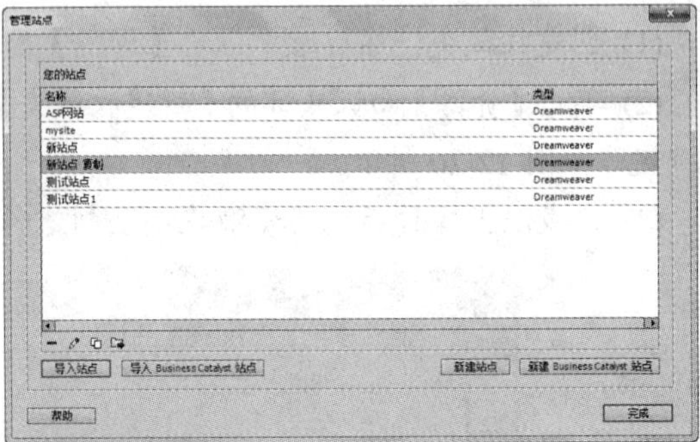
图 12-24　复制站点

一个网站项目中的任务结束后，用户可以从列表中删除站点。在【管理站点】对话框中选中需要删除的站点后，单击【删除当前选定的站点】按钮▭，然后在弹出的提示框中单击【是】按钮，可以将所选的站点删除，如图 12-25 所示。这里需要注意的是，删除的站点知识把站点从 Dreamweaver 软件内部“站点”列表中删除，而并没有从硬盘上删除任何的文件或文件夹。

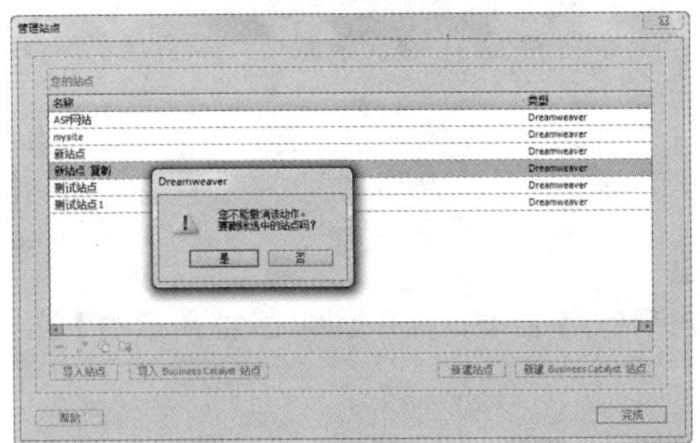
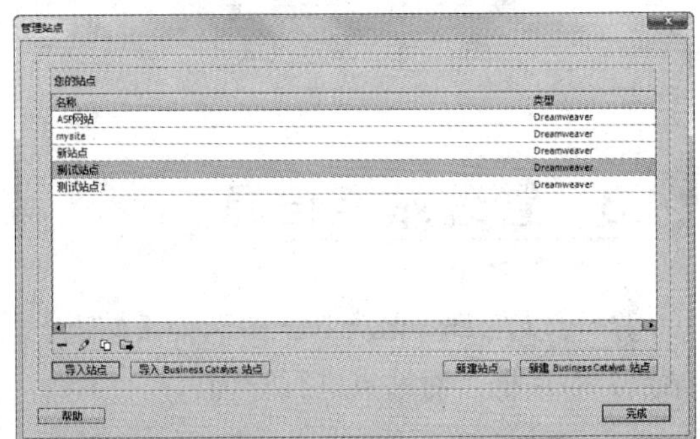
图 12-25　删除 Dreamweaver 站点

在删除某个站点之前，用户可以将站点设置导出。在【管理站点】对话框中选中某个站点后，单击【导出当前选定的站点】按钮▭，然后在打开的对话框中单击【保存】按钮即可导出相应的 Dreamweaver 站点。被导出的站点文件保存了站点所有的链接信息，并能够通过【管理站点】对话框中的【导入站点】按钮再次将其导入。

12.4　管理网站文件

网站的内容不是永久不变的，用户若想使网站保持活力，跟上时代发展的步伐，就必须经常地对站点的内容进行更新和维护。当有了先进的网页开发工具和技术时，还可以对网站的外观和风格进行重新设计。

用户在对网站的内容进行更新时，通常是先将远程站点服务器上要更新的网页文件下载到本地站点上，然后进行修改，修改完成后再将新的网页文档上传到网站服务器上，而不是重新设计和发布整个网站。

12.4.1　使用【文件】面板

在 Dreamweaver CS6 的默认设置中，【文件】面板中列出了当前站点中所包含的全部内容，例如 HTML 文档、图像、SWF 动画等，如图 12-26 所示。使用【文件】面板，用户可以查看站点的“本地视图”、“远程服务器”、“测试服务器”和“存储库视图”4 种视图状态，如图 12-27 所示。

图 12-26　【文件】面板

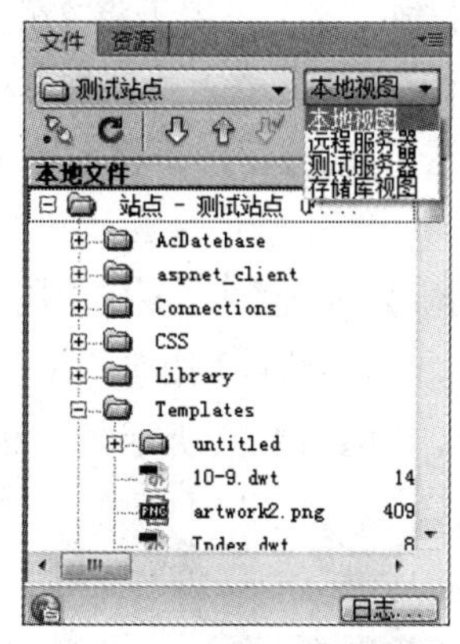

图 12-27　切换视图模式

在【文件】面板中，用户可以管理组成站点的文件与文件夹，该面板提供了本地磁盘上全部文件的视图，与 Windows 资源管理器类似，如图 12-28 所示。

【文件】面板通常显示当前站点的所有文件和文件夹，但是新建立的站点中不包含任何文件与文件夹。当站点中存在文件时，【文件】面板中的文件列表将充当文件管理器，允许用户对文件或文件夹执行复制、粘贴、删除、移动和打开等操作，如图 12-29 所示。

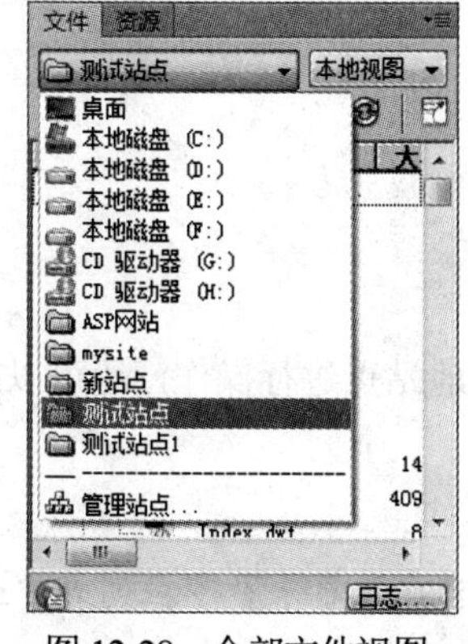

图 12-28　全部文件视图

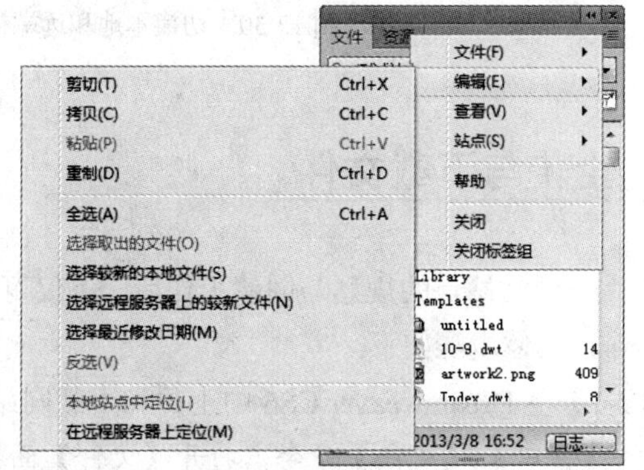

图 12-29　编辑站点文件

【文件】面板上还提供各类快捷按钮，用户可以利用这些按钮执行连接到远程服务器、刷新面板、获取文件、上传文件、存回文件和取出文件等操作，具体如下。

【连接到远程服务器】按钮：该按钮用于连接到远程主机或断开与远程主机的连接。在默认设置中，如果 Dreamweaver 已经空闲 30 分钟以上，则将断开与远程站点的连接(仅限 FTP)。

【刷新】按钮：该按钮用于刷新本地和远程目录列表，如果已经取消选中站点定义对话框中的【自动刷新本地文件列表】或【自动刷新远程文件列表】复选框，则可以使用【文件】面板中的【刷新】按钮手动刷新目录列表。

【从远程服务器获取文件】按钮：该按钮用于将选定的文件从远程站点复制到本地站点(若该文件有本地副本，则将其覆盖)。

【向远程服务器上传文件】按钮：该按钮用于将选定的文件从本地站点复制到远程站点。

【取出文件】按钮：该按钮用于将文件从远程服务器传输至本地站点(若该文件有本地副本，则将其覆盖)，并且在服务器上将该文件标记为取出。

【存回文件】按钮：该按钮用于将本地文件的副本传输到远程服务器，并且使该文件可供其他用户编辑。

【与远程服务器同步】按钮：该按钮用于同步本地和远程文件夹之间的文件。

【展开以显示本地和远端站点】按钮：该按钮用于在本地或远端站点窗口和本地与远端站点窗口之间来回切换，如图 12-30 所示。

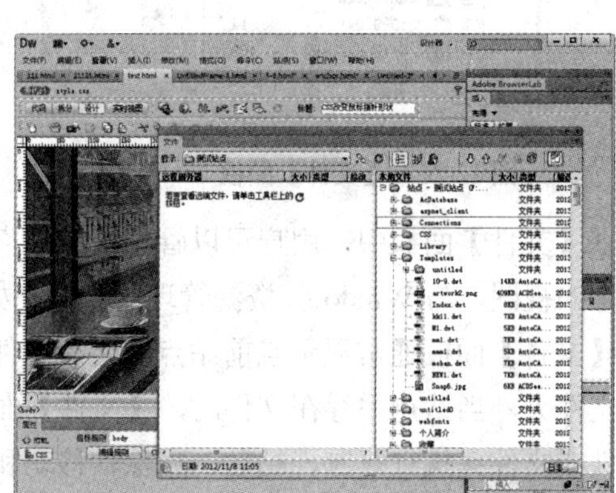

图 12-30　切换本地和远端视图窗口

12.4.2　上传与下载文件

用户在完成网站站点的规划与创建工作后，不仅可以对本地站点进行操作，还可以对远程站点进行操作，具体步骤如下。

【例 12-1】在 Dreamweaver CS6 中上传和下载网站文件。

(1) 选择【窗口】|【文件】命令，打开【文件】面板，然后在【显示】下拉列表中选择站点的本地视图，显示本地站点文件目录，如图 12-31 所示。

(2) 单击【连接到远端主机】按钮，连接到远程服务器上，单击【上传文件】按钮，然后在打开的对话框中单击【确定】按钮，即可将本地站点中的所有文件上传到远程站点中，如图 12-32 所示。

(3) 单击【显示】下拉列表按钮切换到【远程视图】中，然后单击【文件】面板中的【刷新】按钮刷新远程站点上的文件。

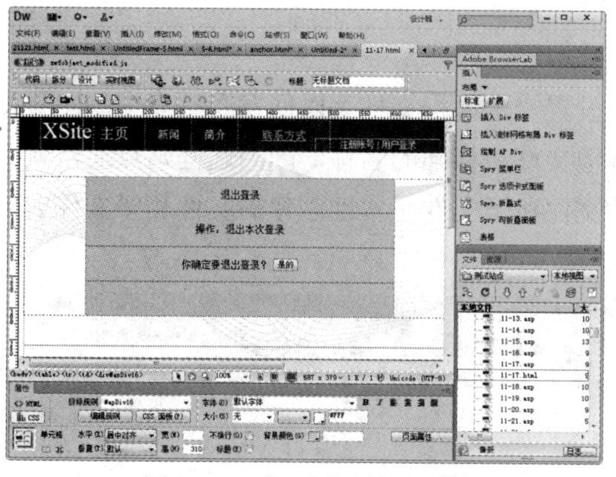

图 12-31　打开【文件】面板

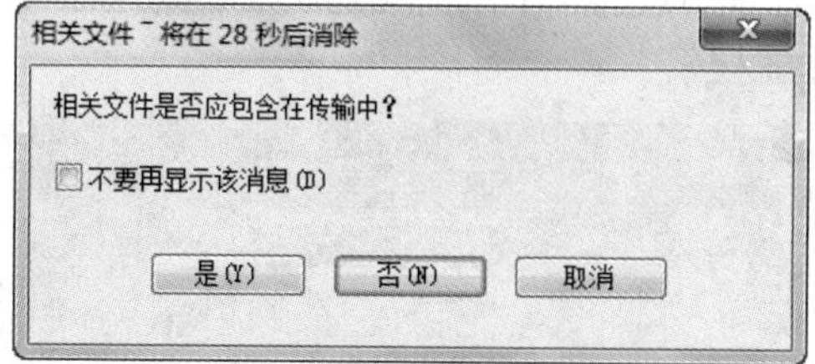

图 12-32　提示信息

提示

若用户在【远程视图】中单击【获取文件】按钮，即可下载站点上的所有文件。这时，切换至【本地视图】，然后单击【刷新】按钮，即可在【文件】面板的本地视图中编辑所下载的站点文件。

12.4.3　网站的发布

用户在完成网站的创建和测试工作后，下一步就是通过将文件上传到远程文件夹来发布站点。远程文件夹是存储文件的位置，文件则用于测试、协作和发布等应用。

1. 申请域名空间

网站要在 Internet 上存在，就必须拥有一个存储网站内容的空间和一个用于访问网站的域名，其各自的作用如下：

- 对于空间，目前免费的网站空间越来越少，大部分空间都是收费的，并且收费的价格千差万别，用户可以根据建站需要选择合适自己的空间服务器商。根据网站建设的不同需求，空间一般分为静态网页空间和动态网页空间，前者用于存储普通的 HTML 静态网页文件，而后者则可以存储采用 ASP、JSP、PHP 等服务器技术的动态网页。
- 域名类似于 Internet 上的门牌号，是用于识别与定位 Internet 上计算机的层次结构字符标识，与计算机的 IP 地址相对应。但相对于 IP 地址，域名便于浏览者理解和记忆。域名既有类似 xxx.com 的顶级域名，也有类似 news.xxx.com、mail.xxx.com 的二级域名。一般的空间服务商会同时提供域名注册服务，用户在申请域名后，就可以根据服务商的要求将域名和空间对应起来，实现通过域名来访问网站的目的。

目前，提供域名和空间的网站非常多，例如“中国数据网”和“中国网格网”等网站都同时提供域名和空间的申请服务。用户可以在网站上根据网站建设的实际需求，申请网络空间的大小，一般初级用户，申请 800MB 左右的网站空间即可，商业网站可以选择申请 2GB 至 5GB 的空间大小，而大型网站一般选择 10GB 以上的网站空间。

2. 上传本地站点

用户在发布站点之前，需要在 Dreamweaver 中设置一个远程文件夹以便发布站点中的网页文件，如图 12-33 所示。远程文件夹通常具有与本地文件夹相同的名称，因为远程站点通常就是本地站点的副本，也就是说发布到远程文件夹的文件和子文件是本地创建的文件和子文件夹的副本。

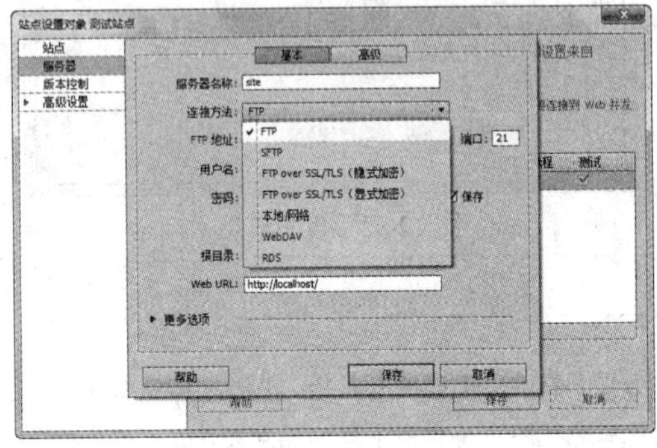

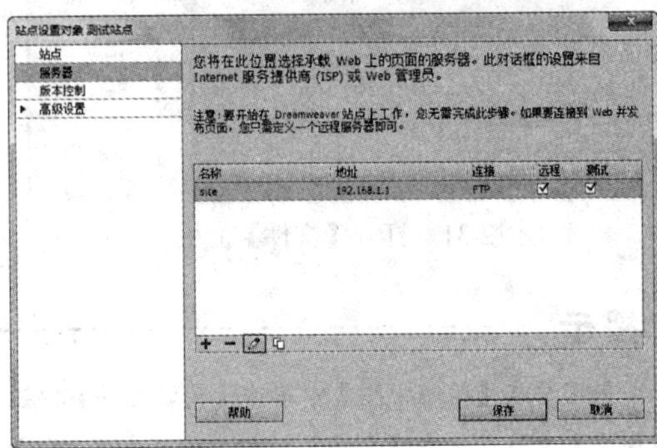

图 12-33　设置远程文件夹

用户若要使 Internet 上的访问者可以访问网站，就必须将网站上传到 Web 服务器，即便 Web 服务器在本地计算机上也必须要执行上传。上传本地站点的方法如下。

【例 12-2】在 Dreamweaver CS6 中上传本地站点。

(1) 在 Dreamweaver 中完成远程文件夹的设置工作后，选择【窗口】|【文件】命令显示【文件】面板，然后在该面板中单击【连接到远程主机】按钮，连接远程文件夹。

(2) 在【文件】面板中选中站点的根目录，然后单击【上传文件】按钮。这时，Dreamweaver 软件打开一个提示信息对话框提示是否上传网站，用户在该对话框中单击"确定"按钮，即可在后台自动执行将文件从本地文件夹上传到 Web 服务器上的操作。

12.5 上机练习

本章的上机练习将通过实例操作，介绍注册 FTP 网络空间和在 Dreamweaver 中测试本地站点的方法，帮助用户进一步掌握管理与发布网站站点的相关知识。

12.5.1 注册 FTP 网络空间

使用浏览器访问免费空间注册网站，并注册一个 FTP 网络空间。

(1) 启动 IE 浏览器，在地址栏中输入网址 www.free258.com，按下 Enter 键，打开 free258 免费网络空间页面，如图 12-34 所示。

(2) 单击网页中的【注册】按钮，然后在打开的页面中填写相关的注册信息，输入正确的验证码，并选中【我已经阅读并同意注册协议】复选框，如图 12-35 所示。

图 12-34　打开网站

图 12-35　填写注册信息

(3) 在页面中单击【注册】按钮，注册用户。成功注册后在打开的页面中显示了相关的注册信息，包括拥有的空间资源大小、有效期、自动分配的域名等。

12.5.2　测试本地站点

在 Dreamweaver 中打开一个本地站点并测试该站点。

(1) 启动 Dreamweaver 后，选择【窗口】|【文件】命令，打开【文件】面板，然后在该面板的下拉列表中选中要测试的站点，如图 12-36 所示。

(2) 选择【站点】|【报告】命令，打开【报告】对话框，然后在该对话框中选中【没有替换文本】、【多余的嵌套标签】和【无标题文档】复选框，如图 12-37 所示。

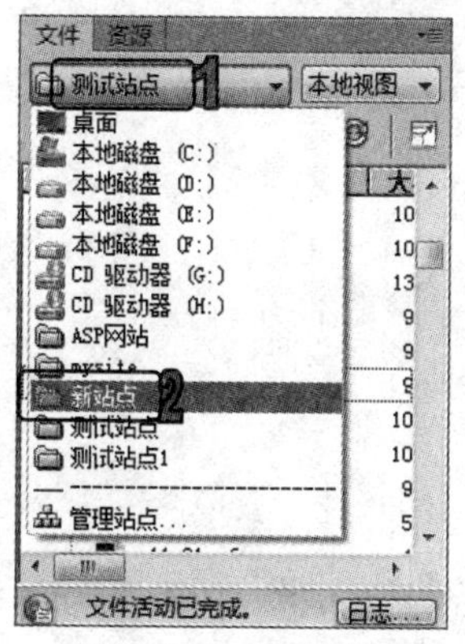

图 12-36　选择站点

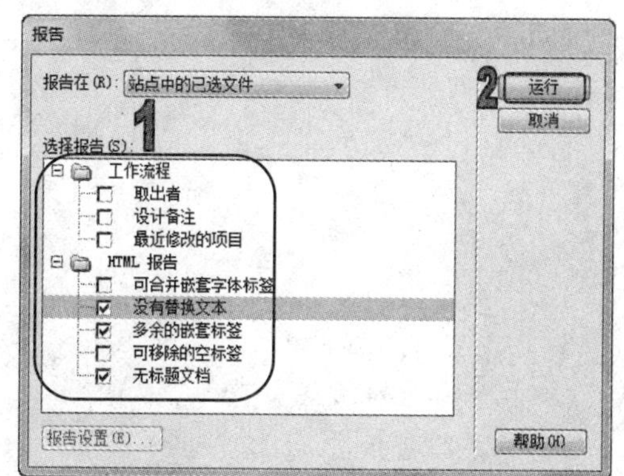

图 12-37　【报告】对话框

(3) 单击【报告】对话框中的【运行】按钮运行站点测试，测试完毕后，在【站点报告】选项卡面板显示了站点的测试报告，如图 12-38 所示。

(4) 单击【链接检查器】选项卡面板，打开该选项卡面板，单击【检查链接】按钮，在弹出的菜单中选择【检查整个当前本地站点的链接】命令，开始检查站点中的所有链接，如图 12-39 所示。

(5) 显示整个站点中断开的链接后，用户修复站点中断开的链接，即可完成站点测试。

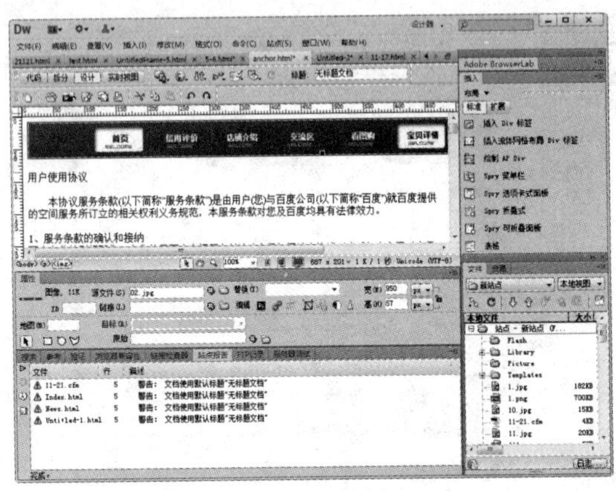

图 12-38　显示站点测试报告

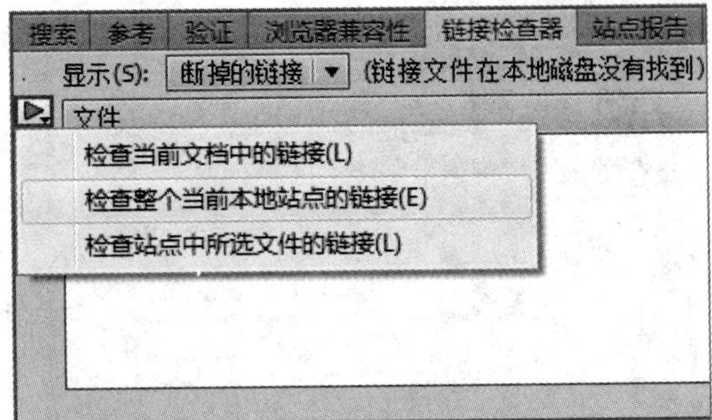

图 12-39　检查站点链接

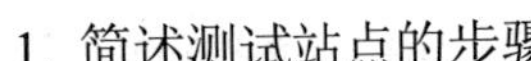

12.6　习题

1. 简述测试站点的步骤。
2. 简述网站空间和域名的作用。
3. 在 Dreamweaver 中创建一个站点，并练习在站点中添加与删除文件。
4. 通过 Internet 申请一个网站空间，尝试将本地站点上传至该空间中。

第13章 编写常用的网页代码

学习目标

Dreamweaver 可以为网页设计者提供强大的可视化、所见即所得的网页编辑环境。在实际工作中，使用 Dreamweaver 可以无须手工编写代码即可设计出优秀的网页。但随着网页页面越来越复杂，用户不得不对网页进行全面、精准的控制。如此，我们就必须要熟悉编写网页中的部分 HTML 代码，并了解 Dreamweaver 所提供的各类辅助代码编辑功能，例如代码提示、语法着色、代码片段、快速标签编辑器等。

本章重点

- HTML 代码编写的基础知识
- 在 Dreamweaver 中查看代码
- 定义网页文件的头部元素
- 使用 Dreamweaver 编写代码

13.1 网页代码编写基础

网页代码指的是在网页制作过程中需要用到的一些特殊的“语言”，设计人员通过对这些“语言”进行组织编排制作出网页，然后由浏览器对代码进行“翻译”后才是我们最终看到的效果。制作网页时常用的代码有 HTML、JavaScript、ASP 和 PHP 等。

13.1.1 认识 HTML

在 Dreamweaver 中，网页代码编写的基础是以 HTML 或 XHTML 为核心的，现在大部分的网页还是使用 HTML 4.01 和 XHTML 1.0 标准的 HTML 标准版本，不过随着最新版本 HTML5 的不断发展，现在许多浏览器已经支持某些 HTML5 技术。HTML 是互联网的核心技术，它的全称是“超文本标记语言”。简单地说，HTML 是一种文本格式。所谓“超文本”指的是用户可以在文本中设置超链接，从而无论页面在哪里，都可以从一个页面跳转到另一个页面中，以及与世界各地主机的文件相互链接，并且还能显示普通文本所无法表达的内容，例如声音、动画、视频等。而“标记语言”指的是网页实际上被注释过的文本文件，通过浏览器去解释如何显示网页中包含的文本、链接和图像等。

使用 HTML 便携的超文本文档被称为 HTML 文档，它能独立于各种操作系统平台(例如 Windows、Linux 等)，用于描述网页信息的格式设计以及与网络上其他网站的链接信息。使用 HTML 语言描述的文件，需要通过客户端浏览器解析后才能显示出访问者可以接受的信息，这种文档的扩展名可以是 HTML 或 HTM，这是因为之前旧 DOS 系统不支持超过 3 个字母的扩展名。

HTML 的基本构成元素被称为标签，例如<table>、<img>等。在一个基本的网页页面中，<html>标签就被认为是一个页面的开始，称为开始标签；而</html>标签则被认为是一个页面的结束，称为结束标签。大部分的 HTML 标签都是成对出现的，每对结束标签的关键字之前都以“/”表示，例如<body>…</body>和<table>…</table>等。当然也有少数标签是独立出现的，例如
和<hr>。

HTML 页面分为文件头<head>和主体<body>两个重要的组成部分。<head>中放置的是和整个网页文档相关的信息及声明，例如标题、关键字、描述、CSS 或 JavaScript 声明等，一般不会在网页中直接显示。<body>中放置的是网页内容的主体部分，包括定义链接、文本、表格、图像、动画等。

当用户在 Dreamweaver 中创建了一个网页文档后，调整代码显示模式，可以看到由 Dreamweaver 自动生成的空白网页代码，例如：

```
<html xmlns="http://www.w3.org/1999/xhtml">
<head>
<meta http-equiv="Content-Type" content="text/html; charset=gb2312" />
<title>无标题文档</title>
</head>

<body>
</body>
</html>
```

这里需要注意的是，<head>…</head>和<body>…</body>标签是互相独立的，但都包含在<html>…</html>标签之中。

文件的 DOCTYPE(文档类型)位于代码的最前端，声明网页文档所使用的语言，浏览器在打开网页时将检查 DOCTYPE 元素以确定如何部署页面，该段由 Dreamweaver 新建文档插入，代码如下。

```
<!DOCTYPE html PUBLIC "-//W3C//DTD XHTML 1.0 Transitional//EN"
"http://www.w3.org/TR/xhtml1/DTD/xhtml1-transitional.dtd">
```

13.1.2　认识 XHTML

XHTML(可扩展超文本标记语言)，是一种标记语言，表现方式与超文本标记语言(HTML)类似，不过语法上更加严格。从继承关系上讲，HTML 是一种基于标准通用标记语言(SGML)的应用，是一种非常灵活的标记语言，而 XHTML 则基于可扩展标记语言(XML)，XML 是 SGML 的一个子集。

在 Dreamweaver 中，默认和推荐使用基于 XHTML 的网页设计，但由于并非所有浏览器都支持 XHTML 页面，特别是在一些版本较老的浏览器中，问题更加严重。为此，用户可以在 Dreamweaver 中选择【编辑】|【首选参数】命令，打开【首选参数】对话框的【新建文档】分类，设置在 HTML 和 XHTML 之间进行切换，如图 13-1 所示。

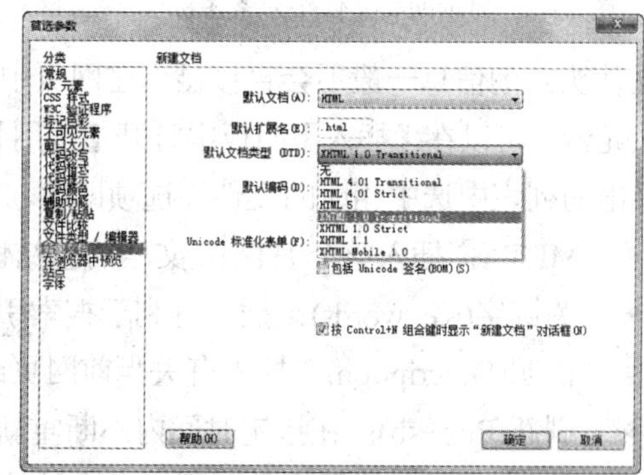

图 13-1　设置 Dreamweaver 默认文档类型

13.2　定义网页文件头元素

文件头元素指的是页面的<head></head>部分，整个页面的概括类信息都会放置在文件头部分。文件头部分的主要功能如下：

- 确定浏览器以何种语言来解释页面(中文、英文或多国语言)，也就是使用哪种字符集来显示页面。
- 使页面被传送至远程服务器后，搜索引擎(如百度、谷歌等)可以阅读 HTML 的文件头，以获取该页面的标题、概述、关键字等重要信息，以便于用户搜索。
- 当页面插入一些其他语言的代码时，如 CSS 及外部 CSS 文件指向或 JavaScript(VBScript)等，其文档范围声明和子程序都会包含在文件头部分。

13.2.1　查看和建立文件头元素

在 Dreamweaver 中，要查看当前网页中的文件头元素，用户可以选择【查看】|【文件头内容】命令，在【设计】视图的上方显示当前网页中文件头元素图标，如图 13-2 所示。单击文件

头元素图标，在【属性】面板中将显示相应的关键字信息，如图 13-3 所示。

图 13-2　显示网页文件头元素图标

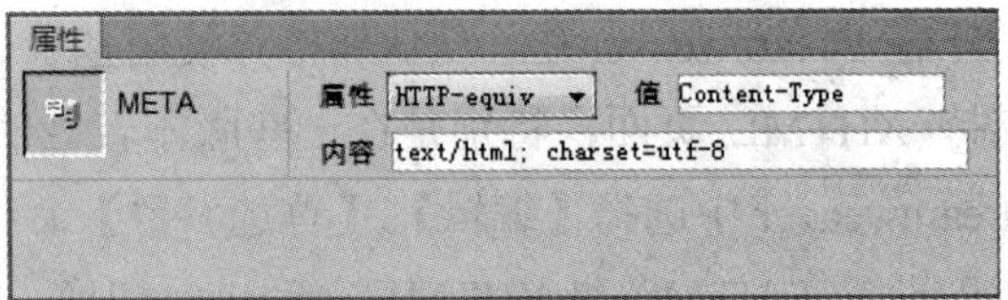

图 13-3　【属性】面板

文件头部的信息一般不会直接显示在网页中，而是起到重要的“幕后”作用。如果要插入文件头元素，可以在【插入】面板中打开【常用】分类，然后单击该分类中的【文件头】按钮，并在弹出的列表中选中相应的文件头选项即可，如图 13-4 所示。

- META：插入整个 HTML 文档的总结性信息。
- 关键字(Keywords)：插入有利于搜索引擎快速检索到当前网页的关键描述。
- 说明(Description)：插入有关当前网页或站点的文字性说明和介绍。
- 刷新(Refresh)：在指定时间内不断重新载入当前网页或载入一个新的链接站点。
- 基础(Base)：设置当前网页中所有链接的基础引用。
- 链接(Link)：用于设置外部文档的指向链接，如一个图标或外部 CSS 样式表。

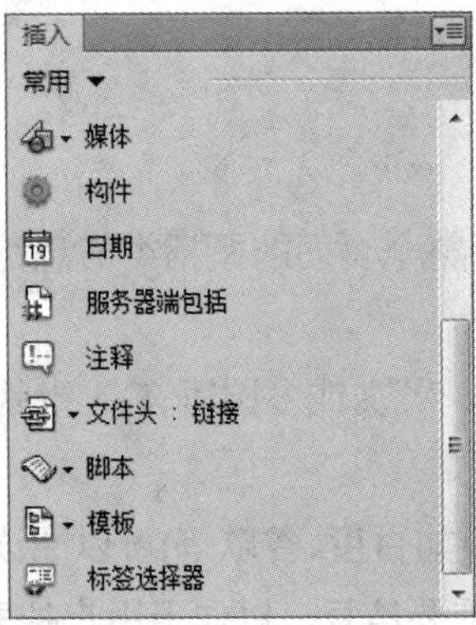

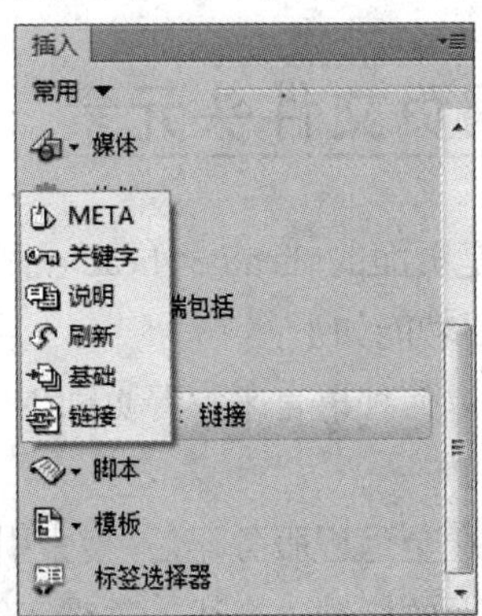

图 13-4　插入文件头元素

网页中最基本的页面属性位于<head></head>之间，例如标题、编码等。在 Dreamweaver 中用户无须手动输入代码，一般情况下，创建新文档后代码将自动生成，而网页的标题默认为“无标题文档”，如图 13-5 所示。

在 Dreamweaver 中选择【修改】|【页面属性】命令，打开【页面属性】对话框，然后在该对话框中选中【分类】列表中的【标题/编码】选项，用户可以在打开的选项区域中设置当前网页的标题，该标题将出现在网页浏览器的右上角，如图 13-6 所示。

```
<!DOCTYPE html PUBLIC "-//W3C//DTD XHTML 1.0 Transitional//EN"
"http://www.w3.org/TR/xhtml1/DTD/xhtml1-transitional.dtd">
<html xmlns="http://www.w3.org/1999/xhtml">
<head>
<meta http-equiv="Content-Type" content="text/html; charset=gb2312" />
<title>无标题文档</title>
</head>

<body>
</body>
</html>
```

图 13-5　Dreamweaver 自动生成代码

图 13-6　修改网页标题

标题的修改在<head></head>中的表现格式如下。

```
<head>
<meta http-equiv="Content-Type" content="text/html; charset=gb2312" />
        <title>新的标题</title>
</head>
```

网页的标题对于搜索引擎(百度、谷歌等)获取、排名十分重要，用户可以考虑将一些重要的信息放在标题中，以便搜索引擎优先考虑，例如：

```
<title>江苏省最专业的电子商业平台</title>
```

另外，用户还可以在如图 13-6 所示的【页面属性】对话框中单击【编码】下拉列表按钮设置网页所使用的字符集，英文默认为 Western European，中文默认为国际简体中文 GB2312，其在<head></head>中的表现格式如下。

```
<meta http-equiv="Content-Type" content="text/html; charset=gb2312" />
```

13.2.2　设置页面的 META 属性

用户可以利用 META 对象为文件头部分插入各种描述性的数据，或通过 http-equiv 属性为网络服务器提供信息标签和其他数据。META 所支持的属性包括以下几种。

- name=""：指定特性名称。
- content=""：指定特性的值。
- http-equiv=""：HTTP 服务器通过该属性设计 HTTP 响应头标，以精确显示网页内容。
- scheme=""：用于命名一个解释特性的方案。
- lang=""：指定语言信息。
- dir=""：指定文本方向。

在 Dreamweaver 中，用户可以选择【插入】| HTML |【文件头标签】|META 命令，打开 META 对话框，如图 13-7 所示，在该对话框中用户可以设置建立 META 属性的相应内容，其在<head></head>之间的代码如下。

```
<meta name=" author" content="new-www.title.com.cn" />
```

用户可以通过类似的方法标注更多信息，例如版权信息或所使用的网页编辑器，设置版权信息的代码如下：

```
<meta name="copyright"content="XXX 版权所有。All Right Reserved">
```

设置网页编辑器(如 Dreamweaver)的代码如下(这些代码同样可以使用上述方式完成)。

```
<meta name="generator"content="Adobe Dreamweaver CS6">
```

此外，用户还可以通过【页面属性】对话框设置相应的编码字符集，例如可以使用 META 进行设置，如图 13-8 所示，其在<head></head>之间的代码如下。

```
<meta http-equiv="Content-Type" content="text/html; charset=utf-8" />
```

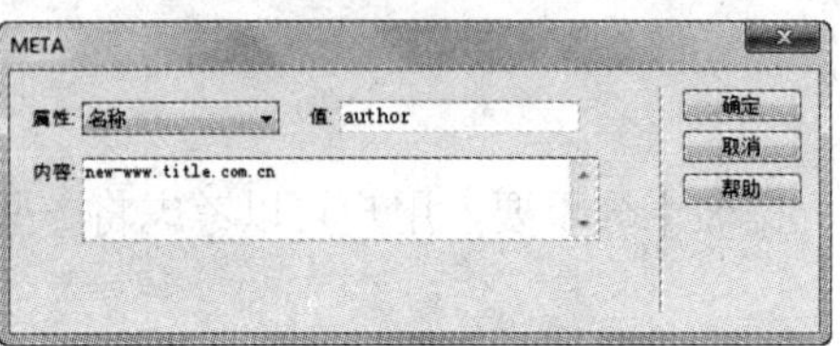

图 13-7　META 对话框

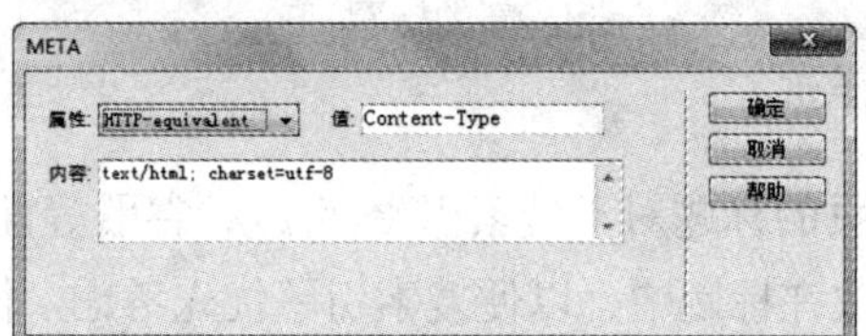

图 13-8　设置编码字符集

13.2.3　设置网页关键字

用户可以在 Dreamweaver 中选择【插入】| HTML |【文件头标签】|【关键字】命令，打开【关键字】对话框，如图 13-9 所示，设置输入相应的网页关键字(以空格或“|”符号分隔)，其在<head></head>之间的代码如下。

```
<meta name="keywords" content="新闻|微博|军事|房地产" />
```

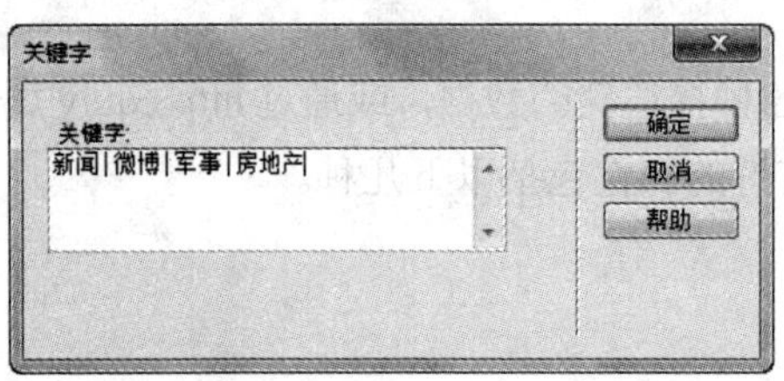

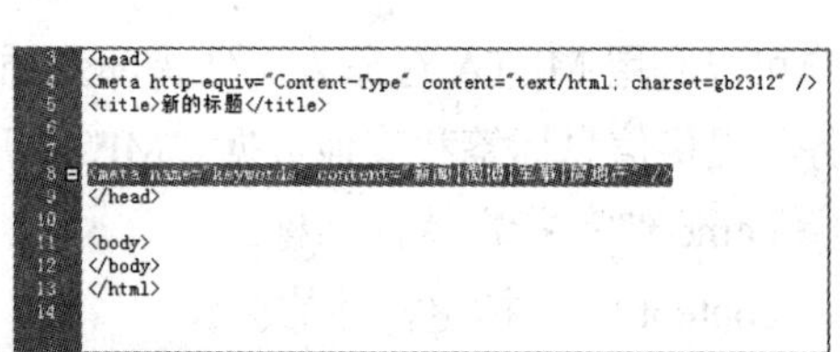

图 13-9　设置网页关键字

这里需要注意的是，因为搜索引擎会拒绝过多重复的词汇，因此用户在设置网页关键字时，应尽量避免使用相同的词汇重复添加。

13.2.4　设置网页说明

用户在网页说明中所添加的内容可以是标题和关键字的延伸和补充，同样有利于搜索引擎的查找(它就像一个人的简历一样，对所述对象进行较详细的介绍)。

在 Dreamweaver 中选中【插入】| HTML |【文件头标签】|【说明】命令，打开【说明】对话框，如图 13-10 所示，设置输入网页说明文字，其在<head></head>之间的代码如下。

```
<meta name="description" content="我用 Dreamweaver 设计的网站模型" />
```

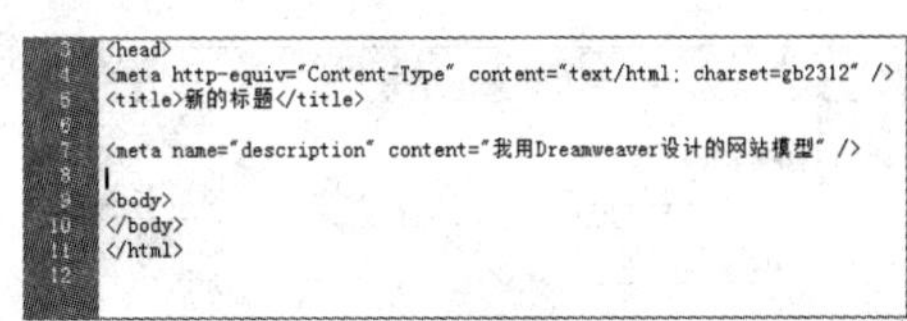

图 13-10　设置网页说明

这里需要注意的是，因为说明文字一般较长，用户在设置网页说明时往往会输入大量的分段回车，其实完全没有必要这样做，因为网页浏览器在处理代码时会完全忽略类似的格式。

13.2.5　设置网页刷新

网页【刷新】命令用于强制浏览器在设定的时间载入当前页面，或者载入一个新的网站地址(载入的新网站地址主要应用于网站搬迁)。

在 Dreamweaver 中，用户可以选择【插入】| HTML |【文件头标签】|【刷新】命令，打开【刷新】对话框，如图 13-11 所示，设置网页转到具体的 URL 或刷新当前网页，其在<head></head>之间的代码如下。

```
<meta http-equiv="refresh" content="3;URL=file:///F|/Site/Index.html" />
```

或

```
<meta http-equiv="refresh" content="0" />
```

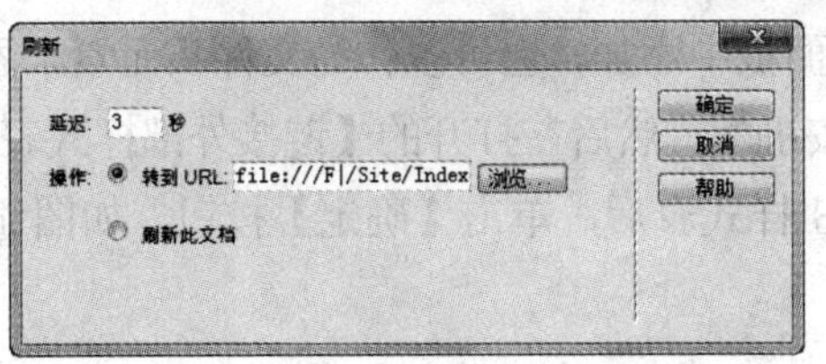

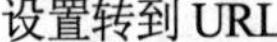

设置转到 URL

设置刷新当前页面

图 13-11　设置刷新网页

13.2.6　设置网页基础 URL

通过设置网页的基础 URL，用户可以使当前页面中所有的相对地址以设置的链接为基础，从而使所有的链接都指向一个位置。

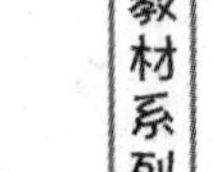

在 Dreamweaver 中，用户可以选择【插入】| HTML |【文件头标签】|【基础】命令，打开【基础】对话框，如图 13-12 所示，设置使所有文档相对链接相对于 HREF 的地址以及目标(其中目标下拉列表中的【_self】选项为网页打开的默认值)，其在<head></head>之间的代码如下。

```
<base href="www.baidu.com" target="_self" />
```

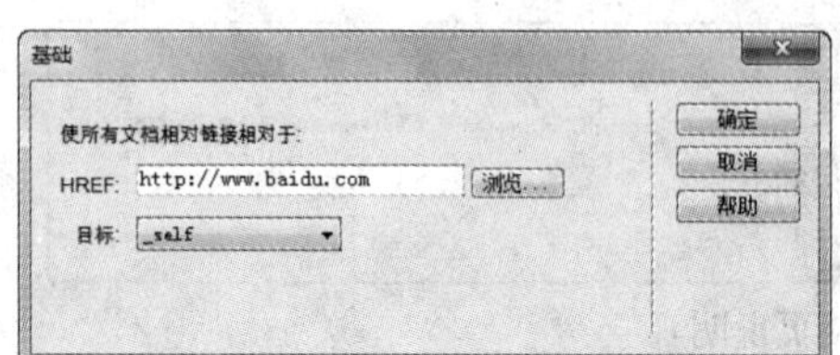

图 13-12　设置网页基础 URL

完成基础 URL 的添加后，当用户在网页中添加了相对链接，例如：

```
Show/literature/user.html
```

与基础 URL 结合后的链接效果将如下。

```
http://www.baidu.com/ Show/literature/user.html
```

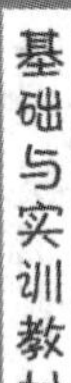

13.2.7　设置网页链接属性

设置网页链接属性主要用于设计当前页面与另一个页面(或文件)之间的对应关系。链接属性通常用于两个方面，一个是对当前页面添加外部的 CSS 样式表，另一个是用来创建“收藏夹图标”。

1. 通过链接属性对当前页面添加外部 CSS 样式

要链接外部的 CSS 样式表，用户可以在 CSS 面板中添加，也可以作为文件头元素来添加。

在【CSS 样式】面板中单击【附加样式表】按钮，然后在打开的【链接外部样式表】对话框中选中一个定义好的扩展名为.css 的外部 CSS 样式表后，单击【确定】按钮，如图 13-13 所示。

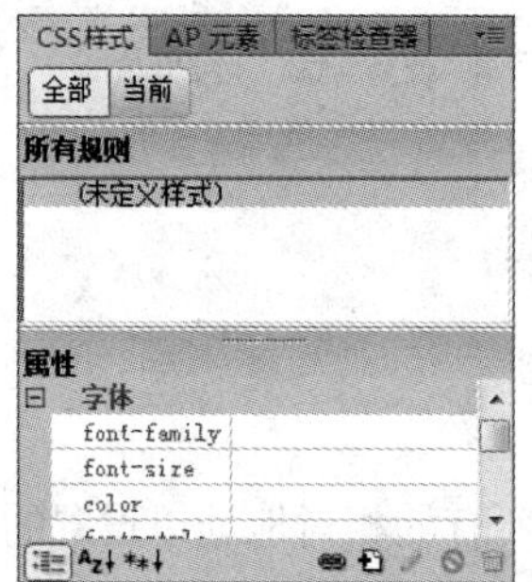

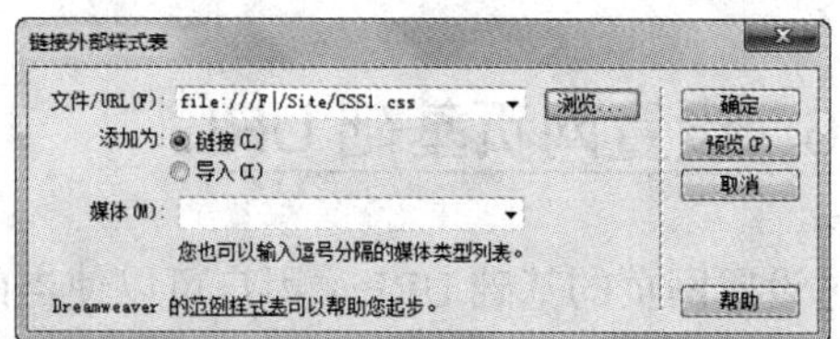

图 13-13　在【CSS 样式】面板中链接外部 CSS 样式

选择【插入】| HTML |【文件头标签】|【链接】命令，打开【链接】对话框，然后在该对话框中单击【浏览】按钮，在打开的【选择文件】对话框中选中一个扩展名为.css 的外部 CSS 样式表，并单击【确定】按钮返回【链接】对话框，在 Rel 文本框中输入 stylesheet(该文本框用于设置描述链接文档与当前页面之间的关系)，如图 13-14 所示。

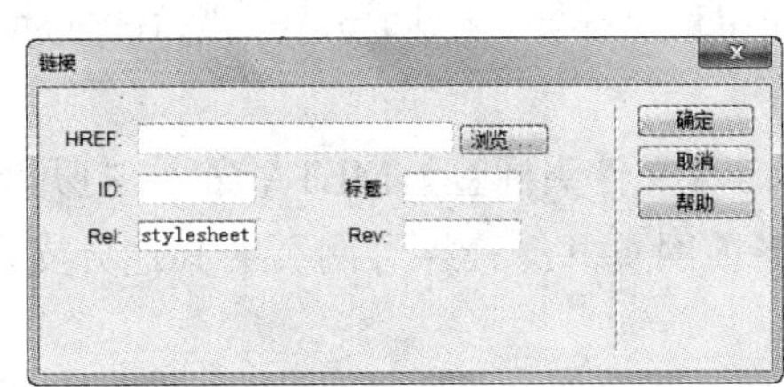

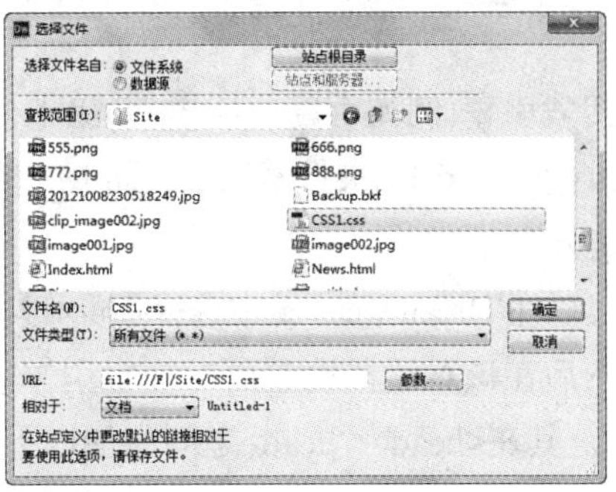

图 13-14　作为文件头添加链接外部 CSS 样式

完成以上设置后，在【链接】对话框中单击【确定】按钮，其在<head></head>之间将添加如下所示的代码。

```
<link href="file:///F|/Site/CSS1.css" rel="stylesheet" type="text/css" />
```

2. 通过链接属性创建“收藏夹图标”

用户在浏览网页时，若使用 IE 浏览器的“收藏夹”功能将某个站点“收藏”，在浏览器的“收藏夹”列表框中将显示相应的网页列表，如图 13-15 所示。在 Dreamweaver 中选择【插入】| HTML |【文件头标签】|【链接】命令，打开【链接】对话框，可以在该对话框中设定“收藏夹”列表框中网页页面的图标。单击【链接】对话框中的【浏览】按钮，在打开的对话框中选中预先创作好的.ico 扩展名的小图标文件，然后单击【确定】按钮返回【链接】对话框，并在 Rel 文本框中输入“shortcut ico”，如图 13-16 所示。最后，在【链接】对话框中单击【确定】按钮后，将在<head></head>之间添加以下代码。

```
<link href="funicon.ico" rel="shortcut ico" />
```

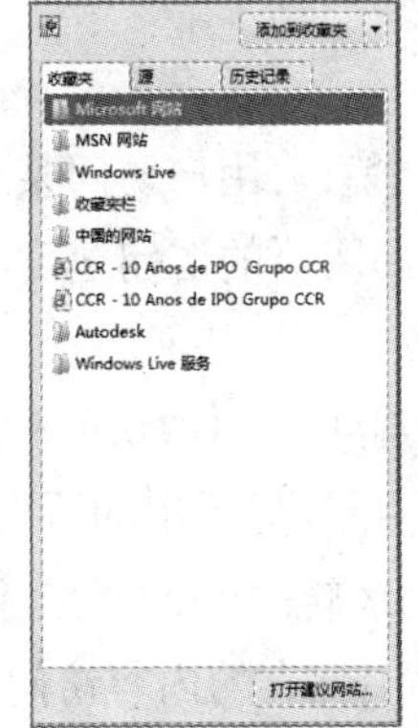

图 13-15　IE 浏览器收藏夹

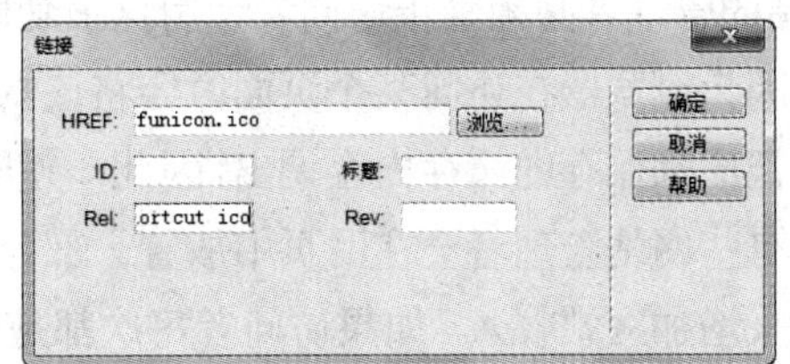

图 13-16　【链接】对话框

完成以上操作后，当前网页和 ico 图像若被上传至远程服务器，网页的访问者收藏网页时将可以在浏览器收藏夹中看到设置的网页 ico 图标。

13.2.8 设置 META 搜索机器人

网络搜索引擎(例如百度、谷歌等)除了被动增加各种网站信息以外，还会“主动”放出 robot/spider(搜索机器人)来搜索网站，而 META 元素的一些特征就用于引导这些 robot/spider 登录网页及其分支。

用户可以在 Dreamweaver 中选择【插入】| HTML |【文件头标签】| META 命令，打开 META 对话框，然后在该对话框设置所有搜索引擎收录当前网页并继续探寻网页的其他分支，如图 13-17 所示，其在<head></head>之间添加以下代码。

```
<meta name="robots" content="index,follow" />
```

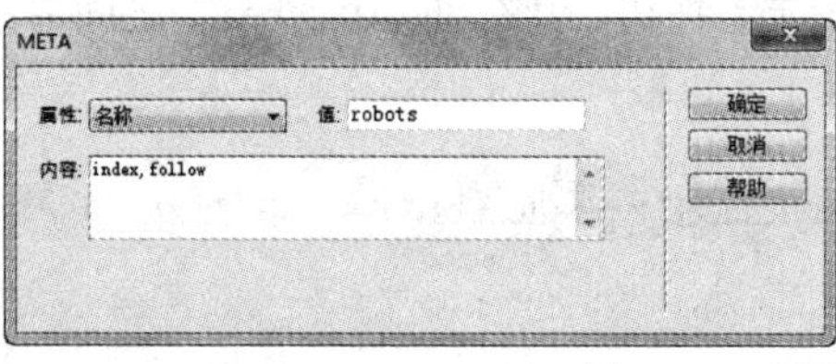

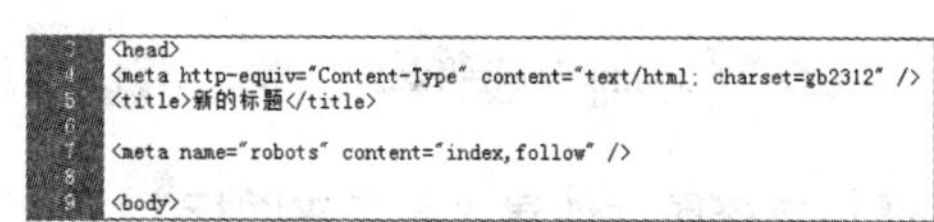

图 13-17　设置 META 搜索机器人

以上代码中 roborts 表示所有搜索引擎，index 为默认值，表示允许 robot/spider 收录该网页，follow 表示搜索机器可以沿着当前网页上的链接继续获取下面的子分支内容。除此之外，该命令还包含其他一些参数，用于引导搜索引擎对网页的收录。

- noindex：不允许 robot/spider 收录。
- nofollow：不允许 robot/spider 沿着当前网页上的链接继续获取下面的分支内容。
- all：和 index、follow 的作用相同。
- none：和 noindex、nofollow 的作用相同。

13.2.9 设置 META 禁用访问者缓存

META 还有一项比较重要的设置，就是禁用访问者的缓存。用户访问某个页面时会将该网页存储在缓存中，下次访问时就可以从缓存中读取，以提高网页的访问速度。但有时为了特殊需要，网站的管理者必须禁止访问者使用这项功能，例如：

- 因为浏览器在访问某个页面时会将该网页存在缓存中，再次访问时，浏览器就会直接把原来保存的缓存内容调出，因此即使网站已经更新，显示出的页面还是早期的页面。
- 有些网站管理者会在网页中放置一部分维持网站运转的广告内容，依靠访问者的刷新来增加网站收入。如果访问者每次都是通过缓存中保存的内容访问网站，广告的计数器将不被刷新。

在 Dreamweaver 中，用户可以选择【插入】| HTML |【文件头标签】| META 命令，打开 META 对话框，然后在该对话框中输入如图 13-18 所示的参数，并单击【确定】按钮，其在<head></head>之间将添加以下代码。

```
<meta http-equiv="pragma" content="no-cache" />
```

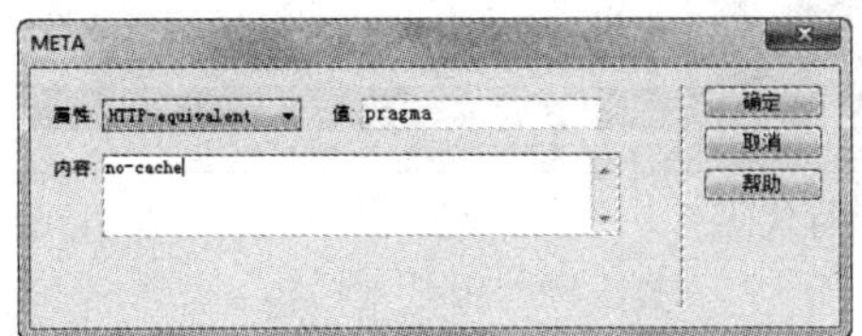

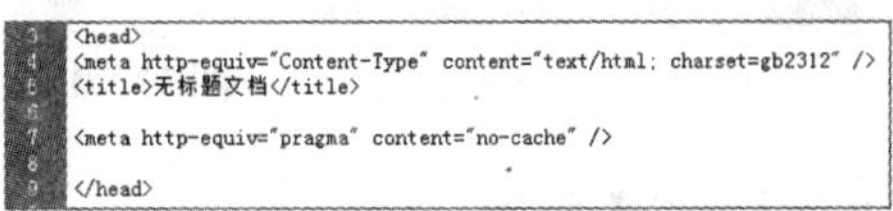

图 13-18　设置 meta 禁用访问者缓存

13.3　查看网页代码

Dreamweaver 所见即所得的网页编辑方式给广大网页设计者带来了无尽的便利，但随着网页开发项目的复杂和专业化，编写代码问题是无法回避的。Dreamweaver 的“代码”视图给专业的网页设计和程序设计者提供了对页面更加灵活的控制权和主动权，可以使用户对网页细节的控制变为现实。

13.3.1　使用代码、拆分与实时代码视图

Dreamweaver 提供了多种查看网页源代码的方法，包括直接在文档窗口查看，以拆分视图查看或者以代码检查器的独立窗口查看等。而代码在 Dreamweaver 中更是能够以结构化的、不同颜色和格式来展现。

1. 显示【代码】视图

在 Dreamweaver 中查看代码视图有以下两种方法：

- 选择【查看】|【代码】命令，显示代码视图。
- 单击工具栏中的【代码】按钮，进入代码视图，如图 13-19 所示。

图 13-19　显示 Dreamweaver【代码】视图

在【代码】视图中，用户可以像使用文本编辑器那样工作。例如可以在当前光标处添加或修改代码，双击可以选中一个单词或数字，将鼠标指针放置在代码的左侧，出现向右上方的箭头时单击可以选中正行等，如图 13-20 所示。

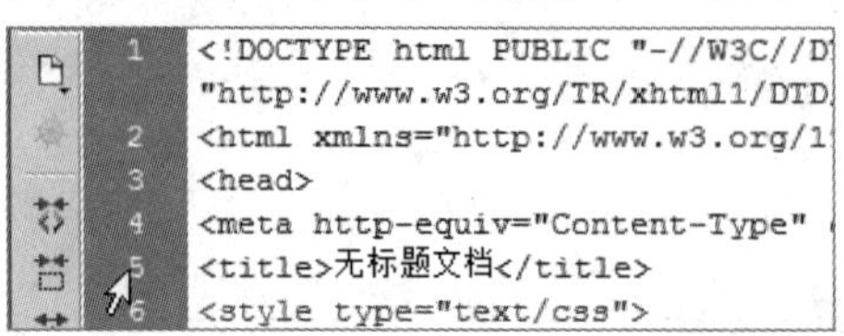

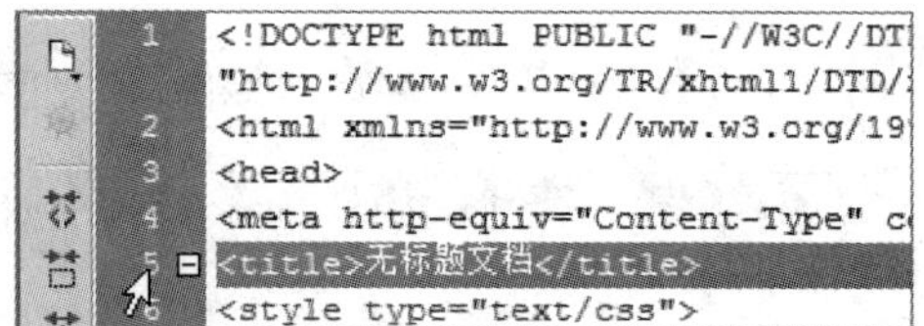

图 13-20　选中整行代码

2. 切换【拆分】视图

在【代码】视图中查看代码与设计视图(【拆分】视图)有以下两种方法：

- 选择【查看】|【代码和设计】命令，进入【拆分】视图。
- 单击工具栏中的【拆分】按钮，进入【拆分】视图，如图 13-21 所示。

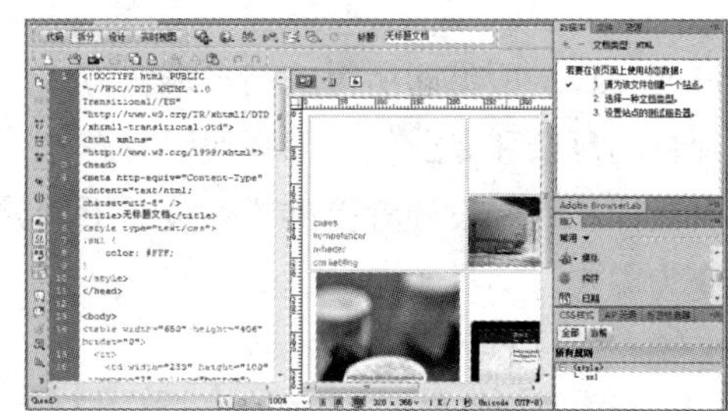

图 13-21　切换至 Dreamweaver【拆分】视图

在 Dreamweaver【拆分】视图中左右拖动代码视图与设计视图之间的分隔条，可以调整两个视图的相对大小。

2. 使用【实时代码】视图

在 Dreamweaver CS6 中使用【实时代码】视图与在浏览器中预览代码的效果类似。在制作网页时，用户可以保持在直接访问代码和不用先保存网页的情况下，在实际的浏览器环境中设计网页。特别是需要通过对比几种不同的 CSS 样式时，【实时代码】视图能够帮助设计者在第一时间查看网页更新后的效果。

启动【实时代码】视图必须在【实时视图】选中的状态下，如图 13-22 所示，此时用户可以使用其他用于查看【实时代码】的选项。

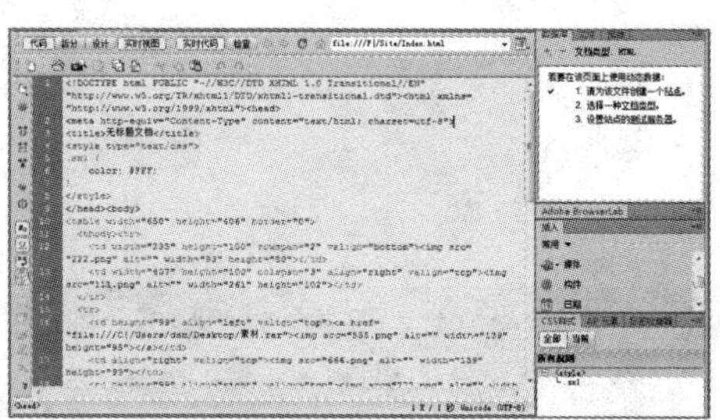

图 13-22　使用 Dreamweaver【实时代码】视图

【实时代码】视图类似于【实时视图】，前者主要是在代码视图中显示实时视图源，后者中以黄色显示代码并且禁止用户编辑。

13.3.2　查看网页文档的相关文件

在 Dreamweaver 中打开一个网页文档后，在文档标题边会显示与该文档相关的所有文件夹名称，如该文档中运用到的外部 CSS 样式表、Spry 数据集源等，它们的排列遵循在主文档内与相关文件链接的顺序。单击任何相关文件就可以在代码视图中查看其源代码并同时在设计视图中查看父页面，如图 13-23 所示。

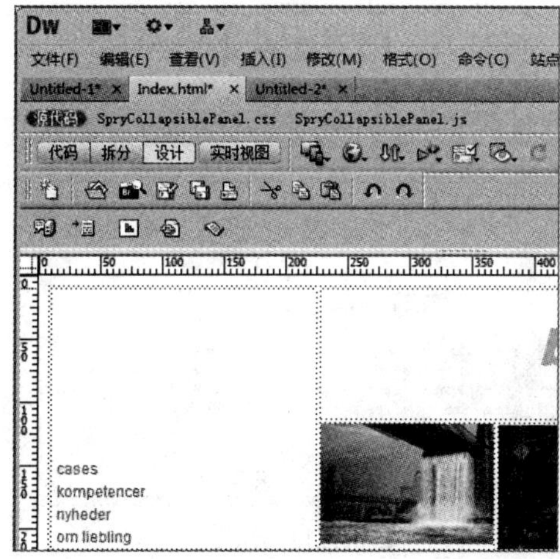

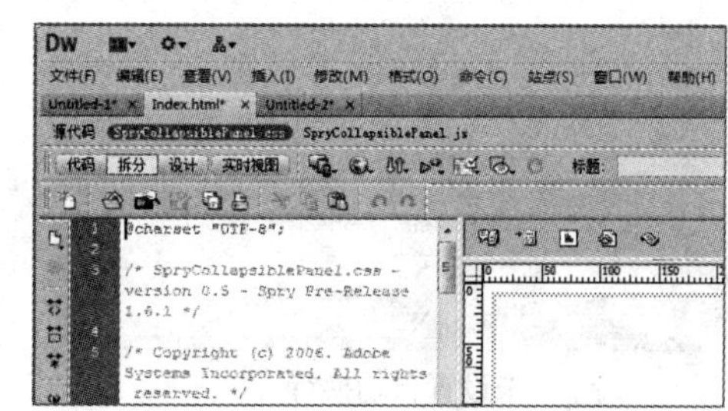

图 13-23　查看网页相关文件

Dreamweaver 的“相关文件”功能可以帮助用户在主文档标题下的“相关文件”工具栏中查看与主文档相关的所有文件的名称，这使网页设计者能够更加方便地查看网页文档中运用到的各类样式。

13.3.4　使用代码检查器

使用 Dreamweaver 代码检查器的方法和在代码视图中的工作方式类似。代码检查器使用一个独立的窗口，更加灵活、方便。该窗口可以移动、伸缩、隐藏，或者和普通的 Dreamweaver 面板整合在一起。显示 Dreamweaver 代码检查器的方法有以下两种：

- 选择【窗口】|【代码检查器】命令，显示代码检查器。
- 在 Dreamweaver 中按下 F10 快捷键显示代码检查器，如图 13-24 所示。

代码检查器和代码视图的上部都有一个【视图选项】按钮，其下拉列表框中的选项用于简化 HTML 和其他类型代码的编写，如图 13-25 所示。

【视图选项】列表框中各选项的功能如下：

- 自动换行：允许代码在代码视图或代码检查器的当前范围内，到达窗口右边缘时自动换行。需要注意的是，这样的换行并非回车键换行，当窗口改变大小时自动换行位置也会发生变化。该功能可以减少用户左右滚动屏幕的麻烦，如图 13-26 所示为自动换行效果。

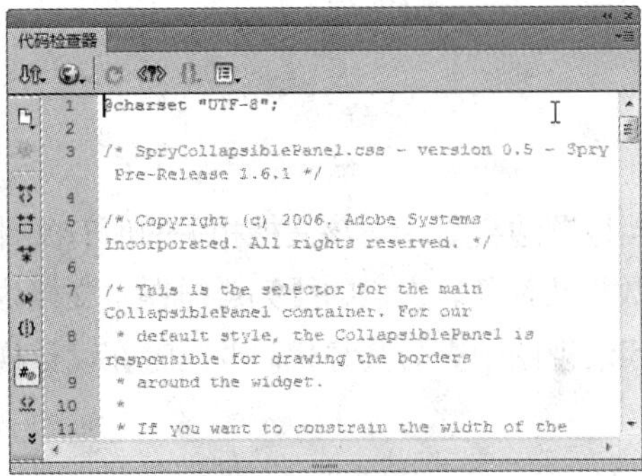

图 13-24　代码检查器

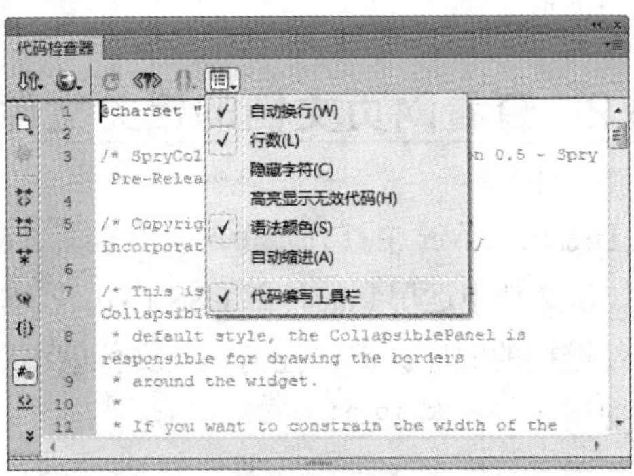

图 13-25　【视图选项】下拉列表框

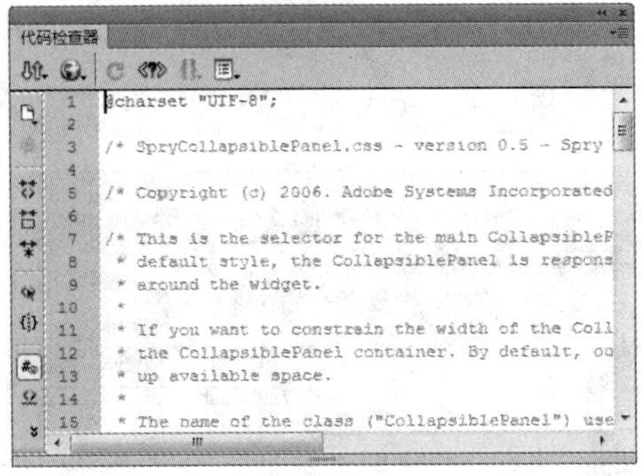

未设置自动换行

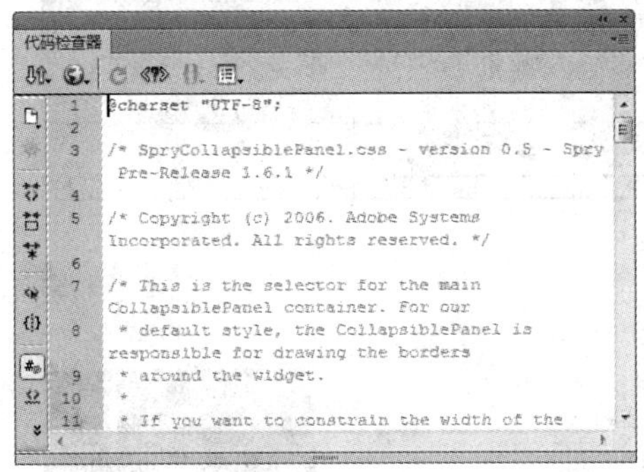

已设置自动换行

图 13-26　设置自动换行

◉ 行数：用于显示每行代码的行号，以便用户在编写代码时更快速地查找、调用代码，也方便记录代码出错的位置，如图 13-27 所示。

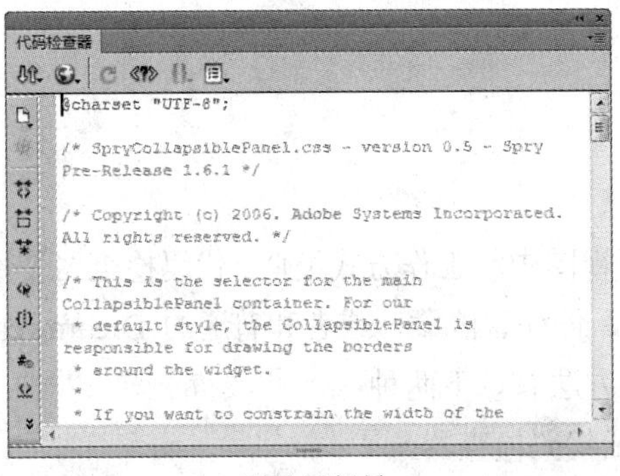

不显示行号

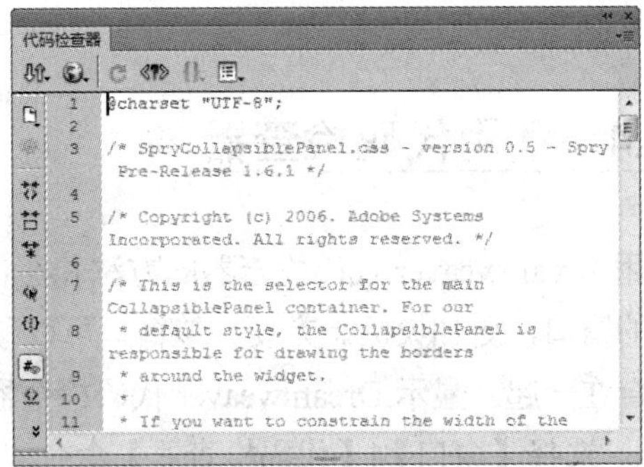

显示行号

图 13-27　设置显示行号

◉ 隐藏字符：用于显示替代程序空白处的特殊字符。一般情况下，Dreamweaver 使用点来取代空格，用段落标记取代换行符。隐藏和显示不可见字符有时能够让用户更加容易看清代码的结构和格式，对编写代码能够起到一定的辅助作用，如图 13-28 所示。

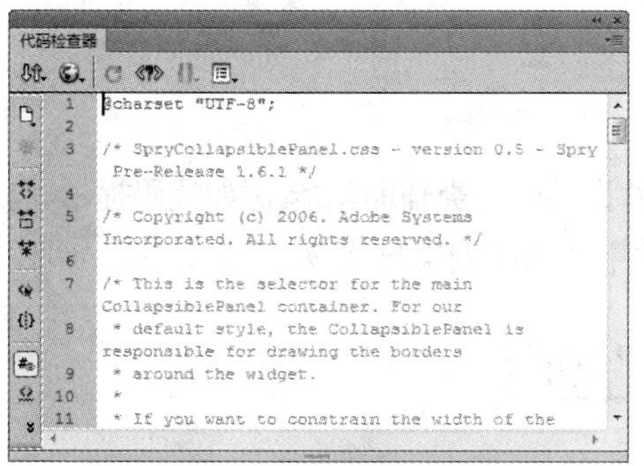

不隐藏字符

```
@charset·"UTF-8";¶
¶
/*·SpryCollapsiblePanel.css·-·version·0.5·-·Spry·Pre-Release·1.6.1·*/¶
¶
/*·Copyright·(c)·2006.·Adobe·Systems·Incorporated.·All·rights·reserved.·*/¶
¶
/*·This·is·the·selector·for·the·main·CollapsiblePanel·container.·For·our¶
·*·default·style,·the·CollapsiblePanel·is·responsible·for·drawing·the·borders¶
·*·around·the·widget.¶
·*¶
·*·If·you·want·to·constrain·the·width·of·the·
```

隐藏字符

图 13-28　设置隐藏字符

- 高亮显示无效代码：在代码检查器或代码视图中，Dreamweaver 会以浅黄色高亮显示所有无效的代码。当用户选择一个无线的黄色标签时，属性检查器将显示更正该错误的信息或相应的提示。
- 语法颜色：用于启用或禁用代码的颜色，使用不同颜色来显示可以使代码更容易被阅读。在默认设置下，Dreamweaver 会以不同的颜色来显示普通文本、标签、关键字、字符串等。禁用语法颜色选项后，所有代码将显示为黑色。
- 自动缩进：用于提高代码的可读性。当用户开启了“自动缩进”功能后，编写代码过程中在一行结尾处按 Enter 键时，可使新行光标处处于自动缩进状态，新一行代码的缩进级别与上一行的相同，如图 13-29 所示。

```
    left: 0px;
    top: 1px;
    background-color: #2A2B2B;
}
#apDiv2 {
    position:absolute;
    width:539px;
```

```
    top: 1px;
    background-color: #2A2B2B;
    
}
#apDiv2 {
    position:absolute;
    width:539px;
```

图 13-29　自动缩进代码

- 代码编写工具栏：位于代码检查器窗口的左侧，如图 13-30 所示。该工具栏可以实现很多效果，例如为代码添加注释、折叠代码等。

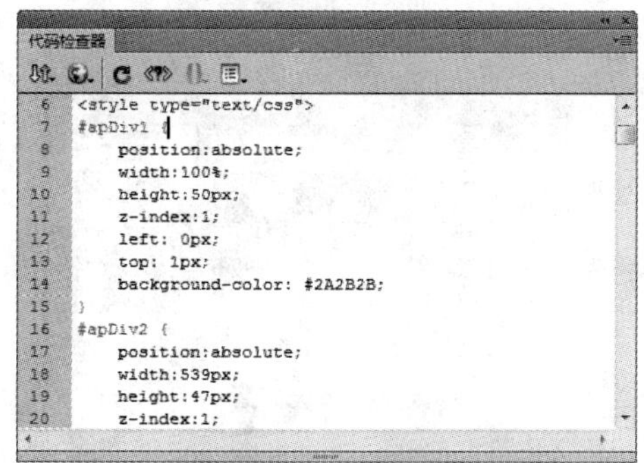

隐藏代码工具栏

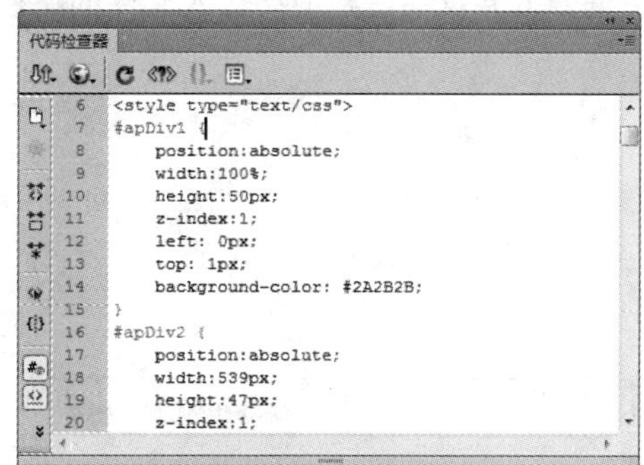

显示代码工具栏

图 13-30　使用代码工具栏

13.4 编写网页代码

在 Dreamweaver 中，网页设计者可以使用软件提供的各类辅助功能(例如代码提示、自动完成、显示代码浏览器、折叠代码等)，完成对页面中代码的编辑与修改。

13.4.1 “代码提示”与“自动完成”功能

编写网页代码时因为需要记忆的信息量过大，有时很难保证准确无误。而 Dreamweaver 的代码提示功能可以帮助手工书写代码的程序员避免拼写错误，并提高代码的编写效率。

当在 Dreamweaver【代码】视图中输入一个标签(一部分或首字母)时，代码环境当前光标将会出现一个列表框，其中包括标签、标签书写甚至某个书写的值，如图 13-31 所示。用户只需要在显示的列表中选中一个选项即可(可以单独依靠键盘或鼠标指针来完成输入代码的操作)。

在提示的代码列表中选中某个代码选项后，按下空格键，将出现相应的属性列表框，提示用户进一步对代码的属性参数进行设置，如图 13-32 所示。

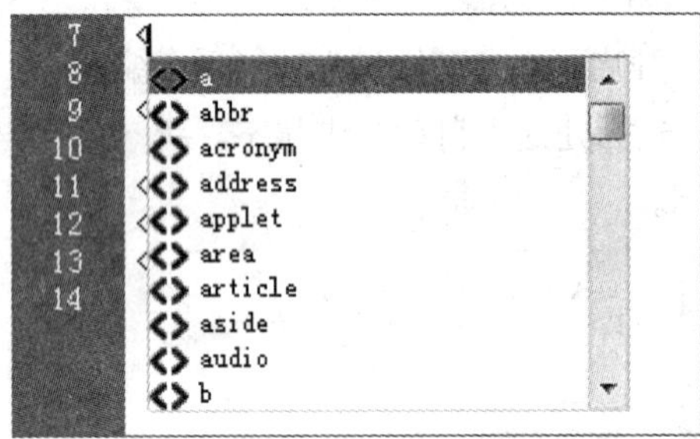

图 13-31 Dreamweaver“代码提示”功能

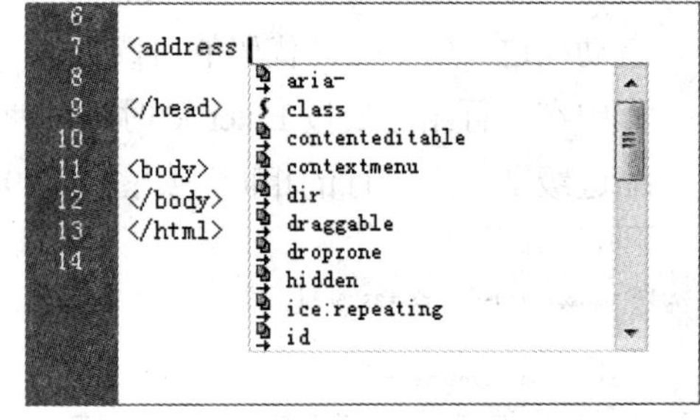

图 13-32 设置属性

若某个属性需要一个文件名，比如链接一个网页或图片，代码提示会自动显示【浏览】按钮，单击该按钮，将打开【选择文件】对话框，如图 13-33 所示。通过这种方式可以定位一个文件或数据源，并且不需要手动输入文件的路径。

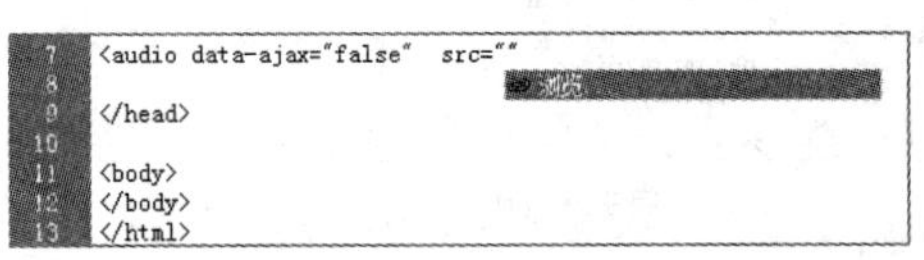

显示【浏览】按钮

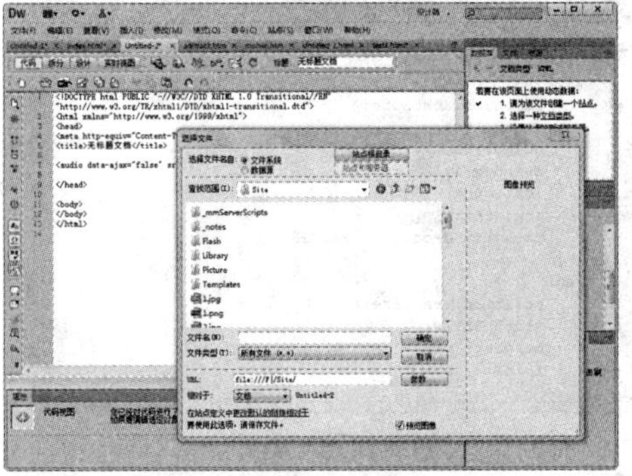

打开【选择文件】对话框

图 13-33 自动提示选择文件

同样，用户可以在编码环境中为各种对象添加 CSS 样式，前提是已经定义了一个或多个 CSS 类。当编码过程中选中 class 属性后，将会显示当前页面可用 CSS 样式的完整列表，如图 13-34 所示。

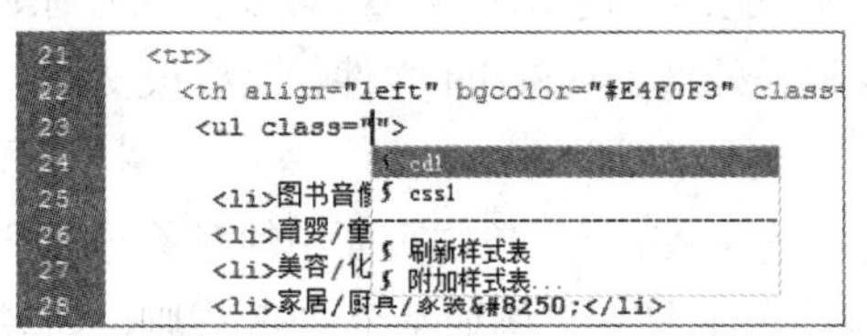

显示可用 CSS 样式列表

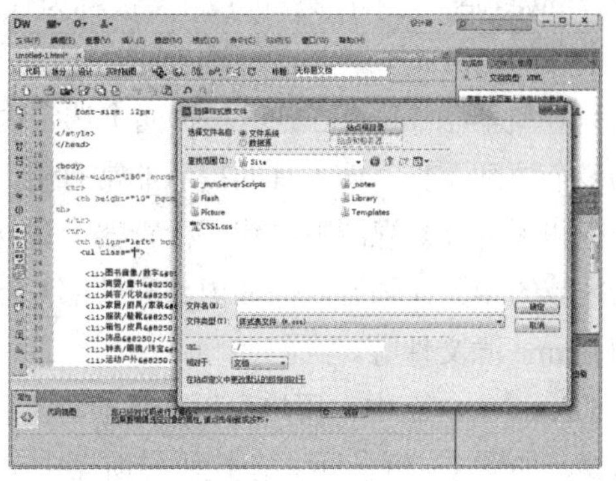

附加样式表

图 13-34　设置 CSS 样式

另外，还有一些标签的属性需要字体的值，例如<font>标签的 face 值，如图 13-35 所示，当用户选择该属性后，将会出现一个字体列表框，列出当前可用字体，如图 13-36 所示。如果当前的中文字体不够用，可以通过【编辑字体列表】选项进行添加。

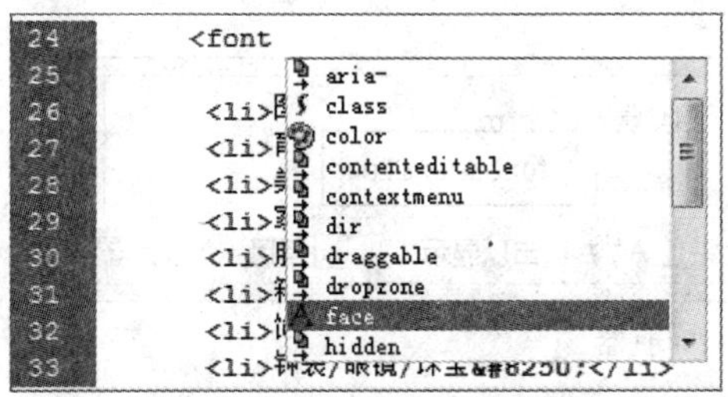

图 13-35　设置字体的值

图 13-36　选择可用字体

若需要设置颜色，选择 color 属性后自动弹出颜色拾取器供用户设置，颜色会自动转换为十六进制值，如图 13-37 所示。

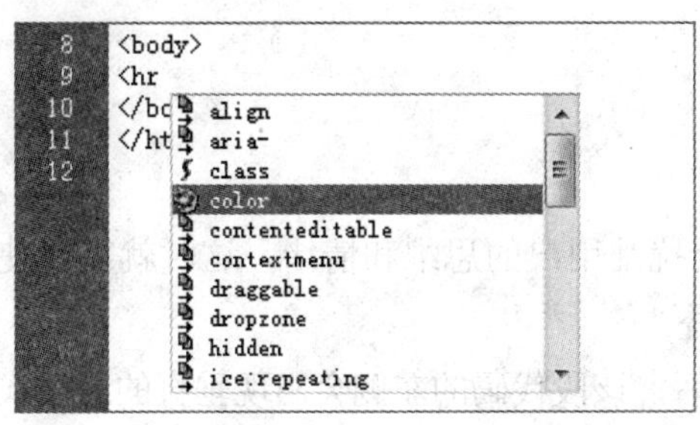

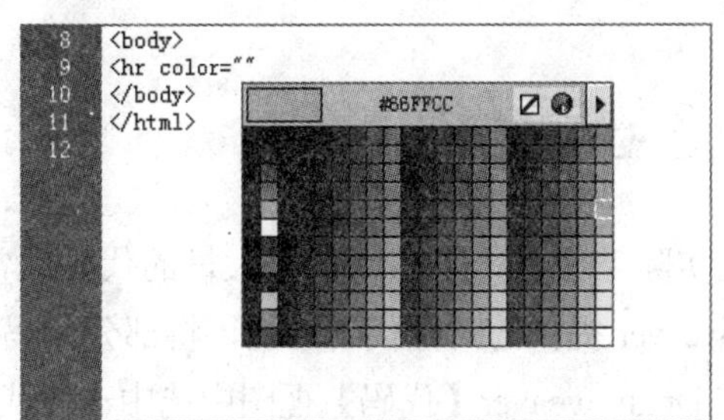

图 13-37　设置颜色

Dreamweaver 的代码提示功能除了可以帮助用户编写代码，还可以用于网页制作后期的代码修改，如果需要为某一个标签添加属性，用户只需要在该标签之间按下空格键，即可重新列出属性的列表。修改属性的值也很方便，只需要将原值和周围的引号删除，然后重新输入引号即可出现相应的值列表。

13.4.2 显示网页代码浏览器

Dreamweaver 显示代码浏览器(又被称为代码导航器)可以为网页设计者显示影响当前所选内容的全部代码源。

代码导航器(浏览器)可显示与页面上选定内容相关的代码源列表框。对想要区分共享同一名称的多个规则而言，该工具的提示非常有用。用户可以从 Dreamweaver【设计】视图、【代码】视图和【拆分】视图下在代码检查器中访问代码导航器。使用代码导航器可以导航到影响所单击区域的相关代码源，例如内部和外部 CSS 规则、外部 JavaScript 文件、父模板文件、库文件和 iframe 源文件等。

在 Dreamweaver 中，用户可以在【设计】视图中按住 Alt 键后单击页面中的对象，打开代码导航器，如图 13-38 所示。在代码导航器中单击某个样式链接，例如某个 CSS 规则，如果该规则在文件内部，则 Dreamweaver 将直接在拆分视图中显示所选规则。

图 13-38　打开代码导航器

如果用户在代码导航器中单击的规则位于外部文件中，则 CSS 将会打开该文件，并在主文档上方的相关文件区域中显示该文件。在该文件名上右击鼠标，在弹出的菜单中可以选择将其作为单独的文件打开。

13.4.3 折叠代码

在实际工作中，复杂网页内大量的代码经常会扰乱用户的思维和情绪，这时就需要使用 Dreamweaver 提供的折叠代码功能，将部分代码折叠。

在 Dreamweaver【代码】视图中选中一段代码后，该段代码的左侧会出现垂直的连线式手柄“-”，如图 13-39 所示，单击该手柄即可将选中的代码收缩在一起，手柄将变为“+”状态，也就是折叠后的状态，如图 13-40 所示。

设置折叠代码后，将鼠标指针放置在折叠的代码处，会出现一个黄色的提示框，其中显示了折叠代码前 10 行的预览，如图 13-41 所示。另外，在选中一段代码后按住 Alt 键并单击“-”手柄可以反向折叠所有未被选中的代码，如图 13-42 所示。

图 13-39　选中代码

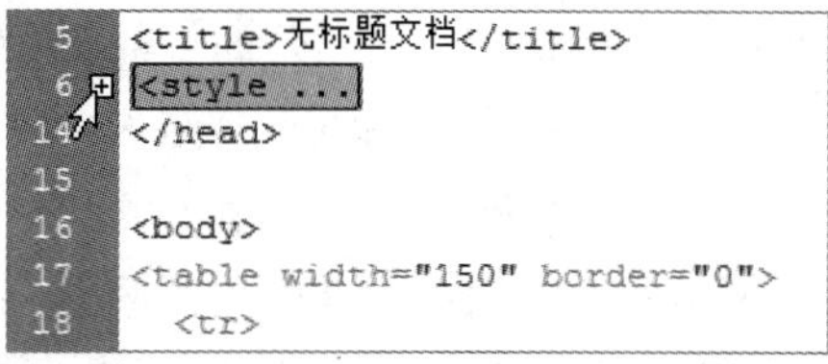

图 13-40　折叠代码

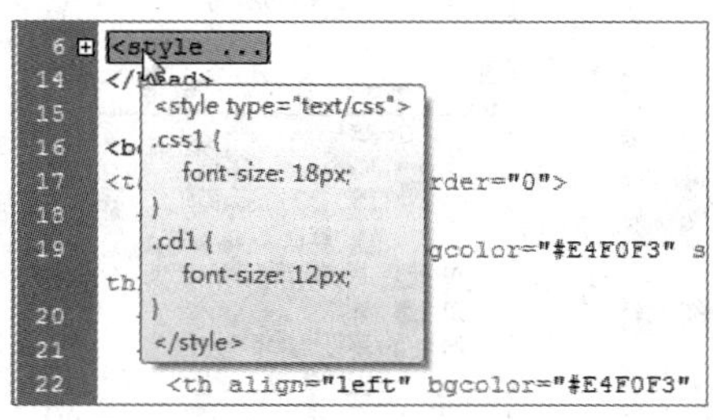

图 13-41　显示代码预览

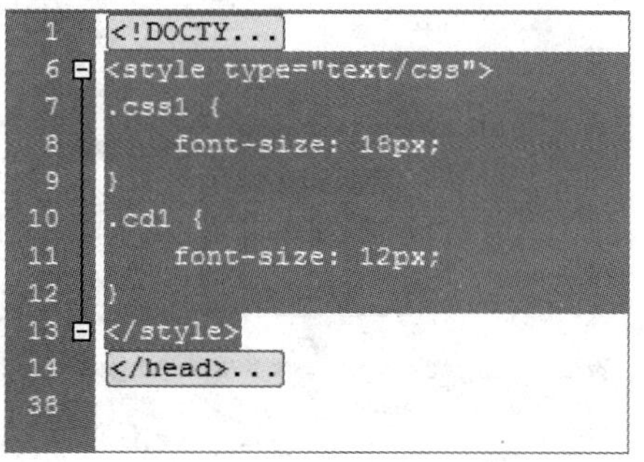

图 13-42　反向折叠代码

13.4.4　插入 HTML 注释

注释作为代码的文字提示，并不起到执行某种操作的作用，并且在最终的设计页面中也不会出现。但是，在代码中适当地插入注释可以方便用户理解代码。

不同的脚本语言所使用的注释形式并不相同。在 Dreamweaver 的【代码编写工具栏】中可以插入多种类型的注释，例如应用 HTML 注释、应用/*/注释、应用//注释、应用'注释和应用服务器注释等，如图 13-43 所示。

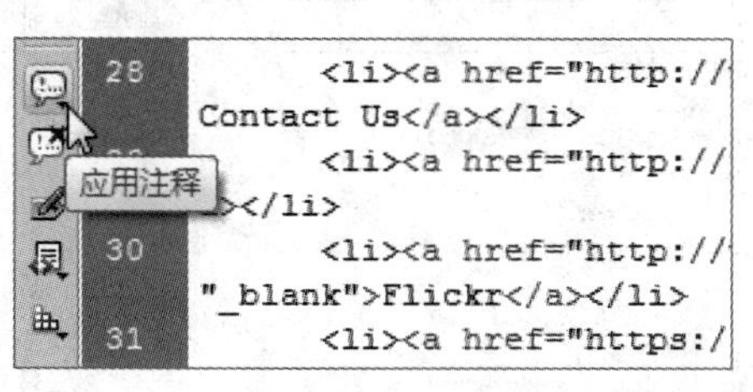

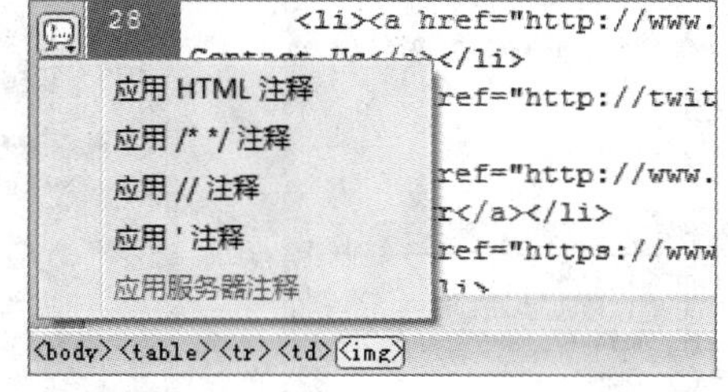

图 13-43　应用注释

Dreamweaver 中可应用的各类注释的说明如下。

- 应用 HTML 注释：<!--在所选 HTML 代码两侧添加注释-->。
- 应用/*/注释：在所选 CSS 或 JavaScript 代码两侧添加的多行风格的注释*/。
- 应用//注释：在所选 CSS 或 JavaScript 代码行首添加的单行风格的注释//。
- 应用'注释：在 Visual Basic 行首插入单行风格的注释。

13.4.5 插入代码片断

Dreamweaver 提供的【代码片断】面板实际上是一个大型的代码库，其中收集了很多常用的代码段，以方便用户在使用时直接拖入页面，该面板有详细的分类，包括导航、内容表、页眉等。要显示【代码片断】面板，用户可以在 Dreamweaver 中选择【窗口】|【代码片断】，命令，或按下 Shift+F9 组合键，【代码片断】面板如图 13-44 所示。

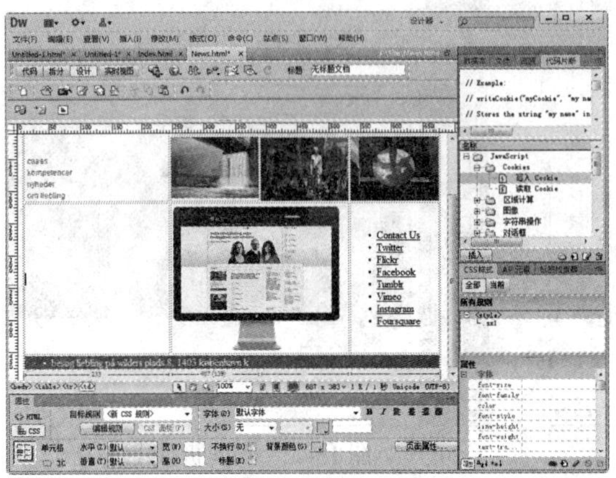

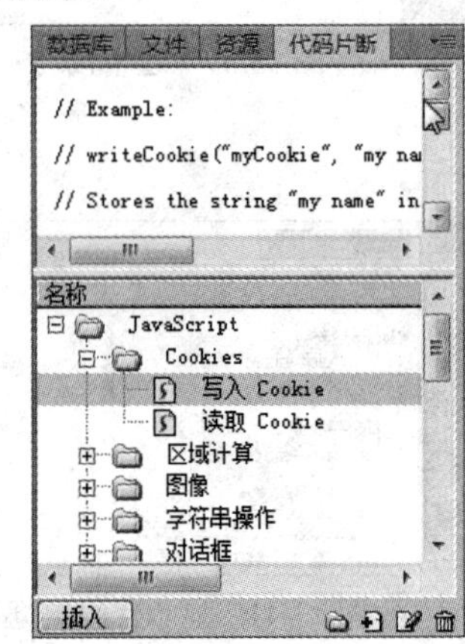

图 13-44　显示【代码片断】面板

在【代码片断】面板中选中一条代码片断后，将在面板顶部显示该代码的效果预览，如图 13-45 所示。用户可以直接将【代码片断】面板中的代码拖动至网页文档中。

另外，用户还可以将自己常用的代码片断添加至【代码片断】面板，在代码视图中选中一段代码后，在【代码片断】面板的右下角单击【新建代码片断】按钮，即可打开【代码片断】对话框，在该对话框中将保存被选中的代码，用户在对话框的【名称】和【描述】文本框中输入代码片断的名称和描述信息后，单击【确定】按钮即可，如图 13-46 所示。

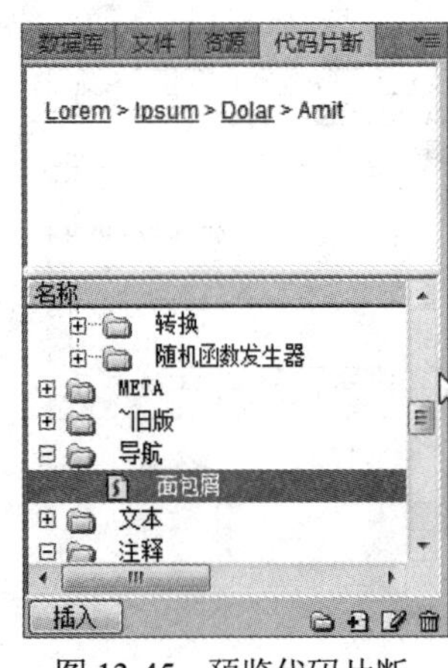

图 13-45　预览代码片断

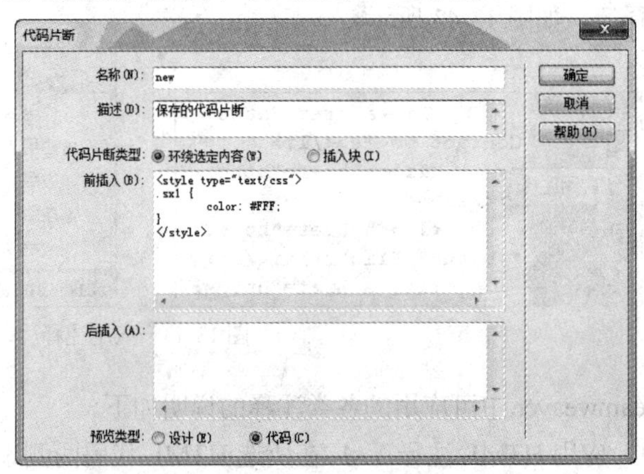

图 13-46　【代码片断】对话框

将网页文档中的代码保存至【代码片断】面板后，用户可以在【代码片断】面板的最底层找到添加的内容。

13.4.6　使用标签检查器

在 Dreamweaver 中使用【属性】面板可以设置网页对象的参数，可以大大方便设计者开发网页。但【属性】面板空间有限，它只能提供一些常用的属性设置。一些较深入复杂的属性或权威机构不推荐的属性均不会在【属性】面板中显示，例如水平线的颜色、表格的明暗边框、框架和规格属性等。而标签检查器则是一个更全面的工具，其中包含了标签所能出现的属性。

用户在 Dreamweaver 中选择【窗口】|【标签检查器】命令即可显示【标签检查器】面板，该面板有两种视图形式，其中一种为“显示类别视图”，将属性分类展示，包括的类别有常规、浏览器特定的、CSS/辅助功能、语言、GlobalAttributes 和 Spry 等，如图 13-47 所示；另一种是显示列表视图，将所有的属性按从 A~Z 的字母顺序列出，如图 13-48 所示。

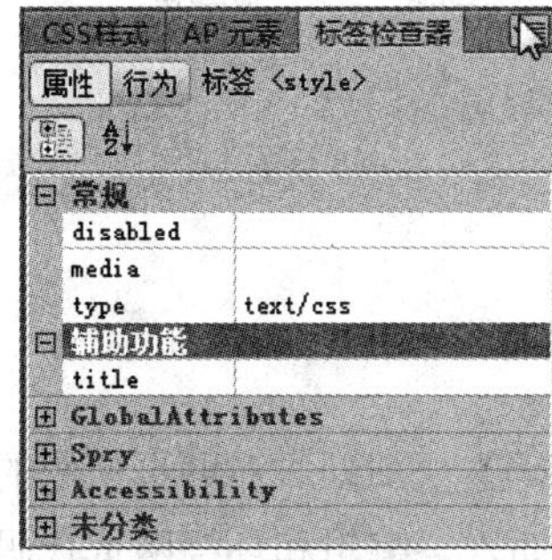

图 13-47　显示类别视图

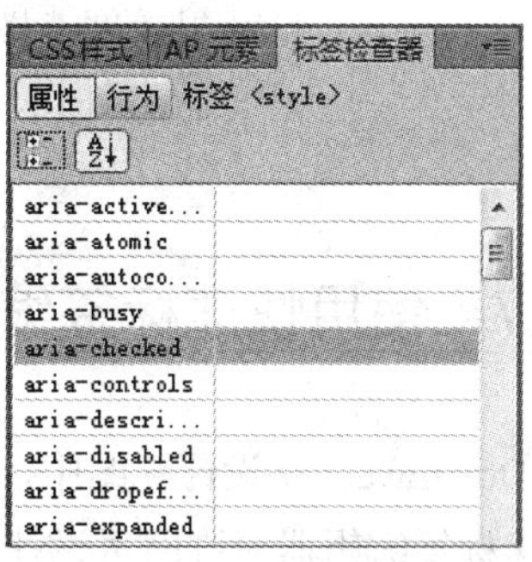

图 13-48　显示列表视图

【属性检查器】面板中的两种视图形式都分为左右两列，左边为属性，右边为该属性的值。有些值可以直接在列表框中选中，而有些则需要直接输入。

【例 13-1】在 Dreamweaver 中使用【属性检查器】面板设置网页中的表格。

(1) 在 Dreamweaver【设计】视图中选中一个表格后，选择【窗口】|【属性检查器】命令，打开【属性检查器】面板，如图 13-49 所示。

(2) 在【属性检查器】面板中单击【显示类别视图】按钮后，单击类别视图中的【常规】选项，显示表格所有可能出现的常规属性，如图 13-50 所示。

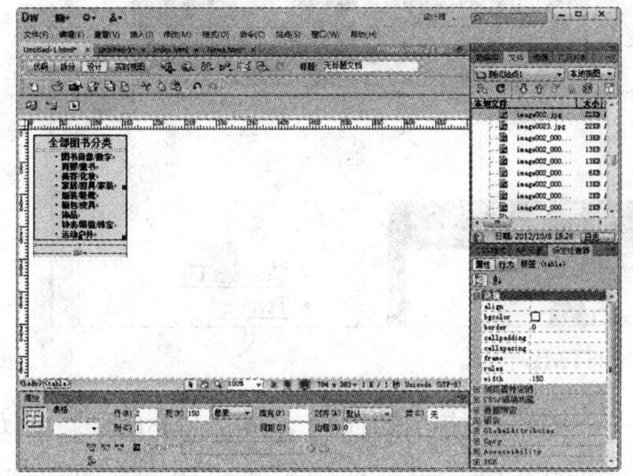

图 13-49　选中页面中的表格

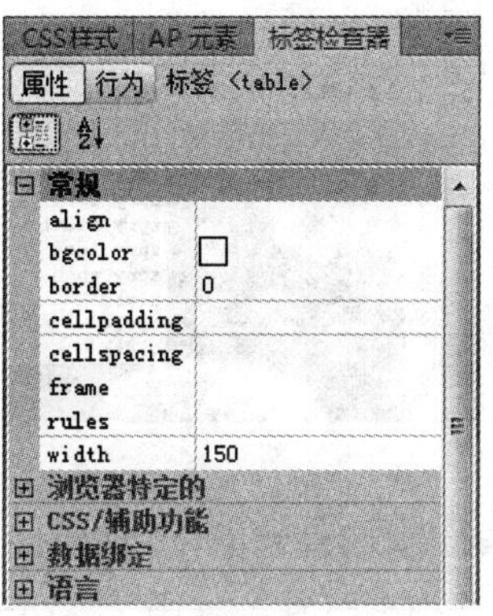

图 13-50　显示表格常规属性

(3) 将 frame 框架(用于控制表格最外围的 4 条边框的属性)属性的值设置为 visides，也就是只显示垂直方向的两条边框，然后单击界面左上方的【实时视图】按钮，将发现表格的效果如图 13-51 所示。

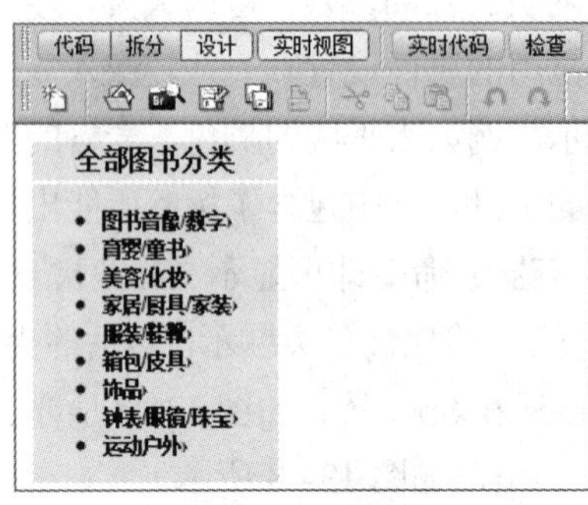

设置边框前的表格效果

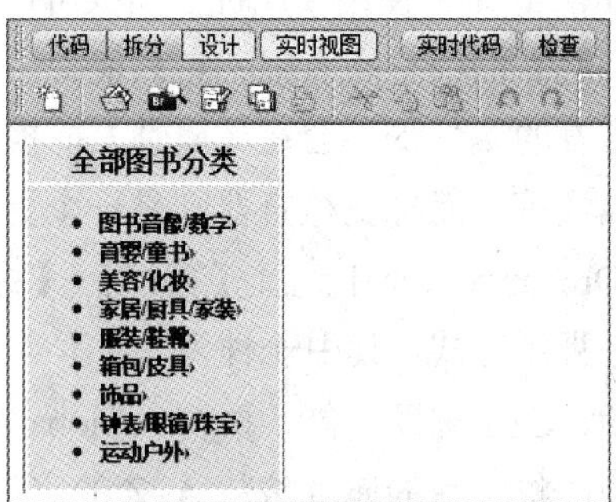

设置边框后的表格效果

图 13-51　使用标签检查器设置表格属性

13.4.7　使用快速标签编辑器

在 Dreamweaver 设计视图中，用户无须切换至【代码】视图即可对网页代码的细节进行修改。快速标签编辑器允许网页设计者在【设计】视图中插入、编辑和环绕网页代码。

用户可以在 Dreamweaver 中按下 Ctrl+T 组合键(或选择【修改】|【快速标签编辑器】命令)进入快速标签编辑器状态。快速标签编辑器包括插入 HTML 模式、环绕标签模式和编辑标签模式 3 种模式，并且这 3 种模式的快捷键完全相同，其区别在于用户所选择的对象。

- 插入 HTML 模式：插入 HTML 模式用于在当前光标位置插入新的标签或代码，用户只需要在当前位置插入光标而无须选择任何代码。按下 Ctrl+T 组合键后，会显示一个尖括号。和在代码视图中输入代码一样，这里会显示相关的代码提示，也就是标签和属性列表框供选择，如图 13-52 所示。

图 13-52　插入 HTML 模式

- 环绕标签模式：环绕标签模式用于将一个标签环绕在其他内容或标签的周围。例如图 13-53 所示选中了一段文字并按下 Ctrl+T 组合键，显示环绕标签模式，若要将标题 1 格式标签环绕在该段文字周围，直接输入<h1></h1>即可。

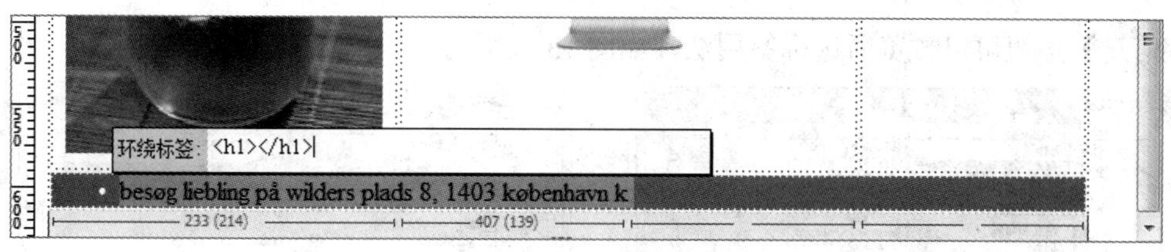

图 13-53 环绕标签模式

- 编辑标签模式：编辑标签是对现有已完成的或需要添加新参数的标签进行编辑，同样是在设计视图中，选择一个对象或在标签编辑器(位于文档窗口最下方)中选中一个标签，按下 Ctrl+T 组合键即可查看到该标签的全部代码，如图 13-54 所示。

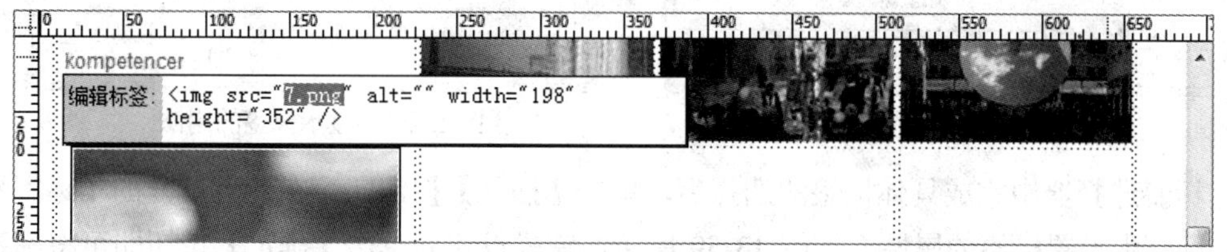

图 13-54 编辑标签模式

13.4.8 使用标签选择器

Dreamweaver 标签选择器将常用语言的标签全部收集起来供用户调用，网页设计者可以不用键盘就能完成众多代码的输入。进入标签选择器的常用方法有以下两种：

- 在【插入】面板中选中【常用】分类，然后单击该分类中的【标签选择器】按钮，如图 13-55 所示。
- 在【代码】视图中右击鼠标，在弹出的菜单中选择【插入标签】命令，打开标签选择器，如图 13-56 所示。

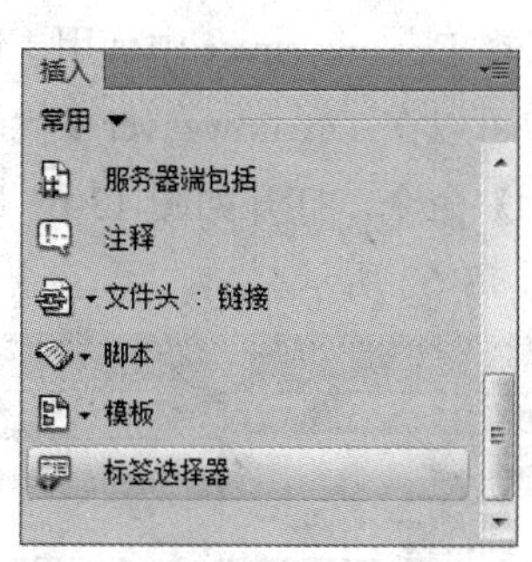

图 13-55 【插入】面板

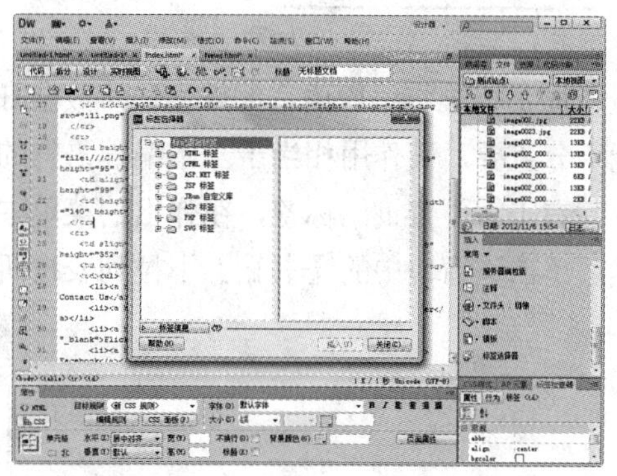

图 13-56 在代码视图打开标签选择器

打开标签选择器后，用户可以看到标签被分为多种，包括 HTML、JSP、PHP、ASP.NET 等，而每种分类的下级又有更多的细分，例如 HTML 标签被分为页面合成类、列表、表单等，如图 13-57 所示。在标签选择器中选择具体的细分分类后，选中对话框右侧的具体标签，单击

【标签信息】按钮可以预览所选标签用法，如图 13-58 所示。

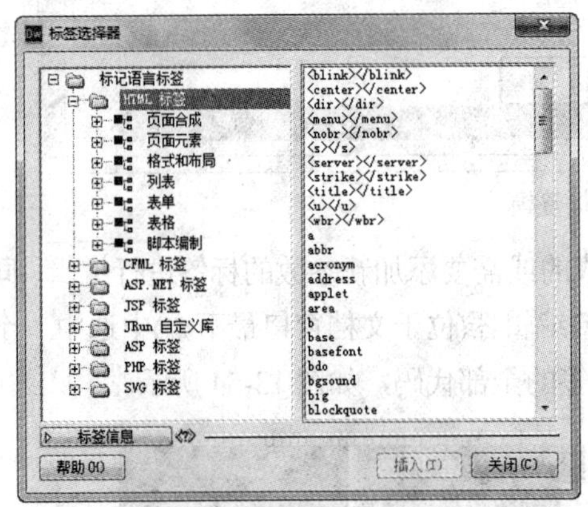
图 13-57　标签选择器

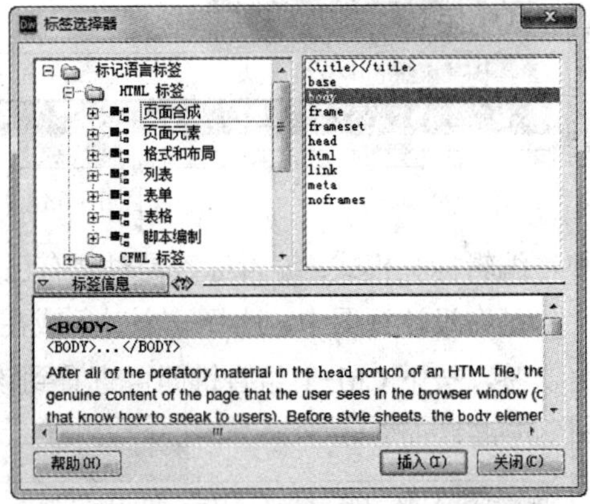
图 13-58　显示标签的用法

在标签选择器中完成具体标签的选择后，单击【插入】按钮即可在随后打开的【标签编辑器】对话框中设置标签的属性，如图 13-59 所示，完成设置后单击【确定】按钮即可将标签代码插入文档，如图 13-60 所示。

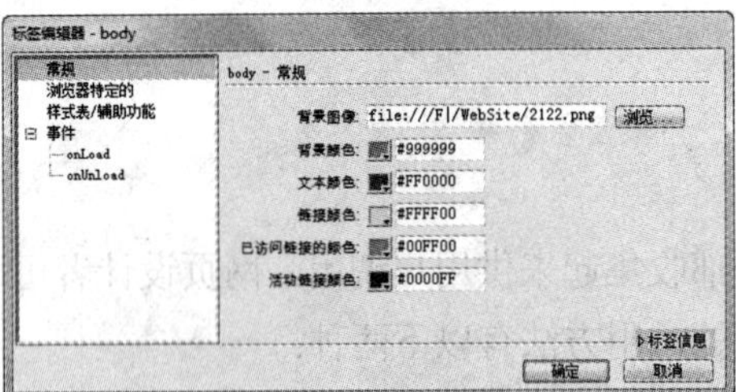
图 13-59　【标签编辑器】对话框

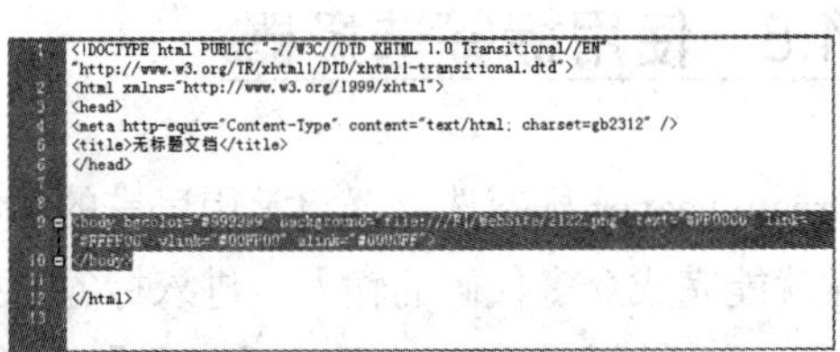
图 13-60　插入代码

13.4.9　使用语言参考

网页程序员很难将编程语言的属性、参数全部记牢，所以在 Dreamweaver 中使用“语言参考”功能十分重要，其作用相当于一本编程语言的字典。用户可以在 Dreamweaver【代码】视图中选中并右击需要查询的标签，在弹出的菜单中选择【参考】命令，打开如图 13-61 所示的窗口，然后单击该窗口中的【书籍】下拉列表按钮即可，如图 13-62 所示。

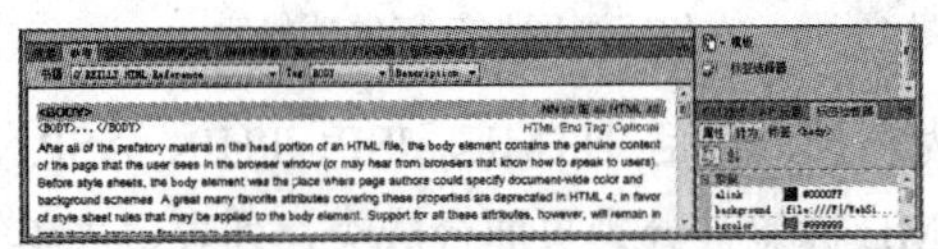
图 13-61　显示【参考】面板

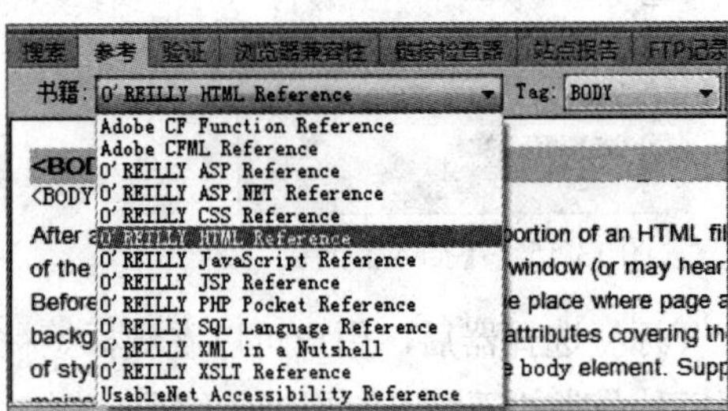
图 13-62　查询书籍

13.5　自定义编码环境

在 Dreamweaver 中，用户可以通过设置网页代码格式、调整代码颜色和显示、使用外部编辑器等方法自定义符合网页制作需求的代码编辑环境。

13.5.1　设置代码格式

在 Dreamweaver 中，用户可以通过选择【编辑】|【首选参数】命令，打开【首选参数】对话框，在该对话框的【分类】列表框中选中【代码格式】选项来设定网页代码的格式。例如缩进、行长度和属性大小写等，如图 13-63 所示。

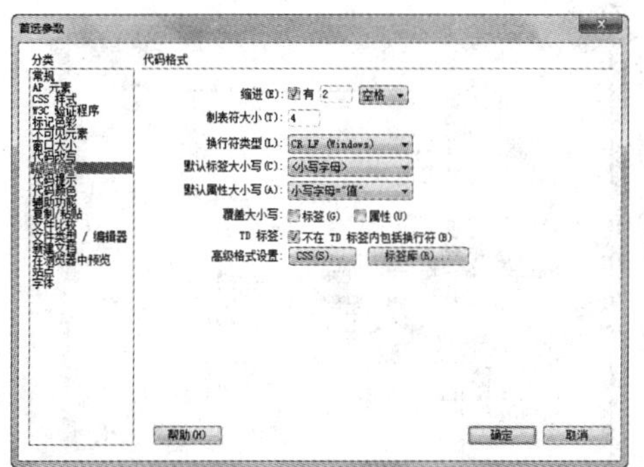

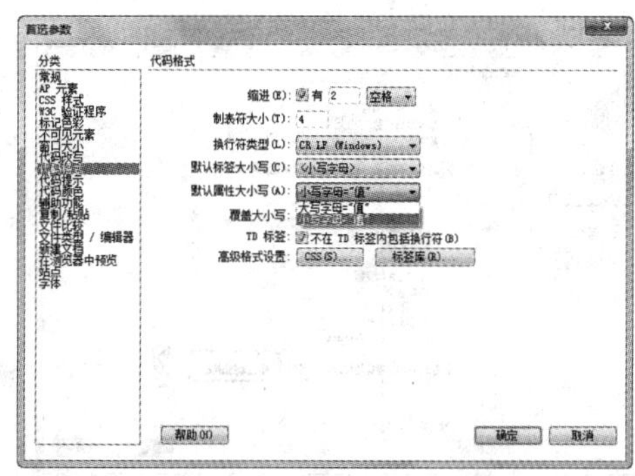

图 13-63　【首选参数】对话框

【代码格式】选项区域中比较重要的选项功能如下。

- 【缩进】选项：用于设置由系统生成的代码是否自动缩进或缩进几个空格(或制表符)。
- 【制表符大小】文本框：用于设置每个制表符(TAB)字符在代码视图中显示为多少个空白字符宽度。
- 【换行符类型】：用于设置在一行达到指定列宽度(例如几列之后)时插入一个换行符。
- 【默认标签大小写】和【默认属性大小写】选项：用于控制标签和属性名称的大小写。

13.5.2　设置代码颜色与提示

Dreamweaver 的编码环境有一套默认的代码颜色，不同的字符、属性和参数使用不同的颜色，有利于区分代码。要重新设置代码颜色，用户可以选择【编辑】|【首选参数】命令，在弹出对话框左侧的【分类】列表框中选择【代码颜色】选项，然后选中需要修改的文档类型，并单击【编辑颜色方案】按钮，在该对话框的下部可以看到设置后颜色的预览，如图 13-64 所示。

代码提示是编写代码过程中不可缺少的辅助功能，一般会出现在代码视图、代码检查器或快速标签编辑器中。用户可以在 Dreamweaver 中选择【编辑】|【首选参数】命令，打开【首选参数】对话框，然后在该对话框的【分类】列表框中选中【代码提示】选项，设定“代码提示”功能的具体参数，如图 13-65 所示。单击【代码提示】选项区域中的【标签库编辑器】选项，

可以打开如图 13-66 所示的【标签库编辑器】对话框，设置添加与删除标签和属性。

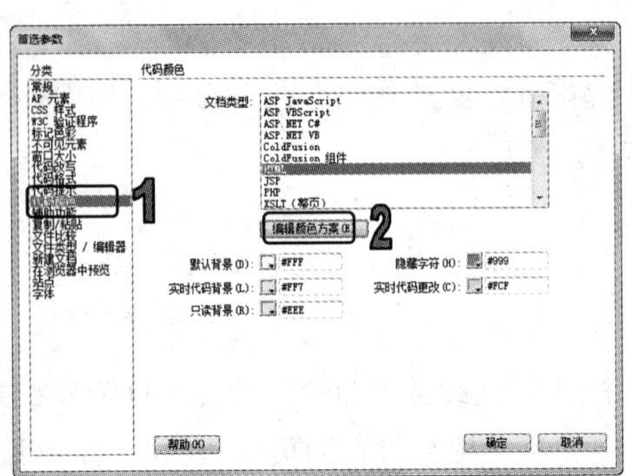

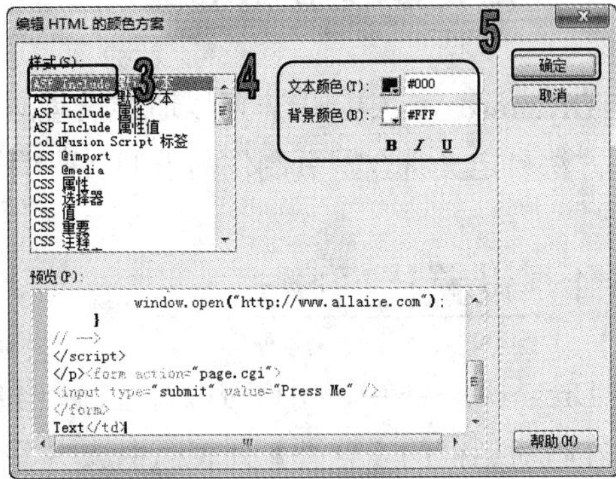

图 13-64　设置代码颜色

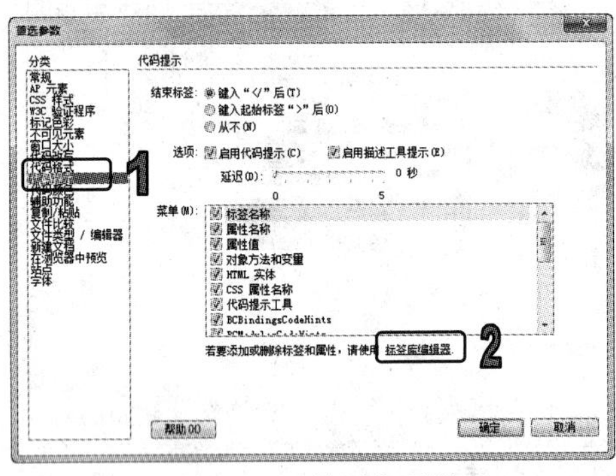

图 13-65　设置代码提示

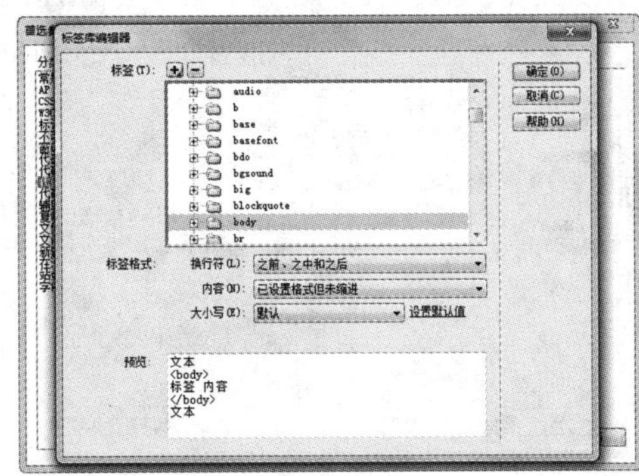

图 13-66　【标签库编辑器】对话框

13.5.3　使用外部编辑器

Dreamweaver 是一个开放的开发环境，对于一些程序员而言，如果之前用习惯了某种代码编辑器或需要使用更加精炼的编辑器，则可以在 Dreamweaver 中设置一个外部编辑器(例如记事本、TextEdit 或 BBEdit 等)或为特定的文件类型指定外部编辑器。用户可以在 Dreamweaver 中选择【编辑】|【首选参数】命令，打开【首选参数】对话框，然后在该对话框的【分类】列表框中选中【文件类型/编辑器】选项，打开相应的选项区域设置所需的外部编辑器，如图 13-67 所示。

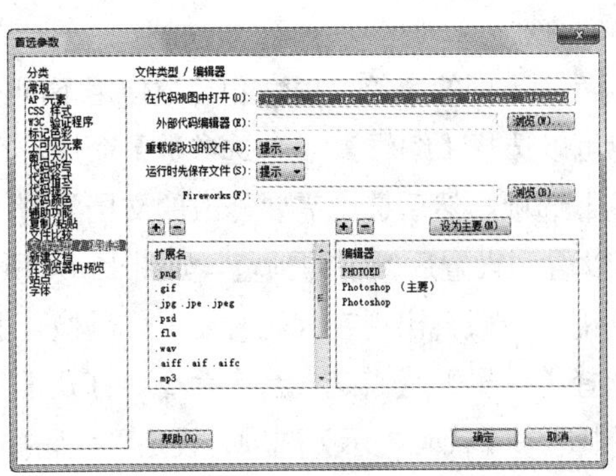

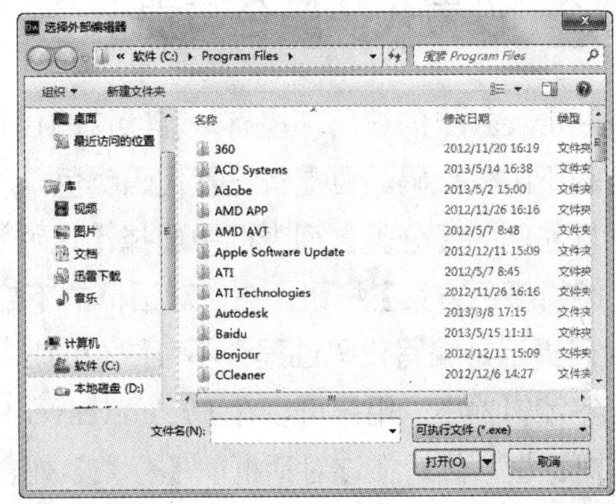

图 13-67　设置外部编辑器

13.6　上机练习

本章的上机练习将通过实例操作，介绍在 Dreamweaver 中通过输入代码创建一个网页文档的具体操作方法，帮助用户进一步掌握网页代码编写的基础知识。

(1) 启动 Dreamweaver 后，选择【文件】|【新建】命令，打开【新建文档】对话框，创建一个空白网页文档。

(2) 单击 Dreamweaver【文档】工具栏中的【代码】按钮，切换至代码视图，然后将鼠标指针置于<title>标签后，将网页自动生成的标题文字“无标题文档”修改为“在网页中插入一个表格”，如图 13-68 所示。

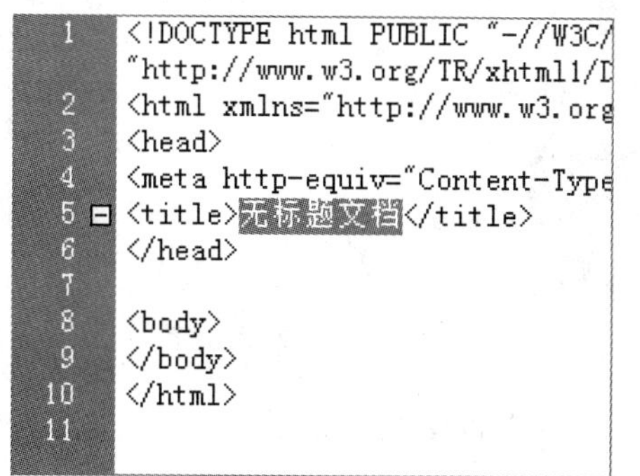

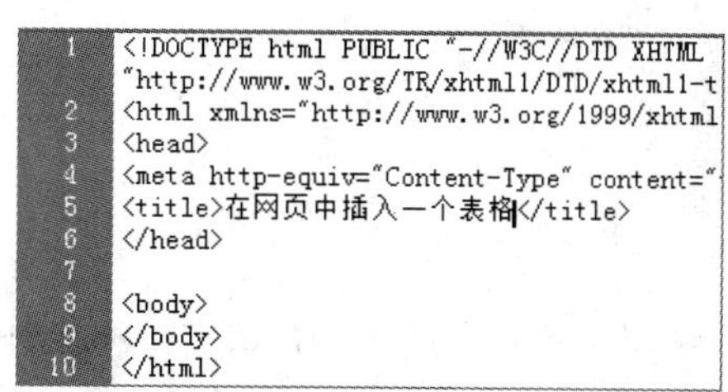

图 13-68　修改网页标题

(3) 将鼠标光标置于<body>标签后，按下 Enter 键另起一行，然后输入“<”，并在弹出的下拉列表中选中 table 选项，如图 13-69 所示。

(4) 接下来，按下空格键在弹出的列表框中选中 border 选项，如图 13-70 所示。

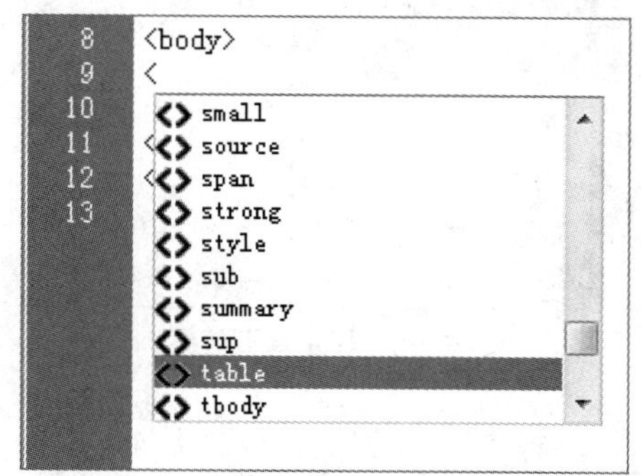

图 13-69　输入<table>标签

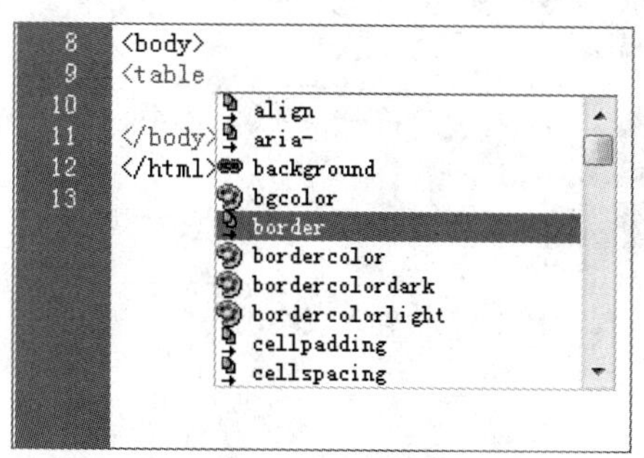

图 13-70　设置标签属性

(5) 在随后产生的 border 属性后输入参数 1，并输入“>”符号，如图 13-71 所示。

(6) 按下 Enter 键另起一行，然后输入“<”，并在弹出的下拉列表中选中 tr 选项，如图 13-72 所示。

(7) 输入“>”符号后按下 Enter 键另起一行，然后输入“>”符号并在弹出的下拉列表中选中 td 选项，如图 13-73 所示。

(8) 在输入“>”符号，然后输入文字“编号”，并输入</td>标签，如图 13-74 所示。

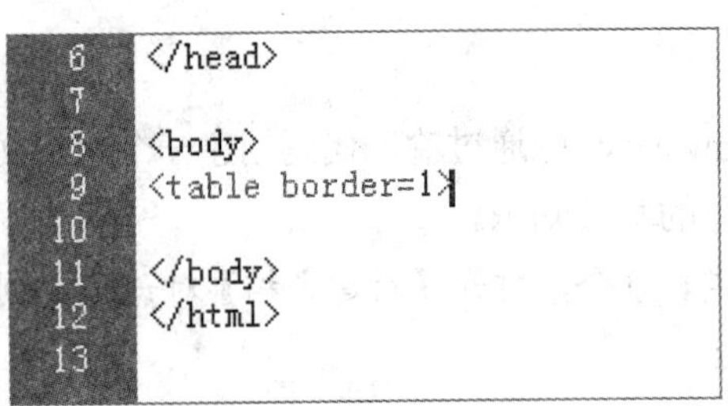

图 13-71　设置标签属性参数

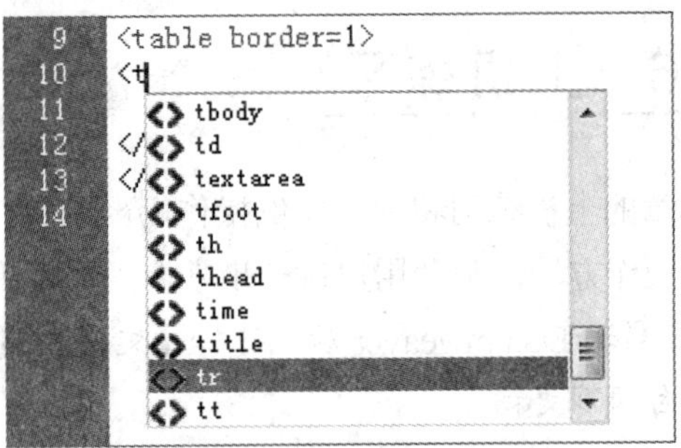

图 13-72　设置标签属性

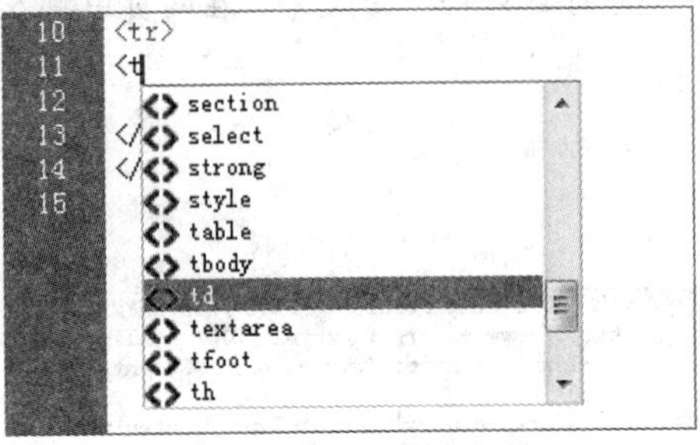

图 13-73　输入<td 标签>

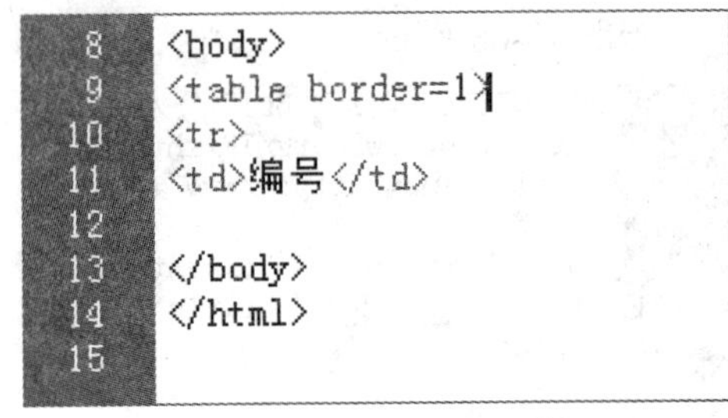

图 13-74　输入文字

(9) 参考以上操作，在代码视图中输入如图 13-75 所示的代码。

(10) 在【文档】工具栏中单击【拆分】按钮，即可在打开的“拆分”视图的右侧显示使用代码在网页中插入的表格效果，如图 13-76 所示。

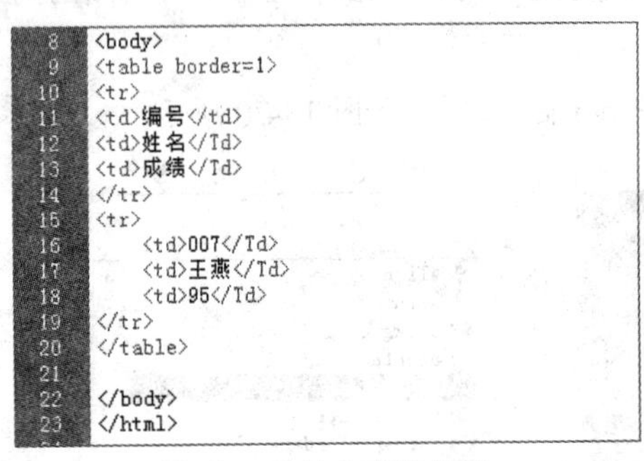

图 13-75　输入表格代码

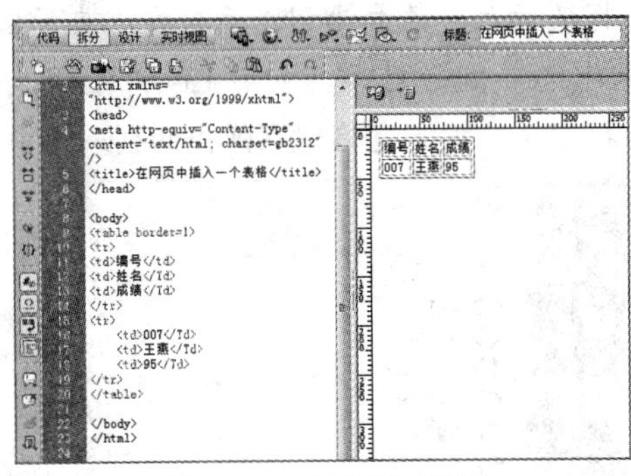
图 13-76　显示网页效果

13.7　习题

1. 简述如何在 Dreamweaver【代码】视图中插入 HTML 注释。
2. 简述如何使用 Dreamweaver【代码提示】与【自动完成】功能。